Adobe Photoshop Lightroom Classic 2022 经典教程 彩色版

[美] 拉斐尔·康塞普西翁（Rafael Concepcion）◎ 著
武传海 ◎ 译

人 民 邮 电 出 版 社
北 京

图书在版编目（CIP）数据

Adobe Photoshop Lightroom Classic 2022经典教程：彩色版 / (美) 拉斐尔·康塞普西翁(Rafael Concepcion) 著 ; 武传海译. -- 北京 : 人民邮电出版社, 2023.9
ISBN 978-7-115-60978-6

Ⅰ. ①A… Ⅱ. ①拉… ②武… Ⅲ. ①图像处理软件—教材 Ⅳ. ①TP391.413

中国国家版本馆CIP数据核字(2023)第012639号

◆ 著　　[美] 拉斐尔·康塞普西翁（Rafael Concepcion）
译　　武传海
责任编辑　王　冉
责任印制　王　郁　马振武

◆ 人民邮电出版社出版发行　　北京市丰台区成寿寺路 11 号
邮编 100164　电子邮件 315@ptpress.com.cn
网址 https://www.ptpress.com.cn
涿州市般润文化传播有限公司印刷

◆ 开本：775×1092　1/16
印张：26　　2023 年 9 月第 1 版
字数：695 千字　　2023 年 9 月河北第 1 次印刷
著作权合同登记号　图字：01-2022-2640 号

定价：159.90 元

读者服务热线：(010)81055410　印装质量热线：(010)81055316
反盗版热线：(010)81055315
广告经营许可证：京东市监广登字 20170147 号

内容提要

本书由 Adobe 产品专家编写，是 Adobe Photoshop Lightroom Classic 2022 的经典学习用书。

本书共 11 课，每一个重要的知识点都借助具体的示例进行讲解，步骤详细，重点明确，能帮助读者尽快学会如何进行实际操作。本书主要包含认识 Lightroom Classic、导入照片、认识 Lightroom Classic 工作区、管理图库、修改照片、高级编辑技术、制作画册、制作幻灯片、打印照片、备份与导出照片、笔者个人的工作流程等内容。

本书语言通俗易懂，配有大量的图片，特别适合新手学习，有一定 Lightroom Classic 使用经验的读者也可从本书中学到大量高级功能和 2022 版本新增功能的使用方法。本书适合作为各类院校相关专业的教材，还适合作为相关培训班学员及广大自学人员的参考书。

前 言

Adobe Photoshop Lightroom Classic（简称 Lightroom Classic）是 Adobe 公司为数字摄影师提供的一套“黄金标准”的工作流程解决方案，涵盖从导入照片、浏览照片、组织照片和修饰照片，到发布照片、制作客户演示文稿、创建相册、创建网络画廊及输出高质量印刷品的方方面面。

使用 Lightroom Classic 的好处之一是，你可以在一个易用的界面中获得你所了解和喜欢的 Adobe 系列软件的常用功能，并且能够快速上手。

无论你是普通的个人用户、专业摄影师、业余爱好者，还是商业用户，Lightroom Classic 都能让你有效地应付不断增加的照片，并轻松地制作出好看的照片和精美的演示文稿。

关于本书

本书是 Adobe 图形图像与排版软件官方培训教程之一，由 Adobe 产品专家编写。

本书中的每一课都包括一系列项目，大家可以根据自己的学习进度灵活地进行学习。借助这些项目，大家能够学到大量 Lightroom Classic 的实际操作技巧。

如果你是初次接触 Lightroom Classic 这款软件，那么在本书中你会学到各种基础知识、概念和技巧，为熟练掌握 Lightroom Classic 打下坚实的基础。如果你之前用过 Lightroom Classic 的早期版本，那么通过本书，你会学到使用该软件的一些高级技巧，还能学到 Adobe 公司在新版本中添加的许多新功能和增强功能。

本版新增内容

本版涵盖 Lightroom Classic 中的许多新功能和增强功能，从新的复制与粘贴、预设选项，到新的元数据预览与定制选项，再到新的亮度范围蒙版。

你还会发现一些功能得到了增强，包括本地调整工具（含【智能选择】）、新的【蒙版】面板（控制过程更精细，支持蒙版反转、合并）等。

本书还会讲解一些组织照片和简化工作流程的新方法，包括在现有文件夹与子文件夹中创建收藏夹和合并收藏夹，以及通过建立一个可靠的工作流程来确保工作有条不紊地进行，等等。书中还会介绍几位特邀摄影师，大家可以参考这些经验丰富的摄影师提出的建议，从他们令人赞叹的摄影作品中获得灵感。

学前准备

在正式开始学习本书课程之前，请先根据下面的提示与指导做好准备。

硬盘空间

下载本书的全部课程文件（下载方法请阅读“资源与支持”页中的内容），学习过程中需要创建文件，总共需要大约 5.8GB 的硬盘空间。

必备技能

学习本书课程的前提是对计算机的基本操作与计算机的操作系统有一定的了解。并且，你还要会使用鼠标、菜单和命令，知道如何打开、保存和关闭文件，会拖动窗口中的滚动条（水平滚动条和垂直滚动条）在显示区域中查看隐藏的内容，知道如何通过鼠标右键打开与使用快捷菜单。

如果你不懂这些基本的计算机操作，请先阅读 Apple macOS 或 Windows 附带的说明文档。

安装 Lightroom Classic

注意 本书使用的软件版本是 Lightroom Classic 2022。

在学习本书课程之前，请先确保计算机系统安装正确，并且安装了需要的软件和硬件。

Lightroom Classic 不随书提供，你必须单独购买它并自行安装。有关下载、安装、配置 Lightroom Classic 的系统需求和详细说明，请前往 Adobe 官网阅读 Lightroom Classic 入门中的相关内容。

课程文件

在学习本书的过程中，为了跟随课程制作示例项目，需要先根据“资源与支持”页中的说明把课程文件下载下来。

❶ 在计算机的“用户 \[用户名]\ 文档”文件夹中，新建一个文件夹并命名为 LRC2022CIB。

❷ 下载全书课程文件夹，把整个文件夹拖入 LRC2022CIB 文件夹中。

❸ 在学完本书内容之前，请把课程文件一直保存在计算机中。

请注意，本书中用到的所有图片仅供读者学习本书内容时使用，未取得 Adobe 公司和摄影师的书面许可，禁止任何形式的商用、出版或传播。

了解 Lightroom Classic 目录文件

目录文件是图库中所有照片的数字笔记本。这个数字笔记本记录了主文件的位置、组织照片时添加的所有元数据，以及用户进行的每一次调整或编辑。大多数用户会把他们所有的照片保存在一个目录文件中，这样可以轻松地管理成千上万张照片。而有些人可能会为不同的目的创建单独的目录文件，例如个人照片目录文件和商业照片目录文件。虽然可以创建多个目录文件，但在 Lightroom Classic 中一次只能打开一个目录文件。

为配合本书学习，我们需要新建一个目录文件，用来管理课程中要使用的文件。这样，我们可以保留默认的目录文件，确保在学习过程中不修改它，同时把课程文件集中起来，存放到一个容易记住的位置。

新建目录文件

首次启动 Lightroom Classic 时，它会自动在你的计算机中创建一个名为 Lightroom Catalog.lrcat 的默认目录文件，该目录文件夹位于 [用户名]\Pictures\Lightroom 文件夹中。

下面我们在 LRC2022CIB 文件夹中新建一个目录文件，它与 Lessons 文件夹（存放下载的课程文件）是同级的。

> **注意** 本书使用向右箭头（>）表示菜单栏（位于工作区上方）或快捷菜单中的子菜单与命令层级，例如：【菜单】>【子菜单】>【命令】。

❶ 启动 Lightroom Classic。

❷ 在菜单栏中选择【文件】>【新建目录】。

❸ 在【创建包含新目录的文件夹】对话框中打开创建的 LRC2022CIB 文件夹。

❹ 在【存储为】(macOS）或【文件名】(Windows）文本框中输入“LRC2022CIB Catalog”，单击【创建】按钮，如下图所示。

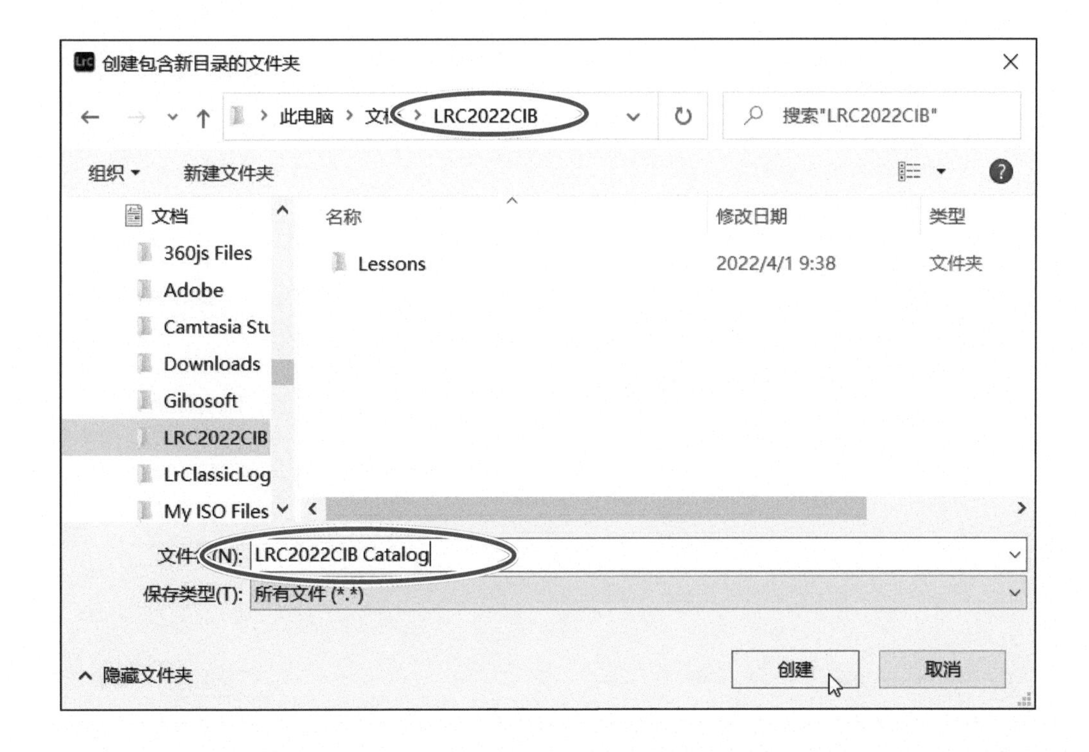

❺ 若弹出提示信息，询问是否在加载新目录文件前备份当前目录文件，请根据实际需要做出选择。

根据本书进行练习时，需要始终知道当前用的是哪个目录文件。接下来我们需要设置首选项，让 Lightroom Classic 每次启动时都提示指定的 LRC2022CIB 文件夹。建议在学习本书课程时，一直保持这个首选项的设置不变。

❻ 在菜单栏中选择【Lightroom Classic】>【首选项】(macOS)，或者选择【编辑】>【首选项】(Windows)。

注意 Lightroom Classic 既可以运行在 macOS 中，也可以运行在 Windows 系统中，但在两个系统中同一个功能的操作方式会有所不同，为兼顾两个系统的用户，本书在给出操作方式时，会同时给出两个系统中的操作方式。

❼ 在打开的【首选项】对话框中单击【常规】选项卡，在【启动时使用此目录】下拉列表中选择【启动 Lightroom 时显示提示】，如下图所示。

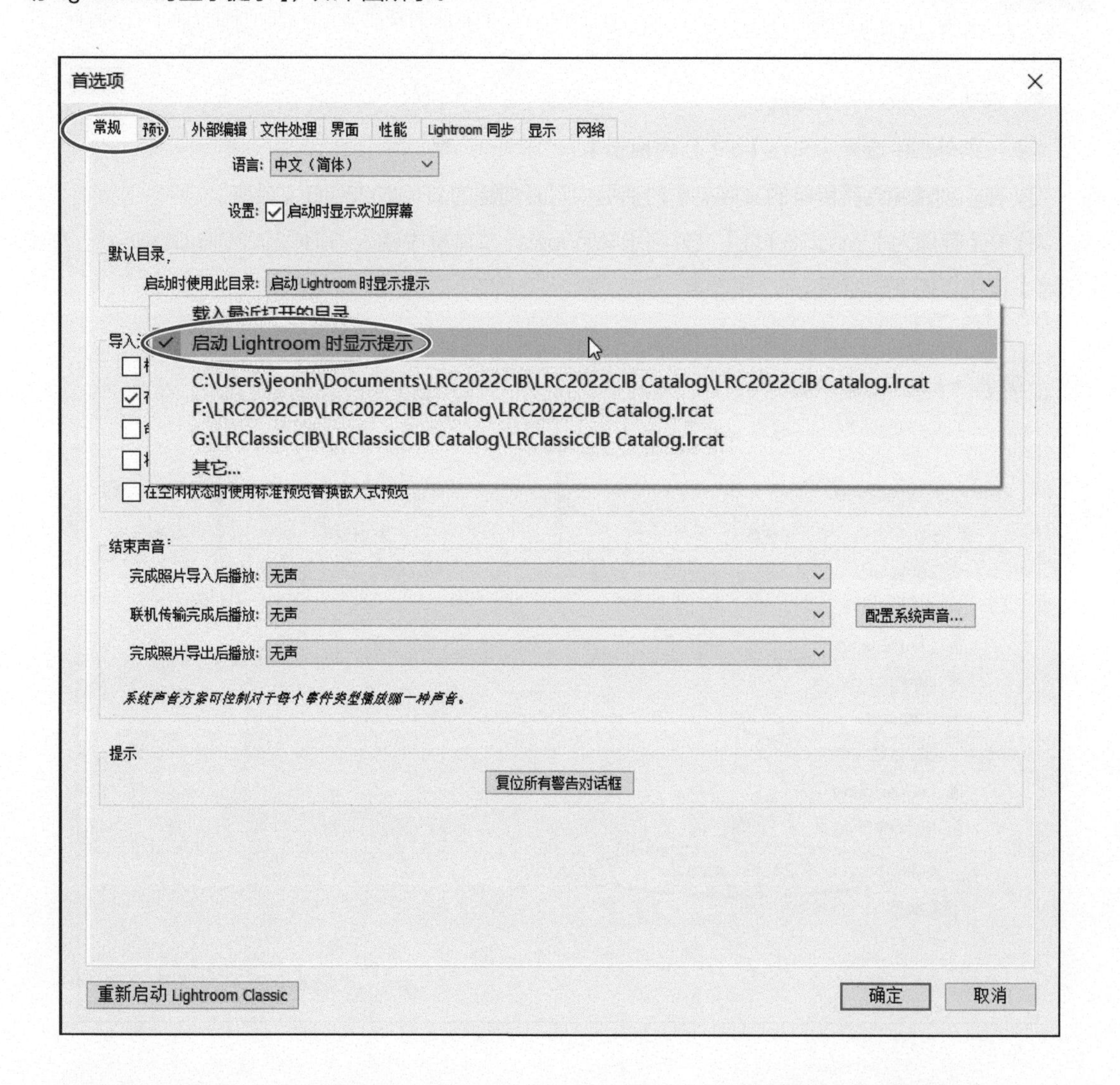

❽ 单击【关闭】(macOS)或【确定】(Windows)按钮，关闭【首选项】对话框。

此时重新启动 Lightroom Classic，即可打开【Adobe Photoshop Lightroom Classic- 选择目录】对话框，在其中选择要打开的目录文件，这里选择 LRC2022CIB Catalog.lrcat 文件，然后单击【打开】按钮，如下页图所示，启动 Lightroom Classic。

Adobe Photoshop Lightroom Classic - 选择目录

选择打开一个最近使用的目录

LRC2022CIB Catalog.lrcat C:\Users\jeonh\Documents\LRC2022CIB\LRC2022CIB Catalo

LRC2022CIB Catalog.lrcat F:\LRC2022CIB\LRC2022CIB Catalog

启动时总是载入此目录 测试此目录的完整性

注意: Lightroom 目录不能位于网络卷或只读文件夹中。

选择其它目录... 新建目录... 打开 退出

提示 若在【首选项】对话框的【启动时使用此目录】下拉列表中选择了【载入最近打开的目录】(该选项是默认设置),则启动 Lightroom Classic 后,立即按快捷键 Control+Option/Ctrl+Alt,也可以打开【Adobe Photoshop Lightroom Classic- 选择目录】对话框。

云同步

借助 Adobe Creative Cloud,能将 Lightroom Classic 与 Lightroom Classic 移动版(Lightroom Classic for Mobile)、Lightroom Classic 网页版(Lightroom Classic on the Web)整合在一起,如下图所示,这样就可以轻松地在计算机和移动设备之间同步照片,从而可以在任何时间、任何地点去浏览、组织和编辑照片,然后在线分享给其他人。

无论你是在计算机（包括笔记本式计算机）上使用 Lightroom Classic，还是在移动设备上使用 Lightroom Classic，你对同步收藏夹或照片做的所有修改都会更新到其他设备上。请注意，Lightroom Classic 向移动设备同步的是高分辨率的智能预览，而非原始照片。相比原始照片，智能预览尺寸较小，同步时间短，占用的存储空间也小。也就是说，即使你身边没有计算机，也可以用移动设备处理原始照片。

在移动设备上对照片所做的修改会同步到 Lightroom Classic 中相应的全尺寸原始照片上。在将使用手持设备拍摄的照片添加到同步收藏夹之后，这些照片（全尺寸）也会被下载到计算机中。你可以把移动设备中的照片分享到社交平台上，也可以通过 Lightroom Classic 网页版将其分享给其他人。

具体操作如下。

❶ 在移动设备上下载并安装 Lightroom Classic 移动版。可以从苹果应用商店（iOS）或 Google Play（Android）中免费下载该应用程序进行试用，然后选择一个订阅计划。

❷ 在移动设备上安装好 Lightroom Classic 之后，阅读第 4 课“管理图库”中的“同步照片”的内容，可以学习更多有关 Lightroom Classic 的入门知识。

要了解如何在 Lightroom Classic 网页版中编辑照片，以及如何通过 Lightroom Classic 网页版分享 Lightroom Classic 中的照片，请阅读第 4 课中的相关内容。

获取帮助

你可以通过多种方式获取软件使用帮助，每种方式都有特定的使用场景，请根据实际情况选择合适的方式。

模块提示

首次进入 Lightroom Classic 的任意一个模块时，你会看到一些模块提示，如下图所示。这些提示可以帮助你了解 Lightroom Classic 工作界面的各个组成部分，以及熟悉整个工作流程。

单击提示对话框右上角的【关闭】按钮（×），可关闭提示对话框。无论何时，都可以在菜单栏中选择【帮助】>【×××模块提示】（×××表示当前模块名称），重新打开当前模块的提示对话框。

在【帮助】菜单中，你还可以选择【×××模块快捷键】，了解当前模块中各个操作对应的快捷键。

Lightroom Classic 帮助

在 Lightroom Classic 的【帮助】菜单中可以打开“Lightroom 学习和支持”页面，其中包含完整的用户文档。

注意 在【帮助】菜单中打开 Lightroom Classic 帮助页面需要计算机处于联网状态。

❶ 在 Lightroom Classic 的菜单栏中选择【帮助】>【Lightroom Classic 帮助】(或者按 F1 键)，打开浏览器，并打开“Lightroom 学习和支持”页面。页面右上角有一个搜索框，在其中输入关键词，按 Return 键 /Enter 键，可以快速检索到相关主题，如下图所示。

❷ 按快捷键 Command+Option+/ 或 Ctrl+Alt+/，可以在浏览器中快速打开“Lightroom Classic 用户指南”页面。

❸ 按快捷键 Command+/ 或 Ctrl+/，可以打开当前模块的快捷键列表。按任意键，可以关闭快捷键列表。

在线帮助与支持

不管 Lightroom Classic 当前是否处于运行状态，我们都可以轻松访问网络上的 Lightroom Classic 帮助、教程、支持和其他资源。

- 若 Lightroom Classic 处于运行状态，在菜单栏中选择【帮助】>【Lightroom Classic 联机】。
- 若 Lightroom Classic 当前处于未运行状态，请打开浏览器，进入 Adobe 官网的“Lightroom 学习和支持”页面，查找与浏览有关内容。

更多资源

本书并非用来取代软件的说明文档，因此不会详细讲解软件的每个功能，而只讲解课程中用到的命令和菜单。有关软件功能与教程的更多信息，请参考以下资源。

Lightroom Classic 学习和支持

在 Adobe 官网中可搜索与浏览有关 Lightroom Classic 的学习和支持内容。

Adobe 支持社区

在Adobe支持社区中，你可以与一群志趣相投的人就使用Adobe公司产品中遇到的问题进行讨论。

Adobe Creative Cloud 教程

前往 Adobe Creative Cloud 教程页面，你可以找到一些与 Lightroom Classic 相关的技术教程、跨软件工作流程、新功能更新信息，还可以获得一些启发和灵感。

Lightroom Classic 产品主页

在 Adobe 官网的产品主页中，可以了解有关 Lightroom Classic 产品的信息。

Adobe Creative Cloud 发现

Adobe Creative Cloud 发现页面中有大量讲解有关问题的深度好文章，同时，你还可以在其中看到大量的优秀设计作品、摄影作品、视频等，如下图所示，相信你可以从中获得很多灵感和启发。

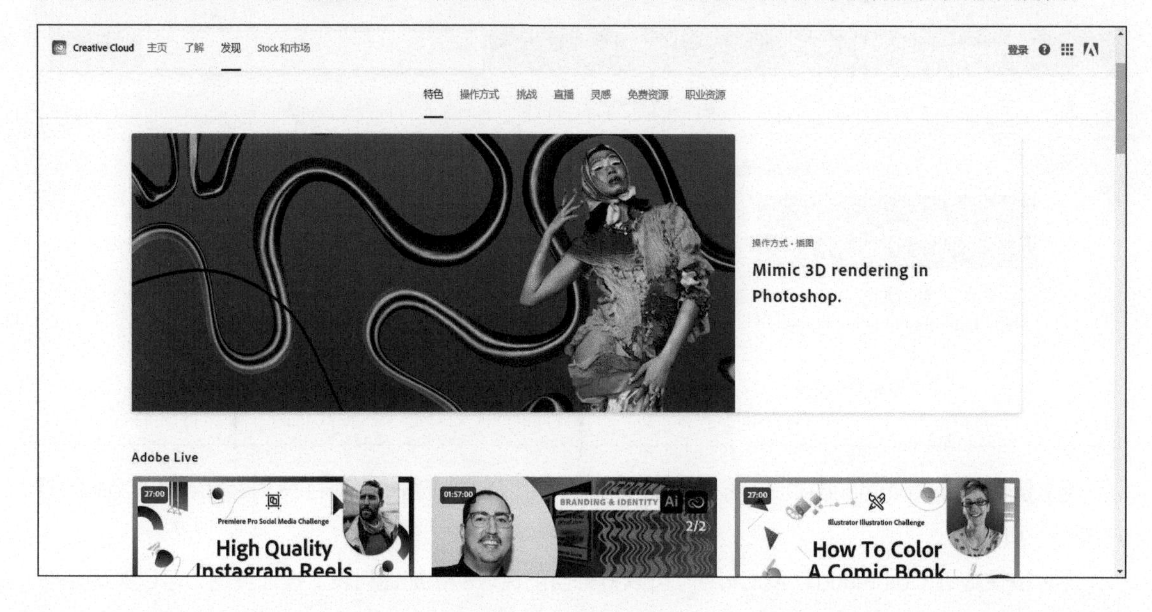

资源与支持

本书由“数艺设”出品，“数艺设”社区平台（www.shuyishe.com）为您提供后续服务。

配套资源

书中示例的素材文件

资源获取请扫码

（提示：微信扫描二维码关注公众号后，输入 51 页左下角的 5 位数字，获得资源获取帮助。）

“数艺设”社区平台，为艺术设计从业者提供专业的教育产品。

与我们联系

我们的联系邮箱是 szys@ptpress.com.cn。如果您对本书有任何疑问或建议，请您发邮件给我们，并请在邮件标题中注明本书书名及 ISBN，以便我们更高效地做出反馈。

如果您有兴趣出版图书、录制教学课程，或者参与技术审校等工作，可以发邮件给我们。如果学校、培训机构或企业想批量购买本书或“数艺设”出版的其他图书，也可以发邮件联系我们。

关于“数艺设”

人民邮电出版社有限公司旗下品牌“数艺设”，专注于专业艺术设计类图书出版，为艺术设计从业者提供专业的图书、视频电子书、课程等教育产品。出版领域涉及平面、三维、影视、摄影与后期等数字艺术门类，字体设计、品牌设计、色彩设计等设计理论与应用门类，UI 设计、电商设计、新媒体设计、游戏设计、交互设计、原型设计等互联网设计门类，环艺设计手绘、插画设计手绘、工业设计手绘等设计手绘门类。更多服务请访问“数艺设”社区平台 www.shuyishe.com。我们将提供及时、准确、专业的学习服务。

目 录

第1课

认识 Lightroom Classic

课程概览

本课主要讲解以下内容。

- 把照片导入 Lightroom Classic
- 浏览与组织照片
- 比较照片
- 修改与编辑照片
- 分享作品

学习本课需要 1～2 小时

无论你是初学者还是专业人员，Lightroom Classic 都能为你提供一个完整的桌面型工作流程解决方案，它可以大大提高你的工作效率，并让你的照片呈现出极佳的效果。

1.1 了解 Lightroom Classic 的工作方式

只有了解了 Lightroom Classic 的工作方式及其在处理图像上与其他图像处理程序的不同，我们才能更轻松、有效地使用 Lightroom Classic。

如果尚未下载本课课程文件，请先进行下载。有关下载的详细内容，请阅读“资源与支持”页中的说明。

> **注意** 下载好的课程文件不会自动出现在 Lightroom Classic 中，我们必须手动把它们导入图库的目录文件中。相关内容将在“导入照片”一课中讲解。

1.1.1 目录文件

若想在 Lightroom Classic 中编辑照片，必须先把它导入目录文件中。

你可以把 Lightroom Classic 的目录文件想象成一个数字笔记本，里面记录着照片的位置（硬盘、外部存储器、网络存储器），以及对照片所做的处理（如标级、分类、挑选、调整等）。这个数字笔记本中记录着你在目录文件中做的所有修改，这些修改不会直接应用到原始照片上。借助目录文件，你可以更快地处理照片，以及更好地组织、分类不断增加的照片。

通过目录文件，我们可以轻松地管理成千上万张照片。此外，我们还可以在 Lightroom Classic 中创建任意多个目录文件，而且可以在它们之间自由地切换。但有一点需要注意，那就是我们不能跨多个目录文件使用或搜索照片。因此，建议使用一个目录文件来管理所有照片。

1.1.2 管理目录文件中的照片

在 Lightroom Classic 中，导入照片后就可以着手组织照片了。Lightroom Classic 支持 4 种导入方式，分别是【拷贝为 DNG】【拷贝】【移动】【添加】，其中【添加】是指仅把照片添加到目录文件中而不改变它们原始的保存位置，【拷贝】是指把照片复制到新位置并添加到目录文件中（原始照片保持不动），【移动】是指把照片移到新位置并添加到目录文件中（非复制，会删除原始照片）。导入照片时，若选择了【拷贝】或【移动】，则可以指定新位置下文件夹的组织方式，如图 1-1 所示。

图 1-1

导入照片时，Lightroom Classic 支持对照片进行重命名、创建备份、添加关键字等操作，还支持为照片应用预设。请注意，这些处理在你打开照片之前就已经完成。

注意 在第 2 课“导入照片”中将详细讲解有关导入选项的设置。

在【图库】模块中，你可以非常方便地组织照片、添加关键字与说明。另外，你还可以通过设置旗标、星级、色标来对一组或多组照片进行快速分类与组织。在 Lightroom Classic 中，你甚至可以通过地点或人物面部来对照片进行分类。而且，这些信息都会被记录到目录文件中，你可以随时访问它们。

1.1.3 管理文件与文件夹

这里提醒读者一点：当你希望重命名或移除一张照片或一个文件夹（包含导入目录文件中的那些照片）时，请一定要在 Lightroom Classic 中执行这些操作，这样目录文件才能把你所做的更改记录下来。如果你在 Lightroom Classic 外部执行这些操作，那这些更改就无法被 Lightroom Classic 的目录文件记录下来，你也就无法恢复它们（关于如何恢复后面将会讲解）。

1.1.4 非破坏性编辑

借助目录文件，我们可以把与照片相关的信息集中存储起来，以便轻松地浏览、搜索、管理图库中的照片。使用目录文件还有一个很大的好处，就是对照片做的所有编辑都是非破坏性的。当你修改或编辑照片时，Lightroom Classic 会把你的每一步操作记录到目录文件中，而不会把修改直接应用到照片上，这样可以确保原始照片（RAW 数据）是绝对安全的。打个比方，原始照片就像是待烹饪的食材，目录文件中保存的是烹饪方法。

在非破坏性编辑的保护下，我们可以大胆地对照片做各种调整与尝试，而不用担心这些调整和尝试会损坏原始照片，这使得 Lightroom Classic 成为一个非常强大的编辑工具。在 Lightroom Classic 中，你做的所有编辑都是“鲜活”的，你可以随时撤销、重做之前的调整，或者对这些调整再做一些微调。只有最后输出照片时，你对照片所做的调整才会永久地应用到照片的副本上，而且速度很快。

1.1.5 在外部程序中编辑照片

如果你想在外部程序中编辑目录文件中的某张照片，请一定要在 Lightroom Classic 中启动外部程序，这样 Lightroom Classic 才能记录对照片做的所有改动。对于 JPEG、TIFF、PSD 格式的图像，在外部程序中编辑其原始文件或副本时，你可以选择保留在 Lightroom Classic 中做的调整，也可以选择不保留这些调整；而对于其他格式的图像，你只能选择应用了 Lightroom Classic 调整的副本。编辑后的副本会被添加到目录文件中。

提示 在【首选项】对话框的【外部编辑】选项卡中，你可以指定喜欢使用的外部程序，选择的外部程序会出现在【在应用程序中编辑】菜单中。如果计算机中安装了 Photoshop，它默认会被列出。

1.2 Lightroom Classic 工作界面

Lightroom Classic 工作界面中间是预览区和工作区，面板分布在工作界面的左侧与右侧。预览区下方是工具栏，再往下是胶片显示窗格（位于工作界面的底部），如图 1-2 所示。

图 1-2

> 注意 图 1–2 是 Lightroom Classic 在 macOS 中的工作界面截图，这与 Lightroom Classic 在 Windows 系统中的工作界面大致是一样的，但两者还是有一些细微差别。例如在 Windows 系统中，菜单栏位于标题栏下方；而在 macOS 中，菜单栏固定在工作界面顶部。

Lightroom Classic 中所有面板的布局都是一致的，但选择不同的模块，面板中显示的内容是不一样的。

1.2.1 顶部面板

> 提示 第一次进入 Lightroom Classic 时，不管是哪个模块，Lightroom Classic 都会显示模块提示对话框，帮助用户认识工作界面的各个组成部分，了解基本的工作流程。单击【关闭】按钮，可以关闭提示对话框。在【帮助】菜单中选择【××× 提示】（××× 表示当前模块名称）可打开当前模块的提示对话框。

顶部面板中包含两部分，左侧是身份标识，右侧是模块选取器。其中，身份标识支持自定义，可以选择显示公司名称或 Logo，当 Lightroom Classic 做后台处理时，身份标识会临时变成一个进度条（单击进度条，将打开一个菜单，显示 Lightroom Classic 当前任务的处理进度）。模块选取器中列出了各个模块，单击某个模块名称，即可切换到相应模块，当前活动模块的名称总是高亮显示的。

1.2.2 预览区和工作区

预览区和工作区位于工作界面中央。在这里，我们可以选择、浏览、分类、比较、调整图像，以及预览处理中的图像。在不同模块下，这个区域有所不同，可以显示画册设计、幻灯片、网络画廊，以及打印布局等。

1.2.3 工具栏

工具栏位于预览区下方，不同模块下工具栏中显示的工具和控件各不相同。工具栏支持定制，用户可以根据自己的需求为各个模块分别定制工具栏，可选的工具与控件有用来切换视图模式的，有用来设置旗标、星级、色标的，有用来添加文字的，还有用来在不同预览页面之间导航的。你可以显示或隐藏单个工具或控件，也可以隐藏整个工具栏，并在需要时将其显示出来。

> 提示 按 T 键可显示或隐藏工具栏。

图 1-3 所示为【图库】模块下的工具栏，最左侧是【视图模式】工具，然后是一些执行特定任务的工具与控件，这些工具与控件都是可以定制的。单击工具栏最右侧的三角形，在弹出的菜单中可以选择或取消选择相应的工具和控件。菜单中的内容会随着视图的变化而变化。

图 1-3

在选择工具栏内容的菜单中，有些工具和控件名称的左侧有对钩，有的没有，带对钩的工具和控件是当前显示在工具栏中的。工具和控件在工具栏中的显示顺序（从左到右）与它们在选择工具栏内容的菜单中的显示顺序（从上到下）是一致的。工具栏中的大多数选项都有对应的菜单命令或快捷键。

1.2.4 胶片显示窗格

不管处在工作流程的哪个阶段，都可以通过胶片显示窗格轻松地访问目录文件或收藏夹中的所有照片。即使不返回【图库】模块，也可以使用胶片显示窗格快速浏览大量照片，或者在不同的照片集之间切换。

> 提示 若胶片显示窗格未在工作界面的底部显示，请在菜单栏中选择【窗口】>【面板】>【显示胶片显示窗格】，或者直接按 F6 键。

与【图库】模块下【网格视图】中的缩览图一样，可以直接对胶片显示窗格中的缩览图进行各种操作，例如设置旗标、星级、色标，应用元数据，修改照片设置，旋转、移动、删除照片等，如图 1-4 所示。

图 1-4

默认设置下，胶片显示窗格中显示的照片与【图库】模块下【网格视图】中显示的一样，它既可以显示图库中的所有照片，也可以只显示所选文件夹或收藏夹中的照片，还可以只显示满足特定搜索条件的照片。

1.2.5 左右两侧面板

在不同模块之间切换时，左右两侧面板中显示的内容也会随之发生相应变化。不管在哪种模块下，左右两侧面板的分工都大致相同，左侧面板帮助我们浏览、预览、查找、选择照片，右侧面板帮助我们编辑所选照片。

例如，在【图库】模块下，左侧面板包括【导航器】面板、【目录】面板、【文件夹】面板、【收藏夹】面板、【发布服务】面板，如图 1-5 所示，借助这些面板，我们可以快速对想要使用或分享的照片进行查找与分组；右侧面板包括【直方图】面板、【快速修改照片】面板、【关键字】面板、【关键字列表】面板、【元数据】面板、【评论】面板，如图 1-6 所示，这些面板能够帮助我们对所选照片进行修改。

图 1-5

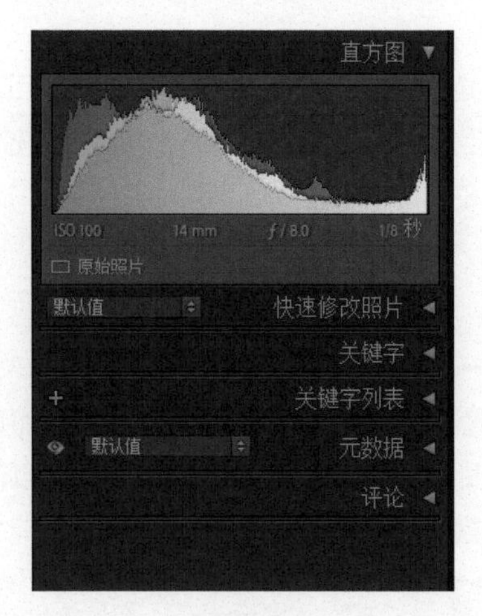

图 1-6

在【修改照片】模块下，可以在左侧面板中选择某个预设，然后在右侧面板中做进一步的调整。在【幻灯片放映】模块、【打印】模块、【Web】模块下，可以在左侧面板中选择一种布局模板，然后在右侧面板中进一步调整其外观，如图 1-7 所示。

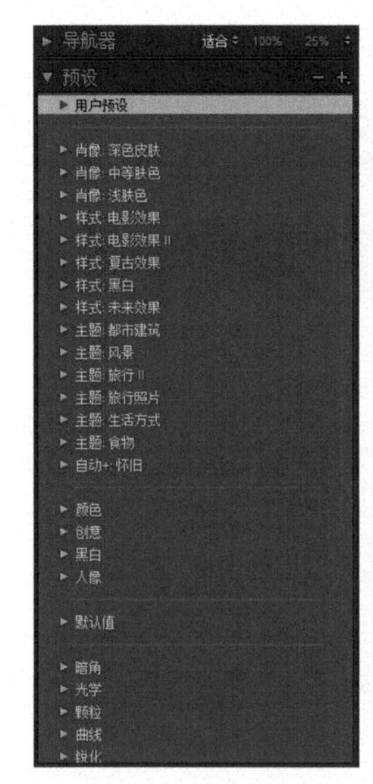

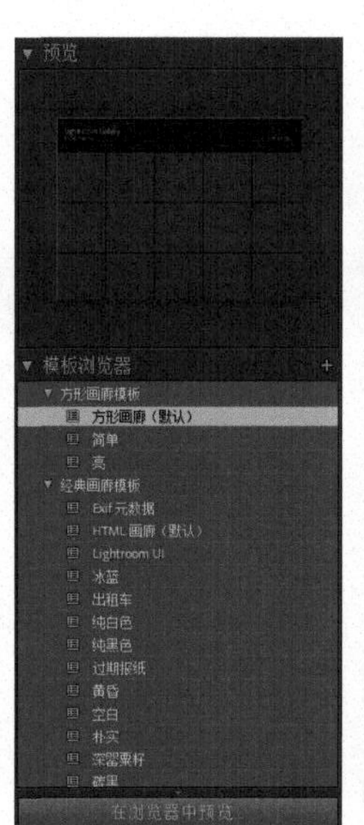

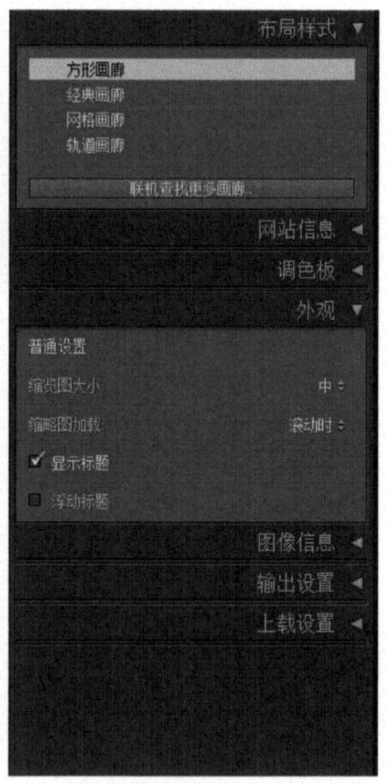

【修改照片】模块下的左侧面板　【修改照片】模块下的右侧面板　【Web】模块下的左侧面板　【Web】模块下的右侧面板

图 1-7

1.2.6 定制工作区

Lightroom Classic 用多了就会发现，我们不会用到里面的每一个面板。Lightroom Classic 允许我们根据自己的工作流程快速调整各个面板的布局方式。请注意，Lightroom Classic 中每种布局的配置都是以模块为单位的，这有助于我们切换模块以满足不同的需求。

工作界面四周的每个边框中间都有灰色三角形，单击它，或者使用【窗口】>【面板】菜单中的命令或快捷键，可以隐藏或显示这些面板。使用鼠标右键单击两侧或底部的灰色三角形，在弹出的快捷菜单中选择相应设置，如图 1-8 所示，可使两侧面板或胶片显示窗格跟着鼠标指针的移动显示或隐藏，这样可以让它们仅在需要的时候才显示相关信息、工具和控件。此外，还可以根据自身需要通过拖动的方式调整两侧面板组的宽度及胶片显示窗格的高度。

图 1-8

在左右两侧的面板中，每一个面板名称旁边都有一个三角形，单击这个三角形，可把面板展开或折叠起来。使用鼠标右键单击面板标题栏，在弹出的快捷菜单中单击某个很少用到的面板，可将其隐藏起来，为那些常用的面板留出更多空间；若在弹出的快捷菜单中选择了【单独模式】，那么只有单击的那个面板会展开，其他所有面板都会自动折叠起来。

注意 Lightroom Classic 允许用户在【修改照片】模块下重新组织面板。在第 5 课讲解【修改照片】模块时，将详细讲解如何（以及为何）创建你自己的配置。

我们可以在【视图】>【网格视图样式】子菜单与【图库视图选项】对话框（选择【视图】>【视图选项】）中自定义【网格视图】下照片缩览图的外观，指定缩览图是以【紧凑单元格】方式还是以【扩展单元格】方式显示，还可以指定每个视图样式显示多少照片信息，如图 1-9 所示。

图 1-9

提示 在为胶片显示窗格设置缩览图时，请先使用鼠标右键单击胶片显示窗格，在弹出的快捷菜单的【视图选项】子菜单中进行选择。

如果你同时用着另外一台显示器，单击【副显示器】按钮（胶片显示窗格左上角带数字 2 的矩形），可以再创建一个视图，它是独立的，不依赖于主显示器中的模块和视图模式。你可以使用第二个显示器顶部的视图选取器，或者使用鼠标右键单击【副显示器】按钮，在弹出的快捷菜单中改变视图及其响应工作区动作的方式。

1.3 Lightroom Classic 模块

Lightroom Classic 有 7 个模块，分别是【图库】【修改照片】【地图】【画册】【幻灯片放映】【打印】【Web】，如图 1-10 所示。不同模块有不同的用途，所提供的工具也不一样：【图库】模块用来导入、组织、发布照片，【修改照片】模块用来校正、调整、美化照片，剩下的几个专用模块用来为屏幕显示、打印、创建漂亮的展示作品。

图库 | 修改照片 | 地图 | 画册 | 幻灯片放映 | 打印 | Web

图 1-10

在工作中，使用工作界面右上角的模块选取器、【窗口】菜单中的命令或快捷键，可以轻松地在这些模块之间来回切换。

注意 同步图标位于模块选取器右侧，通过它可以查看已经使用的云存储空间，从而暂停把照片同步到云端等。

1.4 Lightroom Classic 工作流程

Lightroom Classic 的工作界面十分友好，使得工作流程每个阶段（从导入照片到最终打印）的管理很简单。

• 导入照片：在【图库】模块下，可以轻松地通过共享会话把照片从存储卡、硬盘或其他存储介质导入 Lightroom Classic 的目录文件中。

• 组织照片：在导入照片的过程中，可以为照片添加关键字等元数据，从而大大加快任务进度；在把照片添加到目录文件之后，可使用【图库】模块与【地图】模块管理它们，例如添加标记、分类、搜索图库、创建收藏夹（把照片分组）等；还可以把这些照片集在线分享给其他人，从而获得他们对照片的反馈。

• 处理照片：在【修改照片】模块下可以裁剪、调整、矫正、修饰照片，以及为照片应用各种效果，处理时不仅可以逐张处理，也可以一次处理一批照片。

• 制作作品：在【画册】模块、【幻灯片放映】模块、【打印】模块、【Web】模块下，可以制作精美的画册、幻灯片等模块。

• 输出：【画册】模块、【幻灯片放映】模块、【打印】模块、【Web】模块都有自己的输出选项和导出控件，【图库】模块使用【发布服务】面板实现在线分享照片。借助这些输出选项，我们能够轻松地输出符合要求的照片。

接下来，我们一起走一遍上述流程，同时熟悉一下 Lightroom Classic 工作区。

提示 如果想在外部图像处理程序中进一步处理照片，请在【图库】模块或【修改照片】模块中启动外部图像处理程序，这样 Lightroom Classic 会记录下你对照片所做的更改。

1.4.1 导入照片

我们可以轻松地把硬盘、照相机、存储卡、外部存储设备中的照片导入 Lightroom Classic 中（详细内容请参见第 2 课）。

在导入照片之前，请先检查是否已经为本书课程文件创建好了 LRC2022CIB 文件夹，以及 LRC2022CIB Catalog 目录文件。相关内容请参见本书前言中的"课程文件"和"新建目录文件"内容。

提示 若工作界面中未显示模块选取器，请在菜单栏中选择【窗口】>【面板】>【显示模块选取器】或者直接按 F5 键。在 macOS 中，有些功能键已经被分配给了操作系统的某个特定功能，使用 Lightroom Classic 时这些功能键可能无法正常发挥作用。遇到这种情况，可以先按住 Fn 键（有些键盘无 Fn 键），再按功能键（如 F5），或者在【首选项】对话框中更改对应的功能键。

❶ 启动 Lightroom Classic。在打开的【Adobe Photoshop Lightroom Classic- 选择目录】对话框的【选择打开一个最近使用的目录】列表框中选择 LRC2022CIB Catalog.lrcat 目录文件，然后单击【打开】按钮。

❷ Lightroom Classic 在【正常】屏幕模式下打开，当前模块是上一次退出 Lightroom Classic 时的模块。若当前模块不是【图库】模块，请在工作区右上角的模块选取器中单击【图库】，切换到【图库】模块。

❸ 在菜单栏中选择【文件】>【导入照片和视频】，打开【导入】对话框。若【导入】对话框当前处在紧凑模式下，单击对话框左下角的【显示更多选项】按钮，如图 1-11 所示，使【导入】对话框进入扩展模式，该模式下提供了更多选项。

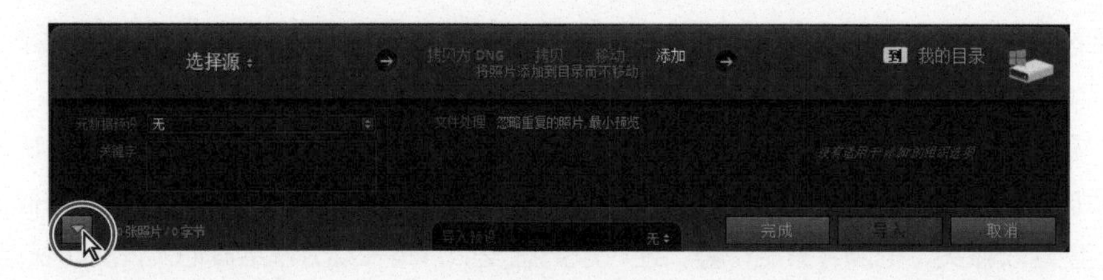

图 1-11

> **注意** 首次选择【文件】>【导入照片和视频】时，在打开【导入】对话框之前，Lightroom Classic 可能会要求访问计算机系统的某些部分。

【导入】对话框顶部的布局正好体现了导入照片和视频的操作步骤：从左到右，先指定从哪里导入照片和视频，然后选择合适的导入类型，最后指定一个目的地（仅针对复制和移动），以及设置批处理选项。

④ 在左侧的【源】面板中，选择 LRC2022CIB 文件夹中的 Lessons 文件夹。

⑤ 选择 lesson01 文件夹，单击缩览图区域左下角的【全选】按钮，确保选中了 lesson01 文件夹中的所有照片。

⑥ 在缩览图区域上方的导入选项中选择【添加】，Lightroom Classic 会把导入的照片添加到目录文件中，而且不会移动或复制原始照片。

⑦ 在右侧【文件处理】面板的【构建预览】下拉列表中选择【最小】，取消勾选【构建智能预览】复选框，勾选【不导入可能重复的照片】复选框。

⑧ 在【在导入时应用】面板的【修改照片设置】下拉列表和【元数据】下拉列表中选择【无】，然后在【关键字】文本框中输入“Lesson 01,Tour”（含逗号），如图 1-12 所示，单击【导入】按钮。

图 1-12

导入完成后，Lightroom Classic 会自动切换到【图库】模块，并以【网格视图】的形式显示 lesson01 文件夹中的照片，同时这些照片还会显示在工作区底部的胶片显示窗格中。如果看不见胶片显示窗格，请按 F6 键或者在菜单栏中选择【窗口】>【面板】>【显示胶片显示窗格】，把胶片显示窗格显示出来。

1.4.2 浏览与组织照片

随着图库中照片的数量越来越多，从庞大的图库中快速找到需要的照片就显得尤为重要。为此，Lightroom Classic 为我们提供了多种浏览与组织照片的工具。

笔者的习惯是，导入照片后立即浏览照片，把它们分门别类地放入相应的收藏夹中。事先花点时间整理照片，能够大大加快以后查找照片的速度。

导入照片时，我们可以使用关键字（Tour）对照片进行标记，这是组织照片的第一步。

使用关键字标记照片是组织照片最直观、常用的方式。通过关键字，我们不仅可以对图库中的照片进行分类，还可以对图库中的照片进行检索。有了关键字，不管需要的照片叫什么、位于何处，我们都能快速找到它们。

关于关键字

关键字就是标签（如沙漠、迪拜），你可以把它们添加到照片上，方便查找与组织照片。通过添加相同的关键字，不管照片实际保存在哪里，我们都可以把一些照片关联起来，并在图库中创建虚拟分组。

为照片添加关键字时，关键字的数量没有明确限制，你可以为照片添加一个或多个关键字。工作区顶部有一个图库过滤器，使用其中的【元数据】和【文本】等过滤器，可以从图库中轻松、快速地查找到所需要的照片。

你可以使用关键字把照片划分成若干个类别，根据照片内容，通过添加人名、地点、活动、事件来组织照片。添加关键字时，先用一般的关键字来标记照片，然后在后面的组织过程中添加更精细的关键字。

向照片添加的关键字越多，就能越快、越容易地找到需要的照片。例如，你可以快速找到所有标有 Dubai（迪拜）关键字的照片，然后把搜索范围进一步缩小，从这些照片中找到含有 Desert（沙漠）关键字的照片，如图 1-13 所示。

图 1-13

关于关键字的更多内容将在第 4 课“管理图库”中讲解。

1.4.3 选片

把照片导入 Lightroom Classic 后，最好快速对照片做一下分类，如图 1-14 所示。这样做的目的是排除掉那些拍得不好的照片，把拍得好的照片保留下来。有关内容将在后面详细讲解，这里我们先大致了解一下相关操作。

图 1-14

❶ 按空格键或双击一张照片，放大显示照片。然后按快捷键 Shift+Tab 隐藏预览区周围的所有面板。将所有面板隐藏起来之后按 L 键，可在不同背景光模式之间进行切换，依次是【打开背景光】(默认)、【背景光变暗】、【关闭背景光】，按一次 L 键，变成【背景光变暗】(80% 黑)，再按一次 L 键，变成【关闭背景光】(全黑)。

把背景调暗有助于我们把视线集中到当前照片上，让我们可以更轻松、准确地评估当前照片。

> **注意** 按快捷键 Command+Return/Ctrl+Enter 能够以幻灯片放映方式显示照片。Lightroom Classic 会根据【幻灯片放映】模块中的设置重复播放幻灯片，按 Esc 键即可返回【图库】模块。

❷ 按 P 键为当前显示的照片标记【留用】旗标（▣），按 X 键标记【排除】旗标（▣），按 U 键移除所有旗标。按右箭头键，切换到下一张照片。

标记旗标时，若出现犹豫不决的情况，可按右箭头键暂且跳过。

❸ 按 Esc 键返回【网格视图】，然后按 L 键打开背景光。

此时，在【图库】模块下，就可以使用【图库过滤器】(位于照片缩览图上方）通过文本或元数据来搜索照片了。可以使用一个或多个属性（旗标、编辑、星级、颜色、类型）来进一步缩小搜索范围，从而把想要的那些照片显示在【网格视图】或胶片显示窗格中。例如，只想显示那些未标记旗标的照片，如图 1-15 所示。

图 1-15

❹ 若当前过滤器栏（图库过滤器）未在工作区上方显示，请在菜单栏中选择【视图】>【显示过滤器栏】，将其显示出来。单击【属性】，在属性过滤器栏的【旗标】中选择中间的旗标（空心旗标），把未标记旗标的照片显示出来。

❺ 隐藏面板，关闭背景光，这样可以把注意力集中到标记旗标（留用、排除）上。随着标记旗标的进行，显示的照片数量会逐渐减少，等到遇到黑屏（即一张照片也没有）时，整个通过标记旗标来分类照片的过程就结束了。按 L 键打开背景光，按快捷键 Shift+Tab 显示面板，然后在属性过滤器栏的【旗标】中取消选择中间的空心旗标。也可以选择在【网格视图】和胶片显示窗格的缩览图上显示旗标和其他相关信息。带有【排除】旗标的照片显示为灰色，而带有【留用】旗标的照片有白色边框，如图 1-16 所示。

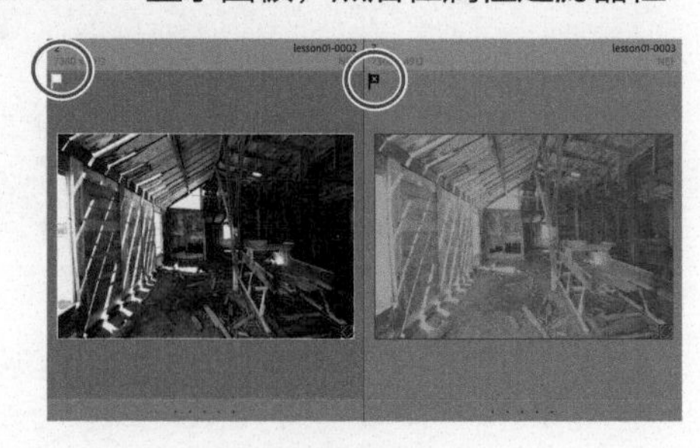

图 1-16

❻ 此外，标星级也有助于我们按重要性将照片划分为不同等级。为当前显示的照片快速标星级的方法是按数字键 1（1 星）~ 5（5 星）。按数字键 0，可以移除星级。请

注意，我们一次只能为一张照片标一个星级，再次标星级时，新星级会代替旧星级。这里，我们从图库中选三四张照片，练习一下标星级操作（3 星、4 星、5 星）。

在【图库】模块（包括所有视图）和胶片显示窗格中，标注的星级都会显示在照片的缩览图下方，如图 1-17 所示。

色标在标记具有特定用途或应用于特定项目的照片时非常有用。例如，可以使用红色标签标记那些需要裁剪的照片，使用绿色标签标记那些需要校正的照片，使用蓝色标签标记打算用在幻灯片中的照片。

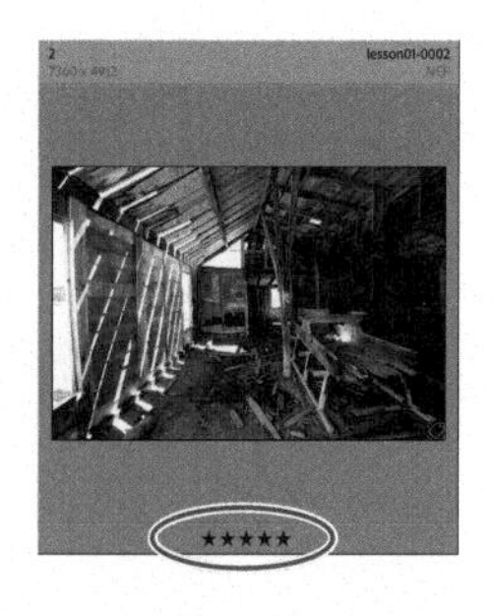

图 1-17

提示 每次用键盘在幻灯片中标记照片时，所指定的星级、旗标或色标都会在工作界面的左下角短暂地显示出来，以便确认操作。

7 在向当前显示的照片添加色标时，也可以使用数字键：数字键 6 代表红色标签，数字键 7 代表黄色标签，数字键 8 代表绿色标签，数字键 9 代表蓝色标签。请注意，紫色标签没有对应的数字键。若想移除某张照片上的色标，只需再按一次其对应的数字键即可。

在【图库】模块（【网格视图】）与胶片显示窗格中，带有色标的照片在不同的选择状态下有不同的呈现效果。当处于选中状态时，照片周围会有一个很窄的颜色框；当处于非选中状态时，照片单元格的背景会变成相应的颜色，如图 1-18 所示。

在【图库】模块下的【图库过滤器】中，我们可以使用旗标、星级、色标等来查找符合指定条件的照片。例如，你能快速找到标有 5 星，又带有绿色标签和【留用】旗标的照片吗?

在属性过滤器栏中开启这 3 个标记（星级、色标、旗标），就会找到同时符合上面 3 个条件的照片。如果找不到，请在开启这 3 个标记之前先确保图库中存在一张这样的照片。

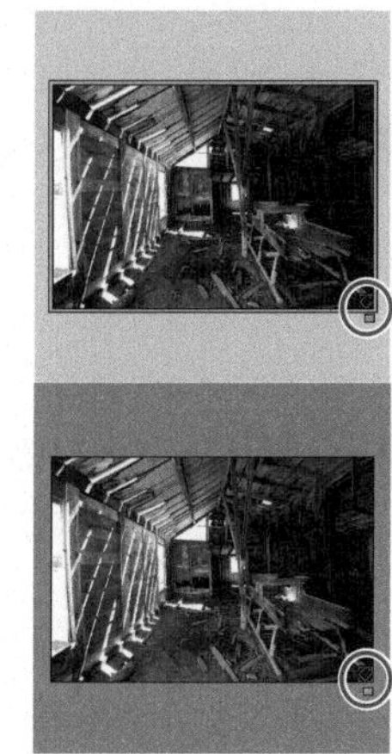

图 1-18

1.4.4 使用收藏夹

使用旗标、星级、色标标记好照片之后，就可以把标出的照片分别放入相应的收藏夹中了。在 Lightroom Classic 中，收藏夹用来分门别类地组织目录文件中的照片。收藏夹是组织照片的基础，也是组织照片最好用的工具，我们应该尽早学习并掌握它，进而熟练应用。有关收藏夹的更多内容，后面的课程中会进行详细讲解，这里先简单介绍收藏夹的类型。

- 快捷收藏夹:【目录】面板下的一个临时收藏夹，用来临时存放一系列照片。
- 标准收藏夹:【收藏夹】面板下存放时间更长久的照片分组。
- 智能收藏夹：这种收藏夹会根据特定条件从图库中自动筛选一系列照片。
- 收藏夹集：允许在其中存储多个收藏夹或其他收藏夹，主要用来做组织工作。

下面我们一起尝试创建一个标准收藏夹。

1 在【目录】面板中确保【上一次导入】文件夹处于选中状态。在菜单栏中选择【视图】>【排序】>【文件名】，在【网格视图】与胶片显示窗格中显示出所有照片。若看不到全部照片，请检查一下过滤器栏中是否已经取消选择所有过滤器，或者直接单击【无】，如图 1-19 所示。

图 1-19

注意 在【网格视图】与胶片显示窗格中，选中的照片会高亮显示，照片周围有较粗的白色框线（若照片添加了色标，则显现的是彩色框线），缩览图背景呈浅灰色。若同时选中了多张照片，则当前活动照片的背景会呈现更浅的灰色。有些命令只影响当前处于活动状态的照片，而有些命令则影响选中的所有照片。

注意 若在【网格视图】中看到的信息与图 1-19 不一样，可能是使用了其他视图模式。有关视图模式的内容，后面的课程中会进行详细讲解。

随着导入的照片越来越多，【上一次导入】文件夹中的内容会不断更新，因此我们无法再通过在【目录】面板中选择【上一次导入】文件夹来隔离这组特定的照片了。在这种情况下，我们可以通过在【文件夹】面板中选择相应的文件夹来获取这组照片，也可以通过搜索 Lesson 01 关键字来查找所有相关照片，但是如果那些照片没有共用的关键字，或者散布在不同的文件夹中，那查找起来也不容易。其实，最好的做法是在【收藏夹】面板中创建一个收藏夹（长久存在的虚拟分组），任何时候只要单击它，就能访问同一组照片。

提示 收藏夹可以嵌套在一起，形成"收藏夹集"。例如，可以创建一个 Portfolio（作品集）收藏夹集，然后在其中创建 Portraits（人像）、Scenery（风景）、Product Shots（产品）、Black&White（黑白）等子收藏夹。每次导入一张新照片时，把新照片添加到其中一个收藏夹中，这样可以逐渐建立起作品集。

❷ 创建收藏夹之前，先按快捷键 Command+A/Ctrl+A 选中【网格视图】中的所有照片。

❸ 在【收藏夹】面板右上角单击加号图标（+），在弹出的菜单中选择【创建收藏夹】。在打开的【创建收藏夹】对话框的【名称】文本框中输入"Lesson 01 - Tour"，在【位置】选项组中取消勾选【在收藏夹集内部】复选框，在【选项】选项组中勾选【包括选定的照片】复选框，取消勾选其他复选框，单击【创建】按钮。

此时，新创建的收藏夹就出现在【收藏夹】面板中了。收藏夹右侧有一个数字，用来指示照片的数量。

1.4.5 重排与删除收藏夹中的照片

使用【上一次导入】与【所有照片】两个文件夹（两个文件夹都在【目录】面板中）中的照片时，不足之处是你无法灵活地组织照片。缩览图的排列顺序要么依据的是拍摄时间（默认），要么依据的是工具栏的【排序依据】菜单中的选项。

但是，在收藏夹中，不管是在【网格视图】中还是在胶片显示窗格中，都可以自由地重排照片，甚至还可以把一些照片从工作视图中移除但不从目录文件中删除。

❶ 在【收藏夹】面板中，若新建的收藏夹（Lesson 01 - Tour）当前未处于选中状态，请单击它。然后在菜单栏中选择【编辑】>【全部不选】或者按快捷键 Command+D/Ctrl+D，取消全选。

❷ 在胶片显示窗格中按住 Command 键 /Ctrl 键，单击第 4 张与第 6 张照片，将它们选中，按住鼠标左键，把它们拖动到第 1 张照片与第 2 张照片之间，如图 1-20 所示。当出现黑色插入线时，释放鼠标左键。

图 1-20

提示 拖移照片时，请直接拖移照片的缩览图，不要拖移胶片显示窗格本身（缩览图外部）。

释放鼠标左键后，【网格视图】与胶片显示窗格中的所选照片会移动到新位置。

❸ 在预览区中单击空白区域，取消选择照片。在【网格视图】中单击第一个缩览图，按住鼠标左键，将其拖动到第 5 张和第 6 张照片之间。当出现黑色插入线时，释放鼠标左键。在工具栏中，【排序依据】变成【自定排序】，如图 1-21 所示。

图 1-21

❹ 若有照片处于选中状态，在菜单栏中选择【编辑】>【全部不选】。在【网格视图】中单击第 2 张照片（lesson01-0006，该照片过曝了）将其选中。然后，使用鼠标右键单击它，在弹出的快捷菜单中选择【从收藏夹中移去】。

【收藏夹】面板（以及胶片显示窗格）中显示当前收藏夹中的照片只有 9 张，如图 1-22 所示。

图 1-22

前面把一张照片从收藏夹中移除了，但其实它并没有从目录文件中删除。【目录】面板中的【上一次导入】和【所有照片】两个文件夹中包含的照片仍然是 10 张。收藏夹中保存的其实是指向原始照片的链接，删除链接不会影响到目录文件中的文件。

提示 如果想在两个收藏夹中以不同的方式编辑同一张照片，需要先创建一个虚拟副本，即为照片添加一个目录项，将其纳入第二个收藏夹中。有关内容将在第 5 课中讲解。

使用收藏夹中的图像有两大好处。首先，可以把一个图像添加到任意多个收藏夹中，实际添加的都是对 Lightroom Classic 目录文件中图像的引用（链接），并非图像副本；其次，修改了一个收藏夹中的某个图像之后，其他收藏夹中的这个图像的所有实例都会同步更新。这两大好处有助于我们更好地管理照片，并为我们做大量尝试提供了很大的方便。第 4 课“管理图库”中将继续讲解如何创建符合需要的收藏夹。

1.4.6 横排比较照片

有时，需要对照片做一下比较，从中挑出合适的照片。为此，Lightroom Classic 提供了一种很有用的比较模式。

提示 使用鼠标右键单击背景，选择一种新颜色，可改变【放大视图】或【筛选视图】的背景颜色。

❶ 按快捷键 Command+D/Ctrl+D，取消选择所有照片。在胶片显示窗格中同时选中两张照片，然后在工具栏中单击【比较视图】按钮，切换到【比较视图】，如图 1-23 所示。此外，还可以在菜单栏中选择【视图】>【比较】，或者直接按 C 键，进入【比较视图】。

图 1-23

❷ 在【比较视图】中，默认左侧窗格中的照片处于【选择】状态，右侧窗格中的照片处于【候选】状态。按左箭头键或右箭头键，可以不断更换【候选】状态（右侧窗格）中的照片，如图 1-24 所示。

图 1-24

❸ 按 Tab 键，然后按 F5 键，隐藏左右两侧与顶部的面板，这样照片就能以更大的尺寸显示在【比较视图】中了。

提示 如果使用的是 Mac 计算机，并且不是全尺寸键盘，请先按住 Fn 键，再按 F5 键。

❹ 如果你发现了一张很满意的照片，想用它替换掉左侧窗格中的照片（【选择】状态下的照片），请在工具栏中单击右侧的【互换】按钮，如图 1-25 所示，把左右两个窗格中的照片互换，即互换【选择】状态下的照片和【候选】状态下的照片。然后，按左右箭头键，不断更换候选照片，把当前所选照片与收藏夹中的其他照片进行比较。

图 1-25

⑤ 找到想要的照片后，在工具栏中单击右端的【完成】按钮，处于【选择】状态的照片（左侧窗格中的照片）就会以单图的形式显示在【放大视图】中。

1.4.7 同时比较多张照片

在【比较视图】中只能比较两张照片，而在【筛选视图】中可以同时比较多张照片，不断缩小选择范围，直到找到最合适的那张照片。

提示 把一组照片并排放在一起有助于从中选出一张最合适的照片或者选出那些需要编辑的照片。在【筛选视图】中，仍然可以使用旗标、星级、色标对照片进行分类。

① 在菜单栏中选择【编辑】>【全部不选】。在胶片显示窗格中按住 Command 键 /Ctrl 键，随意单击 5 张照片，然后单击工具栏中的【筛选视图】按钮（位于【比较视图】按钮右侧），或者在菜单栏中选择【视图】>【筛选】，或者直接按 N 键，进入【筛选视图】。

在【筛选视图】中，所有选中的照片都会显示出来，选择的照片越多，单张照片的预览尺寸就越小。当前选中照片的周围有一条细细的黑线，在胶片显示窗格或预览区中单击某张照片的缩览图，即可将其变为当前选中的照片。

② 如果想把某两张照片放在一起比较，只需要把它们拖放在一起，其他照片会自动让出位置。

③ 把鼠标指针移动到某张照片上，这张照片的右下角会出现一个取消选择图标（☒），如图 1-26 所示。

图 1-26

单击这个图标，就会把这张照片从【筛选视图】中移除，如图 1-27 所示。

图 1-27

在【筛选视图】中移除一张照片后，预览区中的其余照片会自动调整尺寸与位置，以填满整个可用空间。而且在【筛选视图】中移除一张照片并不会真正地将其从收藏夹中移除。

提示 若不小心在【筛选视图】中移除了某张照片，可在菜单栏中选择【编辑】>【还原“取消选择照片”】，将其重新添加到【筛选视图】中；也可以在胶片显示窗格中按住 Command 键 /Ctrl 键，单击这张照片，将其重新添加到【筛选视图】中。

4 不断地在【筛选视图】中移除照片，逐渐缩小选择范围，直到只剩下一张最满意的照片。然后按 E 键，切换到单张放大视图。

5 按快捷键 Shift+Tab（有可能需要按两次），显示所有面板。按 G 键，返回【网格视图】，然后在菜单栏中选择【编辑】>【全部不选】。

1.5 修改与编辑照片

选好要编辑的照片之后，就该修改与编辑照片了。Lightroom Classic 为我们提供了非常强大的【修改照片】模块，另外还有【图库】模块中的【快速修改照片】面板。

在【快速修改照片】面板中，我们可以对照片做一些简单的调整，例如校正颜色、调整色调、应用预设等。相比之下，【修改照片】模块提供了一套更完整、更强大、更易用的图像处理工具，使用这些工具，我们能够更好地调整和控制图像。

1.5.1 使用【快速修改照片】面板

下面先快速调整一下图像的颜色与色调，然后再使用【快速修改照片】面板中的工具做进一步的调整。

1 选择 Lesson 01 - Tour 收藏夹，其中共有 9 张照片。

提示 若收藏夹中什么图像都看不见，请检查一下【图库过滤器】，确保【无】处于选中状态。

2 在胶片显示窗格或【网格视图】中，把鼠标指针放在第 7 张照片（一个旧邮局）上，弹出的工具提示中有一些基本信息。单击缩览图将其选中，其名称会在胶片显示窗格的水平栏（位于缩览图上方）中显示出来。

3 在胶片显示窗格中双击选中的照片，将其在【放大视图】下显示出来。在右侧面板组中单击面板名称右侧的三角形，展开【直方图】与【快速修改照片】两个面板，如图 1-28 所示。

不论是看图像缩览图，还是看直方图，你都会发现这张照片的曝光有些不足，而且中间调对比不够，画面显得平淡、单调，白平衡偏向左侧。下面我们来一起解决这些问题。

提示 为了给【放大视图】中的图像留出更多显示空间，可以使用【窗口】>【面板】子菜单下用于隐藏左侧面板、模块选取器、胶片显示窗格的命令，以及【视图】菜单中的显示与隐藏工具栏、过滤器栏的命令。

图 1-28

④ 在【快速修改照片】面板的【色调控制】选项组中单击【自动】按钮，在【直方图】面板中观察色调分布曲线的变化情况，如图 1-29 所示。

图 1-29

虽然自动调整功能无法做到十全十美，但对照片的改善效果还是相当明显的。经过自动调整之后，照片暗部区域中的大多数色调、颜色细节都重新找回来了，这一点可以从直方图中得到印证，即直方图被稍微推向了右侧。此时，照片的色调已经平衡得比较好了，但还是需要再做一点调整。

提示 在【色调控制】选项组中的【自动】按钮与【全部复位】按钮（位于面板底部）之间来回单击，然后在【放大视图】中评估自动色调控制是否达到预期效果。

❺ 单击【自动】按钮右侧的三角形，展开【色调控制】选项组中的所有控制项。双击【对比度】最右侧的箭头（右双箭头），双击【高光】最左侧的箭头（左双箭头）。单击【阴影】【清晰度】【鲜艳度】最右侧的箭头（右双箭头）。最后，把【白平衡】设置为【自定】，然后单击右侧的三角形，展开白平衡控制项，尝试调整各个控制项。这里，双击【色温】右侧的单箭头，减少画面中的绿色，让画面稍稍变暖一些，如图 1-30 所示。

图 1-30

注意 你看到的最终调整结果可能与上图不一样，因为在不同的显示器、不同的操作系统（macOS 或 Windows）下，设置的数值大小可能会有一些不同。

相比原始照片，调整后的照片在最亮与最暗的区域中有了更多细节，而且画面的整体对比度和颜色也更好了。按 D 键切换到【修改照片】模块，按反斜杠键（\）可以在调整前与调整后之间切换，方便比较调整前后的效果。按 E 键返回【图库】模块。

1.5.2 使用【修改照片】模块

在【快速修改照片】面板中，我们可以对照片做一些简单的调整，但是看不到确切的调整数值。

例如，在上一小节的调整中，我们不知道自动调整了哪些参数，以及分别调整了多少。【修改照片】模块为我们提供了一个更全面的编辑环境，并且也提供了更加精确的照片调整工具。

❶ 让上一小节调整的照片仍处于选中的状态，执行以下任意一种操作，切换到【修改照片】模块。

- 在工作区顶部的模块选取器中单击【修改照片】。
- 在菜单栏中选择【窗口】>【修改照片】。
- 按快捷键 Command+Option+2/Ctrl+Alt+2。

❷ 按 F7 键显示左侧面板组，单击【历史记录】左侧的三角形，展开【历史记录】面板；在右侧面板组中，单击【基本】右侧的三角形，展开【基本】面板。除了【导航器】（左侧）和【直方图】（右侧）面板之外，把当前处于展开状态的面板全部折叠起来。

【历史记录】面板中列出了对照片所做的每一次调整（包括在【图库】模块的【快速修改照片】面板中所做的调整），如图 1-31 所示，单击其中一条历史记录，Lightroom Classic 会把照片恢复到该记录前的状态。

【提高色温】是最近一次调整，所以它在【历史记录】面板的最上方。【历史记录】面板底部记录的是导入操作，并且会显示导入的日期与时间。单击这条记录，Lightroom Classic 会把照片恢复到原始状态。把鼠标指针移动到某条历史记录上时，【导航器】面板会显示照片当时的状态。

【基本】面板中显示的是各个调整项的具体数值，这些数值在【快速修改照片】面板中是不显示的。经过前面的一系列调整后，照片当前的状态如下：【曝光度】+0.84、【对比度】+47、【高光】−98、【阴影】+88、【白色色阶】+11、【黑色色阶】−13、【清晰度】+20、【鲜艳度】+35、【饱和度】−1，如图 1-32 所示。不过，调整照片时，使用的调整值不必非得和这里一样。

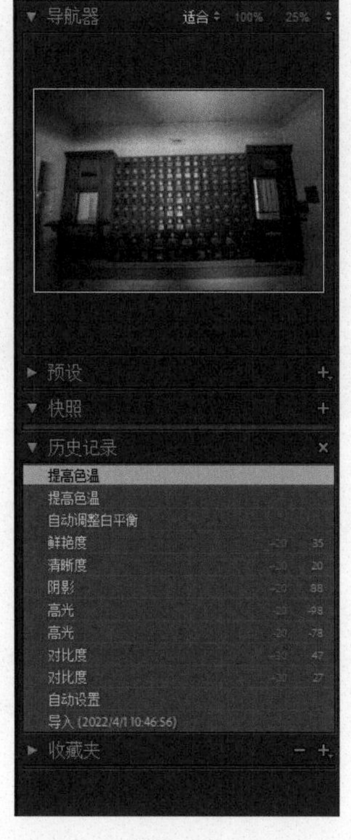

图 1-31

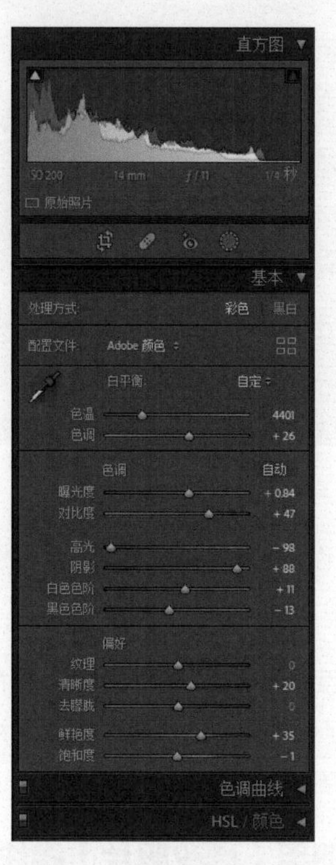

图 1-32

❸ 在【历史记录】面板中单击对照片做的第一次调整——自动设置，然后在【基本】面板中查看各个调整值。

就当前照片来说，单击【自动】按钮，【色调】选项组中的所有设置以及【偏好】选项组中的两个设置都会得到调整；但是在向其他照片应用自动色调时，所改动的设置可能会比较少，而且具体的调整值可能会完全不一样。

提示 在 Lightroom Classic 中，可以轻松地清除所选历史记录之前的历史记录。具体的操作方法是：使用鼠标右键单击某条历史记录，在弹出的快捷菜单中选择【清除此步骤之前的历史记录】。

❹ 在【历史记录】面板中，单击最上方的一条记录，把照片恢复到最近状态。

❺ 在工具栏（【视图】>【显示工具栏】）中单击【修改前与修改后】按钮右侧的小三角形，在弹出的菜单中选择【修改前 / 修改后 左 / 右】，如图 1-33 所示。

比较【修改前】与【修改后】的两张照片，了解一下照片的最终调整效果是什么样的。接下来，我们一起来看一看应用了自动色调之后，我们在【快速修改照片】面板中做的手动调整会产生多少变化。

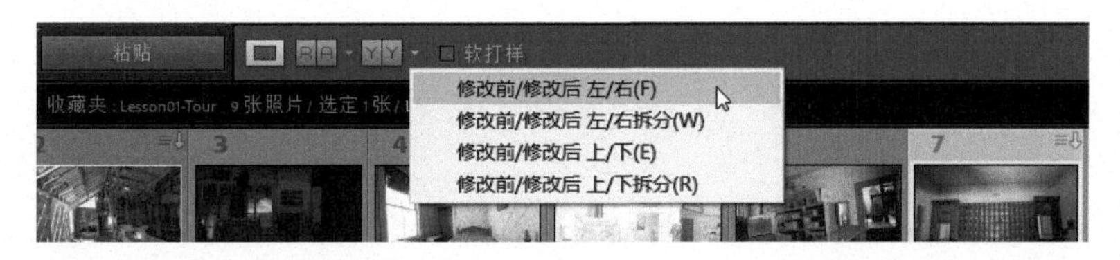

图 1-33

> **注意** 若工具栏中未显示【修改前与修改后】按钮，请单击工具栏最右侧的三角形，在弹出的菜单中选择【视图模式】。

⑥ 在【历史记录】面板中，激活最近一次白平衡调整，然后使用鼠标右键单击【自动设置】按钮，在弹出的快捷菜单中选择【将历史记录步骤设置拷贝到修改前】，如图 1-34 所示。

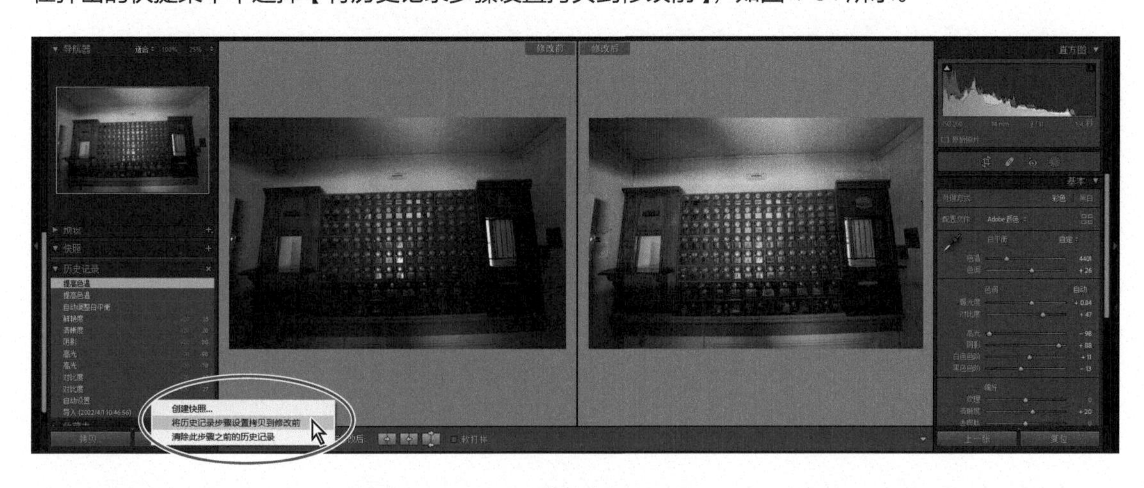

图 1-34

关于【修改照片】模块下的照片矫正和调整工具的内容有很多，这些内容将在后续课程中讲解。再次观察照片，可以发现照片有点倾斜，下面我们先矫正照片，然后再进行裁剪。

1.5.3 矫正与裁剪照片

① 在【修改照片】模式下按 D 键，切换到【放大视图】。

② 在【直方图】面板中单击【裁剪叠加】按钮（或者按 R 键），如图 1-35 所示。借助【裁剪叠加】工具，我们可以对照片进行矫正与裁剪处理。

③ 此时，会显示一个包含【裁剪】工具和【矫正】工具的面板。单击【矫正】工具，鼠标指针变成了一个十字准星，而且右下角出现了一个水平仪，它们会跟随鼠标指针一起移动。

④ 按住鼠标左键沿着背景墙体与天花板的交接线，拖曳绘制出一条直线段。释放鼠标左键后，Lightroom Classic 会旋转照片，让直线段变为水平线，同时【矫正】工具又重新出现在【裁剪叠加】工具选项面板中，如图 1-36 所示。若对矫正结果不满意，可以先撤销（按快捷键 Command+Z/Ctrl+Z），再重新尝试。此外，还可

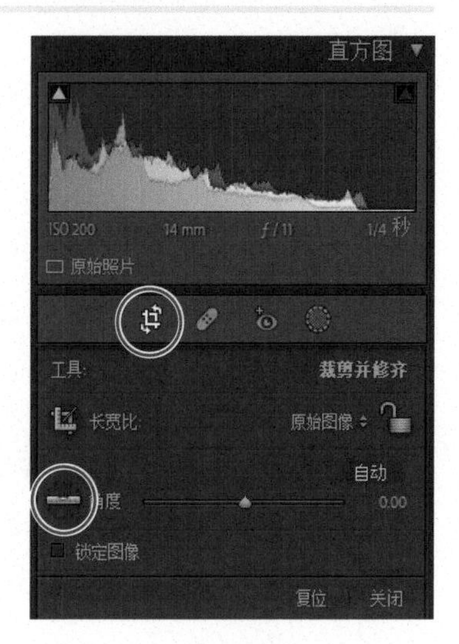

图 1-35

以拖动角度控制滑块，或者直接输入一个角度值来旋转照片。

图 1-36

Lightroom Classic 会自动在矫正后的照片上叠加一个裁剪矩形，尽可能多地保留照片内容，同时保持原始照片的长宽比，并裁切掉照片边缘。

提示 若想在裁剪时保持原始照片的长宽比，请先从裁剪长宽比菜单中选择【原始图像】，然后再单击右侧的锁头图标，锁定裁剪长宽比。

如果想调整裁剪矩形的大小，可以拖动裁剪矩形上的 8 个控制手柄。如果想改变裁剪参考线的样式，可从【工具】>【裁剪参考线叠加】子菜单中选择一种裁剪参考线；选择【工具】>【工具叠加】>【从不显示】，可隐藏裁剪参考线。

❺ 单击【裁剪叠加】按钮，或者单击面板右下角的【关闭】按钮，或者单击工具栏中的【完成】按钮，完成裁剪。如果对裁剪结果不满意，无论何时，都可以再次单击【裁剪叠加】按钮，重新调整裁剪。

1.5.4 调整光线与色调

前面，我们在【快速修改照片】面板中使用色调控件调整过一张照片。下面我们一起学习如何使用【修改照片】模块下【基本】面板中的各种调整控件来调整照片。

❶ 在【修改照片】模块下依次按 F6 与 F7 键（或者使用【窗口】>【面板】子菜单），显示胶片显示窗格，隐藏左侧面板组。在胶片显示窗格中单击照片 lesson01-0003，如图 1-37 所示。

图 1-37

> **注意** NEF 文件格式是尼康相机的原生文件类型。后面我们还会看到 RAF 文件格式，它是富士相机的原生文件类型。

这张照片的曝光严重不足，颜色不对，缺少细节与焦点，并且画面中有污点。

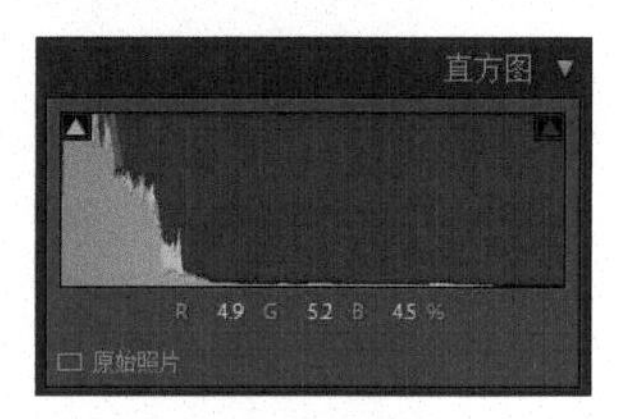

图 1-38

❷ 在右上角的【直方图】面板中观察直方图，可以看到照片中的大部分像素位于图形的左半部分，如图 1-38 所示，这是曝光不足造成的。

❸ 在【基本】面板中单击【色调】选项组右上角的【自动】按钮，观察直方图和照片画面发生了什么变化，如图 1-39 所示。

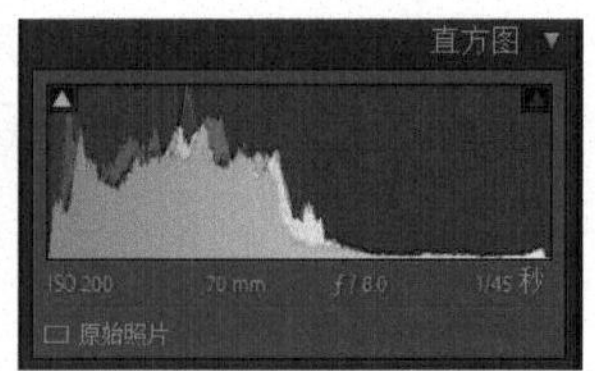

图 1-39

> **提示** 我们之所以选择 RAW 格式拍摄照片，是因为 RAW 格式的文件中包含了大量拍摄信息，这些信息为我们后期处理照片提供了很大的操作空间，是否要在 Lightroom Classic 中充分利用这些信息取决于我们自己。

此时，照片画面看上去好多了。观察直方图，首先，照片中的大部分像素移动到了直方图中间，整个画面变亮了；其次，像素在直方图中拉得更开了，画面的对比度变大了。这是一个不错的起点，接下来我们在此基础之上做进一步的调整，把画面调得更好。

❹ 在【基本】面板中可以看到，自动色调的调整影响了【色调】选项组中的 6 个色调控制项，以及【偏好】选项组中的【鲜艳度】与【饱和度】，如图 1-40 所示。

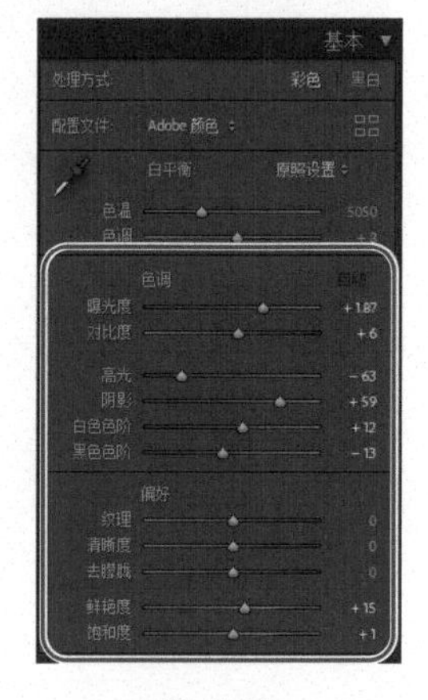

图 1-40

经过自动色调调整，当前照片已经有了一个不错的效果，我们在此基础上做一些手动调整。

❺ 向左移动【高光】滑块，把高光值设置为 −100，或者直接在右侧的输入框中输入“−100”，同时观察直方图和照片画面的变化。

减少高光似乎不符合常理，但它能有效地把图像数据从直方图的两端拉向中心，大大缩小波谷所影响的色调范围。接下来，我们先调整曝光度、阴影、对比度，把波谷推到一个允许的范围内，最后再调整白色色阶、色温、色调。

❻ 依次把【曝光度】【阴影】【对比度】【白色色阶】【黑色色阶】设置为 +2.00、+70、+46、

+31、-13。经过这些调整之后，照片中的细节更丰富了，如图 1-41 所示。

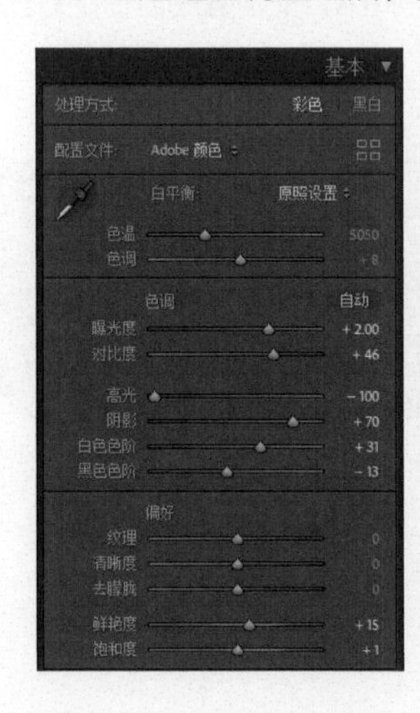

图 1-41

到这里，自动色调调整让白平衡看起来挺不错，这些调整使照片色调产生了很好的改善效果。如果觉得照片画面太蓝了，可以把【色温】滑块向右拖动，使画面变暖一些。【色调】滑块用来向画面中添加绿色或洋红色。有关如何正确设置白平衡的内容，将在第 5 课中详细讲解。

7 按 F7 键，或者使用【窗口】>【面板】子菜单，把左侧面板组重新显示出来。在【历史记录】面板中，在当前状态（位于列表顶部）、导入时状态（列表底部）、自动设置的记录之间来回单击切换，观看直方图与【放大视图】，比较有什么变化，如图 1-42 所示。做完比较后，使照片在【放大视图】中处于打开状态，继续学习下一小节。

原始照片

自动色调调整

自动色调调整 + 手动调整

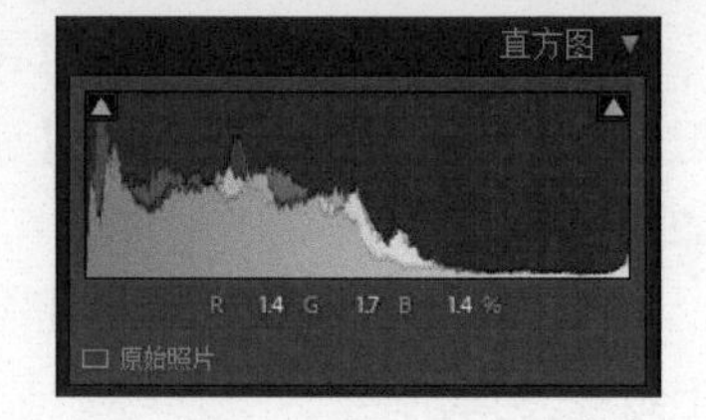

图 1-42

1.5.5 使用径向渐变创建暗角效果

为了吸引观者的注意力，需要在照片画面中添加一个暗角。借助径向渐变，我们可以通过一个带羽化的椭圆蒙版向照片指定区域应用局部调整，制作一种非居中的暗角效果。

【效果】面板中有一种【裁剪后暗角】效果，它只能应用在画面中心。与此不同，我们可以把径向渐变调整的中心放到画面的任意位置，引导观者把注意力集中到选择的那部分上。

图 1-43

默认情况下，Lightroom Classic 会把局部调整应用到椭圆的外部区域，椭圆的内部区域不受影响，但是径向渐变有一个【反相】复选框，勾选该复选框，可把局部调整应用到椭圆内部，如图 1-43 所示。

通过应用多个径向渐变，我们可以对照片做不同的处理，例如在同一张照片中突显多个区域，或者创建非对称的暗角等。

读者可以尝试在照片上添加各种自定义的暗角。下面，我们将学习如何使用【径向渐变】工具制作复杂一点的效果，以便为我们的照片增添一点色彩和气氛。

我们先对径向渐变的参数做一些调整，然后再把设置好的径向渐变应用到照片上。

注意 Lightroom Classic 2022 中加入了新功能——蒙版，如图 1-44 所示。我们将在第 6 课中深入介绍如何使用这一功能，对经验丰富的 Lightroom Classic 用户来说，了解这一点很重要。

图 1-44

❶ 在右侧面板组中，单击【直方图】面板下方的【蒙版】按钮，如图 1-45 所示，然后在蒙版选项中选择【径向渐变】工具。

图 1-45

激活【径向渐变】工具后，蒙版选项下方会出现一个工具选项面板。双击左上角的【效果】，把所有滑块的值设置为 0。

❷ 这里我们希望把房子的颜色凸显出来。把【色调】设置为 −6、【曝光度】设置为 −0.50、【阴影】设置为 22、【白色色阶】设置为 −6、【羽化】设置为 50，勾选【反相】复选框，如图 1-46 所示。

❸ 在【放大视图】中，把鼠标指针放到窗户右框附近的一个点上，按住鼠标左键并拖动以绘制一个圆形，如图 1-47 所示，调整圆形的位置和大小，然后释放鼠标左键。

提示 默认设置下，缩放径向渐变是以中心点为基准的。缩放时，若同时按住 Option 键 /Alt 键，则会以圆形的一侧为基准进行缩放。

添加好径向渐变之后，可以在照片画面中看到一个圆形，圆形中心有一个实心点，圆形上有 4 个圆形控制点。在【径向渐变】工具处于激活状态时，单击实心点，可从现有滤镜中选择一个进行编辑；拖动实心点，可以调整滤镜的位置；拖动一个圆形控制点，可以调整圆形的大小与形状。

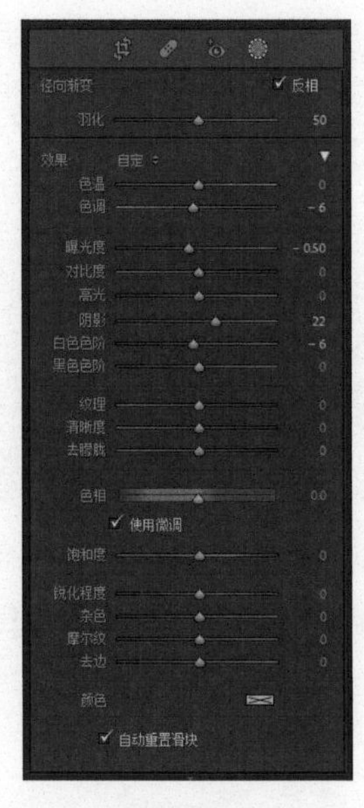

图 1-46

图 1-47

默认设置下，径向渐变中的调整会均匀地应用到图像未被遮罩的区域，就像叠加在上面一样。我们可以使用【范围蒙版】来指定应用的范围，例如，我们可以只让调整应用到具有特定亮度或颜色的区域中。相关内容将在第 6 课中详细讲解。

❹ 工具选项中间有一个【色相】滑块（位于【去朦胧】控件下方），可以使用这个滑块调整照片的整体色相。拖动滑块，把数值调整到 8.2 左右。

❺ 为了凸显画面，增加一些细节，我们需要向画面添加一点亮眼的颜色和一些细节。向右拖动【饱和度】滑块，使其数值变为 17，增加画面颜色的鲜艳度。稍微向右拖动【纹理】滑块，使其值变为 36，增加画面对比度。调高【纹理】数值，可以增强画面中弱对比区域的对比效果，同时又没有调整【清晰度】数值那样的副作用。向左拖动【杂色】滑块，使其数值变为 −100，效果如图 1-48 所示。

图 1-48

提示 在【效果】选项组中，底部的一个调整选项是【颜色】，请确保其右侧颜色框中显示的是白底上有一个黑色叉号（无色彩效果）。若不是，请单击颜色框，在打开的面板中把饱和度设置为 0。

提示 如果你在自己的计算机屏幕上看到的颜色与书中插图差别很大，可以尝试校正一下显示器的颜色。有关校正显示器颜色的方法，请阅读 macOS/Windows 帮助文档。如果差别不是很大，那很有可能是色彩空间变了，例如，把 RGB 转换成了 CMYK，这时把色彩空间改回来即可。

到这里，我们对照片的调整就接近尾声了，但是画面中还有一些污点会影响图像的整体效果。在 Lightroom Classic 中，我们可以使用【污点去除】工具去除画面中的污点。

1.5.6 使用【污点去除】工具

我们拍摄的照片中总会有一些污点，这些污点是需要在后期处理照片时去除的。这些污点可能来自相机的传感器，每次更换相机镜头，都会有灰尘落到相机的传感器上（请尽量不要在尘土飞扬的地方更换相机镜头）。除了污点之外，还有一些不希望在画面中看到的东西也要去除，例如不应该在画面中出现的人手、电线杆等。在 Lightroom Classic 中，我们可以使用【污点去除】工具轻松去除画面中的污点或不需要的部分，从而改善画面整体效果。

❶ 单击【污点去除】按钮（【直方图】面板下方的第二个图标），或者按 Q 键将【污点去除】工具激活。

❷【污点去除】工具有两种模式：【仿制】与【修复】，如图 1-49 所示。在【仿制】模式下，Lightroom Classic 只是直接把一个区域中的内容复制到另外一个区域中。而在【修复】模式下，Lightroom Classic 会把复制的内容与原有内容进行混合，以获得更自然的效果。这里只讲【修复】模式。除了模式之外，我们还可以调整画笔大小、画笔边缘的软硬程度（羽化），以及结果的不透明程度（不透明度）。

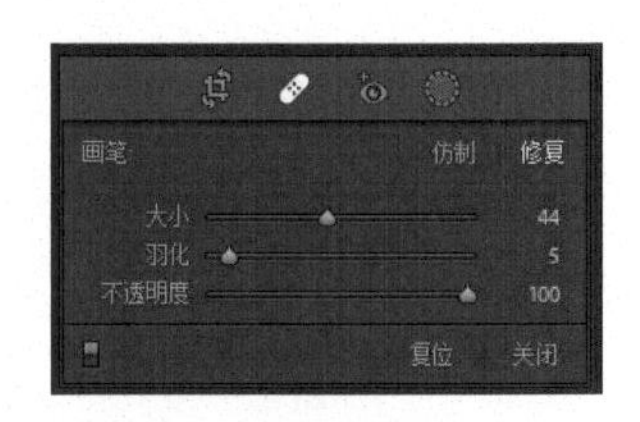

图 1-49

> **提示** 选择【污点去除】工具后，按左、右中括号键（[、]），可以减小或增大画笔大小。

❸ 预览图左下角的工具栏中有一个很棒的功能：显现污点。开启该功能后，图像会变成黑白负片，有助于我们找出画面中的污点，如图 1-50 所示。【显现污点】右侧有一个滑动条，用来调整图像的对比度。图像中的污点一般不容易被发现，往往把照片印刷出来才发现有污点存在，这时你不得不把印刷品扔掉，白白浪费了金钱。因此，在打印之前，找到并去除污点就显得十分有必要，尽早去除污点可防止印出废品，大大节省成本。我们将在后面课程中使用这个功能，这里暂且将其关闭。

图 1-50

❹ 根据污点大小调整画笔大小，然后移动鼠标指针并在污点上单击，Lightroom Classic 会自动在附近找一块区域复制到污点位置，同时出现两个圆圈（第一个圆圈圈住污点，第二个圆圈是复制的源），两个圆圈用箭头连接在一起，箭头方向表示复制的方向，如图 1-51 所示。如果对修复结果不满意，可以单击第二个圆圈，把它移动到合适的位置。

图 1-51

❺ 使用【污点去除】工具时，不仅可以单击修复污点，还可以按住鼠标左键拖曳修复污点。当按住鼠标左键在一大块区域（如窗户区域）中拖动时，会看到一个白色的笔触，释放鼠标左键后，Lightroom Classic 会在附近找一块区域并复制至白色笔触中，如图 1-52 所示。如果对修复结果不满意，可以拖动复制源，找一块更合适的区域并复制。

图 1-52

拖动【显现污点】右侧的滑块，找出画面中的其他污点，并使用【污点去除】工具去除，效果如图 1-53 所示。

图 1-53

去除画面中的污点是一件耗时的事，但是又必须要做，只有去掉了画面中的污点，才能保证观者的注意力不会被这些污点分散掉。不管你的照片中有多少污点，都可以使用【污点去除】工具去掉。经过前面一系列的处理之后，示例照片的画面干净多了。在【污点去除】工具选项面板中，单击右下角的【关闭】按钮，如图 1-54 所示，退出【污点去除】工具。

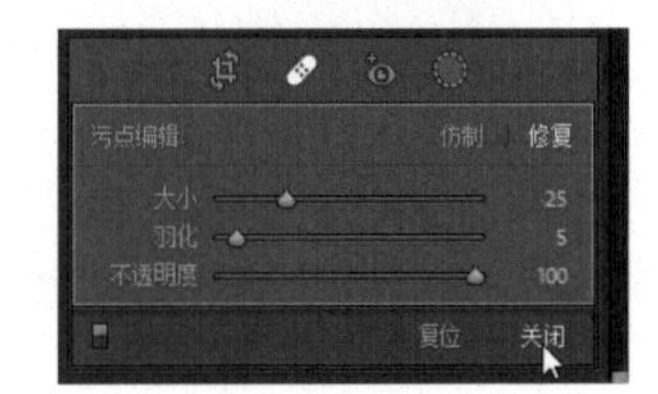

图 1-54

1.6 使用电子邮件分享作品

编辑好照片之后，就可以把照片分享出去了，分享的对象可以是客户、朋友、家人，也可以是世界各地的人（例如，你可以把照片上传到照片分享网站或展示自己作品的个人网站中）。在 Lightroom Classic 中，只需要花几分钟，就能制作出一个漂亮的画册或幻灯片，可以指定排版样式，并把照片发布到网上，或者生成一个极具个人特色的动画相册，以便上传到个人网站上。

在第 7 课“制作画册”、第 8 课“制作幻灯片”、第 9 课“打印照片”中，我们会详细讲解 Lightroom Classic 中有关制作专业幻灯片、版面布局、网络画廊的各种工具和功能。这里，我们只介绍如何在 Lightroom Classic 中使用电子邮件把处理好的照片发送出去。

❶ 按 G 键返回【网格视图】，然后按快捷键 Command+D/Ctrl+D，或者在菜单栏中选择【编辑】>【全部不选】，取消选择所有照片。在胶片显示窗格中，按住 Command 键 /Ctrl 键单击 lesson01-0003 与 lesson01-0008 两张照片，把它们同时选中。

❷ 在菜单栏中选择【文件】>【通过电子邮件发送照片】。

Lightroom Classic 会自动检测安装在计算机中的默认电子邮件程序，并打开一个对话框，供用户指定电子邮件的地址、主题、收件人，以及照片附件的尺寸与质量。

> **注意** 在 Windows 系统中，如果未指定默认的电子邮件程序，打开对话框的顺序可能和这里的（macOS）不一样。但是基本流程是一样的，只是可能需要先参照步骤 8、9、10 设置好电子邮件账户，再回到这一步。

❸ 单击【地址】按钮，打开【Lightroom 通讯簿】对话框。单击【新建地址】按钮，然后在【姓名】文本框和【地址】文本框中输入姓名与地址，单击【确定】按钮，如图 1-55 所示。

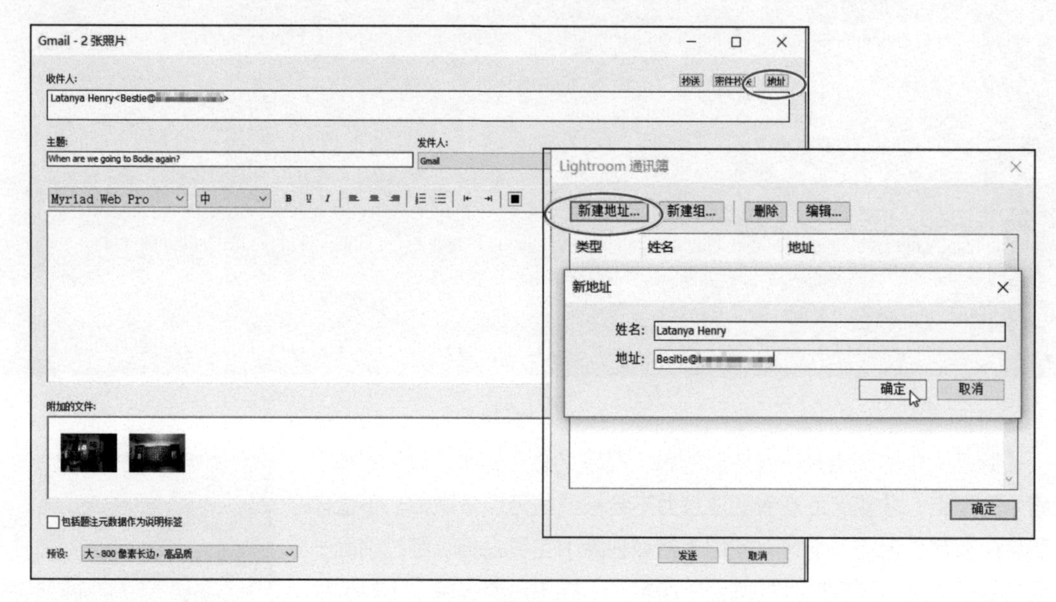

图 1-55

❹ 单击【地址】按钮，重新打开【Lightroom 通讯簿】对话框，在其中可以指定任意多个收件人。在【选择】列中，勾选添加的收件人，单击【确定】按钮。

❺ 在【主题】文本框中为电子邮件输入一个主题。

❻ 在【预设】下拉列表（位于对话框底部）中选择照片尺寸和质量，如图 1-56 所示。

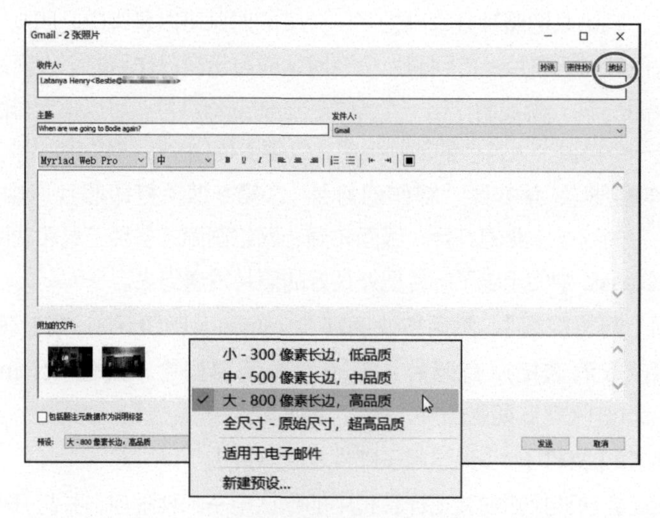

图 1-56

❼ 如果想使用默认的电子邮件程序，可以单击【发送】按钮，然后在标准电子邮件窗口中输入要发送的内容。

❽ 如果想直接连接到基于网页的邮件服务上，则需要先建立一个账户。在【发件人】下拉列表中选择【转至电子邮件账户管理器】，如图 1-57 所示。

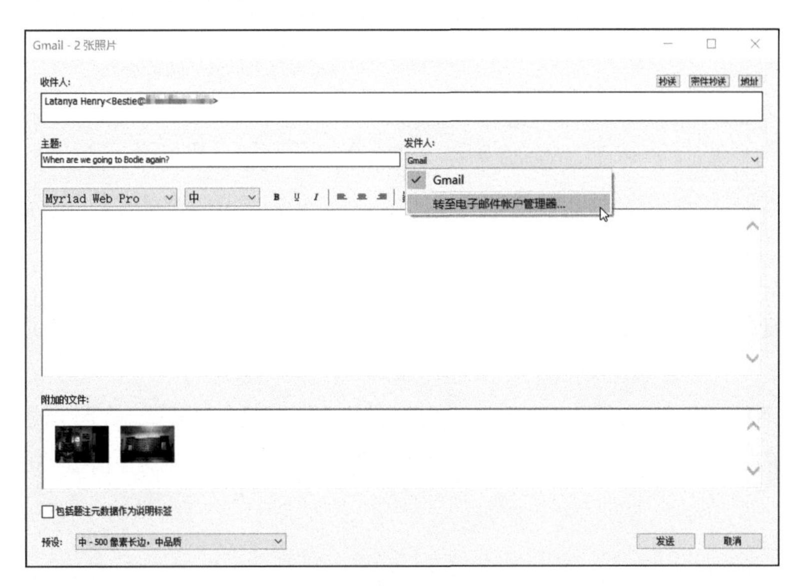

图 1-57

❾ 在打开的【Lightroom 电子邮件账户管理器】对话框中，单击左下角的【添加】按钮，在打开的【新建账户】对话框中输入电子邮件账户名称，选择服务提供商，然后单击【确定】按钮，如图 1-58 所示。

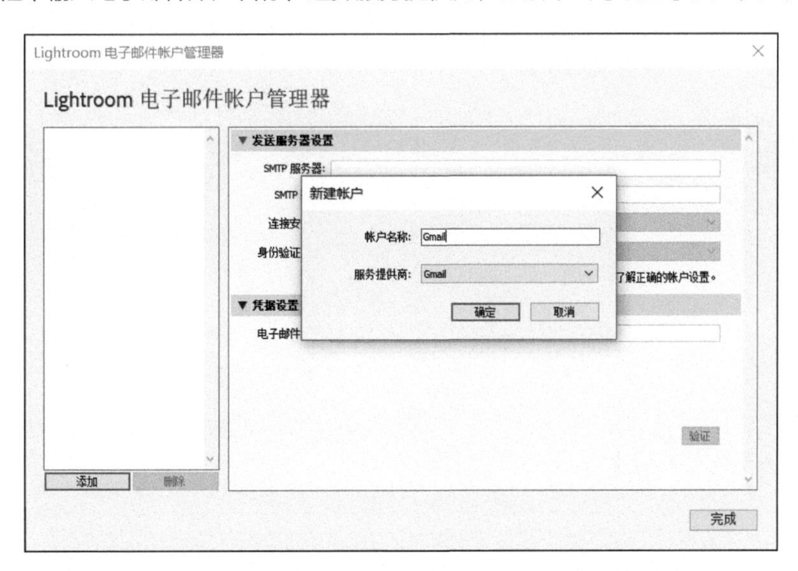

图 1-58

❿ 在【凭据设置】选项组中输入电子邮件地址、用户名、密码，然后单击【验证】按钮，如图 1-59 所示。

Lightroom Classic 会使用设置的凭据验证电子邮件账户。若左侧电子邮件账户列表中出现绿点，表示验证成功，此时 Lightroom Classic 可以访问输入的网页电子邮件账户。

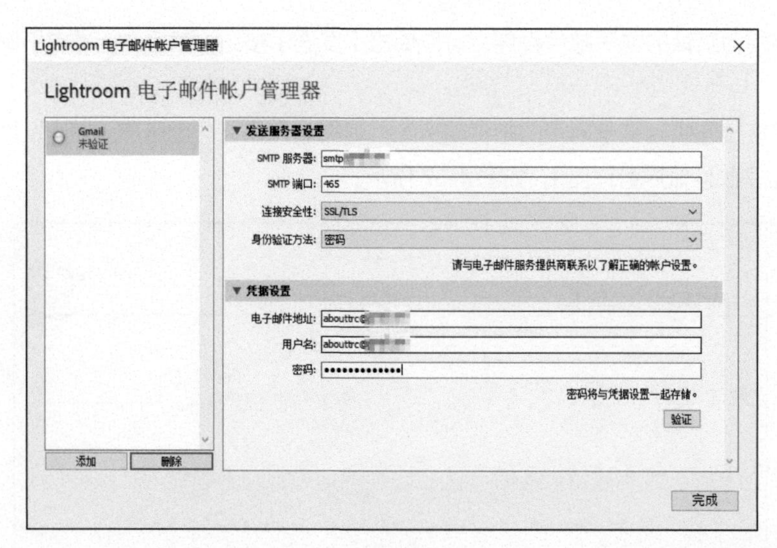

图 1-59

⑪ 单击【完成】按钮，关闭【Lightroom 电子邮件账户管理器】对话框。在照片附件上方的文本框中输入电子邮件内容，选择合适的字体、字号和字体颜色。最后，单击【发送】按钮，把照片发送出去。

1.7 复习题

1. 什么是非破坏性编辑？
2. Lightroom Classic 中有哪些模块，在工作流程中如何使用？
3. 在不改变程序窗口的前提下，如何增大预览区域？
4. 对照片进行分类时，相比使用共享关键字，把照片归类到收藏夹中有什么好处？
5. 在【图库】模块中（使用【快速修改照片】面板）编辑照片与在【修改照片】模块中编辑照片有什么不同？

1.8 答案

1. 对图库中的照片进行编辑（裁剪、旋转、矫正、润饰等）时，Lightroom Classic 会把编辑信息记录到目录文件中，并不是直接应用到原始照片上，即原始照片中的数据未发生改动，这就是所谓的非破坏性编辑。
2. Lightroom Classic 有 7 个模块，分别是【图库】【修改照片】【地图】【画册】【幻灯片放映】【打印】【Web】。工作流程是从【图库】模块开始的，用户可以把照片导入图库中，然后在【图库】模块中组织照片、分类照片、搜索照片、管理不断增长的目录文件，以及记录发布的照片。在【地图】模块中，用户可以利用照片的 GPS 数据（位置信息）组织照片。【修改照片】模块提供了完整的编辑环境，包含用于矫正、润色、增强、输出照片所需要的各种工具。【画册】【幻灯片放映】【打印】【Web】各个模块都提供了多种预设，以及一系列强大、易用的自定义控件。借助这些预设，用户能够快速创建复杂的布局和幻灯片，向其他人展示与分享作品。
3. 各个工作区中的面板和面板组都是可以隐藏的。隐藏了某个面板后，视图区域会自动扩展到空闲区域。在 Lightroom Classic 中，预览区是唯一不能隐藏的部分。
4. 对照片进行分类时，相比使用共享关键字，把照片归类到某个收藏夹中，不仅可以轻松改变照片在【网格视图】与胶片显示窗格中的显示顺序，还可以轻松把一张照片从收藏夹中移除。
5. 【快速修改照片】面板中只提供了一些简单控件，只能使用这些简单的控件来校正照片颜色、调整照片色调，以及快速应用一些现成的预设。相比之下，【修改照片】模块提供了一个更全面、更方便的编辑环境，里面包含许多更强大、更好用的照片处理工具。

摄影师
比努克·瓦吉斯（BINUK VARGHESE）

“照片是这个时代的通用语言。”

我是一名驻迪拜的旅行摄影师，来自印度的喀拉拉邦，热衷于在全球各地旅行，领略各地独特的文化和美丽的风景。作为一名旅行摄影师，最棒的事就是有机会遇到形形色色的人，了解他们的居住环境和生活方式。

我最近拍摄的项目叫“镜头下的生活”，里面收录了一些我个人最喜欢的人物肖像。这些人物肖像都是我在旅途中拍摄的，每个人物肖像都描绘了不同的人物，也讲述了不同的故事。我试图通过照片来反映真实生活及其蕴藏的情感，探索未知，分享未见。我会主动定格一些神奇的瞬间，热衷于拍摄那些能够给人以深刻思考或震撼人心的难忘画面。通过我的照片，你会发现，我是一个喜欢简朴生活的人。

照片是这个时代的通用语言，我的作品就是使用这种语言来讲述各种故事。同时，我的照片重新审视和定义了那些我抓拍的瞬间。对我来说，摄影就像是生存必不可少的氧气，驱使着我不断前行。

工作中，我一直使用 Lightroom Classic 对照片进行分类，维护照片不断增加的图库，以及快速分享我的作品。

在摄影方面，我会一如既往地教导、鼓励新人，继续挖掘、颂扬感人的故事。

第 2 课

导入照片

课程概览

本课主要讲解以下内容。

- 从相机或读卡器中导入照片
- 从硬盘或可移动存储设备中导入照片
- 导入前检查照片
- 重命名导入的照片
- 备份策略
- 设置自动导入与创建导入预设
- 从其他目录文件与程序中获取照片

学习本课需要 1～2 小时

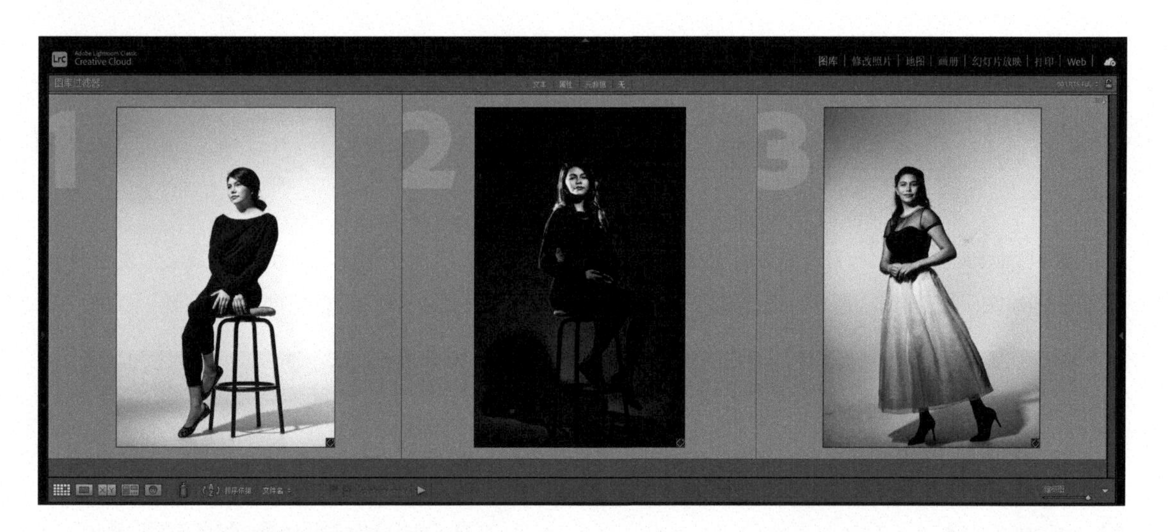

Lightroom Classic 提供了大量实用工具，使用户单击【导入】按钮后就能着手组织、管理数目不断增长的照片，例如创建备份、创建与组织文件夹、以高放大倍率查看照片、添加关键字和其他元数据等，这些处理有助于节省对照片进行分类和查找所需要的时间，而且这些处理都是在将照片导入目录文件之前进行的。

2.1 学前准备

在学习本课内容之前，请确保已经为课程文件创建好了 LRC2022CIB 文件夹，且下载好了 lesson02 文件夹并放到了 LRC2022CIB\Lessons 文件夹中。此外，还要确保已经创建了 LRC2022CIB Catalog 目录文件来管理课程文件。

❶ 启动 Lightroom Classic。在打开的【Adobe Photoshop Lightroom Classic- 选择目录】对话框中选择 LRC2022CIB Catalog.lrcat 文件，单击【打开】按钮，如图 2-1 所示。

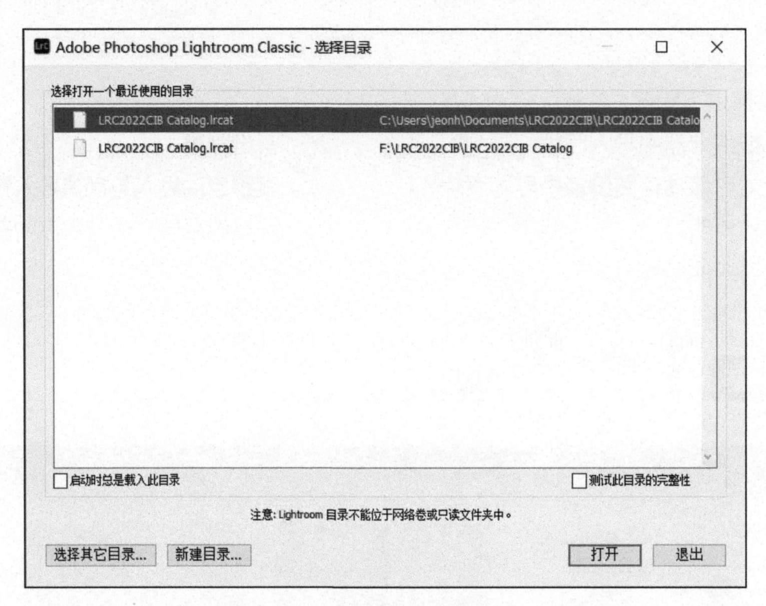

图 2-1

❷ Lightroom Classic 在【正常】屏幕模式下打开，并进入上一次退出 Lightroom Classic 时处于活跃状态的模块。在工作区上方的模块选取器中单击【图库】，如图 2-2 所示，切换到【图库】模块。

图 2-2

2.2 Lightroom Classic 是你的数字笔记本

开始学习之前，我想先打个比方，帮助大家理解 Lightroom Classic 在组织照片方面都做了些什么。在本书的内容讲解过程中，我会时不时地提到这个比方。

假设你现在坐在家里，有人敲门，塞给你一箱照片，要求你妥善保管这些照片。于是，你接过箱子，把它放在客厅的桌子上。为了记住你把照片放在了什么地方，你掏出一个笔记本，在笔记本上记下：照片在客厅桌子上的箱子里。

过了一会儿，又有人敲门，并且又塞给你另一箱照片。你接过箱子，把它放在卧室的一个抽屉里。你想记住它的位置，于是也把它记在了笔记本中。随后，有更多的箱子送上门来，你把它们分别放到房间的不同地方，并在笔记本中记下每个箱子的位置。虽然照片越来越多，但你并不想忘记其中的任何一箱。

在这个过程中，你的那个笔记本也逐渐变成了一个专用的本子，里面记录着每箱照片在你家里的存放位置。

有一天，你在家无聊，来到客厅桌子前，摆弄了一下桌上箱子里的照片，把它们的顺序重新排了一下。你想记下这个变化，于是你在笔记本中写下：客厅桌子上箱子里的照片已经按照特定顺序进行了排列。

这样，在你的笔记本中，不仅记录着每箱照片在家里的存放位置，还记录着你对每箱照片做的调整。

这个笔记本在 Lightroom Classic 中对应的是目录文件，Lightroom Classic 的目录文件是一个数字笔记本，里面记录着照片的位置，以及你对照片做的处理。

实际上，Lightroom Classic 并不保存照片，它只在目录文件中保存照片（或视频）的相关信息，包括照片在硬盘上的位置、相机拍摄数据，以及照片相关描述、关键字、星级等，这些信息你可以在【图库】模块中设置。此外，在【修改照片】模块中，你对照片做的每次编辑也都会保存到这个目录文件中。

说到 Lightroom Classic 中的目录文件，你只要把它想象成一个数字笔记本，知道里面记录着照片的位置，以及你对照片做的处理就行了。

2.3 照片导入流程

针对导入照片，Lightroom Classic 为用户提供了大量选择。用户可以直接从数码相机、读卡器、外部存储器中导入照片，也可以从另外一个 Lightroom Classic 目录文件或其他程序中导入照片。执行导入照片操作时，可以直接单击【导入】按钮，也可以使用菜单命令，或者使用简单的拖放方式。当连接好相机，或者把照片移动到一个指定文件夹时，Lightroom Classic 就会启动照片导入流程，自动导入照片。不论从哪里导入照片，在导入照片之前，Lightroom Classic 都会打开【导入】对话框，要想顺利完成照片的导入，我们必须好好了解这个对话框。

【导入】对话框的顶部给出了导入照片的基本步骤，从左到右依次是：选择导入源、选择 Lightroom Classic 导入照片的方式、指定导入目的地（仅选择【拷贝 DNG】【拷贝】【移动】导入方式时才有效）。导入照片时，如果只想设置这些信息，则可以把【导入】对话框设置成紧凑模式，此时对话框会显示更少的选项，如图 2-3 所示。如果想显示更多选项，请单击对话框左下角的三角形，把对话框从紧凑模式变成扩展模式。

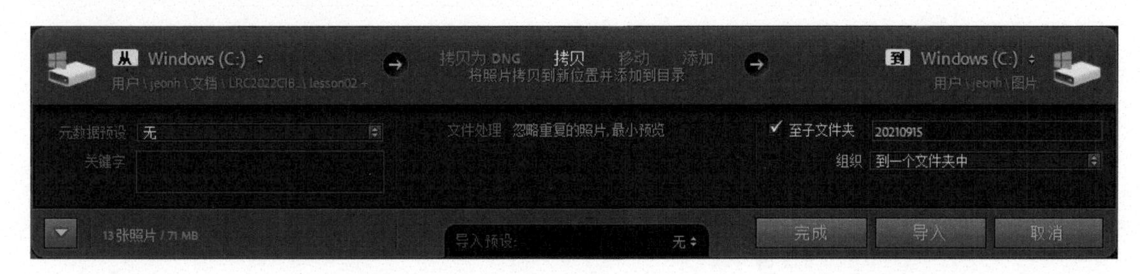

图 2-3

扩展模式下，【导入】对话框的外观、行为与 Lightroom Classic 中的工作界面类似，如图 2-4 所示。在左侧的【源】面板中，可以指定要导入哪里的照片。对话框的中间部分是预览区，以缩览图的形式显示导入源中的照片，可以选择【网格视图】显示，也可以选择【放大视图】显示。选择的导入方式不同，对话框右侧面板显示的内容会有所不同，当选择【拷贝为 DNG】、【拷贝】或【移动】时，右侧面板是一个导入目的地面板，在这里除了可以指定把照片导到哪里之外，还可以使用里面的大量处理照片的选项，让 Lightroom Classic 在导入照片时就对照片做一些处理。

图 2-4

2.3.1 从数码相机中导入照片

下面详细介绍从数码相机中导入照片的整个流程。学习本小节内容时，强烈建议读者使用自己的相机拍一些照片，然后亲自动手导入。拿起你的相机，拍 10 ~ 15 张照片，不管拍什么都行，但一定要保证相机存储卡中有照片，以便我们动手体验导入照片的流程。

先设置 Lightroom Classic 的首选项，确保在把相机或存储卡连接到计算机时，Lightroom Classic 会自动启动导入流程。

❶ 在菜单栏中选择【Lightroom Classic】>【首选项】（macOS）或者选择【编辑】>【首选项】（Windows），在打开的【首选项】对话框中单击【常规】选项卡，在【导入选项】选项组中勾选【检测到存储卡时显示导入对话框】复选框，如图 2-5 所示。

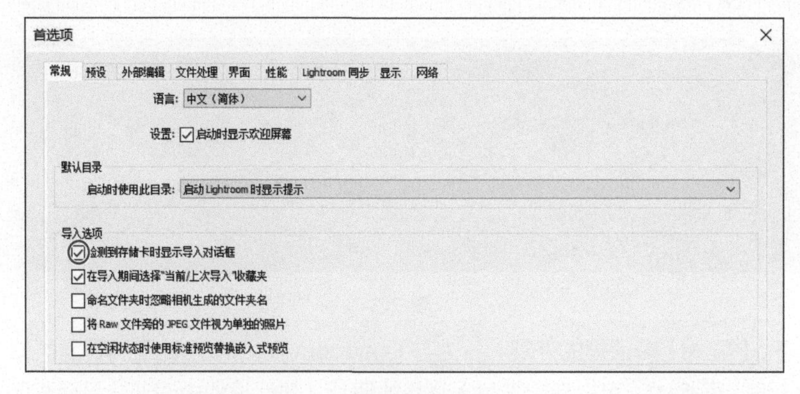

图 2-5

有些相机会在存储卡上自动生成文件夹名。如果这些文件夹名对组织照片无帮助，可勾选【命名文件夹时忽略相机生成的文件夹名】复选框，忽略相机生成的文件夹名。有关文件夹命名的内容稍后讲解。

❷ 单击【关闭】按钮或者【确定】按钮，关闭【首选项】对话框。

❸ 按照产品说明手册，把数码相机或读卡器连接到计算机上。

❹ 在不同操作系统和照片管理软件下，这一步可能不一样，如下所示。

- 在 Windows 系统中，若弹出自动播放对话框或者设置面板，请选择【在 Lightroom Classic 中打开图像文件】，可以把这个选项设置为默认选择。
- 如果计算机中还安装了其他 Adobe 图像管理程序，如 Adobe Bridge，就会打开【Adobe 下载器】对话框，请单击【取消】按钮。
- 若打开【导入】对话框，请前往步骤 5。
- 若未打开【导入】对话框，请在菜单栏中选择【文件】>【导入照片和视频】，或者单击左侧面板组下的【导入】按钮。

❺ 若【导入】对话框处在紧凑模式下，单击对话框左下角的【显示更多选项】按钮，如图 2-6 所示，即可在展开的【导入】对话框中看到所有选项。

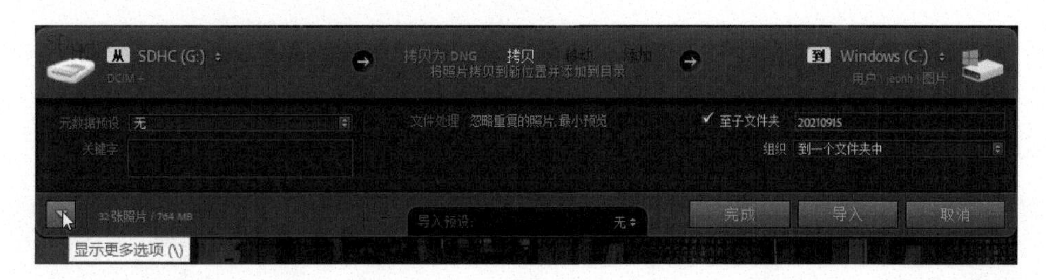

图 2-6

不管是在紧凑模式下还是在扩展模式下，【导入】对话框顶部都给出了导入照片的 3 个步骤，从左到右依次是：

- 选择要从哪里把照片导入 Lightroom Classic 的目录文件中；
- 指定照片的导入方式，导入方式决定了导入照片时 Lightroom Classic 会如何处理照片；
- 设置要把照片导入哪里，指定导入照片时要应用到照片上的预设、关键字及其他元数据。

此时，对话框左上方的【从】区域及【源】面板（位于【导入】对话框左侧）的【设备】下拉列表中将显示相机或存储卡，如图 2-7 所示。

根据计算机的设置不同，有些计算机会把相机存储卡识别为可移动存储设备。遇到这种情况时，【导入】对话框中显示的可用选项会有一些不一样，但影响不大。

❻ 在【源】面板中，如果存储卡出现在可移动硬盘（非设备）下，请在【文件】选项组中单击它将其选中，并且勾选【包含子文件夹】复选框，如图 2-8 所示。

> **注意** 如果存储卡被识别为可移动硬盘，导入方式中的【移动】和【添加】两个选项可能不可用，稍后我们会详细介绍这些导入方式。

❼ 在位于对话框中上部的导入选项中选择【拷贝】，把照片从相机复制到硬盘中，然后添加到目录文件中，原始照片仍然存储于相机的存储卡中。

图 2-7

图 2-8

在照片导入方式中，不管选择哪一个，Lightroom Classic 都会把当前选中的导入方式的简单描述在下方显示出来，如图 2-9 所示。

图 2-9

❽ 预览区之上有一个选项栏，里面有两个选项，把鼠标指针移动到这些选项上，Lightroom Classic 会显示每个选项的功能说明。这里，我们保持默认选择（【所有照片】）不变，暂且不要单击【导入】按钮，如图 2-10 所示。

图 2-10

提示 预览区的右下方有一个【缩览图】滑动条，拖动滑块可改变缩览图的大小。

在预览区中，每个缩览图的左上方都有一个对钩，表示当前这张照片会被导入。默认设置下，Lightroom Classic 会选中存储卡中的所有照片并进行导入。如果不想导入某张照片，请单击缩览图左上角的对钩（取消对钩），将其排除在外。

在 Lightroom Classic 中可以同时选择多张照片，然后同时改变所有所选照片的状态（取消对钩或打上对钩）。如果想同时选中连续的多张照片，请先单击第一张照片的缩览图或所在的预览窗格，然后按住 Shift 键单击最后一张照片，此时，位于第一张照片和最后一张照片之间的所有照片（包括第一张和最后一张照片）都会被选中。按住 Command 键 /Ctrl 键，单击一些照片的缩览图，不管它们是否连续，所单击的照片都会被同时选中。当同时选中多张照片时，单击其中任意一张照片左上角的对钩，可改变所有所选照片的导入状态。

请注意，在【导入】对话框顶部，请选择【拷贝】，而不是【添加】。请牢记，在导入照片期间，Lightroom Classic 并不是导入照片本身，它只是把照片添加到 Lightroom Classic 目录文件中，并记下它们的位置。当选择【拷贝】时，我们还需要指定目标文件夹。

当选择【添加】而非【拷贝】时，并不需要指定目标文件夹，被添加的照片仍然存放在原来的位置上。为了重复使用相机存储卡，最后我们一般都会把相机存储卡中的照片删除，我们不应该把相机存储卡作为照片的最终保存位置。因此，在从相机导入照片时，Lightroom Classic 不会提供【添加】与【移动】两个选项，而只提供【拷贝】选项，强制用户把照片从相机存储卡复制到另外一个能够持久保存的位置上。

接下来，我们还要指定目标文件夹，用来存放复制的照片。指定目标文件夹时，可趁机考虑如何在硬盘上组织照片。当前，保持【导入照片】对话框处于打开状态，选择一个目标文件夹，接下来，该设置其他导入选项了。

2.3.2 组织导入的照片

默认设置下，Lightroom Classic 会把导入的照片放入系统中的【图片】文件夹中，也可以选择其他任意一个位置。一般来说，我们会把所有照片保存到同一个位置下，这个位置可以是任意的，但是要尽早确定它，这有助于查找丢失的照片（相关内容后面讲解）。

学习本书课程之前，我们已经在计算机的“用户\[用户名]\文档”文件夹中创建了一个名为 LRC2022CIB 的文件夹。这个文件夹中已经包含了存放 LRC2022CIB Catalog 目录文件和学习本书课程所需图像文件的子文件夹。在此，出于练习的需要，我们会在 LRC2022CIB 文件夹中再创建一个子文件夹，用来存放那些从相机存储卡中导入的照片。

❶ 在【导入】对话框右侧的面板组中，折叠【文件处理】面板、【文件重命名】面板、【在导入时应用】面板，展开【目标位置】面板。

❷ 在【目标位置】面板中找到 LRC2022CIB 文件夹，然后单击【目标位置】面板左上方的加号按钮（+），从弹出的菜单中选择【新建文件夹】，如图 2-11 所示。

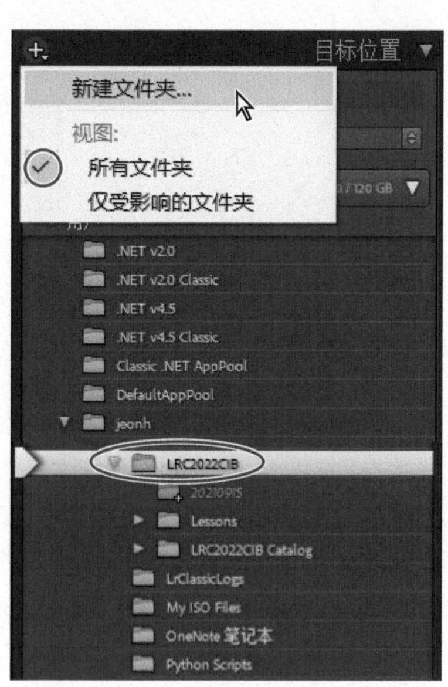

图 2-11

❸ 在打开的【浏览文件夹】（macOS）/【新建文件夹】（Windows）对话框中打开 LRC2022CIB 文件夹，单击【新建文件夹】按钮，输入新文件夹名称“Imported From Camera”，然后单击【创建】按钮（macOS）或按 Enter 键（Windows）。

❹ 在【浏览文件夹】/【新建文件夹】对话框中，确保

Imported From Camera 文件夹处于选中状态，然后单击【选择】(macOS) /【选择文件夹】(Windows)按钮，关闭对话框。此时,【目标位置】面板中会出现 Imported From Camera 文件夹，并处于选中状态。

同时,【导入】对话框右上方的【到】区域中也会显示创建的 Imported From Camera 文件夹，如图 2-12 所示。

图 2-12

在【目标位置】面板顶部的【组织】下拉列表中，Lightroom Classic 提供了多个帮助我们把照片组织到文件夹中的选项，这些选项会在把照片复制到硬盘时起作用。

- 到一个文件夹中：选择该选项后，Lightroom Classic 会把照片复制到新创建的 Imported From Camera 文件夹中；若勾选【至子文件夹】复选框，则 Lightroom Classic 在每次从相机导入照片时都会新建一个子文件夹，如图 2-13 所示。
- 按日期：选择该选项后，Lightroom Classic 会按拍摄日期组织照片；日期格式有多种，根据选择的日期格式，Lightroom Classic 会把照片复制到一个或多个子文件夹中。例如，选择“2022/04/02”这种日期格式，Lightroom Classic 会根据拍摄日期创建 3 层文件夹，第一层文件夹按年创建，第二层文件夹按月创建，第三层文件夹按日创建；选择“20220402”这种日期格式，Lightroom Classic 会为每一个拍摄日期创建一个文件夹。

注意 如果计算机把存储卡识别为可移动硬盘，那么在【组织】下拉列表中，可能还会看到【按原始文件夹】这个选项，稍后我们会讲这个选项。

从相机导入照片前，先考虑哪种文件夹组织方式满足当前需求，确定好文件夹的组织方式之后，每次从相机导入照片，就一直使用它。

❺ 出于练习的需要，我们在【组织】下拉列表中选择【到一个文件夹中】，这是推荐的默认选项，如图 2-14 所示。

图 2-13

图 2-14

❻ 勾选面板顶部的【至子文件夹】复选框，在右侧文本框中输入“Lesson 2 Import”作为新建子文件夹的名称，按 Return 键 /Enter 键。此时,【目标位置】面板底部的 Imported From Camera 文件夹中就出现了名为 Lesson 2 Import 的子文件夹。

关于文件格式

- 相机原生格式（RAW 格式）：包含的是直接来自数码相机传感器的未经处理的数据。大多数相机厂商都会使用自己专有的相机格式来保存这些原始数据。Lightroom Classic 支持从大多数相机读取这些数据，并把数据转换成全彩照片。在【修改照片】模块下，有一些控件可用来处理和解释这些原始图像数据。

- 数字负片格式（DNG 格式）：数码相机原始数据的公用存档格式。DNG 格式解决了某些相机原始数据文件缺乏开放标准的问题，确保摄影师在未来能够访问他们的文件。在 Lightroom Classic 中，可以把某个专有的原始数据文件转换成 DNG 格式。

- 标签图像文件格式（TIF、TIFF 格式）：用于在应用程序与计算机平台之间交换文件。TIFF 是一种灵活的位图图像格式，几乎所有的绘画、图像编辑和排版应用程序都支持它。另外，几乎所有桌面扫描仪都能生成 TIFF 格式的图像。Lightroom Classic 支持格式为 TIFF 的大型文档（每边最大长度为 65000 像素），但是其他大多数程序（包括 Photoshop 早期版本，即 Photoshop CS 之前的版本）都不支持大于 2GB 的文档。与 Photoshop 文件格式（PSD 格式）相比，TIFF 格式具有更大的压缩比和更优秀的行业兼容性，它是 Lightroom Classic 和 Photoshop 之间交换文件的推荐格式。在 Lightroom Classic 中，可以导出每个通道 8 位或 16 位位深的 TIFF 格式的图像文件。

- 联合图像专家组格式（JPEG 格式）：用于在网络照片库、幻灯片、演示文稿和其他在线服务中展示照片与拥有其他连续色调的图像。JPEG 格式保留了 RGB 图像中的所有颜色信息，它通过有选择性地丢弃数据来压缩文件。当打开一个 JPEG 格式的图像时，它会自动解压缩。在大多数情况下，“最佳质量”设置产生的结果与原文件没有区别。

- Photoshop 格式（PSD 格式）：标准的 Photoshop 文件格式。要在 Lightroom Classic 中导入和使用含有多个图层的 PSD 文件，必须在 Photoshop 中保存该文件，并开启【最大兼容 PSD 和 PSB 文件】选项，可以在【文件处理】首选项中找到这个选项。Lightroom Classic 会以每个通道 8 位或 16 位位深保存 PSD 文件。

- PNG 格式：Lightroom Classic 支持导入 PNG 格式的图像文件，但是不支持透明度设置，图像中的透明部分全部用白色填充。

- CMYK 文件：Lightroom Classic 支持导入 CMYK 文件，但是只支持在 RGB 色彩空间中编辑和输出它。

- 视频文件：Lightroom Classic 支持从大多数数码相机中导入视频文件。在 Lightroom Classic 中，可以为视频设置标签、星级、过滤器，以及把视频文件放入收藏夹和幻灯片中。而且，还可以使用大多数快速编辑控件修剪、编辑视频。单击视频缩览图上的相机图标，可启动 QuickTime 或 Windows Media Player 等外部视频播放器。

- Lightroom Classic 不支持如下文件类型：Adobe Illustrator 文件、Nikon Scanner NEF 文件、边长大于 65000 像素或者尺寸大于 512000 万像素的文件。

注意 从扫描仪导入照片时，请使用扫描仪自带的软件把照片扫描成 TIFF 或 DNG 格式。

创建导入预设

如果经常往 Lightroom Classic 中导入照片，你会发现每次导入照片时使用的设置几乎都是一样的。此时，可以在 Lightroom Classic 中把这些设置保存成导入预设，以简化导入流程。要创建导入预设，需要先在打开的【导入】对话框中指定导入设置，然后在预览区下的【导入预设】下拉列表中选择【将当前设置存储为新预设】，如图 2-15 所示。

图 2-15

在【新建预设】对话框的【预设名称】文本框中输入新预设名称，然后单击【创建】按钮，如图 2-16 所示。

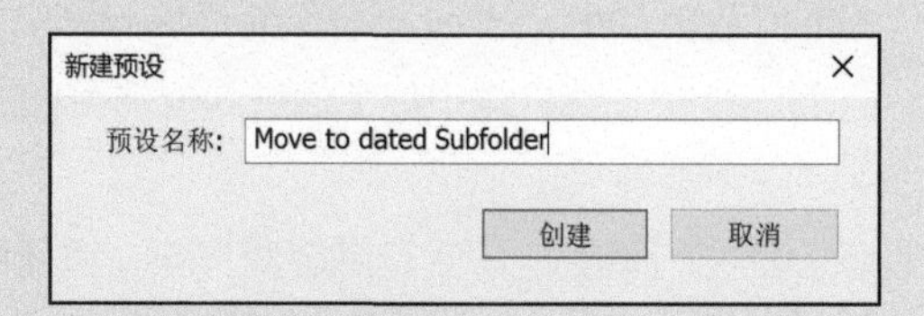

图 2-16

新预设中包含当前所有设置：导入源、导入方式（拷贝为 DNG、拷贝、移动、添加）、文件处理、文件重命名、修改照片设置、元数据、关键字、目标位置。可以为不同的任务创建不同的预设。例如可以创建一个预设，用于把照片从存储卡导入计算机中；也可以创建另外一个预设，把照片从存储卡导入网络附加存储设备中。甚至还可以针对不同的相机创建不同的预设，以便在导入照片的过程中快速应用相应的降噪、镜头校正、相机校准等设置，这样就不用每次都在【修改照片】模块中进行这些设置了，从而大大节省了时间。

使用紧凑模式下的【导入】对话框

创建好预设之后导入照片时，使用预设可以大大提高导入效率，即便使用紧凑模式下的【导入】对话框，照片的导入效率也会得到显著提升。使用预设时，可以以当前预设为起点，然后再根据实际需要修改导入源、元数据、关键字、目标位置等设置，如图 2-17 所示。

图 2-17

2.3.3 备份策略

接下来，我们要考虑：在Lightroom Classic中往指定位置创建主副本并将其添加到目录文件中时，是否需要为相机中的照片创建备份。若需要，在创建备份时，最好把它存放到单独的硬盘或外部存储设备上，这样当硬盘出现故障或不小心删除了源文件时，仍然有备份可用。

❶ 在【导入】对话框的右侧面板组中展开【文件处理】面板，勾选【在以下位置创建副本】复选框。

❷ 单击右侧的小三角形，从弹出的菜单中选择【选择文件夹】，如图 2-18 所示，为备份指定一个目标文件夹。

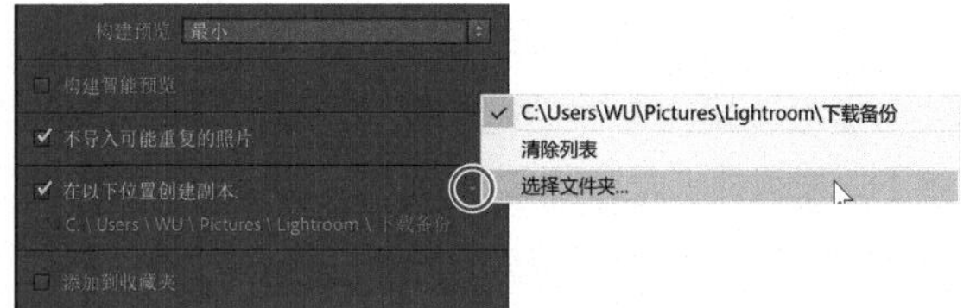

图 2-18

❸ 在【浏览文件夹】(macOS) /【选择文件夹】(Windows) 对话框中，选择要保存照片备份的文件夹，单击【选择文件夹】按钮。

请注意，这里的备份是作为一种预防措施，用来防止在导入照片的过程中因磁盘故障或人为错误而出现数据丢失的情况，并不能用来取代为硬盘文件准备的那些标准备份程序。

大多数情况下，我都不会开启这个备份选项，我经常使用计算机的备份系统（如时间机器）与网络附加存储设备进行备份。这是我个人工作流程的一部分，后面我会跟大家分享和介绍我个人常用的工作流程。

2.3.4 导入时重命名文件

对图库中的照片进行分类与搜索时，数码相机自动生成的文件名用处不大。其实，在往Lightroom Classic中导入照片时，可以对导入的照片进行重命名，而且Lightroom Classic提供了一些现成的文件名模板供我们选用。若不喜欢使用这些文件名模板，也可以自己定义文件名模板。

> **提示** 如果相机支持，可以考虑让相机为每张照片生成唯一的一个编号。这样，当清空或更换存储卡时，相机始终会为每张照片生成唯一的一个编号，而不会重新编号。如此，把这些照片导入图库时，这些照片就会拥有唯一的文件名。

❶ 在【导入】对话框的右侧面板组中展开【文件重命名】面板，勾选【重命名文件】复选框。在【模板】下拉列表中选择【自定名称 – 序列编号】，在【自定文本】文本框中输入一个描述性名称，然后按Tab键转到【起始编号】文本框中，输入一个数字编号。当从同一次拍摄或同系列拍摄中导入多组照片时（通常是从多个存储卡导入），添加不同编号有助于区分不同组的照片。此时，【文件重命名】面板底部的【样本】（示例）中会显示第一张照片的完整名称，如图 2-19 所示，其他所有照片都将按照这种格式命名。

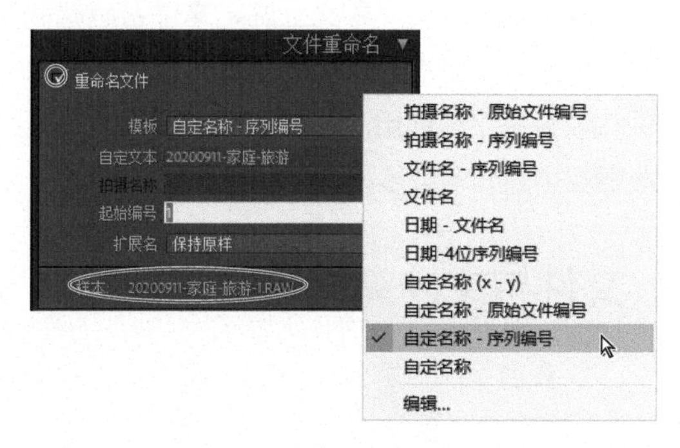

图 2-19

❷ 单击【自定文本】右侧的小三角形，在弹出

的菜单中，可以看到 Lightroom Classic 把输入的名称添加到了最近输入名称列表之中。在导入同一系列的另一组照片时，可以直接从菜单中选择已经设置好的名称。这不仅能节省时间和精力，还能确保后续批次的命名是相同的。如果想清空列表，可以从弹出的菜单中选择【清除列表】。

❸ 在【模板】下拉列表中选择【自定名称 (x - y)】。此时，【文件重命名】面板底部的【样本】(示例)中会显示更改后的文件名称。

❹ 在【模板】下拉列表中选择【编辑】，打开【文件名模板编辑器】对话框。在【预设】下拉列表中选择【自定名称 - 序列编号】。

在【文件名模板编辑器】对话框中，可以使用照片文件中包含的元数据信息（如文件名、拍摄日期、ISO 设置等）创建文件名模板、添加自动生成的序列编号及自定义文本。文件名模板中有一些占位符（标记），Lightroom Classic 在重命名时会使用实际值替换它们。在 macOS 中，占位符是蓝色高亮显示的；而在 Windows 系统中，占位符是使用大括号括起的。

创建文件名模板时，使用短划线把自定文本、日期、序列编号（4 位数）连起来，可把照片名称指定成 “vacation_images-20220404-0001” 这种形式，如图 2-20 所示。选择并删除自定文本，可将其从模板中移除。

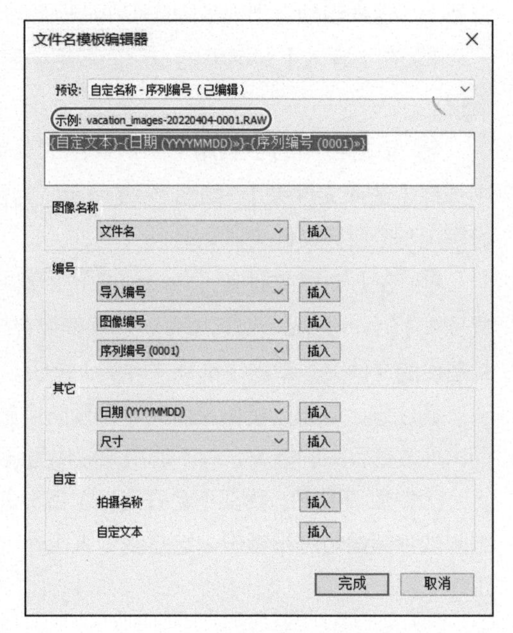

图 2-20

💡 提示　有关使用【文件名模板编辑器】对话框的更多内容，请阅读 Lightroom Classic 帮助文档。

❺ 在【预设】下拉列表中选择【将当前设置存储为新预设】。

❻ 在【新建预设】对话框的【预设名称】文本框中输入 “Date and 4 Digit Sequence”，如图 2-21 所示，然后单击【创建】按钮，再单击【完成】按钮，关闭【文件名模板编辑器】对话框。

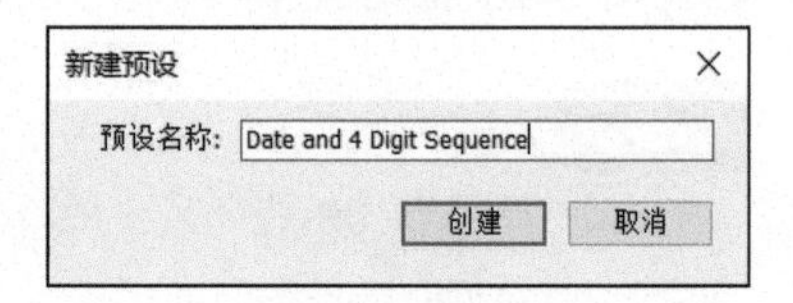

图 2-21

尽管导入照片时有很多重命名选项可用，但是一个文件名能够容纳的信息毕竟是有限的。虽然很想为照片文件指定一个描述性的名称，但保持一致性在存档过程中非常关键，从这个意义上说，文件名越精简越好。在实际为文件命名时，使用日期和序列编号这种简单的组织方式有助于提高工作效率。Lightroom Classic 的一大优势是它能够通过使用元数据、关键词和收藏夹来帮助用户迅速查找到目标照片。在给照片添加元数据、关键词，以及把照片组织到不同收藏夹中时，可以多使用一些描述性的文字。

文件与文件夹命名的小技巧

在前面的讲解中，我们提到为文件夹命名对组织照片是很重要的，并且给出了一个命名的例子。下面是一些文件与文件夹重命名的技巧和建议。

- 以类似的方式命名文件与文件夹，可让照片查找起来更容易。

- 与文件夹一样，每个文件的名称都以年份开始，然后加上月和日。
- 为文件与文件夹命名时，采用小写形式。
- 在日期之后添加一个描述拍摄的词语，但要尽量简短。
- 若需要在名称中添加间隔，请不要使用空格，建议使用短下划线（_）。
- 在文件名末尾添加 C1、C2、C3 等后缀，分别代表存储卡 1、存储卡 2、存储卡 3。当拍摄用到了多个存储卡时，添加这样的后缀非常有用，如图 2-22 所示。

例如，在导入 2019 年 10 月 26 日在州博览会上拍摄的照片时，可以把文件夹命名为“20191026_state_fair”。如果拍摄期间只使用了一个存储卡，那么可以把照片文件按“20191026_state_fair_c1_序列编号”格式命名。文件名很长，对不对？但里面确实包含了很多拍摄信息。

把 C1 添加到照片名称中还有一个很现实的原因：有时，在往 Lightroom Classic 中导入照片时，会遇到图 2-23 所示的照片，看起来这张照片好像来自一个有趣的艺术项目，但实际上这是一张损坏的照片，这表明我们使用的存储卡并不像想象的那么可靠。与其他东西一样，随着时间的推移，存储卡也有可能会出现问题。虽然我们真的不想因为存储卡出现问题而丢失拍摄的重要照片，但现实中确实存在这种可能。当出现这个问题时，若照片名称中包含存储卡编号，我们就能迅速确定到底是哪张存储卡出了问题。特别是当从多张存储卡导入照片时，如果照片名称中不包含存储卡编号，遇到损坏的照片时，你能说出是哪个存储卡出了问题吗？

图 2-22

图 2-23

买了一个存储卡之后，先给它贴一个标签，标上它的编号——C+ 编号。然后，再把存储卡编号添加到照片名称中。当发现一张损坏的照片时，看一下它的名字，就可以判断哪个存储卡出了问题，然后把出了问题的存储卡换掉。只要在存储卡上贴一个标签，注明编号（如 C1、C2），然后把存储卡编号添加到照片名称中，就可以避免很多麻烦。

在接下来的内容（以及第 4 课“管理图库”）中，我们会学习如何使用元数据、关键字、收藏夹。

❼ 如果想把照片导入 LRC2022CIB 目录文件中，请单击【导入】按钮；如果不想导入照片，请直接单击【取消】按钮，关闭【导入】对话框。

到这里，我们学习了如何从一个数码相机或存储卡中导入照片。接下来，我们学习如何从硬盘导入照片，并了解【导入】对话框中的其他选项。

2.3.5 从硬盘中导入照片

相比于从数码相机中导入照片，从硬盘或外部驱动器中导入照片时，Lightroom Classic 提供了更多照片组织选项。

与上一小节一样，导入照片的过程中，仍然可以选择把照片复制到新位置，也可以选择把照片保留在当前位置，同时添加到目录文件中。如果照片在硬盘上已经组织得很好了，导入这些照片时，只需要选择【添加】，把它们添加到目录文件即可。

如果要导入的照片已经存在于硬盘上，还可以选择【移动】，把照片从原始位置转移到新位置，同时添加到目录文件中。当照片在硬盘上组织得不太好时，可以选择【移动】这种导入方式。

❶ 从计算机硬盘中导入照片时，可以执行如下 4 种操作之一。

- 在菜单栏中选择【文件】>【导入照片和视频】。
- 按快捷键 Shift+Command+I/Shift+Ctrl+I。
- 单击【图库】模块左侧面板组中的【导入】按钮。
- 直接把包含照片的文件夹拖入 Lightroom Classic 的【图库】模块中。

注意 在从 CD、DVD 或其他外部存储介质中导入照片时，也可以使用同样的操作。

❷ 在【导入】对话框左侧的【源】面板中，打开 LRC2022CIB 文件夹下的 Lessons 子文件夹，单击 lesson02 文件夹，勾选面板右上角的【包含子文件夹】复选框（若想导入所有照片，请勾选该复选框），如图 2-24 所示。

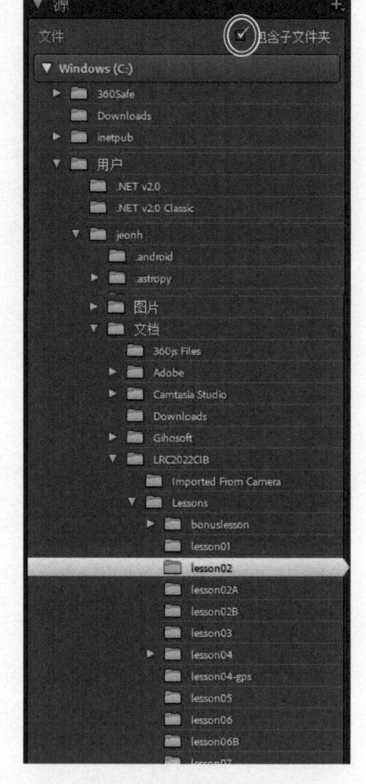

图 2-24

【导入】对话框的左下角显示了 lesson02 文件夹中包含的照片总张数（13 张）与总大小（71MB），如图 2-25 所示。

图 2-25

❸ 在导入选项（位于对话框顶部中间）中选择【添加】，如图 2-26 所示。选择该选项后，导入照片时，Lightroom Classic 会把照片添加到目录文件中，不会改变照片在硬盘上的存放位置。从数码相机导入照片时，【添加】选项不可用。

图 2-26

❹ 拖动预览区右侧的滚动条，浏览 lesson02 文件夹中的所有照片。预览区右下角有一个【缩览图】滑动条，向左拖动滑块，减小缩览图尺寸，这样预览区中就会显示更多照片。

❺【源】面板中有一个【包含子文件夹】复选框。勾选该复选框后，Lightroom Classic 允许从子文件夹中添加照片，这在导入大型照片集时很方便。

接下来，我们一起了解预览区上方的 4 种导入方式。

从左到右，4 种导入方式如下。

- 拷贝为 DNG：选择该导入方式后，导入照片时，Lightroom Classic 会以 DNG（数字负片）

格式把照片复制到一个新位置，然后把它们添加到目录文件中，如图 2-27 所示。不管是选择【拷贝为 DNG】【拷贝】还是选择【移动】，右侧面板组中显示的面板都是一样的，它们分别是【文件处理】【文件重命名】【在导入时应用】【目标位置】。

图 2-27

- 拷贝：选择该导入方式后，导入照片时，Lightroom Classic 会把照片复制到一个新位置，然后把它们添加到目录文件中，原始照片保留在原来的位置上，如图 2-28 所示。复制照片之前，可以在【目标位置】面板中指定一个用来存放照片副本的目录文件。展开【目标位置】面板，单击【组织】下拉列表。当导入方式是【拷贝为 DNG】【拷贝】【移动】时，从硬盘或外部存储介质中导入照片时，在【组织】下拉列表中可以选择把照片复制到单个文件夹中，或者按拍摄日期复制到子文件夹，或者按原始文件夹进行复制。

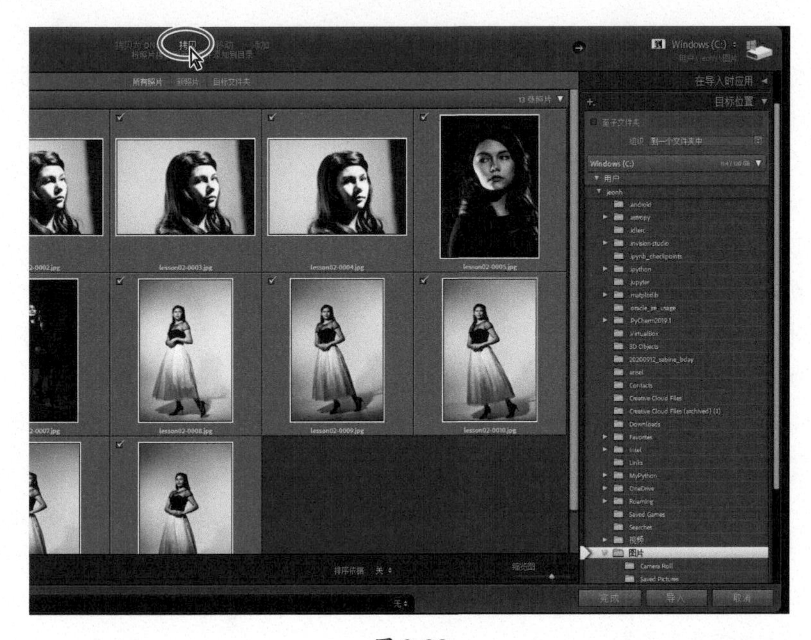

图 2-28

> 注意 展开【文件处理】面板与【在导入时应用】面板，查看所有可用选项。

- 移动：选择该导入方式后，Lightroom Classic 会把照片移动（复制）到硬盘中的一个新位置，并按照在【组织】下拉列表中选择的文件夹结构来组织照片，然后删掉原始照片。
- 添加：选择该导入方式后，Lightroom Classic 会把照片添加到目录文件中，但不会移动或复制原始照片，也不会改变存储照片的文件夹结构，如图 2-29 所示。选择【添加】后，右侧面板组中只有【文件处理】和【在导入时应用】两个面板，导入期间无法对原始照片进行重命名，也不需要指定目标位置，被添加的照片会保留在原始位置上。

图 2-29

2.3.6 添加元数据

Lightroom Classic 附加在照片上的信息可以帮助我们快速查找和组织照片，这些信息就是“元数据”。有些元数据（如快门速度、ISO、相机类型等）会在照片生成时由拍摄设备自动添加到照片中，而有些元数据（如关键字、作者名字等）则是在后期添加到照片上的。

在 Lightroom Classic 中查找与筛选照片时，可以使用上面这些元数据，还可以使用旗标、色标、拍摄设置，以及其他各种条件及组合。

此外，还可以从元数据中选择一些与照片息息相关的信息，然后让 Lightroom Classic 以文本的形式叠加到每张照片上，用在幻灯片、网络画廊、印刷版式中。

下面我们把一些重要信息保存成元数据预设，这样就可以把它们快速应用到导入的照片上，而不必每次操作都手动添加。

❶ 在【在导入时应用】面板中的【元数据】下拉列表中选择【新建】，打开【新建元数据预设】对话框。

❷ 创建一个元数据预设，里面包含着版权信息。在【新建元数据预设】对话框的【预设名称】文本框中输入“Copyright Info 2022”。然后，在【IPTC 版权信息】选项组中输入版权信息，在【IPTC 拍摄者】选项组中输入联系信息，如图 2-30 所示。这样就可以在网上留下足够多的信息，当有人对你的照片感兴趣时能够联系到你。

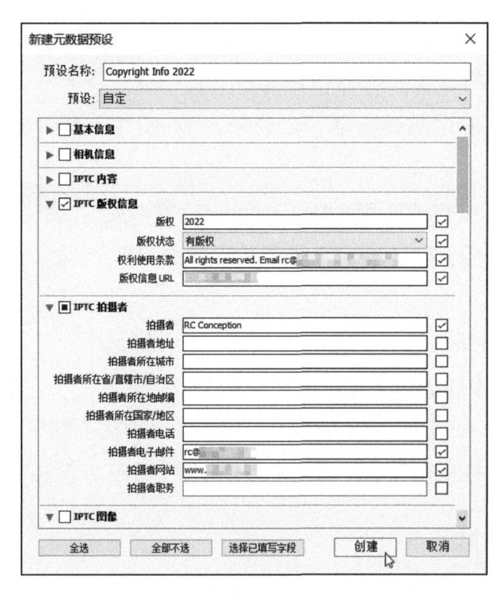

图 2-30

注意 把包含元数据的照片发布到网上后，其中的元数据谁都能看见。可以在照片元数据中添加电子邮件地址、个人网站等公开信息，但是请不要往里面添加私人信息，如家庭住址、电话号码等，这些信息一旦落入坏人手中，可能会带来一些可怕的后果，请一定要把这些信息留空，切记！

③ 单击【完成】按钮（macOS）或【创建】按钮（Windows），关闭【新建元数据预设】对话框。此时，可以在【元数据】下拉列表中选择创建的元数据预设。

④ 在【在导入时应用】面板中的【修改照片设置】下拉列表中选择【无】。在【关键字】文本框中输入“Lesson 02,Nostalgia”。

⑤ 在【文件处理】面板中的【构建预览】下拉列表中选择【最小】，然后单击【导入】按钮，如图 2-31 所示。

图 2-31

此时，Lightroom Classic 会把照片从 lesson02 文件夹导入图库中，并且会在【图库】模块下的【网格视图】与胶片显示窗格中以缩览图的形式显示照片。

⑥ 在【网格视图】中，使用鼠标右键单击 lesson02-0012，在弹出的快捷菜单中选择【转到图库中的文件夹】。

此时，在左侧面板组的【文件夹】面板中，lesson02 文件夹会高亮显示，并且其右侧会显示其中包含 13 张照片，如图 2-32 所示。

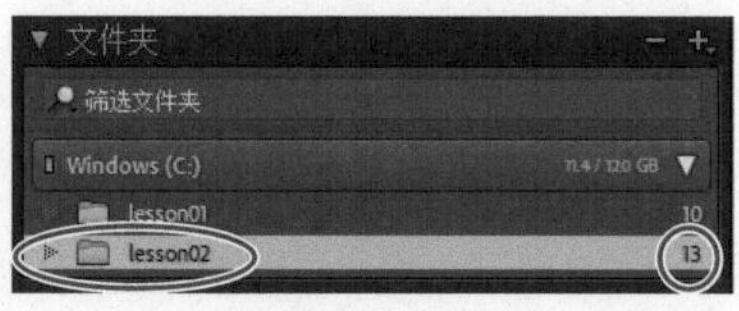

图 2-32

使用鼠标右键单击该文件夹，在弹出的快捷菜单中，可以选择【更新文件夹位置】，或者【在访达中显示】（macOS）、【在文件资源管理器中显示】（Windows）显示包含照片的文件夹。当找不到文件夹时你可以这样做，相关内容后面会进一步讲解。当前，我们选择【在访达中显示】或【在文件资源管理器中显示】来查看文件夹。

2.3.7 通过拖放导入照片

把照片添加到图库中最简单的方法是，直接把选中的照片（乃至整个文件夹）拖入 Lightroom Classic 中。

❶ 在访达（macOS）或文件资源管理器（Windows）中，找到 lesson02A 文件夹。调整访达或文件资源管理器窗口的位置，使其位于 Lightroom Classic 工作区之上，而且保证能够看到 Lightroom Classic 的【网格视图】。

❷ 把 lesson02A 文件夹从访达或文件资源管理器窗口中拖入 Lightroom Classic 的【网格视图】中，如图 2-33 所示。

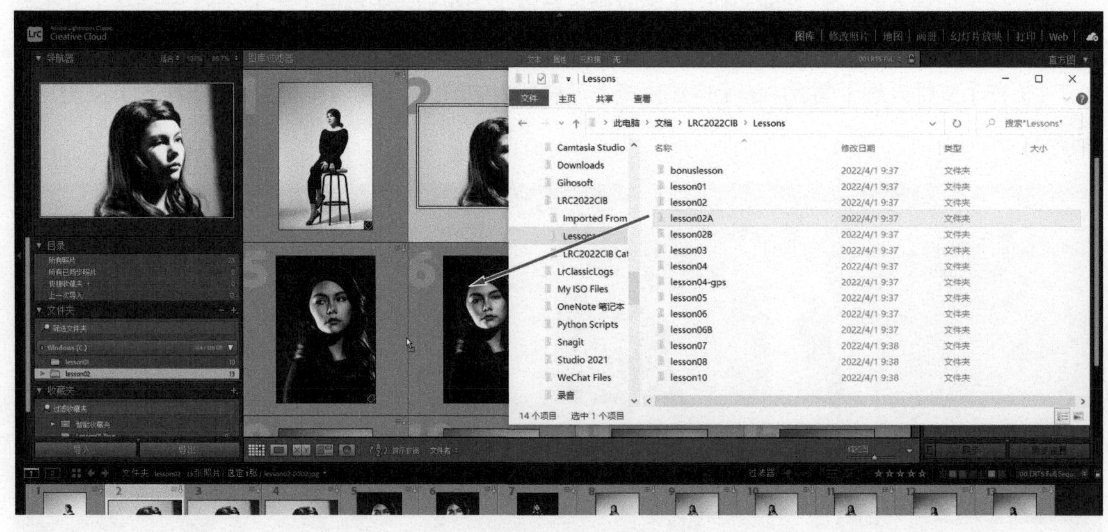

图 2-33

在【导入】对话框的【源】面板中，lesson02A 文件夹处于选中状态，其中包含的照片会显示在预览区中。

❸ 在【在导入时应用】面板中的【元数据】下拉列表中选择元数据预设，在【关键字】文本框中输入“Lesson02,Hepburn”，如图 2-34 所示。当前请先不要单击【导入】按钮。

图 2-34

2.3.8 导入前检查照片

Lightroom Classic 在【导入】对话框中提供了【放大视图】功能。在【放大视图】中，我们可以仔细查看每张照片的细节，从而在一组类似的照片中选出最好的一张，或者剔除有失焦等问题的照片，这样就可以轻松指定要导入哪些照片。

❶ 在【网格视图】中双击某张照片的缩览图，即可将其在【放大视图】中打开。或者，先在【网格视图】中选择某张照片的缩览图，然后再在预览区底部的工具栏中单击左侧的【放大视图】按钮。此时，所选照片会在预览区中最大化显示出来，同时鼠标指针变成一个放大镜。

❷ 再次单击照片，Lightroom Classic 会以 100% 的比例显示照片。使用预览区下方的缩放滑块，可以查看照片的更多细节。在预览区中拖动照片，可以改变照片在预览区中显示的部分，这样就可以轻松查看那些当前未在预览区中显示出来的部分。

在【放大视图】中查看照片时，可以根据实际评估情况在工具栏中勾选或取消勾选【包括在导入中】复选框，如图 2-35 所示。

图 2-35

❸ 单击以 100% 比例显示的照片，返回适合的视图中，此时整个画面都会显示出来。双击照片，

或者单击【放大视图】或【网格视图】按钮，返回【网格视图】。

④ 选择文件夹中的所有照片。

2.3.9 不导入可能重复的照片

Lightroom Classic 在组织收藏夹与防止导入重复照片方面做得很好，例如【文件处理】面板中就有一个专门的复选框——【不导入可能重复的照片】复选框，用来防止再次导入那些已经添加到 Lightroom Classic 目录文件中的照片。往 Lightroom Classic 导入照片之前，最好先勾选这个复选框。

勾选【不导入可能重复的照片】复选框后，从存储卡或文件夹中导入照片时，若其中有一些照片之前已经导入过，则这些照片在预览区中会以灰色显示，这表示无法再次选择它并进行导入，如图 2-36 所示。若存储卡中的照片全部没有导入过，则所有照片都会正常显示在预览区中，而且全部处于选中状态，只要指定要把它们导到哪里就可以了。

图 2-36

作为一个过来人，我常常告诫摄影师朋友们，在用完他们手里的所有存储卡之前千万不要随便格式化存储卡。例如，我有 4 张存储卡（A、B、C、D），拍摄时使用了存储卡 A，在把存储卡 A 中的照片导入 Lightroom Classic 中后，我不会立即格式化它，而是一直保留着。下一次拍摄时，我会使用存储卡 B，再下一次拍摄时使用存储卡 C。这就是我常说的拍摄时要轮换使用存储卡的含义。

注意 虽然我建议拍摄时轮换使用不同的存储卡，但是没有必要为此买很多张存储卡，有几张存储卡就用几张即可。但拍摄时，请一定轮换使用存储卡，这是我的个人经验，很多次帮我避免了丢失照片的风险。

如果我的计算机出现了问题，导入的照片全丢了，那我可以再次从相应的存储卡中导入这些照片，因为那张存储卡在上次导入照片之后并未立即进行格式化，里面的照片都还在。在轮换使用存储卡的方式下，你可能会忘记格式化某张存储卡而直接将其放入相机拍摄了。当你从这样的存储卡中把照片导入 Lightroom Classic 时，勾选【不导入可能重复的照片】复选框，Lightroom Classic 就会把存储卡中那些已经导入过的照片筛选掉。Lesson02A 文件夹中有一张照片已经导入过了，把其他照片导入 Lightroom Classic 中。

导入与浏览视频

Lightroom Classic 支持从数码相机中导入多种常见格式的数字视频文件，包括 AVI、MOV、MP4、AVCHD、HEVC 等格式。在菜单栏中选择【文件】>【导入照片和视频】，或者在【图库】模块下单击【导入】按钮，然后在【导入】对话框中进行导入设置，这与导入照片一样。

注意 只有在 macOS High Sierra 10.13（或更新版本）与 Windows 10 中才支持导入与播放 HEVC（MOV）格式的视频文件。

在【图库】模块的【网格视图】中，在视频缩览图上移动鼠标指针，可以向前或向后播放视频画面，这样有助于剪辑视频。双击视频缩览图，可在【放大视图】中显示视频，拖动播放控制条上的小圆点，即可手动浏览视频。

为每个视频设置不同的海报帧，有助于从【网格视图】中迅速找到想要的视频片段。首先把播放滑块移动到目标帧处，然后单击播放控制条中的方块图标，从弹出的菜单中选择【设置海报帧】，可把当前帧设置成海报帧；选择【捕获帧】，可把当前帧转换成 JPEG 格式的图片并叠加到视频上。播放控制条中有一个齿轮图标（位于右端），单击它可裁切视频。单击齿轮图标，播放控制条会展开，在时间轴视图中显示视频，可以根据需要拖动左右两端的标记来裁切视频，如图 2-37 所示。

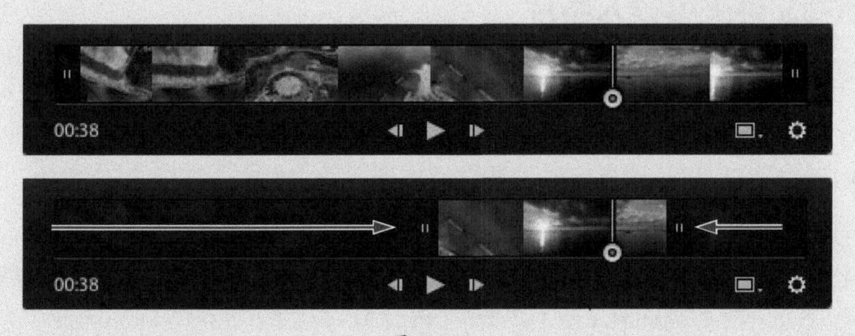

图 2-37

2.3.10 把照片导入指定文件夹

在【图库】模块下，可以直接把图库中的照片导入【文件夹】面板中指定的文件夹下。

❶ 在【文件夹】面板中使用鼠标右键单击 lesson02A 文件夹，从弹出的快捷菜单中选择【导入到此文件夹】，如图 2-38 所示。

❷ Lightroom Classic 会打开【导入】对话框，并把目标位置设置为 lesson02A，如图 2-39 所示。

❸【源】面板中列出了计算机中的硬盘，以及连接至计算机的所有存储卡、网络存储器。

图 2-38

图 2-39

❹【导入】对话框的其他所有面板中的功能都是可用的，例如可以应用元数据模板、更改文件名称、添加关键字等。在这里，请单击【取消】按钮。

当你有多张存储卡并希望把它们中的内容导入同一个文件夹时，【导入到此文件夹】这个命令会非常有用。但是，平时用得并不多，因为 Lightroom Classic 能够自动记住上一次的保存位置。

2.3.11 从监视文件夹中导入照片

在 Lightroom Classic 中，我们可以把硬盘上的某个文件夹指定为监视文件夹，以便自动导入其中的照片。在把一个文件夹指定为监视文件夹后，向监视文件夹添加新照片时，Lightroom Classic 就会监测到，然后自动把它们移动到指定的位置并添加到目录文件中。在这个过程中，还可以重命名照片、添加元数据等。

❶ 在菜单栏中选择【文件】>【自动导入】>【自动导入设置】，在打开的【自动导入设置】对话框中单击【监视的文件夹】右侧的【选择】按钮，打开【从文件夹自动导入】对话框。回到计算机桌面，新建一个名为 Watch This 的文件夹。在对话框中单击【选择】/【选择文件夹】按钮，把 Watch This 文件夹指定为受监视的文件夹。

导入 Photoshop Elements 目录

在 Windows 系统中，Lightroom Classic 能够轻松地从 Photoshop Elements 6 及更高版本中导入照片和视频；而在 macOS 中，Lightroom Classic 仅支持从 Photoshop Elements 9 及更高版本中导入照片和视频。

从 Photoshop Elements 目录中导入媒体文件（照片与视频）时，Lightroom Classic 不但会导入媒体文件本身，还会把它们的关键字、星级、标签一同导入，甚至连堆叠也会一起保留下来。Photoshop Elements 中的版本集会转换成 Lightroom Classic 中的堆叠，相册会变成收藏夹。

1. 在 Lightroom Classic 的【图库】模块下，在菜单栏中选择【文件】>【导入 Photoshop Elements 目录】。Lightroom Classic 会在计算机中搜索 Photoshop Elements 目录，并在【从 Photoshop Elements 导入照片】对话框中显示最近打开过的目录。
2. 如果想要自己指定要导入的 Photoshop Elements 目录，而非默认选中的那个，可以从弹出的菜单中进行选择。
3. 单击【导入】按钮，把 Photoshop Elements 中的图库和所有目录信息合并到 Lightroom Classic 的目录文件中。

如果想将照片从 Photoshop Elements 中迁移到 Lightroom Classic 中，或者想同时使用两个程序，请前往如下页面，阅读相关内容，如图 2-40 所示。

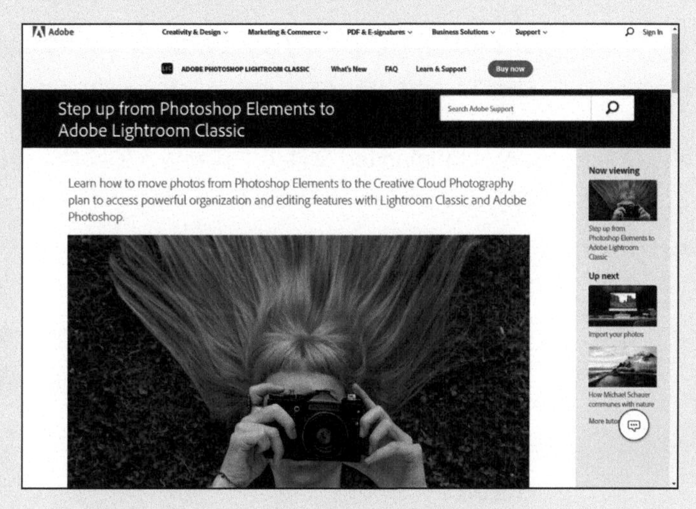

图 2-40

❷ 在【自动导入设置】对话框中指定好监视文件夹之后，勾选【启用自动导入】复选框，启动自动导入功能，如图 2-41 所示。

❸ 单击【目标位置】选项组中的【选择】按钮，在打开的【选择文件夹】对话框中选择一个文件夹，Lightroom Classic 会把照片移动到选择的文件夹中，并且添加到目录文件中。

选择 lesson02A 文件夹，然后单击【选择】/【选择文件夹】按钮。在【子文件夹名】文本框中输入“Auto Imported”。

❹ 在【信息】选项组的【元数据】下拉列表中选择上一课创建的元数据预设，在【修改照片设置】下拉列表中选择【无】，在【初始预览】下拉列表中选择【最小】。然后单击【确定】按钮，关闭【自动导入设置】对话框。

❺ 打开访达（macOS）或文件资源管理器（Windows），转到 lesson02B 文件夹。打开 Watch This 文件夹，把照片从 lesson02B 文件夹拖入受监视的 Watch This 文件夹中，如图 2-42 所示。

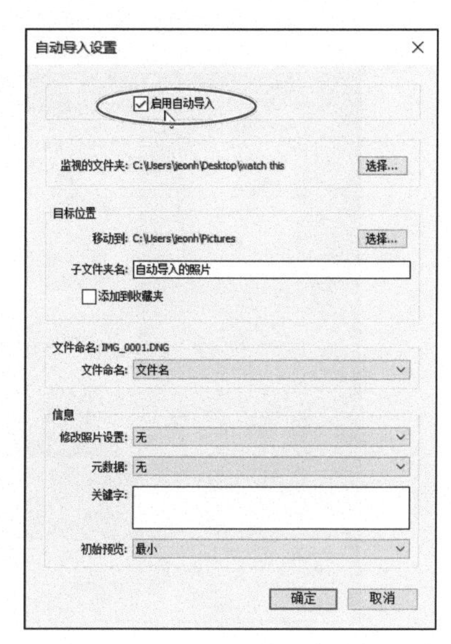

图 2-41

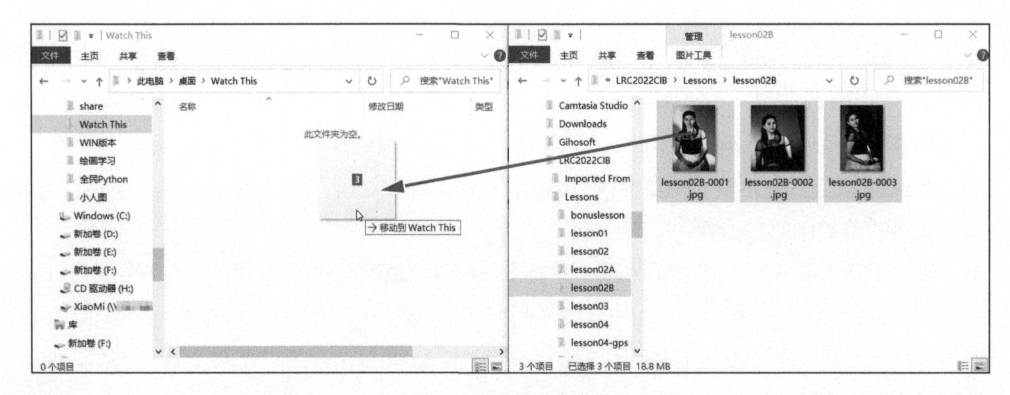

图 2-42

> **提示** 设置好监视文件夹之后，在菜单栏中选择【文件】>【自动导入】>【启用自动导入】，可以快速开启或关闭自动导入功能。开启了自动导入功能之后，【启用自动导入】命令的左侧会有一个对钩。

导完照片后，可以在 lesson02A\Auto Imported 文件夹中找到导入的照片，而且 Watch This 文件夹此时也变成空的了，如图 2-43 所示。

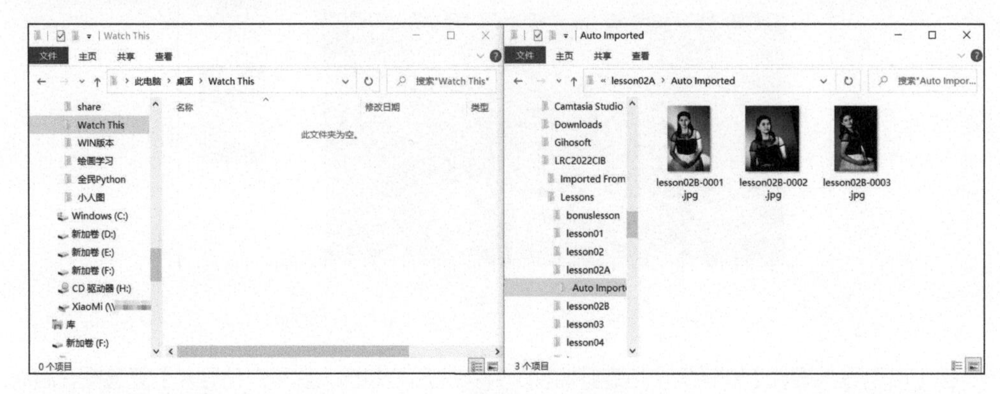

图 2-43

打开 lesson02A 文件夹，会发现还有几张照片也被添加到了那个文件夹中，如图 2-44 所示。

图 2-44

有些摄影师联机拍摄时喜欢使用相机厂商提供的相机控制软件。作为一套完整的解决方案，Lightroom Classic 当然也支持联机拍摄功能。接下来，我们就讲讲 Lightroom Classic 的联机拍摄功能。

设置初始预览

Lightroom Classic 可以在导入照片时立即显示照片的嵌入式预览效果，也可以在程序渲染时显示更高质量的预览效果。在菜单栏中选择【Lightroom Classic】>【目录设置】或者【编辑】>【目录设置】，打开【目录设置】对话框，在【文件处理】选项卡下，有【标准预览大小】和【预览品质】两个下拉列表，通过这两个下拉列表，可以指定预览的渲染尺寸和质量。请注意，嵌入式预览是相机工作时生成的，没有进行颜色管理，因此与 Lightroom Classic 对相机 RAW 文件的解释不一致。

在【导入照片】对话框中，【构建预览】下拉列表中包含如下 4 个选项。

- 最小：使用照片内嵌的最小预览图显示照片；需要时，Lightroom Classic 会渲染标准大小的预览图。
- 嵌入与附属文件：使用相机提供的最大预览图显示照片，其渲染速度在最小预览与标准预览之间。
- 标准：使用 Lightroom Classic 渲染的预览图显示照片，标准大小的预览图使用 ProPhoto RGB 色彩空间。
- 1 : 1：以实际像素数显示照片。

此外，还可以选择在导入期间构建智能预览。智能预览是一种经过压缩的、拥有高分辨率的预览图，可以像处理原始照片一样处理它，即使原始照片处在离线状态也没问题。虽然这些高分辨率的预览图的尺寸远不及原始照片，但同样可以在【放大视图】中编辑它们。当导入的照片数量很多时，创建智能预览会花一些时间，但它们能够为整个工作流程带来很多便利和灵活性。

2.4 联机拍摄

大多数现代数码相机都支持联机拍摄，允许用户把数码相机连接到计算机上，相机拍摄的照片会直接保存到计算机硬盘中，而非相机存储卡中。联机拍摄时，每拍一张照片，都可以立即在计算机显示器中查看它，这与从相机的 LCD 屏上查看照片的感受是完全不一样的。

对于大多数 DSLR 相机（包括佳能和尼康的许多型号），Lightroom Classic 都支持用户直接把相机拍摄的照片导入其中，而且不用使用其他第三方软件。如果相机支持联机拍摄，但是它不在 Lightroom Classic 所支持的联机拍摄设备中，则可以使用相机附带的照片拍摄软件或者其他第三方软件把照片导入 Lightroom Classic 的图库中。

提示 请阅读 Lightroom Classic 帮助，查看其所支持的联机拍摄设备。

联机拍摄时，用户可以轻松地在 Lightroom Classic 中重命名照片、添加元数据、应用照片修改设置，以及组织照片等。若需要，可以在进行下一次拍摄之前调整相机设置（白平衡、曝光值、焦点、景深等）或者更换相机。拍摄的照片质量越好，你就越不需要花时间来调整相机。

联机拍摄实操

❶ 把相机连接至计算机。

> 注意 在有些计算机操作系统中，可能需要先为相机安装相关驱动程序。

❷ 在【图库】模块下，在菜单栏中选择【文件】>【联机拍摄】>【开始联机拍摄】，打开【联机拍摄设置】对话框。

❸ 在【联机拍摄设置】对话框中为拍摄输入一个名称，如图 2-45 所示，Lightroom Classic 会在选择的目标文件夹下用这个名称创建一个文件夹，而且会将其显示在【文件夹】面板中。

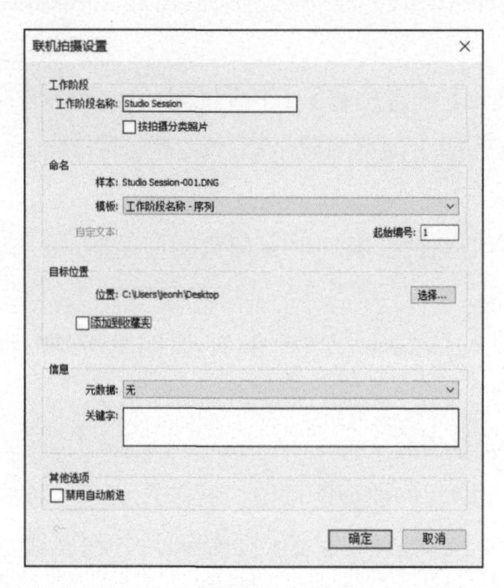

图 2-45

❹ 为拍摄的照片选择命名方式和目标文件夹；设置元数据和关键字，Lightroom Classic 导入拍摄的新照片时会添加这些信息。

❺ 单击【确定】按钮，关闭【联机拍摄设置】对话框。此时，Lightroom Classic 中会出现联机拍摄控制栏，如图 2-46 所示。

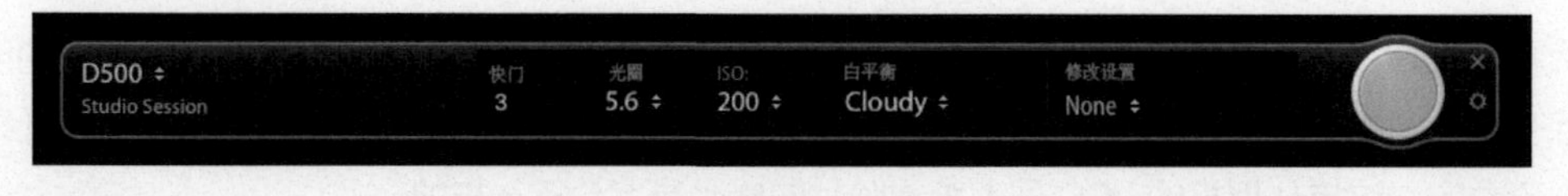

图 2-46

> 提示 按住 Option 键 /Alt 键单击联机拍摄控制栏右上方的【关闭】按钮，可把联机拍摄控制栏折叠起来，只显示一个拍照按钮。使用同样的方法再次单击，可以把联机拍摄控制栏展开。

联机拍摄控制栏中显示了相机型号、拍摄名称、当前相机设置，而且这些都是可以更改的。在右侧的【修改设置】菜单中，可以从多种预设中选择一种使用。拍摄时，单击联机拍摄控制栏右侧的圆形按钮，如图 2-47 所示，或者直接按 F12 键，可触发相机快门，进行拍摄。

图 2-47

拍摄时，照片会同时在【网格视图】和胶片显示窗格中显示出来，如图 2-48 所示。浏览照片时，照片越大越好，为此可以先切换到【放大视图】，再隐藏无关面板；或者在菜单栏中选择【窗口】>【屏幕模式】>【全屏并隐藏面板】。

图 2-48

2.5 在工作区中浏览导入的照片

在【图库】模块下，主显示区域（工作区）位于工作界面中间，可以在其中选择、分类、搜索、浏览、比较照片。【图库】模块的工作区提供了多种视图模式，可以满足照片的组织、选片等多种任务的需要。

❶ 若当前不在【图库】模块下，在模块选取器中单击【图库】，进入【图库】模块。在【目录】面板中选择【所有照片】文件夹，查看所有已导入的照片。

注意 有关【图库过滤器】的更多内容，将在第 4 课中讲解。

工作区的顶部有一个过滤器栏，可以使用过滤器来控制【网格视图】和胶片显示窗格中显示的照片，例如只显示那些有指定星级、旗标或包含特定元数据的照片。

工具栏位于工作区底部，所有模块都有工具栏，但里面包含的工具和控件各不相同。

❷ 当工作区上方未显示过滤器栏时，可以按反斜杠键（\），或者在菜单栏中选择【视图】>【显示过滤器栏】，将其显示出来。再次按反斜杠键（\），或者在菜单栏中选择【视图】>【显示过滤器栏】，可将过滤器栏隐藏起来。

❸ 若工具栏未显示出来，请按 T 键，将其显示出来。再次按 T 键，可把工具栏隐藏起来。切换到【修改照片】模块，若工具栏未显示出来，请按 T 键，将其显示出来。切换回【图库】模块，在【图库】模块中，工具栏仍处于隐藏状态。Lightroom Classic 会分别为每个模块记住工具栏的设置状态。按 T 键，在【图库】模块中把工具栏显示出来，如图 2-49 所示。

图 2-49

❹ 在【网格视图】中，双击一张照片，在【放大视图】中显示它。【图库】模块和【修改照片】模块下都有【放大视图】，但是这两个模块下的【放大视图】工具栏中显示的工具是不一样的。

提示 若要显示的工具超出了工具栏的宽度，那么可以隐藏两侧的面板组，或者禁用暂时不需要的工具来增加工具栏的宽度。

❺ 单击工具栏右端的白色三角形，从弹出的菜单中选择某个工具名称，即可在工具栏中隐藏或显示该工具。在弹出的菜单中，有些工具名称左侧有对钩，这表示该工具当前显示在工具栏中。

2.6 图库视图选项

【图库视图选项】对话框中提供了很多视图选项，通过这些视图选项，可以指定 Lightroom Classic 在【网格视图】和【放大视图】下显示照片时要显示哪些信息。对于【放大视图】叠加和缩览图工具提示，你可以激活两套选项，然后使用快捷键在它们之间进行切换。

❶ 在【图库】模块下，按 G 键切换到【网格视图】。按快捷键 Shift+Tab 隐藏所有面板，聚焦到照片网格。

❷ 在菜单栏中选择【视图】>【视图选项】，在打开的【图库视图选项】对话框中，【网格视图】选项卡处于选中状态。移动一下【图库视图选项】对话框，以便能在【网格视图】中看到一些照片。

❸ 在【网格视图】选项卡中取消勾选【显示网格额外信息】复选框，这样会禁用其他大多数选项，如图 2-50 所示。

图 2-50

④ 此时，唯一可用的两个复选框是【对网格单元格应用标签颜色】和【显示图像信息工具提示】。若这两个复选框当前处于未勾选状态，请先勾选它们。由于本课照片尚未添加色标，因此是否勾选【对网格单元格应用标签颜色】复选框在【网格视图】中都没什么效果。使用鼠标右键单击任意一张照片（在【图库视图选项】对话框仍处于打开的状态下也可以这样做），从【设置色标】子菜单中选择一种颜色。

在【网格视图】和胶片显示窗格中，某个带色标的照片处于选中状态时，其缩览图周围会有一个带颜色的边框。当带色标的照片未处于选中状态时，其单元格背景颜色就是选择的色标颜色，如图 2-51 所示。

图 2-51

⑤ 在【网格视图】或胶片显示窗格中，把鼠标指针放到一个缩览图上，会弹出一个工具提示信息。在 macOS 中，需要单击 Lightroom Classic 预览区中的某个地方，将其激活，才能看到工具提示信息。

默认情况下，工具提示信息中包含照片名称、拍摄日期和时间，以及照片尺寸。在【图库视图选项】对话框的【放大视图】选项卡中，可以设置要在工具提示中显示的信息。

⑥ 在 macOS 中，若【图库视图选项】对话框当前隐藏在主程序窗口之后，可以按快捷键 Command+J，重新将其激活。

⑦ 在【网格视图】选项卡中勾选【显示网格额外信息】复选框，在右侧的下拉列表中选择【紧凑单元格】，如图 2-52 所示。勾选或取消勾选【选项】【单元格图标】【紧凑单元格额外信息】选项组中的各个复选框，观察它们在【网格视图】中的效果。把鼠标指针移动到一个缩览图上，查看工具提示和额外信息。

图 2-52

⑧ 在【紧凑单元格额外信息】选项组中勾选【顶部标签】复选框，其下拉列表中有许多可供选择的选项。对于某些选项，如标题或题注，如果不向照片的元数据中添加相关信息，就什么都不会显示。

⑨ 在【显示网格额外信息】下拉列表中选择【扩展单元格】。尝试使用【扩展单元格额外信息】选项组中的每个选项，观察它们在【网格视图】中的效果。在【扩展单元格额外信息】选项组中，尝试选择各个选项，看看显示在单元格顶栏中的信息有什么变化。

⑩ 在【图库视图选项】对话框中单击【放大视图】选项卡。此时，预览区切换到【放大视图】中，在【图库视图选项】对话框中所做的任何修改都能立马看到，如图 2-53 所示。

勾选【显示叠加信息】复选框，把照片的相关信息显示到照片缩览图的左上角，显示的信息要在【放大视图信息 1】或【放大视图信息 2】选项组中进行设置，这是两套不同的信息，设置好这些信息之后，从【显示叠加信息】右侧的下拉列表中选择【信息 1】或【信息 2】即可。

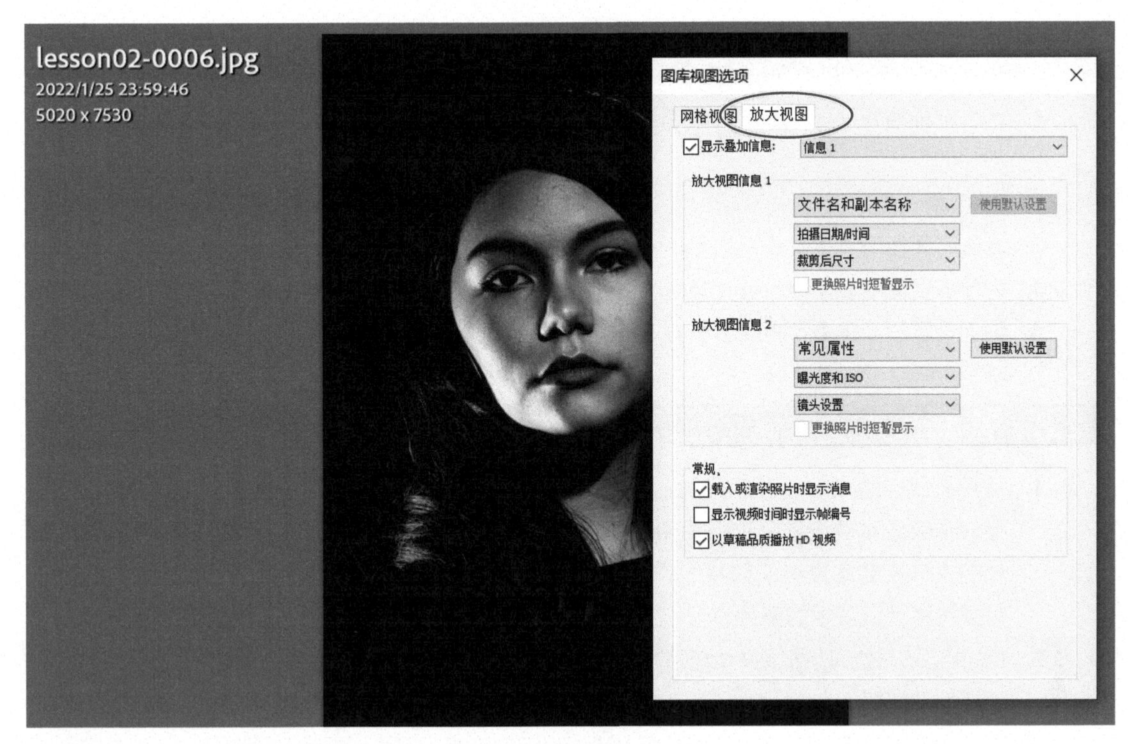

图 2-53

注意 选择了一个信息项（如拍摄日期与时间）之后，Lightroom Classic 就会尝试从照片元数据中提取这些具体信息。若照片元数据中不包含所需要的信息，将不会显示任何内容。不论是【网格视图】还是【放大视图】，我们都可以选择【常见属性】这个信息项，其中包括旗标、评级、色标等。

⑪ 单击【关闭】按钮，关闭【图库视图选项】对话框。

⑫ 在【视图】>【放大视图信息】子菜单中有多个菜单项，通过选择相应的菜单项，可以控制要显示哪一套信息。或者按 I 键，在【信息 1】【信息 2】和不显示叠加信息之间循环切换。

⑬ 切换到【网格视图】。在【视图】>【网格视图样式】子菜单中可选择是否显示额外信息，以及是使用【紧凑单元格】布局还是【扩展单元格】布局。按 J 键，可以在不同的单元格布局之间循环切换。

2.7 复习题

1. 什么时候需要把导入的照片复制到硬盘上？什么时候需要把照片添加到图库目录中但不移动它们？
2. DNG 格式是什么？
3. 什么时候使用紧凑模式下的【导入】对话框？
4. 为什么要使用 Lightroom Classic 进行联机拍摄？
5. 如何设置照片在【网格视图】与【放大视图】中显示的信息？

2.8 答案

1. 从相机或存储卡中导入照片时，需要把照片复制到一个能够长久保存照片的地方，因为存储卡会经常被清空以进行重用。当 Lightroom Classic 在导入照片期间使用有层次顺序的文件夹结构来组织照片时，会选择复制或移动照片。对于那些按一定方式存放在硬盘或可移动设备中的照片，可以在保持其位置不变的前提下把它们添加到图库目录中。
2. DNG 格式是数码相机原始数据的公用存档格式，用来解决相机生成的原始数据文件缺乏开放标准的问题。在 Lightroom Classic 中把 Raw 格式（原始数据文件格式）转换成 DNG 格式，这样即使原始专用格式不受支持，也仍然能够正常访问原始数据文件。
3. 在创建了符合自身工作流程的导入预设之后，使用紧凑模式下的【导入】对话框能够大大加快照片的导入进程。可以在导入预设的基础上根据实际需要做一定的调整，而且可以将其直接应用到照片导入流程中。
4. 使用 Lightroom Classic 进行联机拍摄时，可以直接在计算机屏幕上浏览大图，这要比在相机的 LCD 屏上浏览好得多。联机拍摄时，还可以边拍摄边调整相机设置，这样可以拍出符合要求的照片，从而大大减少后期工作量。
5. 借助【图库视图选项】(【视图】>【视图选项】) 对话框中提供的大量选项，可以指定 Lightroom Classic 在【网格视图】与【放大视图】中显示照片时要呈现的信息。对于【放大视图】与缩览图工具提示，可以定义两套信息，然后按 I 键在它们之间快速切换。通过【视图】>【网格视图样式】子菜单，可以在【紧凑单元格】与【扩展单元格】之间切换，激活或禁用每种样式的信息显示。

摄影师
乔·康佐（JOE CONZO）

“摄影拯救了我。”

我在纽约的南布朗克斯区长大，那里的人连“摄影”这个词都没怎么听过，更别说去从事摄影工作了。我妈妈独自抚养我们 5 个孩子，她不允许我们从事那些非法的营生。我是一个小胖子，还留着非洲式圆形爆炸头，很显然，我也没有体育天赋。后来，我有了一台胶片相机，不管去哪儿都带着，这让我觉得自己与众不同。我用相机记录下周围的一切，想留住时光。那时，我还是个孩子，买一卷胶卷很不容易，因此我会为每次拍摄制订计划，虽说不是多么详细，但大致框架是有的。在胶片的帮助下，我尝试表现自己的想法，试着模仿毕加索的光绘摄影作品。对我来说，用相机记录南布朗克斯区人们的生活很重要，也很有意义，因为那里有我的家人，也是我成长的地方。在那里生活的孩子们创造出了一种新的音乐形式——嘻哈音乐，我用相机记录了嘻哈音乐诞生的过程。

一晃 40 多年过去了，摄影已经成了我的最爱，是我所有的激情所在。多亏了摄影，我才得以在世界各地见到与记录下形形色色的人和事，并把它们展示出来，跟大家分享。我告诉今天的年轻人，这个来自南布朗克斯区的孩子去过保加利亚——没错，保加利亚！我从来没想到，有一天我的档案也能在康奈尔大学进行展示。这些年，摄影有了很多变化，我一直敦促自己努力，跟上这些变化。但不管怎么变，我的初衷不改：尊重人、记录生活、玩得开心。

serato

NETS

第 3 课

认识 Lightroom Classic 工作区

课程概览

本课主要讲解以下内容。

- 调整工作区布局，使用【导航器】面板和胶片显示窗格，使用第二台显示器
- 使用不同的视图模式和屏幕模式
- 使用快捷键
- 比较、标记、删除照片
- 使用【快捷收藏夹】对照片进行分组

学习本课需要 1～2 小时

通过定制工作区，我们可以随时取用自己常用的工具，这不仅大大提升了使用 Lightroom Classic 的舒适度，也大大提高了工作效率。学习本课内容的过程中，我们会尝试把一张照片放到杂志页面上，然后进行排版，增加一点设计感。

3.1 学前准备

> 💡注意 在学习本课内容之前，需要对 Lightroom Classic 的工作区有基本的了解。如果对 Lightroom Classic 的工作区一点也不了解，请先阅读 Lightroom Classic 帮助文档或前面课程中的内容。

在学习本课内容之前，请确保已经为课程文件创建好了 LRC2022CIB 文件夹，并创建了 LRC2022CIB 目录文件来管理它们，具体做法请阅读本书前言中的相关内容。

将下载好的 lesson03 文件夹放入 LRC2022CIB\Lessons 文件夹中。

❶ 启动 Lightroom Classic。

❷ 在打开的【Adobe Photoshop Lightroom Classic- 选择目录】对话框中选择 LRC2022CIB Catalog.lrcat 文件，单击【打开】按钮，如图 3-1 所示。

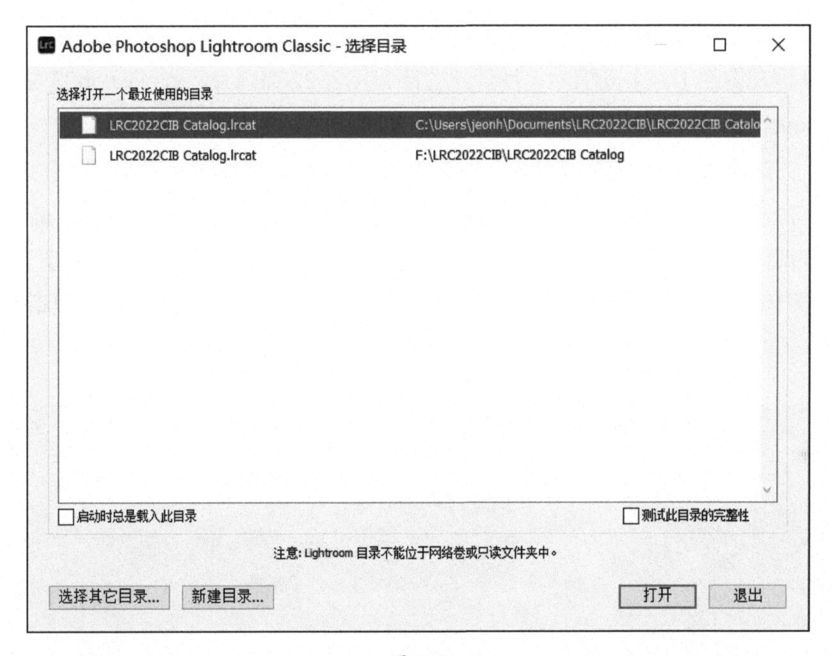

图 3-1

❸ Lightroom Classic 在【正常】屏幕模式中打开，当前打开的模块是上一次退出 Lightroom Classic 时的模块。在工作区上方的模块选取器中单击【图库】，如图 3-2 所示，进入【图库】模块。

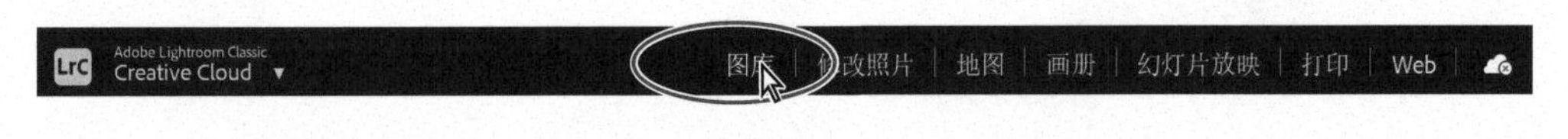

图 3-2

把照片导入图库中

在学习本课内容之前，请先把本课照片导入 Lightroom Classic 的图库中。

❶ 在【图库】模块下，单击左侧面板组下方的【导入】按钮，如图 3-3 所示，打开【导入】对话框。

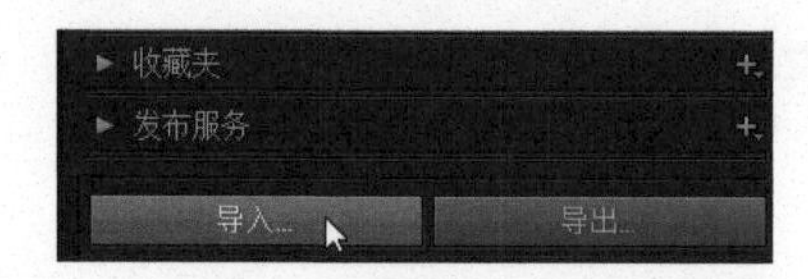

图 3-3

❷ 若【导入】对话框当前处在紧凑模式下，请单击对话框左下角的【显示更多选项】按钮，如图 3-4 所示，使【导入】对话框进入扩展模式，显示所有可用选项。

图 3-4

❸ 在对话框左侧的【源】面板中，找到并选择 LRC2022CIB\Lessons\lesson03 文件夹，确保其中除 sample_cover.png 外的 20 张照片全部处于选中状态。

❹ 在最上方的导入选项中选择【添加】，Lightroom Classic 会把照片添加到目录文件中，但不会移动或复制它们。在对话框右侧的【文件处理】面板的【构建预览】下拉列表中选择【最小】，勾选【不导入可能重复的照片】复选框。在【在导入时应用】面板中，分别从【修改照片设置】下拉列表和【元数据】下拉列表中选择【无】。在【关键字】文本框中输入“Lesson 03，Nature”，单击【导入】按钮，如图 3-5 所示。

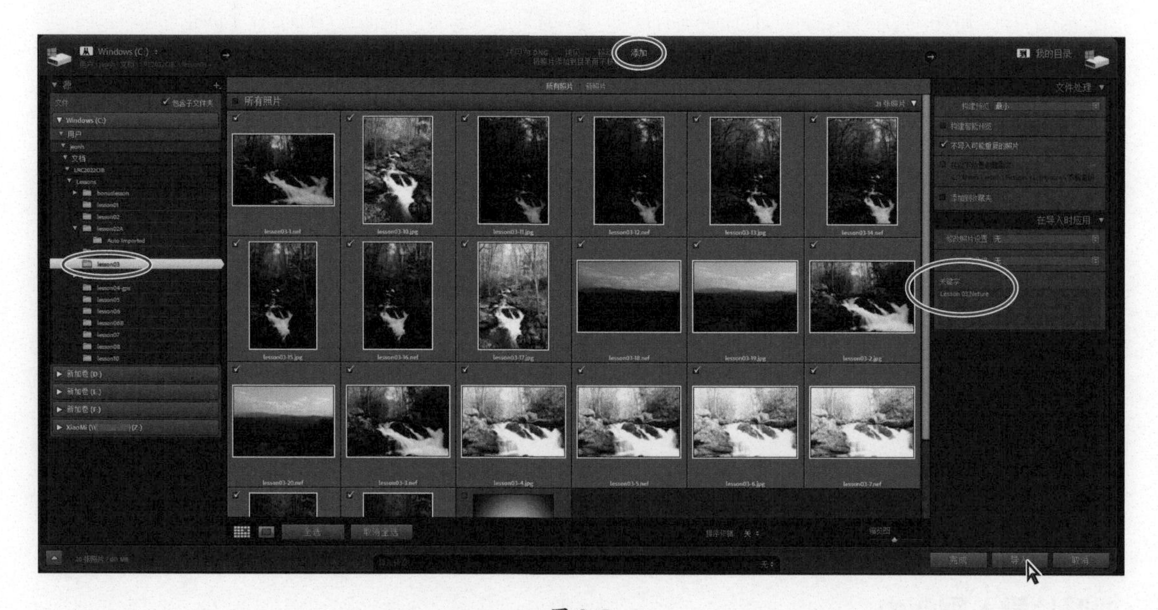

图 3-5

稍等片刻，Lightroom Classic 就会把 20 张照片全部导入，并在【图库】模块的【网格视图】和胶片显示窗格中显示这些照片。

3.2 浏览与管理照片

【图库】模块是一切任务的起点，例如，导入照片、在目录文件中查找照片等任务都是在【图库】模块中开展的。【图库】模块提供了多种视图模式和大量工具、控件，可以帮助我们对照片进行评估、排序、分类等。导入照片期间，可以把共同的关键字整体应用到一组照片上；首次浏览导入的新照片时，也可以向目录文件中添加更多结构，对选取和排除的照片进行标记，以及添加评级、标记和色标。

在 Lightroom Classic 中，借助搜索与过滤功能，我们可以轻松地使用添加到照片上的元数据。通过照片的属性和关联，我们可以对图库中的照片进行搜索和排序，然后创建收藏夹，把它们分组。这样不管目录文件有多大，我们都能轻松、准确地找到所需要的照片。

在【图库】模块左侧的面板组中，有一些面板可以帮助我们访问、管理那些含有照片的文件夹与收藏夹。右侧面板组中有大量控件，可用来调整照片、应用关键字和元数据等。工作区上方有一个过滤器栏，在其中可以设置过滤条件。工作区下方有一个工具栏，在其中可以轻松找到自己选择的工具和控件。不管工作区当前是什么视图，胶片显示窗格中显示的总是所选的源文件夹或收藏夹中的照片，如图 3-6 所示。

图 3-6

3.3 调整工作区布局

在 Lightroom Classic 中，我们可以自定义工作区布局，以满足自己的工作需要和喜好，以及根据需要腾出屏幕空间，放入我们喜欢使用的各种工具和控件。接下来，我们一起学习如何修改工作区，如何使用各种屏幕显示模式，以及 Lightroom Classic 各个模块一些通用的技能。

3.3.1 调整面板大小

通过调整两侧面板组的宽度和胶片显示窗格的高度（简单拖曳），或者隐藏某些面板，我们可以腾出更多的工作空间。

❶ 把鼠标指针移动到左侧面板组的右边缘上，此时鼠标指针会变成一个水平双箭头。按住鼠标左键，向右拖动鼠标，当面板组宽度达到最大时，释放鼠标左键，如图 3-7 所示。

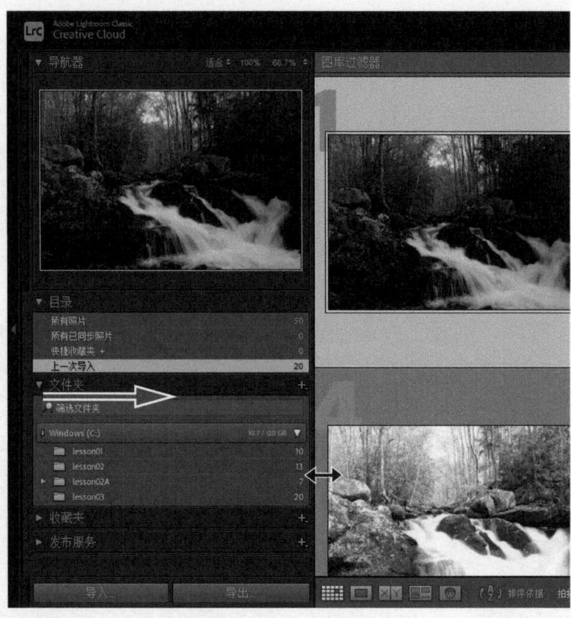

图 3-7

左侧面板组宽度增加的同时，中间预览区会变小。有一些收藏夹的名字很长，如果想查看完整的名称，就可以把左侧面板组的宽度调得大一些。

❷ 在模块选取器中单击【修改照片】，进入【修改照片】模块。你会发现左侧面板组又恢复到了上一次使用【修改照片】模块时的宽度。

Lightroom Classic 会分别记住用户对每个模块工作区的布局所做的调整。在工作流程中，在不同模块之间切换时，相应模块的工作区会自动调整，以契合用户在不同阶段下的工作方式。

❸ 在【图库】模块下按 G 键，返回【网格视图】。

❹ 在【图库】模块下向左拖动左侧面板组的右边缘，使其宽度变小。

❺ 把鼠标指针移动到胶片显示窗格的上边缘，当鼠标指针形状变成双向箭头时，按住鼠标左键并向下拖动，使其高度变小，如图 3-8 所示。

此时，整个胶片显示窗格上方的部分都会往下扩展。在选择照片，或者在【放大视图】【比较视图】【筛选视图】中浏览照片时，这么做既能保证胶片显示窗格可见，又能增加【网格视图】的可用空间。

> **注意** 顶部面板的尺寸无法改变，但是可以像隐藏或显示两侧面板组和胶片显示窗格一样把它隐藏起来或显示出来。

❻ 切换回【修改照片】模块。在不同模块之间切换时，胶片显示窗格会保持不变。不论切换到哪个模块，只要不主动调整，胶片显示窗格就会一直保持着当前高度。

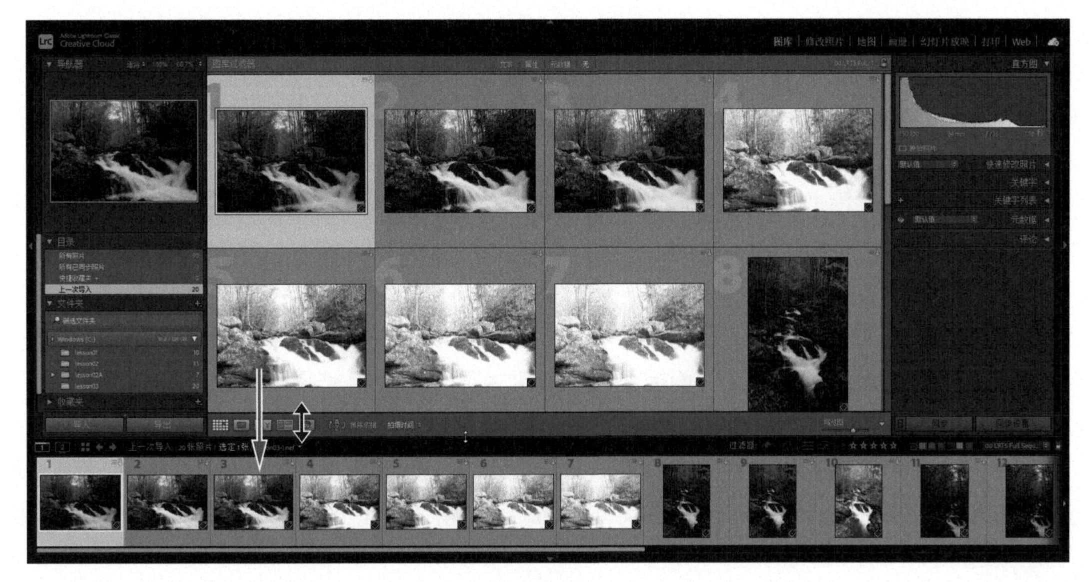

图 3-8

❼ 把鼠标指针移动到胶片显示窗格的上边缘上，当鼠标指针变成双箭头时双击，把胶片显示窗格恢复成之前的高度，然后切换回【图库】模块。

注意 对于两侧的面板组，双击面板组边缘会出现不同的结果。

❽ 向上拖动胶片显示窗格的上边缘，使其高度达到最大。此时，胶片显示窗格中的缩览图会变大，且胶片显示窗格底部会出现一个水平滚动条。左右拖动水平滚动条，可以查看所有缩览图。再次把鼠标指针移动到胶片显示窗格的上边缘上，当鼠标指针变成双箭头时，双击上边缘，使胶片显示窗格的高度恢复至之前的高度。

3.3.2 显示或隐藏面板或面板组

通过调整两侧面板组和胶片显示窗格的大小，可以腾出更多空间来显示常用的控件。根据个人喜好设置好工作区之后，还可以根据需要临时隐藏周围的面板（部分或全部）。

❶ 左侧面板组的左边边框中间有一个三角形图标，用来显示或隐藏左侧面板组。单击三角形图标（朝左），如图 3-9 所示，可以把左侧面板组隐藏起来，此时三角形反转方向，变为朝右。

图 3-9

提示 隐藏或显示面板组时，不是非得单击三角形图标，可以单击工作区外边框上的任意一个位置。

❷ 再次单击三角形图标（朝右），可把左侧面板组重新显示出来。

其实，工作界面上下左右边框中都有这样的三角形图标，分别用来隐藏或显示上下左右的面板或面板组。

❸ 在菜单栏中选择【窗口】>【面板】>【显示左侧模块面板】（选择后命令左侧的对钩消失），或者按 F7 键，也可以隐藏左侧面板组。再次按 F7 键，或者选择【窗口】>【面板】>【显示左侧模块面板】（选择后命令

左侧出现对钩），可把左侧面板组重新显示出来。类似地，在菜单栏中选择【窗口】>【面板】>【显示右侧模块面板】（选择后命令左侧的对钩消失），或者按 F8 键，可以隐藏右侧面板组。再次按 F8 键，或者选择【窗口】>【面板】>【显示右侧模块面板】（选择后命令左侧出现对钩），可把右侧面板组重新显示出来。

④ 在菜单栏中选择【窗口】>【面板】>【显示模块选取器】（选择后命令左侧的对钩消失），或者按 F5 键，可以隐藏顶部面板。再次按 F5 键，或者选择【窗口】>【面板】>【显示模块选取器】（选择后命令左侧出现对钩），可把顶部面板重新显示出来。类似地，在菜单栏中选择【窗口】>【面板】>【显示胶片显示窗格】（选择后命令左侧的对钩消失），或者按 F6 键，可以隐藏底部的胶片显示窗格。再次按 F6 键，或者选择【窗口】>【面板】>【显示胶片显示窗格】（选择后命令左侧出现对钩），可把底部的胶片显示窗格重新显示出来。

⑤ 按 Tab 键，或者在菜单栏中选择【窗口】>【面板】>【切换两侧面板】，可以同时隐藏或显示两侧面板组。按快捷键 Shift+Tab，或者在菜单栏中选择【窗口】>【面板】>【切换所有面板】，可以同时隐藏或显示上下左右的面板。

为了更方便、更灵活地安排工作区，Lightroom Classic 还提供了自动显示或隐藏面板或面板组的功能，该功能会对鼠标指针的移动产生响应，只有需要时，才会显示出相应的信息、工具、控件。

⑥ 使用鼠标右键单击工作区左侧边框中的三角形图标，在弹出的快捷菜单中选择【自动隐藏和显示】（该命令左侧有对钩），如图 3-10 所示。

图 3-10

⑦ 单击工作区左侧边框中的三角形图标，把左侧面板组隐藏起来，然后移动鼠标指针到工作区左侧边框中的三角形图标上。此时，左侧面板组会自动弹出，盖住下面一部分工作区。可以在弹出的面板组中选择目录、文件夹、收藏夹，且只要鼠标指针位于左侧面板组上，面板组就会一直处于展开状态。把鼠标指针移动到左侧面板组之外，左侧面板组就会被隐藏起来。不管当前设置如何，都可以按 F7 键，把左侧面板组显示出来或隐藏起来。

⑧ 使用鼠标右键单击工作区左侧边框中的三角形图标，在弹出的快捷菜单中选择【自动隐藏】（该命令左侧有对钩）。用完左侧面板组后，左侧面板组就会自动隐藏起来。此时，即使把鼠标指针移动到工作区左边框上，左侧面板组也不会显示出来。单击工作区左边框，或者按 F7 键，可将左侧面板组显示出来。

⑨ 使用鼠标右键单击工作区左侧边框中的三角形图标，在弹出的快捷菜单中选择【手动】，关闭自动显示和隐藏功能。

⑩ 在弹出的快捷菜单中选择【自动隐藏和显示】，把左侧面板组重置为默认行为。若左侧面板组或右侧面板组仍处于隐藏状态，分别按 F7 键或 F8 键，可将其显示出来。

Lightroom Classic 能够分别记住各个模块的面板布局，包括显示和隐藏设置。不过，在不同模块之间切换时，在胶片显示窗格和顶部面板中做的设置都会保持不变。

3.3.3 展开与折叠面板

前面讲的是左侧或右侧面板组，接下来，我们讲一讲如何使用面板组中的各个面板。

❶ 在模块选取器中单击【图库】，进入【图库】模块。参照上一小节中的步骤 4，隐藏顶部面板和胶片显示窗格，为两侧面板组留出更多空间。

在【图库】模块下，左侧面板组中有【导航器】面板、【目录】面板、【文件夹】面板、【收藏夹】面板、【发布服务】面板。面板组中的每个面板都能单独展开或折叠（折叠后，只显示面板标题栏），以显示或隐藏其中的内容。面板名称旁边有一个三角形，用来指示当前面板的状态（展开或折叠）。

❷ 单击面板名称旁边的三角形，三角形方向变为朝下，面板展开，显示出其中的内容，如图 3-11 所示。再次单击三角形，面板折叠起来。

单击文件夹名称旁边的三角形，可以把面板中的文件夹（例如【收藏夹】面板中的【智能收藏夹】文件夹）展开或折叠起来。

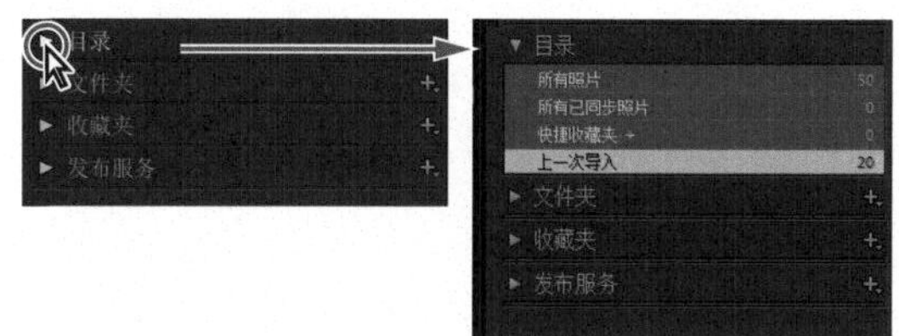

图 3-11

> **提示** 展开或折叠面板时，不是非得单击三角形，只要单击面板标题栏的任意位置就可以。但是，千万不要单击面板标题栏中的控件，因为这些控件一般都是有特定功能的。

❸ 在菜单栏中选择【窗口】>【面板】，其中一些面板名称的左侧有对钩，表示这些面板当前处于展开状态，并且在面板组中是完全可见的。在【面板】子菜单中选择任意一个面板，改变其显示状态，如图 3-12 所示。

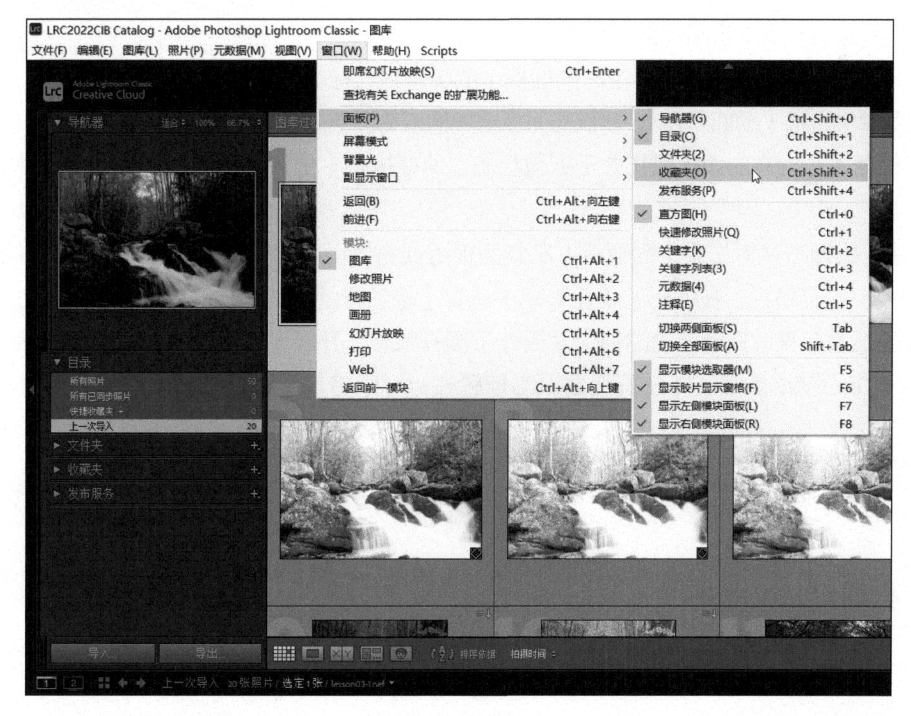

图 3-12

❹ 在【窗口】>【面板】子菜单中，每个面板名称右侧都有一个快捷键，这些快捷键用来快速展开和折叠相应的面板。

- 对于左侧面板组中的面板，快捷键以 Control+Command/Ctrl+Shift 为开头，后面为面板编号。面板是从上往下进行的编号，因此 Control+Command+0/Ctrl+Shift+0 对应着【导航器】面板、Control+Command+1/Ctrl+Shift+1 对应着【目录】面板等。
- 对于右侧面板组中的面板，快捷键以 Command/Ctrl 为开头，后面为面板编号。面板编号也是从上往下进行的，例如 Command+0/Ctrl+0 对应着【直方图】面板。这些快捷键都是开关键，按一次展开面板，再按一次折叠面板。请注意，在其他模块中，这些快捷键可能会被指派给其他面板，但是，只要记住，不论在哪个模块中，面板总是从上往下从 0 开始的编号，就不会引起太多混乱。
- 使用快捷键能够大大提高工作效率。

❺ 按快捷键 Command+//Ctrl+/，打开当前模块中所有的快捷键列表。然后，单击快捷键列表，将其关闭。

此外，Lightroom Classic 还提供了【全部展开】和【全部折叠】两个命令，用于同时展开或折叠一个面板组中的所有面板（但面板组中最上面的一个面板除外）。在一个面板组中，最上面的一个面板很特殊，不受这两个命令的影响。

❻ 使用鼠标右键单击某个面板组（左侧面板组或右侧面板组）中的任意一个面板（不能是最上方的面板）的标题栏，在弹出的快捷菜单中选择【全部折叠】，如图 3-13 所示，可以把面板组中的所有面板折叠。若面板组中最上方的面板最初处于展开状态，即使执行【全部折叠】命令，它仍然会保持展开状态。

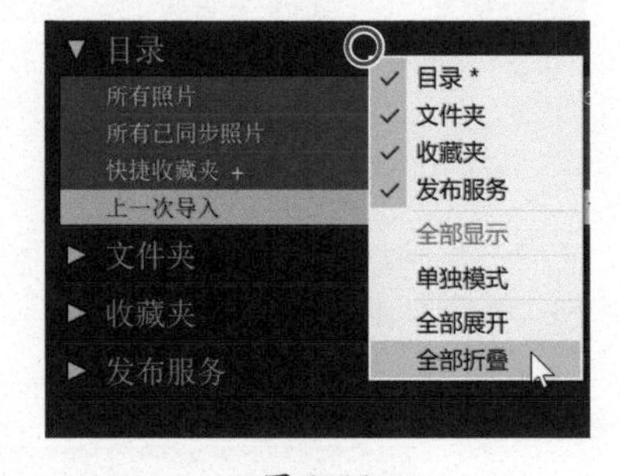

图 3-13

❼ 使用鼠标右键单击某个面板组（左侧面板组或右侧面板组）中的任意一个面板（不能是最上方的面板）的标题栏，在弹出的快捷菜单中选择【全部展开】，可以把面板组中的所有面板展开。若面板组中最上方的面板最初处于折叠状态，即使执行【全部展开】命令，它仍然会保持折叠状态。

❽ 使用鼠标右键单击某个面板组（左侧面板组或右侧面板组）中的任意一个面板（不能是最上方的面板）的标题栏，在弹出的快捷菜单中选择【单独模式】，可以把面板组中除单击面板之外的所有面板折叠起来，只让单击的那个面板处于展开状态。开启【单独模式】后，面板名称旁边的三角形会从实心变成虚点。单击折叠面板的标题栏，可以将其展开，先前展开的面板会自动折叠起来。

提示 按住 Option 键 /Alt 键单击任意一个面板的标题栏，可以快速开启或关闭【单独模式】。

3.3.4 隐藏与显示面板

在一个面板组中，有些面板常用，有些面板不常用，我们可以把那些不常用的面板隐藏起来，把空间留给那些常用的面板。

❶ 使用鼠标右键单击某个面板组（左侧面板组或右侧面板组）中的任意一个面板（不能是最上方的【导航器】面板）的标题栏，在弹出的快捷菜单中选择某个面板名称，Lightroom Classic 会把这个面板显示或隐藏起来，如图 3-14 所示。在弹出的快捷菜单中，当前处于显示状态的面板的名称左侧都有一个对钩。

❷ 使用鼠标右键单击某个面板组（左侧面板组或右侧面板组）中的任意一个面板（不能是最上方的面板）的标题栏，在弹出的快捷菜单中选择【全部显示】，可以把当前处于隐藏状态的所有面板重新显示出来。

请注意，使用鼠标右键单击【导航器】面板或【直方图】面板的标题栏，无法打开面板组菜单。在某个面板组（左侧面板组或右侧面板组）中，除了最上方的面板之外，若全部的面板都处于隐藏状态，可以在【窗口】>【面板】子菜单中选择某个面板名称，将其再次显示出来。

图 3-14

3.4 切换屏幕模式

在 Lightroom Classic 中，无论处在哪个模块下，用户都可以根据自己的需要切换不同的屏幕模式。在默认屏幕模式下，工作区位于程序窗口之中，可以随意调整程序窗口的大小及其在屏幕上的位置。通过屏幕模式，可以让工作区充满整个屏幕，也可以显示菜单栏或隐藏菜单栏，还可以切换到全屏预览模式，以大图形式浏览照片，而不用担心工作区中的元素会分散注意力。

❶ 在菜单栏中选择【窗口】>【屏幕模式】>【正常】，确保当前处在默认屏幕模式下。

在【正常】屏幕模式下，Lightroom Classic 工作区位于程序窗口之中。可以正常地调整程序窗口的大小和位置，这与其他应用程序没什么不同。

❷ 把鼠标指针移动到程序窗口的一个边缘或一个角上，当鼠标指针变成水平双箭头、垂直双箭头或者斜向双箭头时，按住鼠标左键拖动，改变程序窗口的大小，如图 3-15 所示。

❸ 在 macOS 中，单击标题栏左侧的绿色缩放按钮；在 Windows 系统中，单击窗口右上角的【最大化】按钮。

程序窗口扩展并充满整个屏幕后，仍然可以看见标题栏。在把窗口最大化之后，我们就不能像步骤 2 那样随意调整窗口大小了，也不能通过拖动标题栏来调整窗口的位置了。

❹ 单击绿色缩放按钮或【向下还原】按钮，把窗口恢复成步骤 2 中的大小。

图 3-15

❺ 在菜单栏中选择【窗口】>【屏幕模式】>【全屏】，工作区会充满整个屏幕，菜单栏也会隐藏起来，就像 macOS 中的 Dock 栏或者 Windows 系统中的任务栏一样。把鼠标指针移动到屏幕上边缘，会自动弹出菜单栏。在菜单栏中选择【窗口】>【屏幕模式】>【全屏并隐藏面板】，或者直接按快捷

键 Shift+Command+F/Shift+Ctrl+F。

无论是在【网格视图】中，还是在【放大视图】中，都可以通过进入【全屏并隐藏面板】模式，快速地为工作区留出最大的空间。根据实际需要，可以使用快捷键或鼠标（相关操作请参考前面讲过的内容），随时打开任意一个处于隐藏状态的面板，同时又不需要更改视图。

⑥ 反复按快捷键 Shift+F，或者在菜单栏中选择【窗口】>【屏幕模式】>【下一个屏幕模式】，在不同屏幕模式之间切换。在不同屏幕模式之间切换时，工作区周围的面板仍处于隐藏状态。按快捷键 Shift+Tab，可以显示所有面板。按 T 键，可以显示或隐藏工具栏。

⑦ 按 F 键，进入【全屏预览】模式，在最高放大倍率下浏览所选照片，而不用担心工作区中的元素分散注意力。再次按 F 键，返回【正常】屏幕模式。

3.5 切换视图模式

在 Lightroom Classic 中的不同模块下，可以根据流程进度选用不同的视图模式。切换视图模式的方法有 3 种：一是使用菜单栏中的【视图】菜单，二是使用快捷键，三是在工具栏左侧单击视图模式按钮。

在【图库】模块下，可以在如下 4 种视图模式之间切换：按 G 键，或者在工具栏中单击【网格视图】按钮，可以以缩览图的形式浏览照片，同时允许搜索照片，向照片中添加旗标、星级、色标，以及创建收藏夹；按 E 键，或者在工具栏中单击【放大视图】按钮，可以在预览区中以最高放大倍率查看单张照片；按 C 键，或者在工具栏中单击【比较视图】按钮，可以并排显示两张照片；在工具栏中单击【筛选视图】按钮，或者按 N 键，可以同时评估多张照片。在不同的视图模式下，工具栏中显示的控件不一样。其实，除了上面 4 种视图模式之外，工具栏中还有一种【人物】视图模式，主要用来对照片中的人脸做标记，相关内容将在第 4 课中讲解，这里暂且不讲。

① 单击【网格视图】按钮，切换到【网格视图】。工具栏右端有一个【缩览图】滑动条，拖动滑块，可调整缩览图的大小，如图 3-16 所示。

图 3-16

② 工具栏最右端有一个三角形图标，单击它，在弹出的菜单中确保【视图模式】处于启用状态（左侧有一个对钩）。如果使用的是小屏，在学习本课的过程中，可以禁用除【缩览图大小】之外的其他所有选项。

在弹出的菜单中，有些工具和控件名称左侧带有对钩，这表示它们当前已经显示在了工具栏中，如图 3-17 所示。

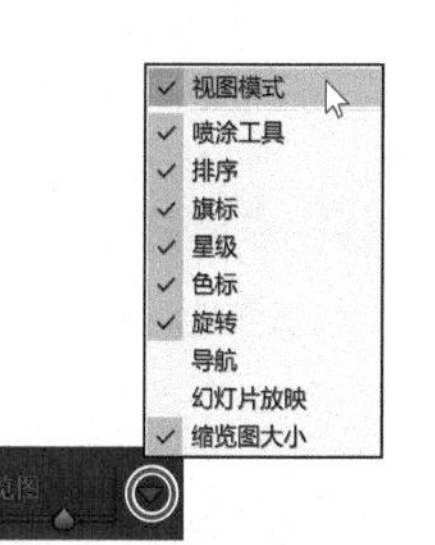

图 3-17

> **注意** 在工具栏的弹出菜单中，工具和控件自上而下的排列顺序与它们在工具栏中从左到右的排列顺序是一致的。

③ 回顾第 2 课中“图库视图选项”一节的内容，指定希望在【网格视图】的单元格中每张照片上显示的信息项。

3.6 使用放大视图

在【放大视图】中，Lightroom Classic 会以符合预览区大小的缩放比率来显示单张照片。由于照片在高放大比率下容易修改，所以在【修改照片】模块下，默认的视图模式就是【放大视图】模式。在【图库】模块下，在对照片进行评估与排序时，就会使用【放大视图】。可以在【导航器】面板中设置照片的缩放级别，当照片放大到很大，超出预览区时，可以借助【导航器】面板在照片画面中导航。与【放大视图】一样，【图库】模块和【修改照片】模块下都有【导航器】面板。

① 在【网格视图】或胶片显示窗格中，选择一张照片，然后在工具栏中单击【放大视图】按钮，如图 3-18 所示，或者直接按 E 键，或者双击【网格视图】或胶片显示窗格中的缩览图。

图 3-18

💡 提示　在【图库视图选项】对话框中勾选【显示信息叠加】复选框，Lightroom Classic 会把详细信息叠加到【放大视图】中的缩览图上。默认设置下，【显示信息叠加】复选框是禁用的。

❷【导航器】面板位于左侧面板组的最上方。若【导航器】面板当前处于折叠状态，请单击标题栏左侧的三角形，展开【导航器】面板。【导航器】面板的右上角有一组缩放控件，如图 3-19 所示。通过这些控件，可以快速在不同的缩放级别之间切换。例如，可以选择【适合】【填满】【100%】【200%】等缩放级别。

图 3-19

在菜单栏中选择【视图】>【切换缩放视图】，或者按 Z 键，或者单击工作区中的照片，可在不同缩放级别之间切换。

为了更好地理解【切换缩放视图】命令的功能，要知道放大控件有两组:【适合】与【填满】是第一组，各种缩放百分比是第二组。【切换缩放视图】命令在每一组中最后使用的缩放级别之间切换放大视图。

❸ 在【导航器】面板右上角的缩放控件中，先单击【适合】，然后单击【100%】。在菜单栏中选择【视图】>【切换缩放视图】，或者按 Z 键，缩放级别会恢复成【适合】，再按一次 Z 键，缩放级别会变成 100%。

💡 提示　Lightroom Classic 中还有一个拖动缩放功能，可以在【修改照片】模块下使用它。相关内容将在第 4 课中讲解。

❹ 在【导航器】面板的标题栏的【适合】菜单中选择【填满】，然后在最右侧的菜单中选择【100%】，如图 3-20 所示。

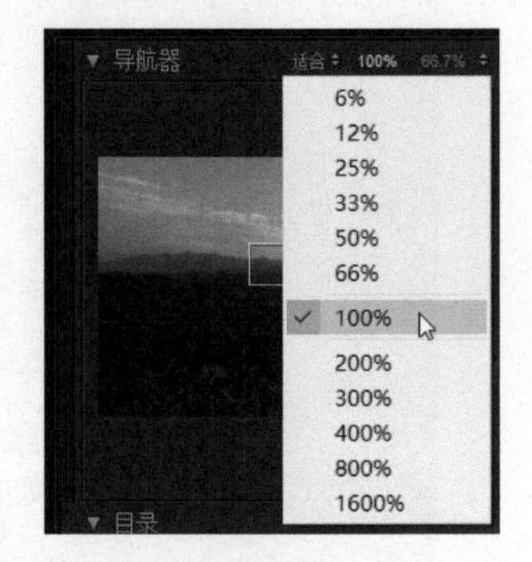

图 3-20

❺ 单击处于【放大视图】的照片，缩放级别恢复为【填满】。这种通过单击切换缩放级别的方式与【切换缩放视图】命令的不同是，Lightroom Classic 会把单击的区域置于视图中心。按 Z 键，把缩放级别切换为 100%。在【填满】菜单中选择【适合】。

此外，Lightroom Classic 还有另外一种放大照片的方式：按住 Command 键 /Ctrl 键，在希望放大的区域拖出一个矩形框。这样做可以把第三组变为一个自定义的百分比，可以按 Z 键来回切换。

❻ 按住 Command 键 /Ctrl 键，此时鼠标指针变为一个虚线矩形框，在照片中希望放大的区域按住鼠标左键并拖动，可绘制一个虚线矩形选框（缩放矩形），其内部就是想放大的区域，如图 3-21 所示。释放鼠标左键，照片就会被放大到指定百分比，这个百分比显示在【导航器】标

题栏右侧的第三组中。按 Z 键，可在【适合】/【填满】与指定的缩放百分比之间切换。按快捷键 Command+Option+0/Ctrl+Alt+0，可把缩放级别改为 100%。

图 3-21

❼ 放大照片查看细节时，使用快捷键浏览整张照片会非常便捷。按 Home 键（在 macOS 中为 Fn+ 左箭头），可以把缩放矩形移动到照片左上角。按 Page Down 键（在 macOS 中为 Fn+ 下箭头），缩放矩形会沿着照片从上往下移动，每按一次，缩放矩形就往下移动一点。当把缩放矩形移动到照片底部时，再按 Page Down 键，它会跳到另一列的最上端（照片顶部）。按 End 键（在 macOS 中为 Fn+ 右箭头），缩放矩形会直接跳到照片右下角。按 Page Up 键（在 macOS 中为 Fn+ 上箭头），可把缩放矩形自下而上、自右向左移动。

❽ 在胶片显示窗格中选择另一张有相同朝向的照片，然后单击【导航器】面板中的预览画面，把缩放矩形移动到画面的不同部分。返回上一张照片，缩放矩形会回到原来的位置。在菜单栏中选择【视图】>【锁定缩放位置】，然后重复刚才的步骤，会发现上一张照片中的缩放矩形的位置也跟着变了。比较相似照片的细节时，这个功能会非常有用。

❾ 再次在菜单栏中选择【视图】>【锁定缩放位置】，解除锁定，然后在【导航器】面板的标题栏中单击【适合】。

不管是在【图库】模块下还是在【修改照片】模块下，就【放大视图】来说，缩放控件和【导航器】面板的工作方式是一样的。

3.7 使用放大叠加

在【图库】模块或【修改照片】模块下，或者在联机拍摄期间，使用【放大视图】时，可以在照片上叠加一些东西，用来帮助我们创建布局、对齐元素，或者做变换。

❶ 在胶片显示窗格中选择照片 lesson03-8，在菜单栏中选择【视图】>【放大叠加】>【网格】，然后选择【视图】>【放大叠加】>【参考线】。在菜单栏中选择【视图】>【放大叠加】>【显示】，可同时隐藏网格和参考线，再次选择【显示】，可把网格和参考线再次显示出来，如图 3-22 所示。

当需要选择一张照片（或者在联机拍摄模式下拍摄一张），并打算将其应用到打印、网页设计、幻灯片中时，【放大叠加】子菜单中的【布局图像】命令很有用。可以先创建一个 PNG 格式的带透明背景的布局草图，然后在【放大叠加】子菜单中选择【布局图像】。

例如，想浏览一些照片，想看一下它们在杂志封面上的效果。

图 3-22

❷ 在菜单栏中选择【视图】>【放大叠加】>【选取布局图像】，如图 3-23 所示。

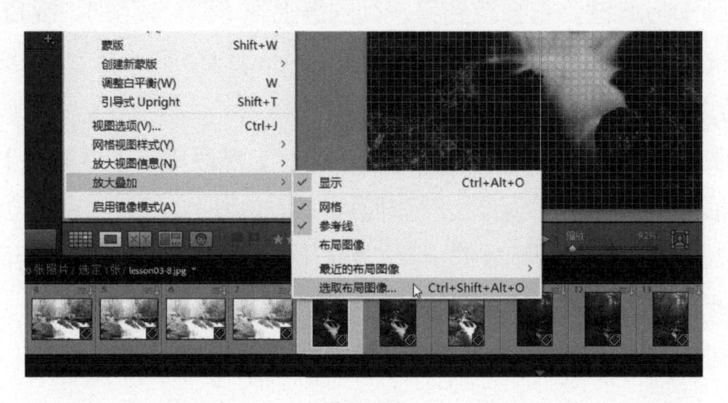

图 3-23

❸ 在【选择 PNG】对话框中打开 lesson03 文件夹，从中选择 sample_cover.png 文件，单击【选择】按钮，如图 3-24 所示。这个照片是一个带透明背景的 PNG 文件，能够看到叠加在图像上的布局。

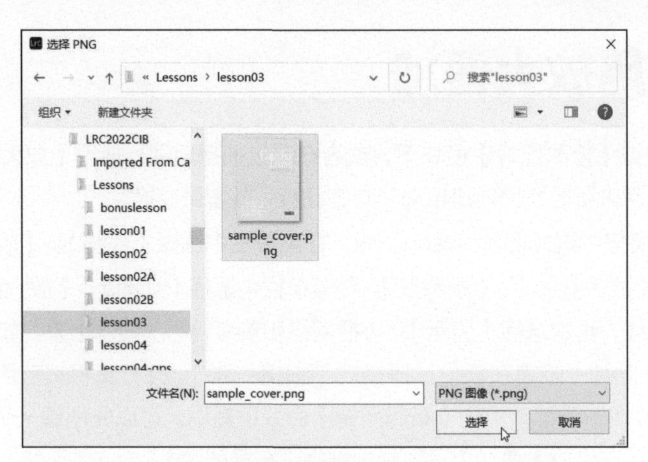

图 3-24

> **注意** 只有在【放大叠加】>【布局图像】模式下，Lightroom Classic 才支持 PNG 格式的透明图层。除此之外，PNG 格式的透明图层都显示为白色。

❹ 按 Command 键 /Ctrl 键，显示叠加控件，如图 3-25 所示。借助这些控件，可以调整布局图像的位置、布局或蒙版（布局周围的区域）的不透明度，还可以利用垂直参考线与水平参考线对齐画面中的文本。在菜单栏中选择【视图】>【放大叠加】>【显示】，把布局图像隐藏起来。

图 3-25

3.8 比较照片

【比较视图】用来并排查看和评估多张照片，它也是查看与评估照片的最佳视图。

❶ 在胶片显示窗格中任选两张类似的照片，然后单击工具栏中的【比较视图】按钮，如图 3-26 所示，或者按 C 键，即可进入【比较视图】。

图 3-26

选择的第一张照片处于【选择】状态，显示在【比较视图】的左侧窗格中；右侧窗格中显示的是第二张照片，其处于【候选】状态。在胶片显示窗格中，处于【选择】状态的照片的右上角有一个白色钻石图标，而处于【候选】状态的照片的右上角有一个黑色钻石图标。

使用【比较视图】时，若待选照片有很多张（多于两张），可先选择一张最喜欢的照片，使其处于【选择】状态，然后按住 Command 键 /Ctrl 键单击其他照片（非连续选择多张），或者按住 Shift 键单击最后一张照片（连续选择多张），把选择的多张照片添加到候选集合中。在工具栏中，单击【选择上一张照片】（左箭头）和【选择下一张照片】（右箭头）按钮，或者按左箭头键与右箭头键，可更换候选照片。如果发现当前候选照片好于当选照片，可以单击工具栏中的【互换】按钮，把两者互换。

提示 按 F5 键与 F7 键，或者单击工作区顶部与左侧的三角形，隐藏模块选取器和左侧面板组，可为预览区腾出更大空间，把照片显示得更大。

❷ 向右拖动工具栏中的【缩放】滑块，可以把当选照片和候选照片放大，便于比较照片细节。拖动【缩放】滑块时，当选照片和候选照片的缩放是同步进行的。拖动【比较视图】中的任意一张照片，另一张照片也会跟着一起移动。【缩放】滚动条左侧有一个锁头图标，处于锁定状态时，表示两张照片的焦点链接在一起，移动任意一张照片，另一张照片也会跟着移动，如图 3-27 所示。

图 3-27

某些情况下，这样很不方便。例如，两张照片虽然记录的是同一个对象，但是焦点不同，或构图不同。此时，最好单击锁头图标，使其处于开锁状态，取消两张照片的焦点链接，如图 3-28 所示。

图 3-28

③ 在工具栏中单击锁头图标，取消两张照片的焦点链接，拖动【比较视图】中的任意一张照片，另一张照片不会跟着移动。也就是说，取消焦点链接之后，当选照片和候选照片可以分别进行移动了。

在【比较视图】中，如果窗格有白色细边框，就表示那个窗格中的照片当前处于活动状态，拖动【缩放】滑块或者调整右侧面板组中的控件，当前处于活动状态的照片会受到影响。

④ 单击右侧照片，使其处于活动状态，然后调整缩放比率。

⑤ 按两次快捷键 Shift+Tab，显示所有面板。在工具栏中单击锁头图标，重新链接左右两张照片的焦点。然后在【导航器】面板的标题栏中单击【适合】。

⑥ 单击左侧窗格中的照片，将其变为活动照片（编辑会作用到该照片上）。然后，展开【快速修改照片】面板。在【色调控制】选项组中，尝试调整照片的各个属性，提升照片画面质量。这里，分别单击【曝光度】和【对比度】的右双箭头一次，然后单击【阴影】和【白色色阶】的右单箭头一次，调整结果可以参考图 3-29。

图 3-29

在【比较视图】中比较照片时，使用【快速修改照片】面板中的控件调整照片，有助于从多张照片中选出最好的照片。把预设应用到照片上，或者快速修改照片，可以帮助我们评估照片修改后的效果。选好照片之后，如果觉得调得不好，可以撤销之前的快速调整，然后进入【修改照片】模块中重新进行调整或者在快速调整的基础上做进一步调整。

3.9 使用【筛选视图】缩小选择范围

【筛选视图】是【图库】模块的第 4 个视图，在该视图中可以同时浏览多张照片，然后把不满意的照片从选集中删除，最终把满意的照片选出来。

① 在【目录】面板中，确保【上一次导入】文件夹处于选中状态，将其作为图像源。在胶片显示窗格中选择 4 张照片，在工具栏中单击【筛选视图】按钮（从左边数第 4 个），如图 3-30 所示，或者按 N 键。如果希望中间预览区更大，请隐藏左侧面板组。

② 按箭头键，或者单击工具栏中的【选择上一张照片】（左箭头）和【选择下一张照片】（右箭头）按钮，在不同照片之间切换，被激活的照片周围有黑色细框线。

图 3-30

❸ 把鼠标指针移动到最不喜欢的照片上，然后单击照片缩览图右下角的叉号（取消选择照片），如图 3-31 所示，将其从【筛选视图】中移除。

图 3-31

在【筛选视图】中移除一张照片后，其他照片会自动调整大小与位置，把可用的预览区全部填满。

提示 如果不小心在【筛选视图】中删除了某张照片，可在菜单栏中选择【编辑】>【还原“取消选择照片”】，将照片恢复，还可以按住 Command 键 /Ctrl 键，在胶片显示窗格中单击被删照片的缩览图，将其重新添加到【筛选视图】中。当然，也可以使用同样的方法向【筛选视图】中添加新照片。

请注意，在【筛选视图】中移除照片时，Lightroom Classic 并不会真的把它从文件夹中删除，也不会把它从目录文件中删除。我们仍然可以在胶片显示窗格中看到被移除的照片，它只是被取消选择了。显示在【筛选视图】中的照片就是胶片显示窗格中那些处于选中状态的照片，如图 3-32 所示。

❹ 继续在【筛选视图】中移除一些照片。这里，我们只保留一张照片，将其他照片全部移除。在【筛选视图】中选中仅剩的一张照片，继续学习下一节的内容。

图 3-32

3.10 标记旗标与删除照片

现在,【筛选视图】中只剩一张照片了。接下来，我们要给这张照片标记【选取】旗标。

浏览照片时，在照片上标记旗标（选取或排除）是一种对照片进行快速分类的有效方法；旗标状态就是一种过滤条件，可以通过旗标状态过滤图库中的照片。此外，还可以使用菜单命令或快捷键从目录文件中快速删除标记了【排除】旗标的照片。

在【筛选视图】中，黑色旗标（在胶片显示窗格中显示为白色旗标）代表选取，黑色带叉号的旗标代表排除，灰色旗标代表无旗标。

提示 按 P 键，可把选择的照片标记为【选取】；按 X 键，可把照片标记为【排除】；按 U 键，可移除照片上的所有旗标。

❶ 在【筛选视图】中，把鼠标指针移动到照片上，画面左下角会显示两个旗标。灰色旗标表示当前照片尚未标记旗标。在两个旗标中，单击左侧旗标，将其变成黑色旗标，代表【选取】。这时，在胶片显示窗格中，这张照片缩览图的左上角会出现一个白色旗标，如图 3-33 所示。

图 3-33

❷ 在胶片显示窗格中再选择一张照片，然后按 X 键。在【筛选视图】中，画面的左下角会出现【排除】旗标，同时在胶片显示窗格中，这张照片缩览图的左上角也会出现一个【排除】旗标，并且照片缩览图呈灰色显示，如图 3-34 所示。

❸ 在菜单栏中选择【照片】>【删除排除的照片】，或者按快捷键 Command+Delete/Ctrl+BackSpace。在打开的

【确认】对话框中单击【从 Lightroom 中删除】按钮，如图 3-35 所示，可把排除的照片从图库目录中删除，但不会从磁盘上删除。

图 3-34

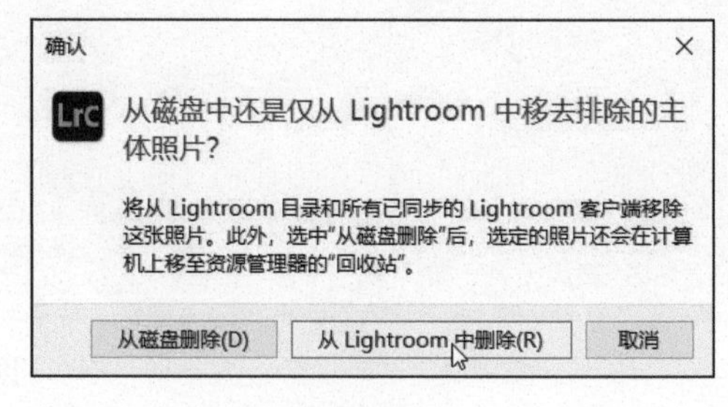

图 3-35

从 Lightroom Classic 的图库目录中删除被排除的照片后，这些照片不会再显示在胶片显示窗格中。按快捷键 Command+Z/Ctrl+Z，可恢复照片。按 P 键，恢复到【选取】状态。

❹ 按 G 键，或者单击工具栏中的【网格视图】按钮，在【网格视图】中，以缩览图的形式查看所有照片。按 F7 键，再次显示左侧面板组。

3.11 使用【快捷收藏夹】组织照片

组织 Lightroom Classic 目录文件中的照片时，收藏夹是一种非常便捷的方式，使用它可以轻松地把一组照片组织在一起，即使这些照片存放在硬盘中的不同的文件夹中。可以为某个特定的幻灯片新建一个收藏夹，也可以使用不同的收藏夹按类别或其他标准对照片进行分组。任何时候你都可以在【收藏夹】面板中找到你的收藏夹，并快速访问它们。

【快捷收藏夹】是一个临时存放照片的收藏夹。当浏览和整理导入的新照片时，或者从目录文件不同的文件夹中挑选一类照片时，都可以暂时把照片放入这个收藏夹中。

在【网格视图】或胶片显示窗格中，只需要单击一下，就可以把照片添加到【快捷收藏夹】中，从【快捷收藏夹】移除照片也一样简单。只要不把照片从【快捷收藏夹】中清除，或者不把照片转移到【收藏夹】面板中某个持久的收藏夹中，照片就会一直存放在【快捷收藏夹】中。可以在【目录】面板中快速访问【快捷收藏夹】，这样无论何时都可以随时返回处理同一批照片。

3.11.1 把照片移入或移出【快捷收藏夹】

❶ 在左侧面板组中展开【目录】面板，在其中可以看到【快捷收藏夹】，如图 3-36 所示。

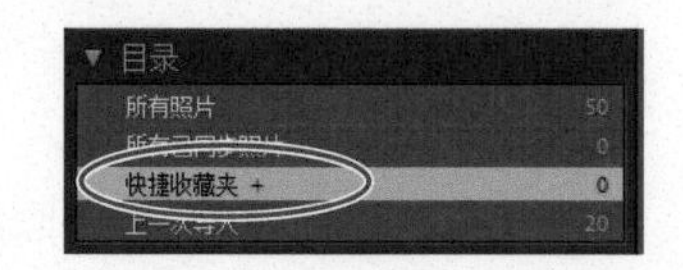

图 3-36

❷ 在【网格视图】或胶片显示窗格中，选择第 8、9、10、11 张照片，如图 3-37 所示。

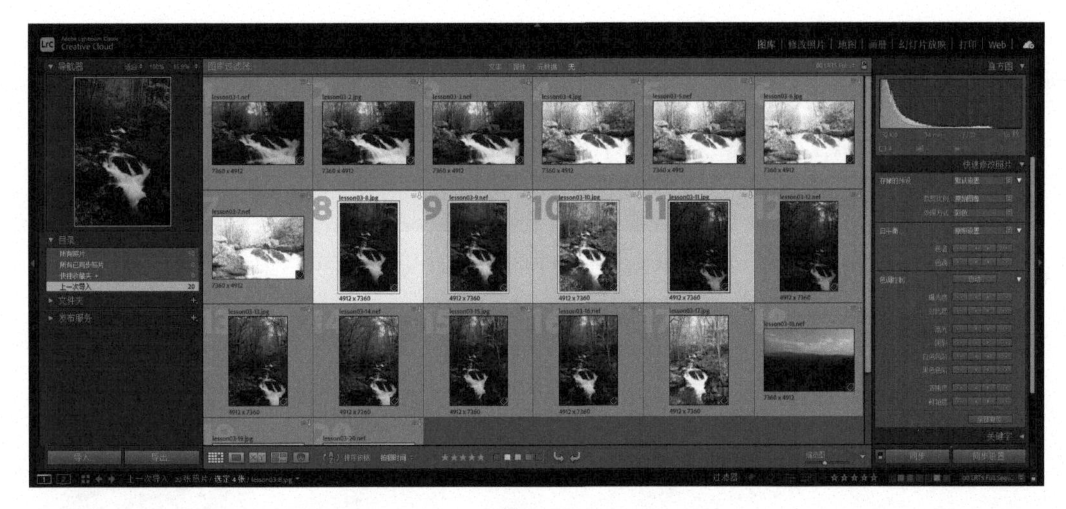

图 3-37

> **提示** 如果预览区中未显示照片编号，请按 J 键切换视图。

❸ 按 B 键或者在菜单栏中选择【照片】>【添加到快捷收藏夹】，把选择的照片添加到【快捷收藏夹】中。

在【目录】面板中，【快捷收藏夹】右侧的照片张数为 4，表示其中已经有了 4 张照片。选择【快捷收藏夹】，中间预览区中会显示【快捷收藏夹】中的 4 张照片。若在【图库视图选项】对话框中勾选了【缩览图徽章】复选框和【快捷收藏夹标记】复选框，会在【网格视图】中每张缩览图的右上角看到一个灰色圆点（快捷收藏夹标记），如图 3-38 所示。同时，在胶片显示窗格中，每个缩览图的右上角也有一个灰色圆点，前提是缩览图不能太小。

图 3-38

选中某张照片，然后单击照片缩览图右上角的灰色圆点，或者按 B 键，可以把选中的照片从【快捷收藏夹】中移除。

> **提示** 若把鼠标指针移动到一个照片缩览图上，看不见灰色圆点，请在【视图】>【网格视图样式】子菜单中选择【显示额外信息】，并且在菜单栏中选择【视图】>【视图选项】，在打开的【图库视图选项】对话框的【单元格图标】选项组中勾选【快捷收藏夹标记】复选框。

❹ 这里，我们只从【快捷收藏夹】中移除第 2 张照片。选择第 2 张照片，然后按 B 键。此时，【快捷收藏夹】右侧的照片张数变为 3。

3.11.2 移动与清空【快捷收藏夹】中的照片

❶ 在【目录】面板中选择【快捷收藏夹】，当前【网格视图】中只有 3 张照片，如图 3-39 所示。只要不清空【快捷收藏夹】，这 3 张照片就会一直存在，且可以随时返回这组照片中浏览它们。

图 3-39

假设这 3 张照片是精选后的照片，接下来，我们需要把它们转移到一个持久的收藏夹中。

❷ 在菜单栏中选择【文件】>【存储快捷收藏夹】，打开【存储快捷收藏夹】对话框。

❸ 在【存储快捷收藏夹】对话框中，把【收藏夹名称】设置为 Nature，勾选【存储后清除快捷收藏夹】复选框，然后单击【存储】按钮，如图 3-40 所示。

❹ 在【目录】面板中可以看到【快捷收藏夹】当前被清空了，右侧的照片张数变为 0。展开【收藏夹】面板，在收藏夹列表中可以看到创建的 Nature 收藏夹，其中包含 3 张照片，如图 3-41 所示。

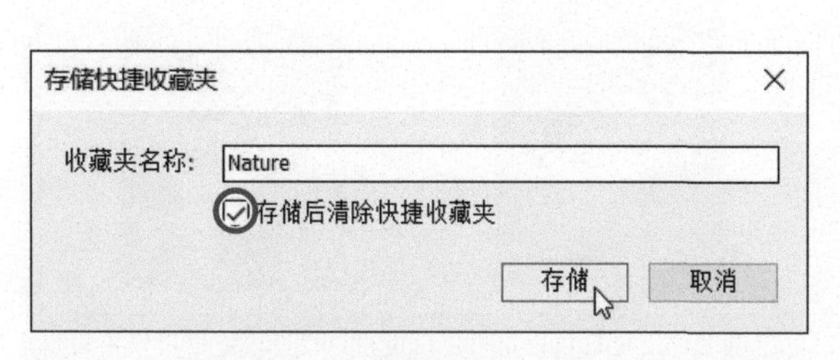

图 3-40

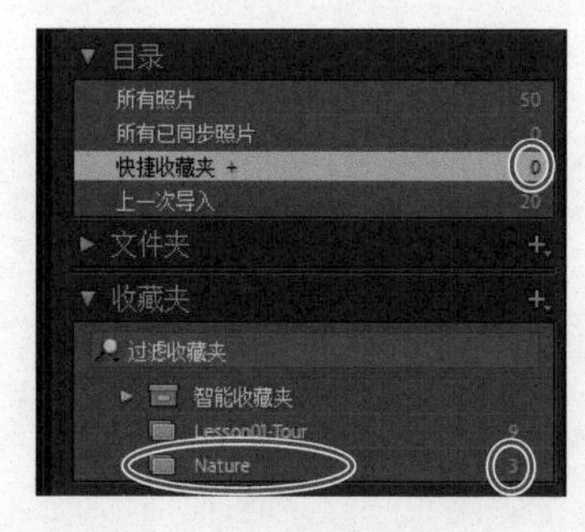

图 3-41

❺ 在【文件夹】面板中单击 lesson03 文件夹，【网格视图】中会再次显示出本课所有照片，包括添加到新收藏夹中的照片。

3.11.3 指定目标收藏夹

默认设置下，Lightroom Classic 会把【目录】面板中的【快捷收藏夹】指定为目标收藏夹，因此【快捷收藏夹】名称右侧会有一个加号（+）。选择某张照片之后，按 B 键或者单击照片缩览图右上角的圆圈，Lightroom Classic 会把所选照片添加到目标收藏夹中。

可以把自己的某个收藏夹指定为目标收藏夹，这样就可以使用相同的方法轻松、快捷地把照片添加到指定的收藏夹中，或者从指定收藏夹中移除。

❶ 在【收藏夹】面板中，使用鼠标右键单击新建的 Nature 收藏夹，在弹出的快捷菜单中选择【设为目标收藏夹】。此时，Nature 收藏夹名称右侧出现了一个加号（+），如图 3-42 所示。

图 3-42

❷ 在【目录】面板中选择【上一次导入】文件夹，然后单击第 9 张照片（或者按住 Command 键 /Ctrl 键选择多张照片）。

❸ 展开【收藏夹】面板，一边按 B 键，一边观察 Nature 收藏夹的变化，添加好所选照片之后，Nature 收藏夹中的照片数目也增加了。

❹ 在【目录】面板中，使用鼠标右键单击【快捷收藏夹】，在弹出的快捷菜单中选择【设为目标收藏夹】。此时，【快捷收藏夹】名称右侧再次出现了一个加号（+）。

3.12 使用胶片显示窗格

不论在哪个模块下使用哪种视图，都可以通过胶片显示窗格（位于 Lightroom Classic 的工作区底部）访问所选文件夹或收藏夹中的照片。

与【网格视图】一样，可以使用箭头键快速浏览胶片显示窗格中的照片。若照片数量很多，超出了胶片显示窗格的可见区域，导致某些照片显示不出来，可使用如下几种方法把隐藏的照片显示出来：拖动照片缩览图下方的滚动条；把鼠标指针放到缩览图框架的上边缘处，当鼠标指针变成手形时，按住鼠标左键左右拖动；单击胶片显示窗格左右两端的箭头；单击胶片显示窗格左右两端带阴影的缩览图。

在胶片显示窗格顶部，Lightroom Classic 提供了一组控件，用来简化工作流程。

胶片显示窗格顶部最左侧有两个标有数字的按钮，分别用来切换主副显示器，把鼠标指针移动到其中一个按钮上，按住鼠标左键，可在弹出的菜单中分别为各个显示器设置视图模式，如图 3-43 所示。

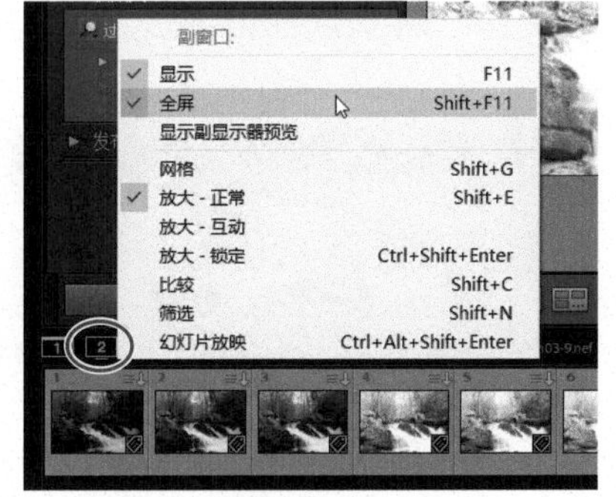

图 3-43

紧靠在数字按钮右侧的是图库网格按钮和箭头按钮（后退、前进），其中箭头按钮用来在最近浏览过的文件夹和收藏夹之间切换，如图 3-44 所示。

图 3-44

箭头按钮右侧是胶片显示窗格源指示器。通过它，我们可以知道当前浏览的是哪个文件夹或收藏夹，其中包含多少张照片，当前选中了多少照片，以及当前鼠标指针所指照片的名称。单击源指示器中的三角形，会弹出一个菜单，其中列出了最近访问过的所有照片源，如图 3-45 所示。

图 3-45

3.12.1 隐藏胶片显示窗格与调整窗格大小

与两侧面板组一样，可以轻松地隐藏或显示胶片显示窗格，以及调整其大小，以便把更多工作空间留给正在处理的照片。

❶ 胶片显示窗格的底部边框上有一个三角形图标，如图 3-46 所示，单击它，或者按 F6 键，可以隐藏或显示胶片显示窗格。使用鼠标右键单击三角形图标，在弹出的快捷菜单中选择【自动隐藏和显示】。

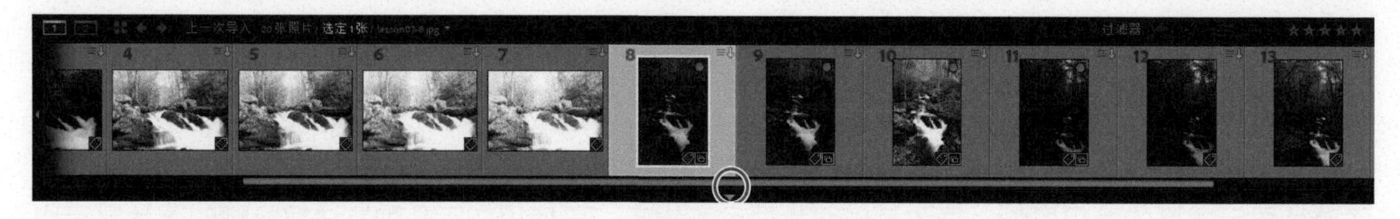

图 3-46

❷ 把鼠标指针移动到胶片显示窗格的上边缘处，当鼠标指针变成一个双箭头时，如图 3-47 所示，按住鼠标左键向上或向下拖动，可调整胶片显示窗格的大小，以放大或缩小照片缩览图。胶片显示窗格越小，其中显示的照片缩览图就越多。

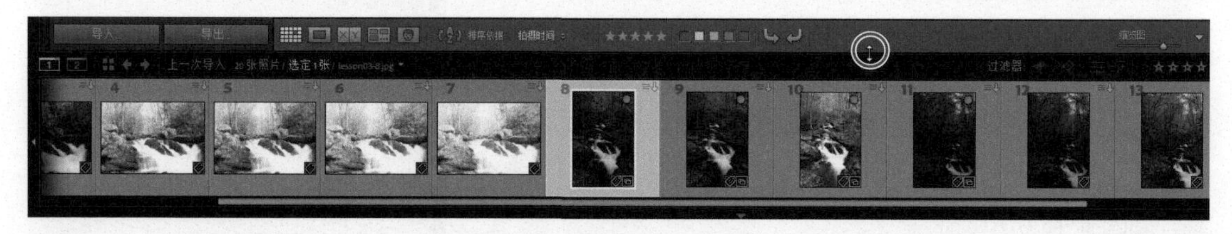

图 3-47

3.12.2 在胶片显示窗格中使用过滤器

当文件夹中只包含几张照片时，可以很轻松地在胶片显示窗格中看到所有照片。但是，当文件夹中包含大量照片时，将会有很多照片无法显示在胶片显示窗格的可视区域中。此时，只有手动拖动胶片显示窗格底部的滚动条，才能从大量照片中找到需要的照片，这样操作就不那么方便了。

❶ 在胶片显示窗格中，lesson03 文件夹中有两张照片带有白色旗标。若看不见旗标，请使用鼠标右键单击照片单元格中的任意一个地方，然后在弹出的快捷菜单中选择【视图选项】>【显示星级和旗标状态】。请自行查看菜单（又叫胶片显示窗格菜单）中的其他命令，其中，有些命令针对的是当前选中的照片，有些命令针对的是胶片显示窗格本身。

❷ 胶片显示窗格的右上角有一个下拉列表框，单击它，在下拉列表中选择【留用】。此时，胶片

显示窗格中只显示标记了白色旗标的照片，如图 3-48 所示。

图 3-48

❸ 同时，胶片显示窗格右上角的【过滤器】文字右侧出现了一个高亮显示的白色旗标。单击【过滤器】文字，以图标形式显示所有过滤器，包括旗标、星级、色标、编辑状态等，如图 3-49 所示。

图 3-49

单击相应的过滤器图标，可激活或禁用在过滤器下拉列表中看到的任意一个过滤器。单击胶片显示窗格右上角的下拉列表框，在打开的下拉列表中选择【将当前设置存储为新预设】，把当前过滤器组合存储为一个自定义预设，方便以后使用。

❹ 单击白色旗标，取消旗标过滤器，或者单击胶片显示窗格右上角的下拉列表框，在打开的下拉列表中选择【关闭过滤器】，禁用所有过滤器。此时，胶片显示窗格再次显示出文件夹中的所有照片。在胶片显示窗格右上角再次单击【过滤器】文字，隐藏过滤器图标。

关于过滤器的更多内容，将在第 4 课中讲解。

3.13 调整缩览图的排列顺序

使用工具栏中的【排序方向】和【排序依据】功能，可以改变【网格视图】和胶片显示窗格中的缩览图的排列顺序。

❶ 若当前工具栏中未显示排序控件，请在工具栏右侧的【选择工具栏的内容】（三角形）菜单中选择【排序】，将其在工具栏中显示出来。

❷ 在【排序依据】菜单中选择【选取】，如图 3-50 所示，并确保排序方向是从 A 到 Z，而不是从 Z 到 A。

此时，【网格视图】和胶片显示窗格中的照片缩览图被重排了，先显示的是标记了【排除】旗标的照片，然后是无旗标的照片，再然后则是标记了白色旗标的照片。

❸ 单击【排序方向】图标，把照片缩览图的排序方向由从 A 到 Z 变为从 Z 到 A。此时，标记了白色旗标的照片显示在最前面，然后是无旗标照片，再然后是标记了【排除】旗标的照片。

把一组照片放入收藏夹并组织其中的照片时，可以随意指定照片的排列顺序。这在进行作品展示（如幻灯片、网络画廊）或者进行印刷排版时非常有用，因为这个过程中用到的照片会按照它们的排列顺序被放入收藏夹中。

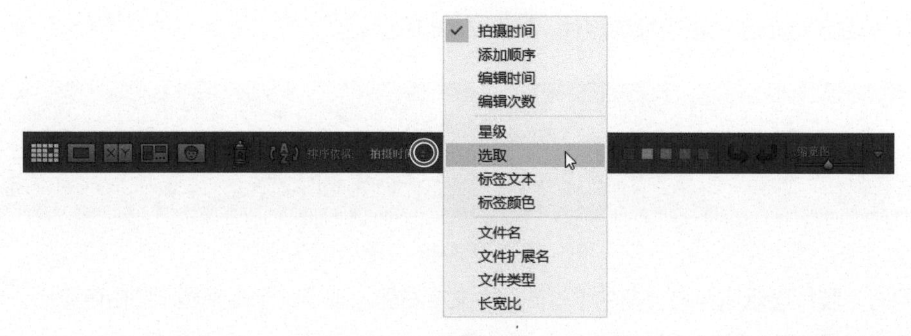

图 3-50

❹ 展开【收藏夹】面板，单击前面创建的 Nature 收藏夹，如图 3-51 所示。然后在工具栏中的【排序依据】菜单中选择【拍摄时间】。

图 3-51

❺ 在胶片显示窗格中，按住鼠标左键向右拖动第一张照片，在第二张照片之后出现黑色插入条时，释放鼠标左键，如图 3-52 所示。

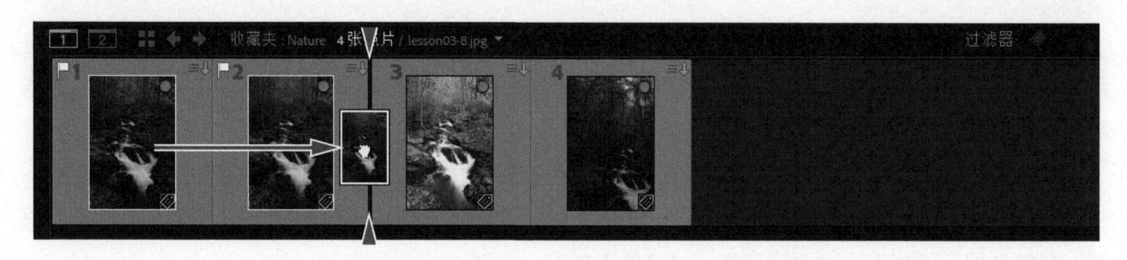

图 3-52

提示 在【网格视图】中，可以拖动照片缩览图调整照片的顺序，也可以更改收藏夹中照片的排列顺序。

此时，在胶片显示窗格和【网格视图】中，第一张照片都移动到了新位置上。同时，工具栏中的【排序依据】变成了【自定排序】，如图 3-53 所示，Lightroom Classic 会把手动排序保存下来，并以【自定排序】的形式显示在【排序依据】菜单中。

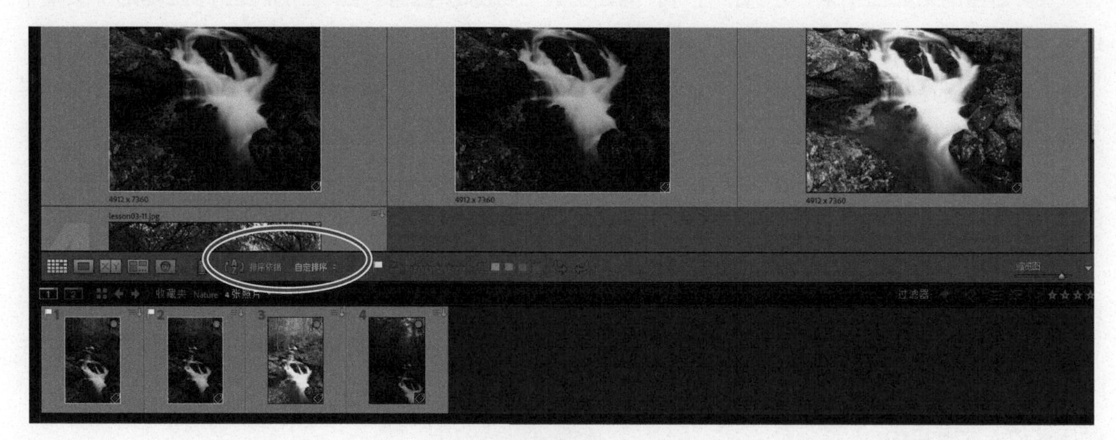

图 3-53

❻ 在【排序依据】菜单中选择【文件名】，然后再选择【自定排序】，如图 3-54 所示，返回手动排序。

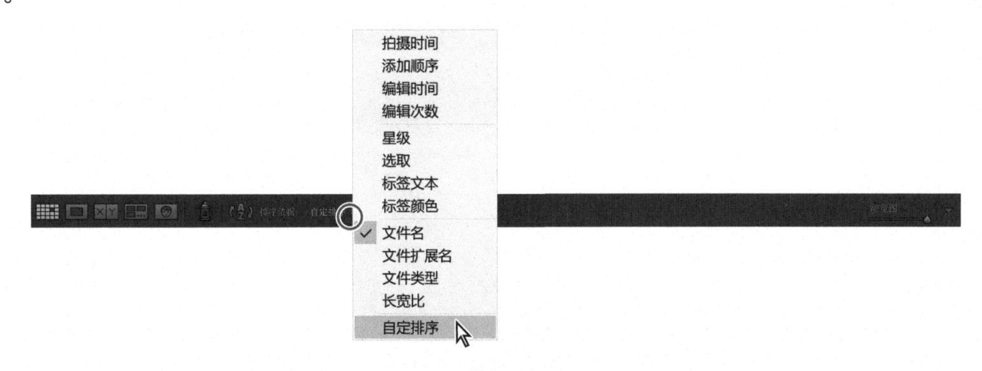

图 3-54

3.14 使用第二台显示器

在【文件夹】面板中单击 lesson03 文件夹，显示其中的所有照片。如果计算机连接着第二台显示器，可以在第二台显示器上使用一个不同的视图（副视图）显示照片，这个视图独立于主显示器上当前激活的模块和视图模式（主视图）。既可以选择让副视图显示在自己的窗口（该窗口的大小、位置可调）中，也可以选择让它填满第二台显示器。第二台显示器（或窗口）顶部有一排视图选取器，单击它们，可以在【网格视图】【放大视图】【比较视图】【筛选视图】之间切换，如图 3-55 所示。

图 3-55

如果计算机只连着一台显示器，那么可以打开一个浮动窗口中以进行辅助显示，且可以随时调整浮动窗口的尺寸和位置，如图 3-56 所示。

❶ 不管计算机是连着一台还是连着两台显示器，都请单击胶片显示窗格左上角的【副显示器】按钮，打开一个独立窗口。

❷ 在副显示器窗口的顶部面板中单击【网格】，或者按快捷键 Shift+G，更改副显示器窗口视图，如图 3-57 所示。

图 3-56

> 💡 提示　可以使用快捷键更改副显示器窗口中的视图：【网格视图】(Shift+G)、【放大视图】(Shift+E)、【比较视图】(Shift+C)、【筛选视图】(Shift+N)、【幻灯片放映视图】(Ctrl+Shift+Alt+Enter)。若副显示器窗口未打开，可以使用这些快捷键在指定的视图模式下快速打开它。

图 3-57

❸ 拖动副显示器窗口右下角的【缩览图】滑块，可以调整照片缩览图的大小，如图 3-58 所示。拖动窗口右侧的滚动条，可以上下滚动【网格视图】。

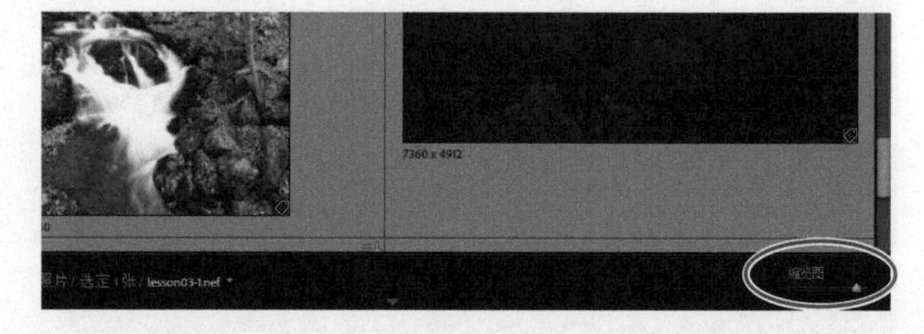

图 3-58

尽管主显示器窗口与副显示器窗口可显示尺寸不同的照片，但是副显示器窗口中的【网格视图】与主显示器窗口中的【网格视图】、胶片显示窗格中显示的照片是完全一样的。

副显示器窗口左下角有源指示器和菜单，它们与胶片显示窗格中的源指示器和菜单一样。与主显示器窗口一样，副显示器窗口中的顶部面板和底部面板也是可以显示或隐藏的。

❹ 在副显示器窗口中的【网格视图】中，单击任意一个照片缩览图，然后在顶部面板左侧的视图选取器中单击【放大】。检查顶部面板右侧的模式选取器，确保当前处在【正常】屏幕模式下，如图 3-59 所示。

图 3-59

当副显示器窗口处在【正常】屏幕模式下时，【放大视图】中显示的是主显示器窗口中【网格视图】和胶片显示窗格中当前选中的照片。

注意 如果副显示器窗口是在第一台显示器而非在第二台显示器中打开的，可能需要在主窗口内或标题栏上单击，才能改变键盘输入的焦点。

❺ 按左右箭头键，在【网格视图】中选择另外一张照片，新选择的照片会成为当前活动照片，副显示器窗口中显示的照片随之更新。

❻ 在副显示器窗口顶部面板右端的模式选取器中单击【互动】。

在【互动】屏幕模式下，在主显示器窗口中，无论是在【网格视图】、胶片显示窗格中，还是在【放大视图】【比较视图】【筛选视图】中，鼠标指针指到哪张照片，副显示器窗口中就显示哪张照片，如图 3-60 所示。

图 3-60

副显示器窗口的右下角有几个缩放级别控件，使用这些控件，可以为副显示器窗口中的照片指定不同的缩放显示级别。

❼ 在胶片显示窗格中选择一张照片，然后进入副显示器窗口，在顶部面板右端的模式选取器中单击【锁定】。此时，不管主显示器窗口中显示什么照片，只要不选择【正常】或【互动】屏幕模式，副显示器窗口中显示的照片就会一直保持不变。

❽ 使用副显示器窗口右下角的缩放级别控件，可以为副显示器窗口中的照片指定不同的缩放显示级别。这些控件有【适合】/【填充】、100%、缩放百分比菜单。

❾ 在副显示器窗口中把照片放大后，拖动照片，调整其在副显示器窗口中的位置。然后单击照片，返回之前的缩放显示级别。

❿（可选）使用鼠标右键单击照片，在弹出的快捷菜单中选择一种背景颜色。这些设置会应用到副显示器窗口中，而且与主显示器窗口中的设置无关。

⓫ 在副显示器窗口顶部面板左侧的视图选取器中单击【比较】。此时，在主显示器窗口的【网格

视图】或胶片显示窗格中当前选中的照片及其下一张照片就会变成当选照片和候选照片，但可以选择两张或两张以上的照片替换它们。

⑫ 与主显示器窗口一样，【比较视图】左侧窗格中的照片是当选照片，右侧窗格中的照片是候选照片。变更候选照片时，先单击候选照片窗格，然后单击【选择上一张照片】和【选择下一张照片】按钮。若同时选择了两张以上的照片，则只有被选中的照片才被视为候选照片。单击副显示器窗口右下角的【互换】按钮，可以把当选照片与候选照片互换，如图 3-61 所示。

图 3-61

⑬ 在主显示器窗口中选择 3 张以上的照片，然后在副显示器窗口的顶部面板中单击【筛选】。使用【筛选视图】可同时比较两张以上的照片。把鼠标指针移动到希望移除的照片上，单击照片右下角的叉号图标（取消选择照片），可把相应照片从【筛选视图】中移除，如图 3-62 所示。

图 3-62

⑭ 在菜单栏中选择【窗口】>【副显示窗口】>【显示】，或者单击胶片显示窗格左上角的【副显示器】按钮，关闭副显示器窗口。

3.15 复习题

1. 请说出【图库】模块中的 4 种视图，并指出如何使用它们。
2. 什么是【导航器】面板？
3. 如何使用【快捷收藏夹】？
4. 什么是目标收藏夹？

3.16 答案

1. 4 种视图分别是【网格视图】【放大视图】【比较视图】【筛选视图】。按 G 键，或者单击工具栏中的【网格视图】按钮，可在预览区中以缩览图的形式浏览照片，同时可以搜索照片，向照片中添加旗标、星级、色标，以及创建收藏夹；按 E 键，或者单击工具栏中的【放大视图】按钮，可以在一定放大范围内查看单张照片；按 C 键，或者单击工具栏中的【比较视图】按钮，可以并排查看两张照片；按 N 键，或者单击工具栏中的【筛选视图】按钮，可以同时评估多张照片，或者对照片进行精选。
2. 【导航器】面板是一个交互式的全图预览工具，可以帮助用户在一张放大后的照片（即【放大视图】下）内轻松移动鼠标指针，以查看照片画面的不同区域。在【导航器】面板的预览图中，单击或拖动鼠标，照片就会在预览区中移动。【导航器】面板的预览图上有一个白色矩形框，矩形框之内的部分就是当前照片在预览区中显示出来的部分。【导航器】面板中还有一些用来调整照片缩放级别（即【放大视图】下）的控件。在【放大视图】中单击照片，可以在【导航器】面板中的最后两个缩放级别之间进行切换。
3. 选择一张或多张照片，然后按 B 键，或者在菜单栏中选择【照片】>【添加到目标收藏夹】，即可把所选照片添加到【快捷收藏夹】中。【快捷收藏夹】是一个临时存放照片的收藏夹，可以不断往【快捷收藏夹】中添加照片，也可以从中移除一些照片，最后可以把【快捷收藏夹】中的照片保存到一个永久的收藏夹中。可以在【目录】面板中找到【快捷收藏夹】。
4. 选择一张照片后按 B 键，或者单击照片缩览图右上角的圆圈图标，Lightroom Classic 就会把所选照片添加到目标收藏夹中。默认设置下，【快捷收藏夹】（位于【目录】面板中）就是目标收藏夹，因此可以在【快捷收藏夹】名称右侧看见一个加号（+）。可以把自己创建的一个收藏夹指定为目标收藏夹，这样就可以把照片快速地添加到其中或者从中移除了。

摄影师
艾伦·夏皮罗（ALAN SHAPIRO）

“对我来说，每张照片都是一次祈祷。”

对我来说，每张照片都是一次祈祷。每张照片都是不同的、独特的、真诚的、重要的，里面记录了周围一些让人感激的事、一些值得庆祝的事、一些应该纠正的事、一些令人遗憾的事。

每张照片都是一次祈祷，照片中承载了很多事：一些需要反思的事、一些需要和人分享的事、一些需要传承或流传的事、一些让人备受鼓舞或感到渺小的事。

对我来说，每张照片都是一种认可、一种提示、一次呼吁、一次感恩。照片是一种能够让人与巨大、宏伟的事物产生情感联系的媒介，能够给人以安宁、敬畏、鼓舞和深深的感动。

对我来说，每张照片都是一次祈祷。

而且，这祈祷常常都能应验。

第4课

管理图库

课程概览

本课主要讲解以下内容。

- 认识与使用收藏夹
- 使用关键字、旗标、星级、色标标记照片
- 在【人物】视图中标记面部、在【地图】模块下通过位置组织照片
- 编辑元数据、使用【喷涂】工具加快工作流程
- 查找与过滤照片

学习本课需要 1～2小时

Lightroom Classic 提供了强大的多功能工具，可以用来帮助我们组织照片。在 Lightroom Classic 中，我们可以使用人物标签、关键字、旗标、色标、星级、GPS 位置数据对照片进行分类，然后通过某种关联关系把它们放入虚拟收藏夹中；还可以把不同的条件轻松地组合在一起，从而创建出高效、复杂的搜索，以便迅速找到要找的照片。

4.1 学前准备

在学习本课内容之前，请确保已经为课程文件创建好了 LRC2022CIB 文件夹，并创建了 LRC2022CIB 目录文件来管理它们。

将下载好的 lesson04 和 lesson04-gps 两个文件夹放入 LRC2022CIB\Lessons 文件夹中。

❶ 启动 Lightroom Classic。

❷ 在打开的【Adobe Photoshop Lightroom Classic- 选择目录】对话框中选择 LRC2022CIB Catalog.lrcat 文件，单击【打开】按钮，如图 4-1 所示。

图 4-1

❸ Lightroom Classic 在【正常】屏幕模式中打开，当前打开的模块是上一次退出 Lightroom Classic 时的模块。在工作区右上方的模块选取器中单击【图库】，如图 4-2 所示，进入【图库】模块。

图 4-2

4.2 把照片导入图库

在开始学习之前，我们需要先把本课要用到的照片导入 Lightroom Classic 的目录文件中。

❶ 在【图库】模块下，单击左侧面板组左下角的【导入】按钮，如图 4-3 所示。

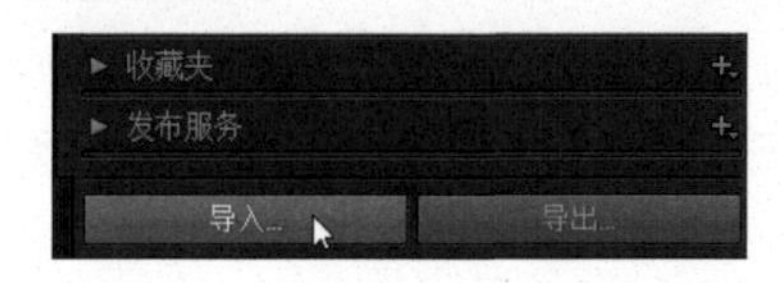

图 4-3

❷ 若【导入】对话框当前处在紧凑模式下，请单击对话框左下角的【显示更多选项】按钮（向下三角形），如图 4-4 所示，使【导入】对话框进入扩展模式，显示所有可用选项。

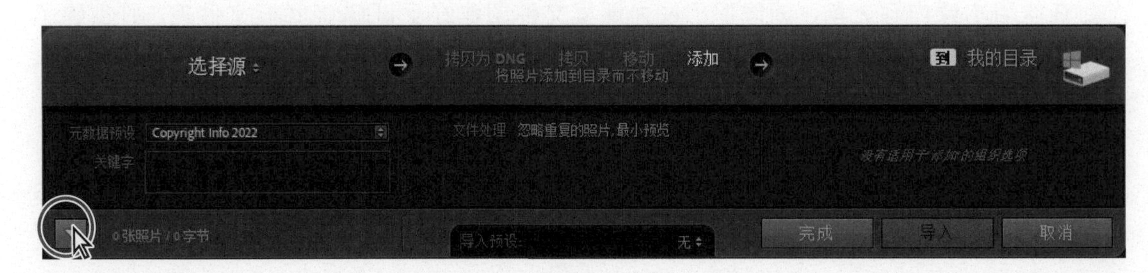

图 4-4

❸ 在左侧的【源】面板中找到并选择 LRC2022CIB\Lessons\lesson04 文件夹，勾选右上角的【包含子文件夹】复选框。此时，Lightroom Classic 会选中 lesson04 文件夹中的 42 张照片，准备导入它们。

❹ 在预览区上方的导入选项中选择【添加】，Lightroom Classic 会把导入的照片添加到目录文件中，不会移动或复制原始照片。在右侧的【文件处理】面板中的【构建预览】下拉列表中选择【最小】，勾选【不导入可能重复的照片】复选框。在【在导入时应用】面板中的【修改照片设置】和【元数据】下拉列表中选择【无】，在【关键字】文本框中输入“Lesson 04,Collections”。参考图 4-5，检查设置是否无误，然后单击【导入】按钮。

图 4-5

此时，Lightroom Classic 会弹出一个对话框，询问是否启用地址查询，可以选择启用，也可以选择不启用，相关内容将在介绍【地图】模块时详细讲解。当从 lesson04 文件夹中把 42 张照片导入 Lightroom Classic 之后，就可以在【图库】模块下的【网格视图】和工作区底部的胶片显示窗格中看到它们了。

4.3 文件夹与收藏夹

每导入一张照片，Lightroom Classic 就会在目录文件中新建一个条目，记录照片文件在硬盘上的地址。这个地址包括存放照片的文件夹及文件夹所在的硬盘，可以在左侧面板组的【文件夹】面板中找到它。

为了应对日益增长的照片数量，我们需要把照片保存到文件夹中，并且让这些文件夹拥有某种组织结构。但其实，文件夹不是一种组织信息的高效方式，尤其是用来组织照片时，效率就更低下了，因为在一大堆文件中找到某一张照片并不是一件容易的事。在这种情况下，我们可以使用收藏夹来高效地组织照片。

提示 在菜单栏中选择【图库】>【同步文件夹】，在打开的【同步文件夹】对话框中勾选【导入新照片】复选框。此时，Lightroom Classic 会自动导入那些已经添加到文件夹但尚未添加到图库中的照片。勾选【导入前显示导入对话框】复选框，选择希望导入的新照片文件。勾选【扫描元数据更新】复选框，检查元数据在其他应用程序中发生修改的照片文件。

文件夹用于保存而非组织照片

举个简单的例子，图 4-6 是我女儿（Sabine）最棒的照片之一。在不同时间和情境下，我想把它拿给不同的人看，我该怎么做呢？我可以为每个美好的瞬间创建一个相册（文件夹），然后把 Sbine 的照片分别放入这些文件夹中。

图 4-6

这张照片同时存在于 5 个文件夹中，如图 4-7 所示。所以，如果这张照片有 10MB 大小，那它总共就占用了 50 MB 硬盘空间。我把它放入 5 个不同的文件夹中，只是为了能够在不同的情况下都能轻松地找到它。但是，从硬盘的使用量来看，这么做显然是在浪费硬盘空间。

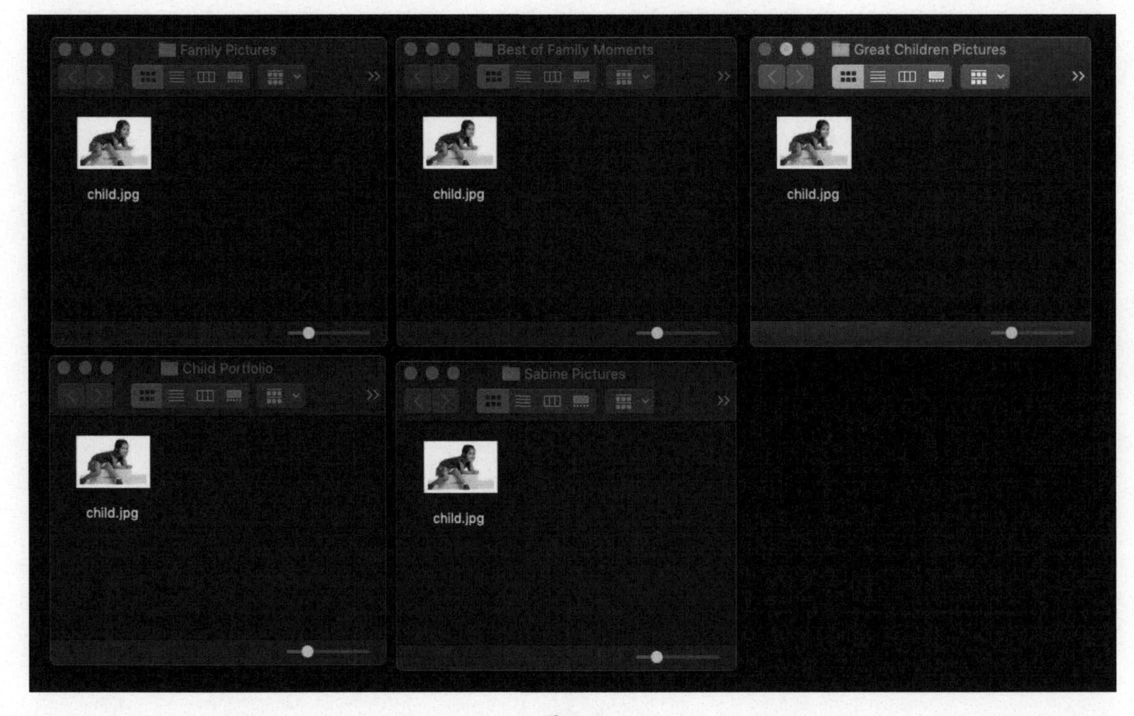

图 4-7

接着，如果我想修改一下这张照片，会发生什么呢？首先，我必须记住这张照片都在哪些地方，然后分别去这些地方重复修改照片。这么做效率太低了。为此，Lightroom Classic 专门提供了收藏夹这个工具。

4.4 使用收藏夹组织照片

收藏夹是一个虚拟文件夹，用来把多个物理文件夹中的照片组织在一起，这些文件夹可以在硬盘上，也可以在移动存储设备或者网络存储设备上。在 Lightroom Classic 中，可以把一张照片放入多个收藏夹中，这样做不会增加空间占用量，而且能够灵活地组织所有照片。回到前面的例子，在 Lightroom Classic 中，我们可以创建 5 个收藏夹，分别对应不同的情况，把照片放入这些收藏夹中。其实放入收藏夹中的并不是真正的物理文件，而是对物理文件的引用。

提示 如果你是 Apple iTunes 用户，可以把收藏夹看成照片的“播放列表”。你可以把同一张照片放入不同的“播放列表”中。

收藏夹是在 Lightroom Classic 中做一切工作的基础，掌握使用收藏夹组织照片这个方法会使 Lightroom Classic 的使用变得更简单、更轻松。

Lightroom Classic 中有几类收藏夹，按照重要性排序（笔者个人观点）为：快捷收藏夹、收藏夹、收藏夹集、智能收藏夹。

任何一个收藏夹都可以作为输出收藏夹。在保存排版版面、相册或网络画廊等创意项目时，Lightroom Classic 会自动创建一个输出收藏夹，用来把用到的照片、指定的项目模板与个人设置链接在一起。

一个收藏夹同时也可以是一个发布收藏夹，它会自动记录用户通过在线服务分享出去的照片，以及通过 Adobe Creative Cloud 同步到移动版 Lightroom Classic 中的照片。

下面我们将逐一学习前面提到的4种收藏夹，一起掌握它们的用法，然后尽快把它们应用到个人工作中。

提示 在【图库视图选项】对话框中勾选【缩览图徽标】复选框后，打开一个收藏夹，每张照片缩览图的右下角都会显示出其所在收藏夹的徽标，如图 4-8 所示。

单击收藏夹徽标，弹出的菜单中列出了那些收录了该照片的收藏夹。从中选择某个收藏夹，可以切换到那个收藏夹。

图 4-8

4.4.1 快捷收藏夹

快捷收藏夹是一个用于临时存放照片的收藏夹，可以把来自不同文件夹的照片收集起来。可以在【目录】面板中找到【快捷收藏夹】，无论何时，都可以通过它轻松地打开同一组照片并进行处理。在把照片放入【快捷收藏夹】之后，只要没有主动把照片转移到一个持久的收藏夹（位于【收藏夹】面板中）中，这些照片就会一直待在【快捷收藏夹】中。

可以根据需要创建任意多个收藏夹和智能收藏夹，但是【快捷收藏夹】只能有一个。若当前【快捷收藏夹】中已经有了一组照片，但你想用它存放一组新照片，此时，需要先清空【快捷收藏夹】中原有的那组照片，或者把那组照片转移到其他收藏夹中，然后把一组新照片放入其中。

有关使用【快捷收藏夹】的内容已经在第 3 课中讲过了，这里不再赘述。接下来，我们将讲解 Lightroom Classic 中两个最常用的工具——收藏夹和收藏夹集。

4.4.2 创建收藏夹

细心一些，你会发现 lesson04 文件夹中的照片并不是直接放在根目录下，而是放在某个子文件夹中。这是有意为之，目的在于模拟日常导入照片的情形。接下来，我们将使用收藏夹对这些照片进行整理。

❶ 在左侧的【文件夹】面板中单击 lesson04 文件夹中的 20210101 子文件夹，Lightroom Classic 会把其中的照片显示在预览区中（【网格视图】模式）。在预览区中，按快捷键 Command+A/Ctrl+A，选中所有照片。

❷【收藏夹】面板的右上角有一个加号（+），单击它，在弹出的菜单中选择【创建收藏夹】，在打开的【创建收藏夹】对话框的【名称】文本框中输入“Snow Jenn”，在【选项】选项组中勾选【包括选定的照片】复选框，然后单击【创建】按钮，如图 4-9 所示。

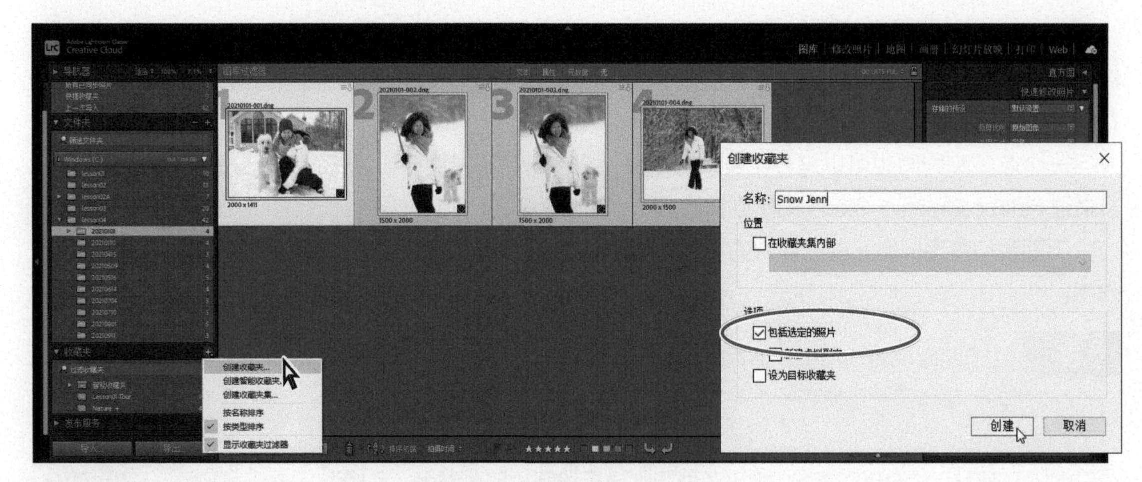

图 4-9

注意 在把一组照片放入某个收藏夹之后，就可以在【网格视图】或胶片显示窗格中重新排列它们，改变它们在幻灯片和印刷排版中的顺序。Lightroom Classic 会记住这些照片在收藏夹中的排列顺序。

此时，Lightroom Classic 会新建一个名为 Snow Jenn 的收藏夹，并把它显示在【收藏夹】面板中，里面包含 4 张照片（若照片是反序排列的，请单击工具栏中【排序依据】左侧的【排序方向】按钮），如图 4-10 所示。请注意，收藏夹中的照片并不是原始照片的副本，更不是原始照片本身，它们都是对原始照片的引用，原始照片还在原来的保存位置。

图 4-10

接下来，我们继续了解收藏夹还有哪些强大的地方。

❸ 再分别创建两个收藏夹：Winter Portfolio、Happy Jenn。然后把照片 20210101-001.dng 放入这两个收藏夹中，如图 4-11 所示。

当前，我们有了 3 个不同的收藏夹，每个收藏夹中存放的都是我妻子（Jenn）的照片，但其实这些照片都只是对原始照片的引用而已。

图 4-11

❹ 在【收藏夹】面板中单击 Happy Jenn 收藏夹，选中其中的照片。

图 4-12

❺ 在右侧的【快速修改照片】面板中找到【曝光度】选项，单击右单箭头。在【高光】中双击左双箭头，找回细节，如图 4-12 所示。

在【收藏夹】面板中单击每个收藏夹，会发现 3 个收藏夹中的同一张照片都被提亮了，如图 4-13 所示。因为这 3 个收藏夹中的同一张照片引用的都是同一张原始照片，所以在其中一个收藏夹中调整照片时，其他收藏夹中的同张照片会同步发生改变。

智能化的文件管理、更小的文件尺寸、即时的版本控制是收藏夹的三大优点，也是人们喜欢使用它的原因。

图 4-13

4.4.3 从所选文件夹创建收藏夹

在 Lightroom Classic 中，我们可以轻松地使用一个命令一次性为多个文件夹分别创建收藏夹。在【文件夹】面板中找到并展开 lesson04 文件夹，单击第一个文件夹，然后按住 Shift 键单击最后一个文件夹。单击鼠标右键，在弹出的快捷菜单中选择【从所选文件夹创建收藏夹】，如图 4-14 所示。

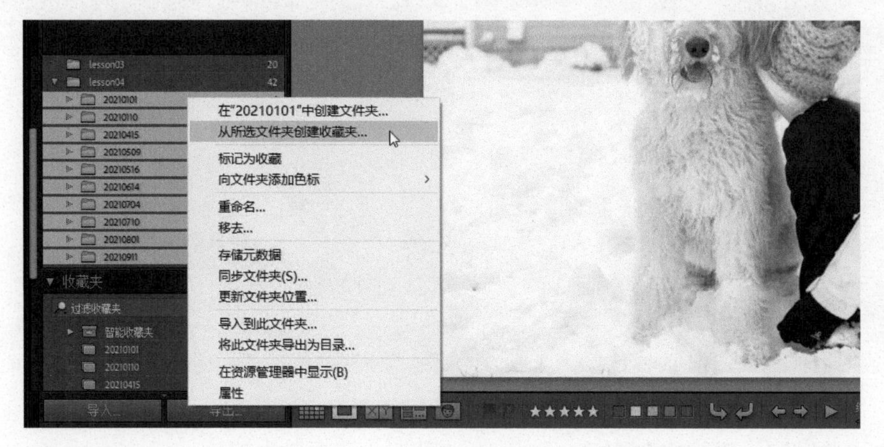

图 4-14

在【收藏夹】面板中，我们可以看到 Lightroom Classic 基于所选文件夹创建了一系列收藏夹，每个收藏夹都对应着 lesson04 文件夹中的一个子文件夹。使用鼠标右键单击各个收藏夹，在弹出的快捷菜单中选择【重命名】，对图 4-15（左）中的各个收藏夹进行重命名，最终效果如图 4-15（右）所示。

图 4-15

4.4.4 自己动手新建收藏夹

下面再新建一个收藏夹，用来存放从多个文件夹中挑选出来的照片。

❶ 单击【收藏夹】面板右上角的加号（+），在弹出的菜单中选择【创建收藏夹】，在打开的【创建收藏夹】对话框的【名称】文本框中输入“Lightroom Book Highlights”，取消勾选【包含选定的照片】复选框，单击【创建】按钮。

❷ 在【目录】面板中选择【所有照片】文件夹，查看导入的所有照片。若有必要，可以把缩览图缩小一些，以便能够同时看到所有照片。

❸ 按住 Command 键 /Ctrl 键选择最喜欢的 7 张照片，然后把它们拖入 Lightroom Book Highlights 收藏夹中，如图 4-16 所示。请注意，选择照片时，要确保所选照片来自第 1 课到第 4 课的课程文件夹。

图 4-16

当前，Lightroom Book Highlights 收藏夹中的照片来自不同的文件夹，如图 4-17 所示，并且这些照片只是对原始照片的引用，原始照片仍然保存在原来的文件夹中。随着照片数量的不断增加，你会发现，你需要组织收藏夹，以便在短时间内分享最好的照片。这时，就需要用到收藏夹集了。

图 4-17

4.4.5 使用收藏夹集

显而易见，随着添加的收藏夹越来越多，【收藏夹】面板中的收藏夹列表必然会越来越长，如图 4-18 所示。如果在工作和生活中你都使用 Lightroom Classic 来管理照片，并且组织这两类照片的过程中用到了大量收藏夹，那么你会发现，你很难在这些收藏夹之间进行滚动浏览，也不太容易搞清楚工作照片和家庭照片都在什么地方。

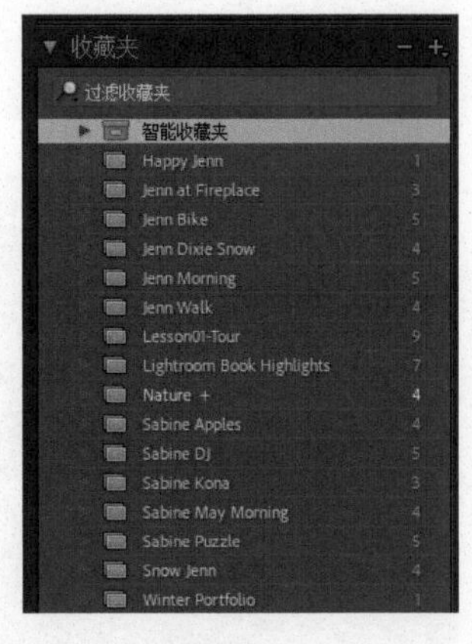

图 4-18

注意 虽然为现有文件夹创建收藏夹非常有用，但我不喜欢让收藏夹名和文件夹名一模一样。当我创建收藏夹时，我通常会给它们取一个通俗又具有描述性的名称。所以，在基于现有文件夹创建好收藏夹之后，我一般都会给收藏夹重命名，给它们改一个对我更有意义的名字。

在这种情况下，我们就需要进一步组织收藏夹，给它们分类了，此时，收藏夹集就大有用武之地了。收藏夹集也是一个虚拟的文件夹，里面不仅能存放普通收藏夹，还能存放其他收藏夹集。

这里，我们以前面创建好的收藏夹为例，浏览这些收藏夹，我们可以发现它们之间有一些相同点。

例如，有些收藏夹存放着我妻子的照片，有些收藏夹存放着我女儿的照片。下面我们使用收藏夹集把这些收藏夹组织在一起。

❶ 单击【收藏夹】面板右上角的加号（+），在弹出的菜单中选择【创建收藏夹集】，如图 4-19 所示，打开【创建收藏夹集】对话框。

❷ 在【创建收藏夹集】对话框的【名称】文本框中输入“Jenn Images”，取消勾选【在收藏夹集内部】复选框，如图 4-20 所示。

图 4-19

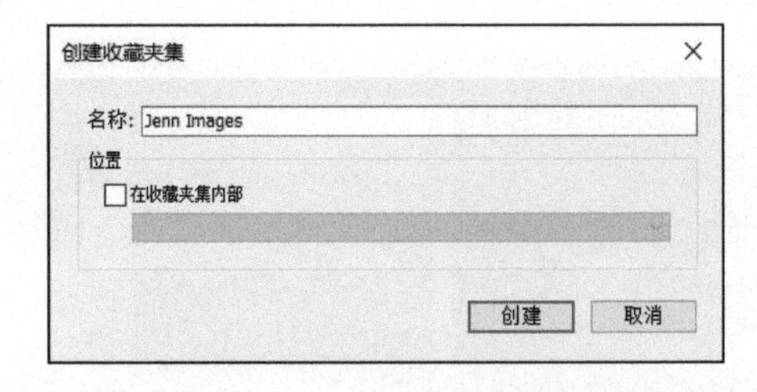

图 4-20

❸ 单击【创建】按钮，然后把所有含有 Jenn 照片的收藏夹拖入 Jenn Images 收藏夹集中。

此时，我们就把多个收藏夹组织在了一起。在 Jenn Images 收藏夹集下，可以看到其中包含多个收藏夹。

❹ 再创建一个收藏夹集，将其【名称】设置为 Sabine Images。然后，把所有包含 Sabine 照片的收藏夹放入其中。最终收藏夹的组织结构如图 4-21 所示。

❺ 看看创建的两个收藏夹集，它们有什么共同点吗？有，它们存放的都是家人的照片。下面我们再创建一个收藏夹集。在【创建收藏夹集】对话框的【名称】文本框中输入“Family Pictures”。然后，把 Jenn Images 与 Sabine Images 两个收藏夹集拖入其中，如图 4-22 所示。

这样做的好处是可以快速找到目标照片。例如，单击 Family Pictures 收藏夹集，立即就能看到所有家庭成员的照片；单击某个人的收藏夹集，就可以马上找到这个人的所有照片；而要找出记录某个特定时刻的照片，只要单击那个收藏夹即可。如你所见，使用这种组织方式能够大大提高组织照片与查找照片的效率。

在工作中我时常会拍摄一些人像，所以我特意创建了一个名为 Model Shoots 的收藏夹集来存放拍摄的人像作品，同时在这个收藏夹集中为每位模特单独创建了一个收藏夹集，而在每个模特的收藏夹集中，我又会为每次拍摄活动单独创建一个收藏夹集（当为同一个模特拍摄多次时，这么做很有意义）。在每次拍摄活动的收藏夹集中，我还会从不同角度为照片创建多个收藏夹，如 All Images、Picked Images 等，如图 4-23 所示。

图 4-21

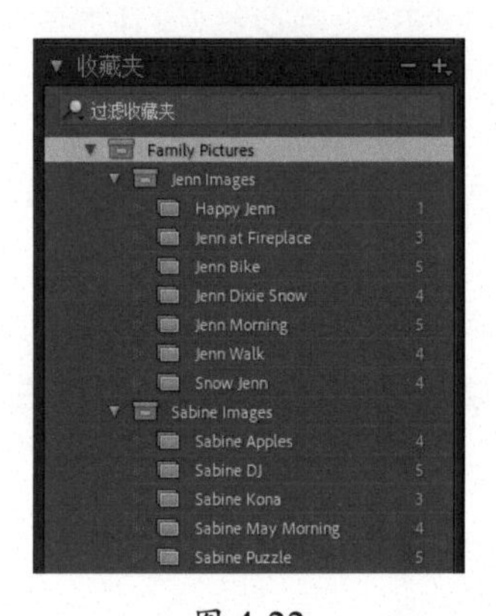

图 4-22

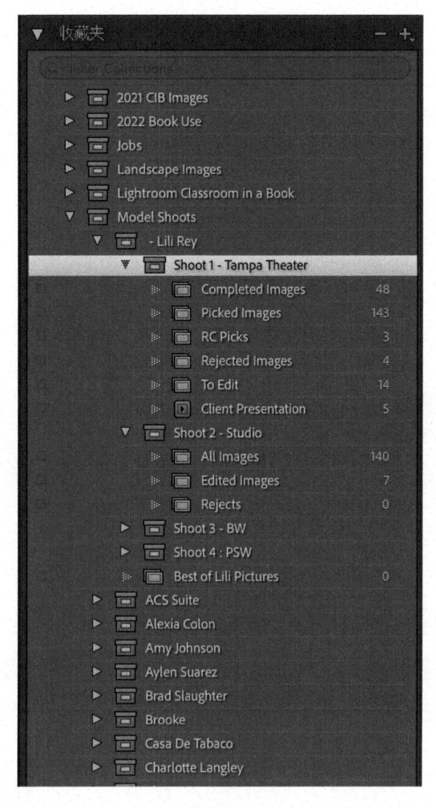

图 4-23

就我个人的工作习惯而言，我喜欢为每件事单独创建一个收藏夹集，然后在这个收藏夹集中再进一步创建一些常用的收藏夹集。

在以前版本的 Lightroom Classic 中，实现上面这种做法往往需要很多步操作，而随着 Lightroom Classic 的不断升级与改进，实现起来就非常容易了。

4.4.6 复制收藏夹集

❶ 创建一个名为 Dummy Collection Set 的收藏夹集，然后根据工作需要，在其中创建一系列收藏夹。这里，创建 All Images、Picked Images、Rejected Images、The Final Set 这 4 个收藏夹。同时，请确保 Dummy Collection Set 收藏夹集不在其他任何一个收藏夹集中，如图 4-24 所示。

提示 在一个收藏夹集中创建多个收藏夹时，这些收藏夹会按照字母顺序排列。所以，在为最后一个收藏夹命名时，我使用了 The Final Set 而非 Final Set。如果不加 The，那么 Final Set 收藏夹就会出现在 All Images 收藏夹之下，而不会出现在最后。当然，把 Final Set 收藏夹放在最后只是我的工作习惯。

❷ 导入拍摄的照片之后，使用鼠标右键单击 Dummy Collection Set 收藏夹集，在弹出的快捷菜单中选择【复制 收藏夹集】，如图 4-25 所示。

❸ 此时，Lightroom Classic 会新建一个名为“Dummy Collection Set 副本”的收藏夹集，其中包含了 Dummy Collection Set 收藏夹集中的所有收藏夹，如图 4-26 所示。

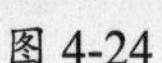

图 4-24

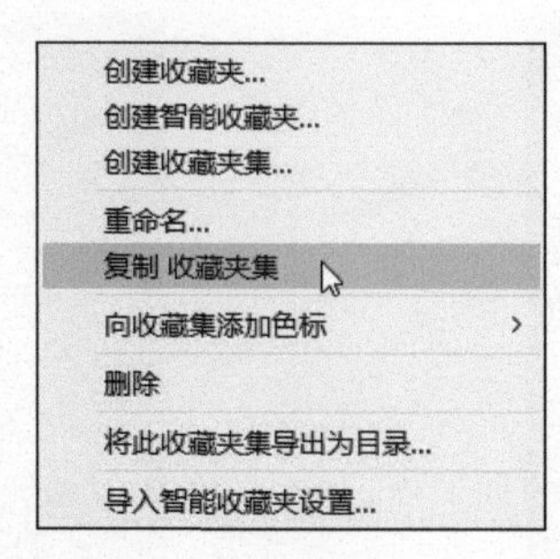

图 4-25

图 4-26

注意 以前版本的 Lightroom Classic 支持复制收藏夹集，但并不会把源收藏夹集中的各个收藏夹一同复制到复制的收藏夹集中。而新版本的 Lightroom Classic 加入了这个操作，这大大方便了用户。

❹ 使用鼠标右键单击复制的收藏夹集，在弹出的快捷菜单中选择【重命名】，将其重命名为指定的名称，如图 4-27 所示。

❺ 此时，就可以根据需要把重命名后的收藏夹集移动到其他任意一个收藏夹集中了。在【目录】面板中选择【上一次导入】文件夹，把上一次导入的照片移动到 All Images 收藏夹中。在选片阶段，可以把选好的照片移动到那些对你有意义的收藏夹中，如图 4-28 所示。

图 4-27

图 4-28

收藏夹集用起来非常灵活，你可以使用自己喜欢的方式组织收藏夹集，不同的摄影师也可以使用不同的方式来组织收藏夹集。

我们可以把收藏夹、收藏夹集想象成一个存放袜子的抽屉。这个抽屉的功能极其强大，组织方式也有很多种，而且不同的组织方式适合不同的人，如图 4-29 所示。这里给出的建议一方面基于我个人处理照片及使用 Lightroom Classic 的经验，另一方面则基于其他摄影师的建议。不论怎么样，在组织收藏夹和收藏夹之前，都一定要先有个计划，做到心里有数，才能更好地组织它们。

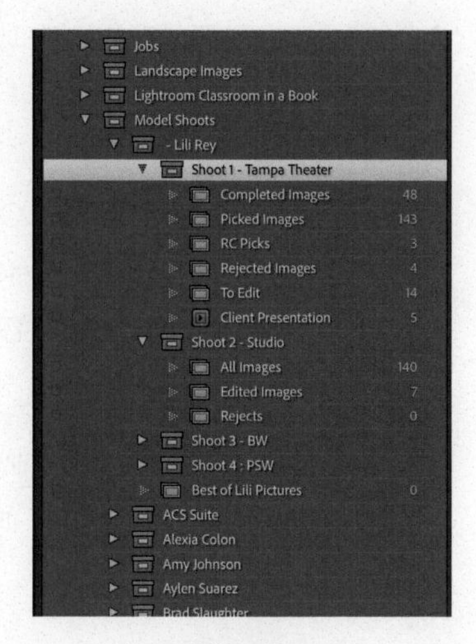

图 4-29

4.4.7 使用收藏夹集组织照片

借助收藏夹集，我们可以轻松地把照片分成几大类别，当照片变得越来越多时，这么做能够大大提高照片的检索效率，如图 4-30 所示。

图 4-30

对于拍摄工作，我会创建一个 Jobs 收藏夹集。在这个收藏夹集中，我还会为每次拍摄工作创建一个收藏夹集，用来存放每次工作拍摄的照片。而在每个具体工作所对应的收藏夹集中，我会创建一些收藏夹。例如，David Michel Shoot 这个收藏夹集对应的就是我拍摄 David Michel 的工作，如图 4-31 所示，其中一个收藏夹用于存放拍摄的所有照片，另一个收藏夹用于存放那些我精心挑选的照片。

又比如，我接到一个拍摄婴儿的工作，这时我会在 Jobs 收藏夹集下创建一个 Baby Shots 收藏夹集。然后，在 Baby Shots 收藏夹集中为每个具体的拍摄工作（每个婴儿）创建一个收藏夹集，再在这些收藏夹集中创建多个收藏夹（All Images、Selects、Final Pictures 等）来对拍摄的照片进行进一步分组。

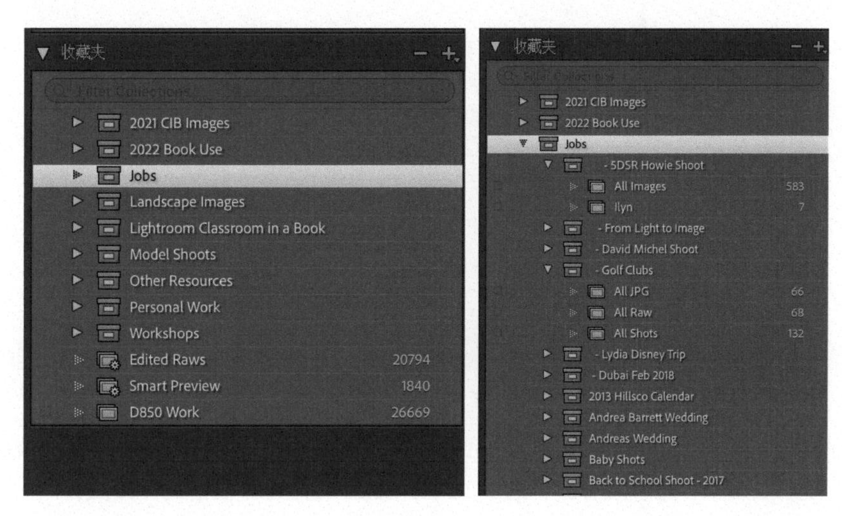

图 4-31

4.4.8 智能收藏夹

智能收藏夹会搜索照片的元数据，并把所有符合指定条件的照片收集在一起。当导入的新照片符合为智能收藏夹设定的条件时，Lightroom Classic 就会自动把它们添加到智能收藏夹中。

在菜单栏中选择【图库】>【新建智能收藏夹】，在打开的【创建智能收藏夹】对话框中根据添加的条件输入一个描述性名称。然后，从规则下拉列表中选择一些规则，为智能收藏夹指定搜索条件，如图 4-32 所示。如果希望搜索所有照片，请取消勾选【在收藏夹集内部】复选框。

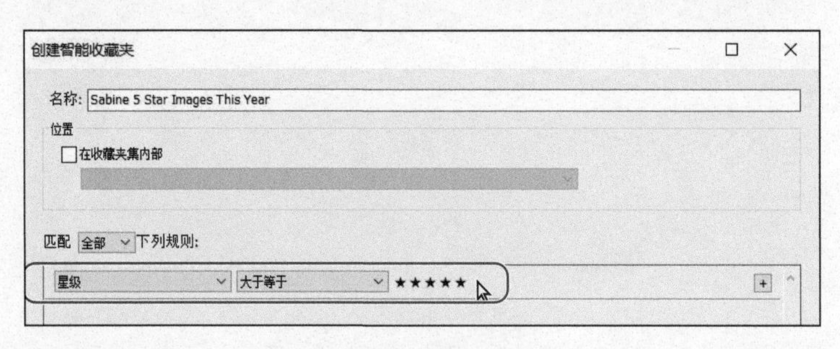

图 4-32

单击规则右侧的加号图标（+），可添加更多搜索条件。按住 Option 键 /Alt 键单击加号图标（+），可进一步调整规则。下面再添加一条搜索规则，要求在任何可搜索的文件中搜索包含 Sabine 这个词的照片；然后再添加一条搜索规则，要求照片带有【留用】旗标；再添加一条搜索规则，要求编辑日期在今年之内，如图 4-33 所示。

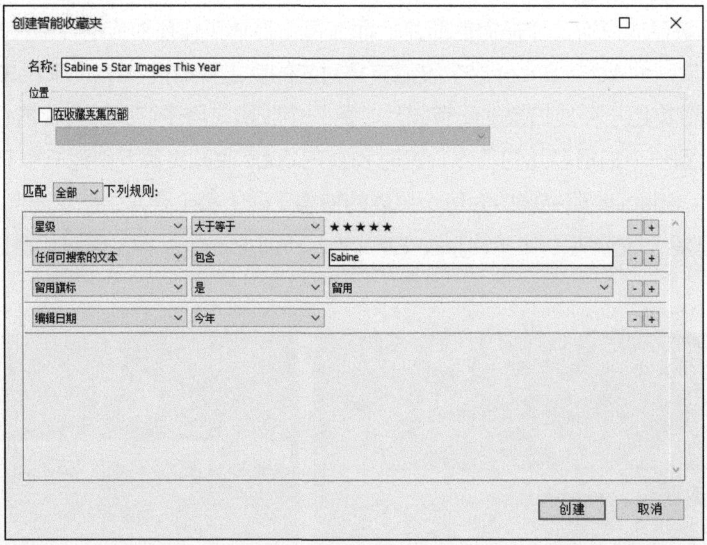

图 4-33

4.5 同步照片

借助 Lightroom Classic，我们可以轻松地在台式计算机与移动设备之间同步照片收藏夹，以便随时随地访问、组织、编辑、分享照片。不论 Lightroom Classic 是运行在台式计算机、iPad、iPhone 上，还是运行在安卓设备上，在对收藏夹中的照片做出修改之后，Lightroom Classic 都会自动把这些更改同步更新到其他设备中。

4.5.1 通过 Lightroom Classic 同步照片

> **注意** 本小节假定已经使用 Adobe ID 登录了 Lightroom Classic。如果尚未登录，请先在菜单栏中选择【帮助】>【登录】完成登录。

Lightroom Classic 只允许用户在一个目录中进行同步。学习本书的过程中，我们会一直用一个示例目录，现在我不建议你切换到个人目录同步照片。这里，我会切换到我的个人目录，为大家演示同步过程。请大家在学完本书全部内容之后，再切换到你自己的目录，进行照片同步和照片分享。

❶ 单击工作区右上角的云朵图标，打开【云存储空间】面板，单击【开始同步】按钮。单击右侧的齿轮图标，可修改同步设置，如图 4-34 所示。

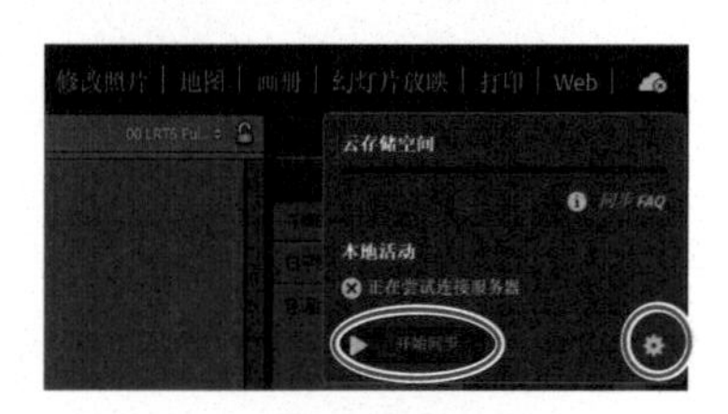

图 4-34

❷ 在【收藏夹】面板中，单击某个收藏夹名称左侧的空白处，将其同步到 Lightroom Classic，此时会出现一个图标，如图 4-35 所示。若弹出共享线上收藏夹提示信息，请暂时忽略它。

图 4-35

工作区右上角出现【公有】按钮时，如图 4-36 所示，就表示收藏夹已经同步到云端了。

默认设置下，线上收藏夹是私有的。单击【公有】按钮，Lightroom Classic 就会将它换成【私有】，此时按钮会变为【私有】按钮，如图 4-37 所示，并且生成一个统一资源定位符（Uniform Resource Locator，URL），可以单击这个 URL 访问线上收藏夹，也可以把这个 URL 复制给其他人，让他们访问你的线上收藏夹。

图 4-36

在把 Lightroom Classic 生成的 URL 发送给其他人之后，他们就可以浏览、评论你的收藏夹中的照片了，如图 4-38 所示。此外，Lightroom Classic 还在移动 App 与浏览器中提供了一些选项，供用户管理线上收藏夹。

图 4-37

图 4-38

4.5.2 在移动设备中浏览云端照片

❶ 在移动设备上点击 Lightroom App 图标，然后使用 Adobe ID、Facebook 或 Google 账号登录 Lightroom Classic 移动版。

登录成功后，首先看到的是【Library】，里面列出了从台式计算机中同步过来的收藏夹，以及在 Lightroom Classic 移动版中创建的东西，其中也有一些内置的视图供用户选用，如图 4-39 所示。第一个是【All Photos】视图，在这个视图中，可以浏览所有同步过来的照片、所有相机设备拍摄的照片，以及所有导入 Lightroom Classic 中的照片。此外，还有几个视图，分别用来显示 Lightroom Classic 中拍摄的照片、最近添加的照片、最近编辑过的照片，以及有人物面孔的照片。

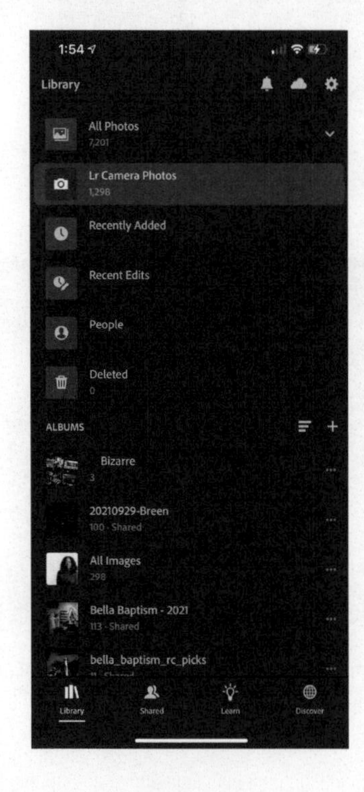

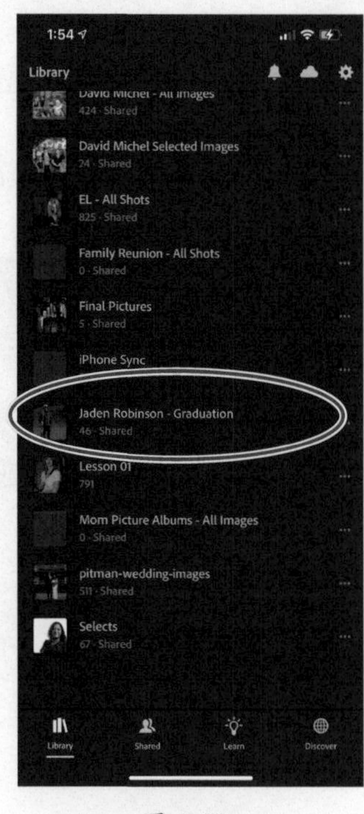

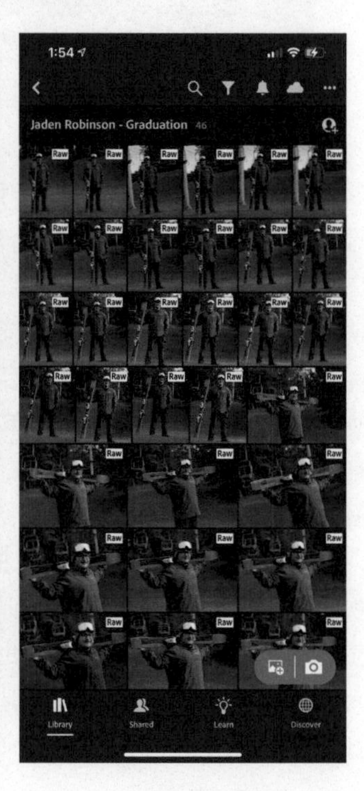

图 4-39

向下滑动页面，找到完成在线同步的相册，点击查看。

❷ 对于 Lightroom Classic 移动版，我最喜欢的一个功能是，可以对线上收藏夹中的照片做一些编辑工作。点击线上收藏夹中的任意一张照片，照片底部（竖屏）或右侧（横屏）会显示一组编辑工具，如图 4-40 所示。

图 4-40

下一课讲【修改照片】模块时，我们会介绍大量编辑工具的用法，其实这些编辑工具在 Lightroom Classic 移动版中也有，用法也一样。你可以轻松地导入、同步照片，然后使用编辑工具快速编辑好照片。

在 Lightroom Classic 移动版中修改照片之后，这些修改会自动同步到台式计算机的 Lightroom Classic 中（该操作要求台式计算机联网），如图 4-41 所示。这样有助于进行协同编辑工作。

图 4-41

4.5.3 使用 Lightroom Classic 网页版

在无法使用 Lightroom Classic 移动版时，如果设备可以正常联网，那可以打开网页浏览器，登录 Adobe Lightroom 官网，使用 Lightroom Classic 网页版。在 Lightroom Classic 网页版中，可以访问所有线上收藏夹，且不只能够浏览照片，还能干更多事情，如图 4-42 所示。

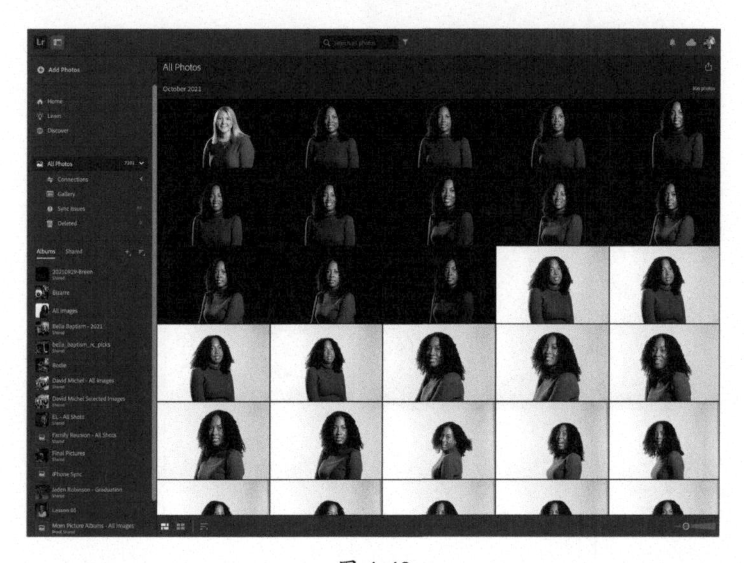

图 4-42

与 Lightroom Classic 移动版一样，Lightroom Classic 网页版也提供了一系列控件，如图 4-43 所示，这些控件和 Lightroom Classic 中的那些控件类似。借助这些控件，可以轻松地在线编辑和分享照片。

图 4-43

在学完本书内容之后，建议打开 Lightroom Classic 网页版，登录成功后分享几个收藏夹。然后尝试用一下 Lightroom Classic 网页版，你会惊奇地发现它的功能是多么强大，你可以用它干很多事。

向收藏夹添加色标

在早期的 Lightroom Classic 中，我们可以向照片添加色标，这些色标会显示在【图库】模块的【网格视图】中。在 2019 年 8 月以后发布的 Lightroom Classic 中，我们还可以向收藏夹添加色标，如图 4-44 所示。色标是一种很棒的视觉辅助工具，借助色标，我们能更快地找到需要的收藏夹。

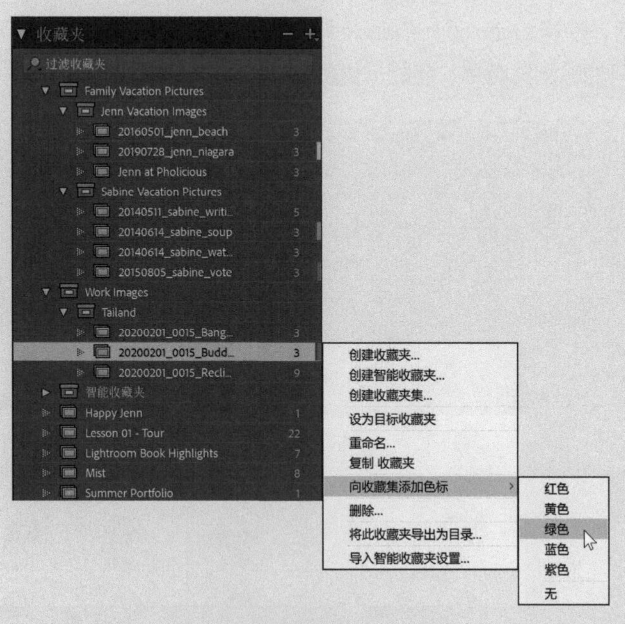

图 4-44

使用鼠标右键单击某个收藏夹，在弹出的快捷菜单中选择【向收藏集添加色标】，即可为某个收藏夹指定一种颜色，可供选择的颜色有红色、黄色、绿色、蓝色、紫色。选择了某种颜色之后，Lightroom Classic 就会把这种颜色显示在收藏夹名称的最右边。

当一些带有色标的收藏夹嵌套在某个收藏夹集中时，可以让 Lightroom Classic 按指定的颜色来筛选收藏夹。【收藏夹】面板顶部有一个搜索框，单击放大镜图标，在弹出的菜单的【色标】子菜单中选择一种颜色，即可按色标对收藏夹进行筛选，如图 4-45 所示。

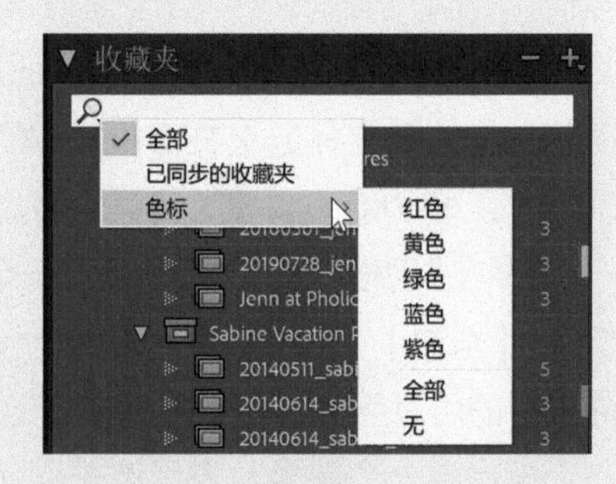

图 4-45

使用鼠标右键单击某个带有色标的收藏夹，在弹出的快捷菜单中的【向收藏集添加色标】菜单中选择【无】，即可移除收藏夹上的色标。在菜单栏中选择【元数据】>【色标集】>【编辑】，在打开的【编辑色标集】对话框中单击【收藏夹】选项卡，然后更改色标名称，例如把【红色】更改为【进行中】，把【蓝色】更改为【最终照片】。

4.6 使用关键字

标记照片最便捷的方式就是给照片添加关键字，关键字是一种附着在照片上的文本元数据。我们可以通过关键字按照某个主题或关联关系把照片分类，这样可以加快查找照片的速度。

例如，导入图 4-46 所示的照片时，为它添加了 Sabine、Carlos、family 等关键字，在图库中查找这张照片时，就可以使用这些关键字中的一个或几个快速找到它。在【图库视图选项】对话框中，勾选了【缩览图徽章】复选框后，Lightroom Classic 就会在照片缩览图的右下角显示一个【照片上有关键字】图标，以便把带关键字的照片和不带关键字的照片区分开。

图 4-46

在向照片添加关键字时，可以逐张添加，也可以一次向多张照片同时添加某些通用的关键字。通过关键字在这些照片之间建立联系，这样方便我们从图库的大量照片中快速找到它们。在 Lightroom Classic 中，添加到照片上的关键字可以被其他 Adobe 应用程序（如 Adobe Bridge、Photoshop、Photoshop Elements）及其他支持 XMP 元数据的应用程序正常读取。

4.6.1 查看关键字

导入本课照片时，我们已经在照片上添加了一些关键字，因此【网格视图】和胶片显示窗格中的照片缩览图上都显示了【照片上有关键字】图标。下面我们一起查看那些已经添加到照片上的关键字。

❶ 在【文件夹】面板中选择 lesson04 文件夹，进入【网格视图】。

❷ 在右侧面板组中展开【关键字】面板，然后展开位于面板顶部的【关键字标记】文本框。在

【网格视图】中依次单击每张照片的缩览图，你会发现 lesson04 文件夹中的所有照片都有两个共同的关键字“Collections,Lesson 04”，如图 4-47 所示。

图 4-47

> 提示 在【网格视图】中单击某张照片的缩览图右下角的【照片上有关键字】图标，Lightroom Classic 会自动展开【关键字】面板。

❸ 在 lesson04 文件夹中选择任意一张照片。在【关键字】面板顶部的【关键字标记】文本框中输入关键字“Lesson 04”，然后按 Delete 键 /BackSpace 键，将其删除。

❹ 在【网格视图】中单击任意一个地方，然后在菜单栏中选择【编辑】>【全选】，或者按快捷键 Command+A/Ctrl+A，选中 lesson04 文件夹中的所有照片。在【关键字标记】文本框中，关键字 Lesson 04 右上角出现一个星号，表示该关键字不再是所有照片共有的了，如图 4-48 所示。

图 4-48

> 提示 【关键字】面板中有一个【建议关键字】选项组，单击其中的某个关键字，可以将其添加到所选照片上。要从某一张或多张选中的照片上删除一个关键字，既可以从【关键字】面板中的【关键字标记】文本框中删除它，也可以在【关键字列表】面板中取消勾选某个关键字左侧的复选框以禁用它。

❺ 展开【关键字列表】面板。

在关键字列表中，关键字 Collections 左侧有一个对钩，表示它是所有照片共有的关键字，而关键字 Lesson 04 左侧有一条短划线，表示在所选照片中只有部分照片有这个关键字，如图 4-49 所示。关键字 Collections 右侧有一个数字 42，这个数字表示本课照片中共有 42 张照片有这个关键字。关键字 Lesson 04 右侧的数字是 41，表示在 42 张照片之中只有 41 张照片有这个关键字。

图 4-49

❻ 在 42 张照片都处于选中的状态下，单击关键字 Lesson 04 左侧的短划线，此时短划线变成一个对钩，表示当前 42 张照片都有了 Lesson 04 这个关键字。

4.6.2 添加关键字

前面我们学习了在把照片导入 Lightroom Classic 图库时如何向照片添加关键字。其实，在把照片导入 Lightroom Classic 图库之后，我们仍然可以使用【关键字】面板向照片添加更多关键字。

> 注意 添加多个关键字时，不同关键字之间要用逗号分隔。Lightroom Classic 会把使用空格或圆点分隔的多个关键字看作一个关键字，例如在 Lightroom Classic 看来，Copenhagen Denmark 是一个关键字，Copenhagen.Denmark 也是一个关键字。

❶ 在【收藏夹】面板中单击 Jenn Dixie Snow 收藏夹，然后在菜单栏中选择【编辑】>【全选】，

或者按快捷键 Command+A/Ctrl+A 选中收藏夹中的所有照片。

❷ 在【关键字】面板中的【关键字标记】选项组底部单击【单击此处添加关键字】，输入“Syracuse,New York”，如图 4-50 所示。请注意，关键字之间一定要用逗号分隔。

图 4-50

❸ 输入完成后，按 Return 键 /Enter 键。此时，Lightroom Classic 会把新添加的关键字按照首字母的顺序显示在【关键字】面板和【关键字列表】面板中，如图 4-51 所示。

图 4-51

❹ 在【文件夹】面板中选择 lesson04 文件夹。然后在菜单栏中选择【编辑】>【反向选择】，排除掉添加了 3 个关键字的照片（4 张），选中其他所有的照片。

❺ 在【关键字】面板中单击【关键字标记】选项组中的文本框，输入“Momments”，按 Return 键 /Enter 键。

❻ 在菜单栏中选择【编辑】>【全部不选】，或者按快捷键 Command+D/Ctrl+D。

❼ 向 20210516 文件夹中的所有照片添加关键字 Puzzle。

4.6.3 使用关键字集和嵌套关键字

关键字集是一组有特定用途的关键字。在 Lightroom Classic 中，可以通过【关键字】面板中的【关键字集】选项组来使用关键字集。可以针对不同情况创建不同的关键字集，例如为某个特定项目创建一组关键字，为某个特殊情况创建一组关键字，为朋友、家人创建一组关键字等。Lightroom Classic 提供了 3 种基本的关键字集预设。如果合适，我们可以原封不动地使用这些关键字集预设，也可以基于这些关键字集预设自己创建一套关键字集。

提示 在处理图库中的不同收藏夹时，关键字集提供了一种快速获取所需关键字的简便方法。一个关键字可以出现在多个关键字集中。若【关键字集】下拉列表中不存在可用预设，请打开 Lightroom Classic 的【首选项】对话框，单击【预设】选项卡，在【Lightroom 默认设置】选项组中单击【还原关键字集预设】按钮。

❶ 在【关键字】面板中展开【关键字集】选项组，然后在【关键字集】下拉列表中选择【婚礼摄影】。这组关键字对组织婚礼照片非常有帮助。请读者自行查看其他关键字集预设中包含的关键字。可以基于这些关键字集预设根据自身需要创建关键字集，并把创建好的关键字集保存成一个预设，供以后使用。

关键字集是一种组织关键字的方式，组织关键字时，可以把关键字放入相应的关键字集中，对关键字进行分类。另一种组织关键字的方法是把相关关键字嵌套进一个关键字的层次结构中。

❷ 在【关键字列表】面板中单击 Syracuse 关键字，然后将其拖动到 New York 关键字上。此时，Lightroom Classic 会把 Syracuse 关键字（父关键字）放到 New York 关键字（子关键字）之下，形成嵌套关系。

❸ 在关键字列表中把 lesson 01、lesson 02、lesson 03、lesson 04 这 4 个关键字拖动到 Collections 关键字上。此时，Collections 关键字下会出现 4 个嵌套在其中的关键字，如图 4-52 所示。

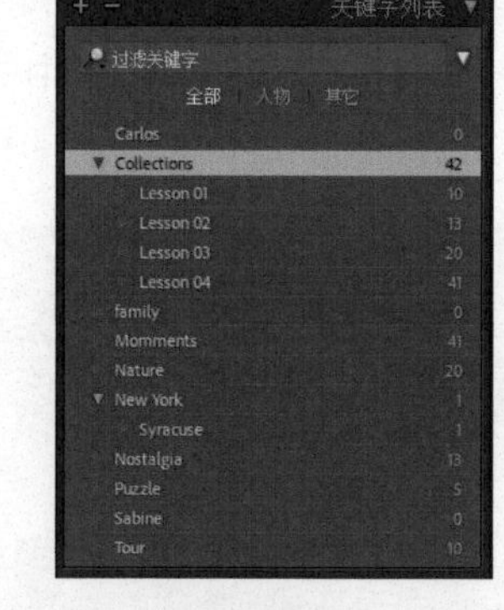

图 4-52

❹ 在 Tour 关键字（第 1 课中的某些照片有这个关键字）下创建一个 Happy 关键字。在【关键字列表】面板中单击 Tour 关键字，单击面板左上角的加号图标（+），打开【创建关键字标记】对话框，如图 4-53 所示。

图 4-53

❺ 在【创建关键字标记】对话框的【关键字名称】文本框中输入“Happy”。在【关键字标记选项】选项组中勾选前 3 个复选框，然后单击【创建】按钮，如图 4-54 所示。

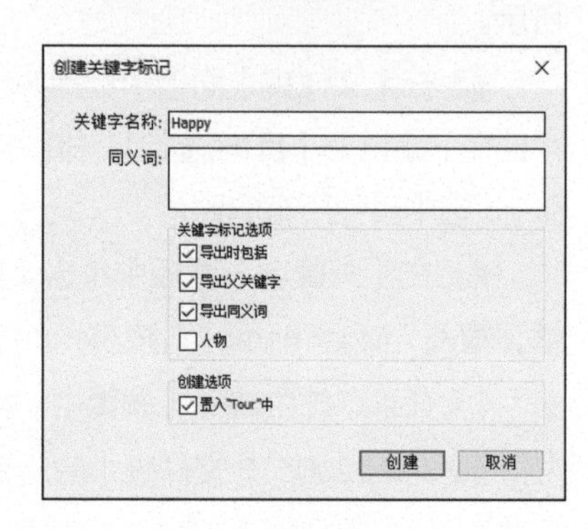

图 4-54

- 导出时包括：导出照片时，关键字随照片一同导出。
- 导出父关键字：导出照片时，连同父关键字一起导出。
- 导出同义词：导出照片时，把与关键字有联系的同义词一同导出。

❻ 在【文件夹】面板中选择 lesson01 文件夹，然后选择该文件夹中的所有照片（不包括最后两张）。从关键字列表中把 Happy 关键字拖动到【网格视图】中的任意一张照片上。

在关键字列表中勾选 Happy 和 Tour 两个关键字左侧的复选框，从每个关键字右侧的照片数目来看，Lightroom Classic 已经把这两个关键字添加到了所选照片上，如图 4-55 所示。

图 4-55

提示 如果想在不同计算机之间传送关键字列表，或者在同事之间共享关键字列表，可以使用【元数据】菜单中的【导出关键字】和【导入关键字】两个命令。

4.6.4 通过关键字查找照片

组织照片时，在添加了关键字、星级、旗标、色标等元数据之后，可以轻松地使用这些元数据构建出复杂、详细的筛选条件，进而准确地找出需要的照片。

下面我们先学习如何通过关键字在图库中找到需要的照片。

❶ 在菜单栏中选择【图库】>【显示子文件夹中的照片】。在左侧面板组中展开【目录】面板和【文件夹】面板，折叠其他面板。在【文件夹】面板中单击 lesson04 文件夹，然后在菜单栏中选择【编辑】>【全部不选】，或者按快捷键 Command+D/Ctrl+D。

提示 不论是在哪个面板组中，当两个面板无法同时展开时，请使用鼠标右键单击面板组中某个面板的标题栏，然后在弹出的快捷菜单中取消选择【单独模式】。

❷ 向左拖动工具栏中的缩览图滑块，缩小照片缩览图的尺寸，以便在【网格视图】中显示出更多照片。若【网格视图】上方未显示出过滤器栏，请在菜单栏中选择【视图】>【显示过滤器栏】，或者按键盘上的反斜杠键（\），将其显示出来。

❸ 在右侧面板组中折叠其他所有面板，展开【关键字列表】面板，显示其中的所有内容，如图 4-56 所示。

图 4-56

❹ 在【关键字列表】面板中把鼠标指针移动到 Syracuse 关键字上，然后单击照片数量右侧的白色三角形，显示包含此关键字的照片，如图 4-57 所示。

在左侧面板组中，【目录】面板中的【所有照片】文件夹处于选中状态，表明 Lightroom Classic 搜索了整个目录文件来查找包含 Syracuse 关键字的照片。

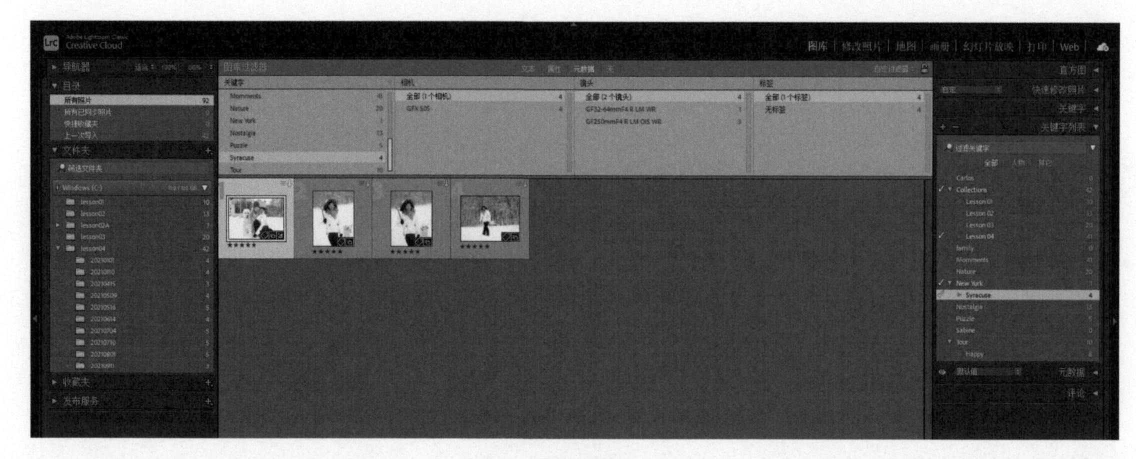

图 4-57

同时，工作区上方的过滤器栏中，【元数据】过滤器处于激活状态。此时，【网格视图】中只显示图库中那些带有 Syracuse 关键字的照片，如图 4-58 所示。

图 4-58

接下来，我们尝试使用另外一种方法来搜索照片。

❺ 在【关键字】栏顶部单击【全部】。然后在过滤器栏中单击【文本】。在文本过滤器栏中选择【任何可搜索的字段】和【包含所有】，请看一下每个选项都有哪些可用的子选项。然后在右侧文本框中输入“Tour”，按 Return 键 /Enter 键，如图 4-59 所示。

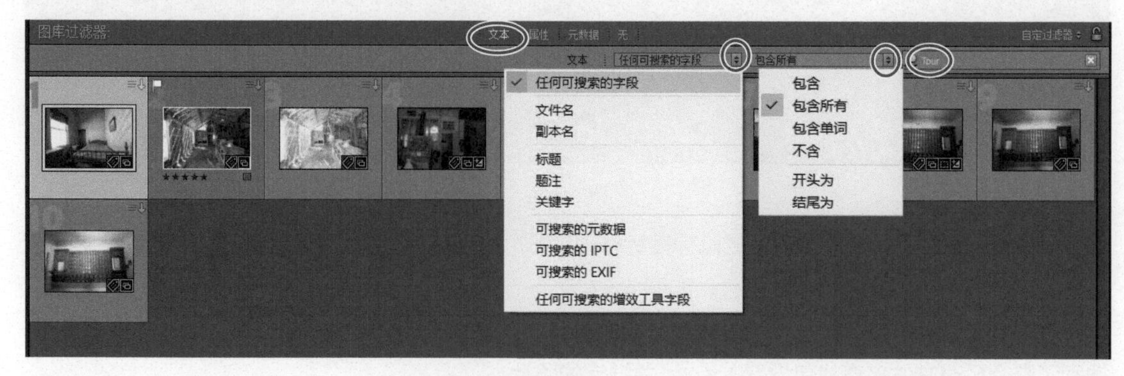

图 4-59

提示 单击过滤器栏右端的锁头图标，可把当前过滤器设置锁定，这样在【目录】面板、【文件夹】面板、【收藏夹】面板中选择不同的照片时，Lightroom Classic 仍会应用同样的过滤器设置。

此时，只有 10 张照片显示在【网格视图】中，它们是我们在第 1 课中添加的照片。当然，【图库过滤器】的强大之处不止如此，当组合多个条件创建复杂的过滤器时，【图库过滤器】的威力才能真正显现出来。

❻ 在过滤器栏中单击【无】，取消过滤器。在【文件夹】面板中选择 lesson04 文件夹，然后在菜单栏中选择【编辑】>【全部不选】，或者按快捷键 Command+D/Ctrl+D。

4.7 使用旗标和星级

过滤器栏中有一个【属性】过滤器。借助它，我们可以根据旗标、星标等属性来搜索和分类照片。单击【属性】，Lightroom Classic 会显示出属性过滤器栏，里面有旗标、编辑、星级、颜色、类型几个属性，如图 4-60 所示，通过这些属性（一个或若干个组合），我们可以快速对照片进行分类。

图 4-60

4.7.1 添加旗标

组织照片时，给照片添加旗标是对照片进行分类的好方法。借助旗标，我们可以把所有照片大致划分成 3 类：好照片、不好的照片、一般的照片。在一张照片上添加旗标之后，旗标有 3 种状态：留用、排除、无旗标。

❶ 在过滤器栏中单击【属性】，Lightroom Classic 会显示出属性过滤器栏。

❷ 若工具栏未在【网格视图】中显示出来，请按 T 键将其显示出来。单击工具栏右端的三角形，在弹出的菜单中选择【旗标】。此时，工具栏中就会显示出【标记为选取】和【设置为排除】两个旗标，如图 4-61 所示。

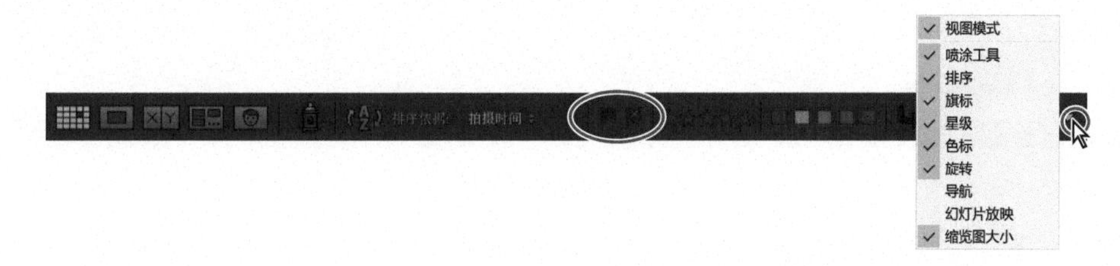

图 4-61

提示 在【网格视图】和【放大视图】中，工具栏中有添加星级、旗标、色标的工具。在【比较视图】和【筛选视图】中，可以使用照片下方的控件更改星级、旗标、色标等属性。此外，还可以使用【照片】菜单中的【设置旗标】【设置星级】【设置色标】命令给选定的照片添加旗标、星级或色标。

❸ 在【文件夹】面板中单击 lesson04 文件夹中的 20210110 子文件夹。

❹ 在【图库视图选项】对话框的【单元格图标】选项组中勾选【旗标】复选框。在【网格视图】中，把鼠标指针移动到某张照片上，照片缩览图单元格的左上角会显示一个灰色旗标，代表该照片无旗标，如图 4-62 所示。把鼠标指针从照片缩览图上移走，旗标消失。在菜单栏中选择【视图】>【视图选项】，或者直接按快捷键 Command+J/Ctrl+J，打开【图库视图选项】对话框，取消勾选【仅显示鼠标指向时可单击的项目】复选框，旗标会一直显示在缩览图单元格中。

图 4-62

❺ 单击照片缩览图单元格左上角的旗标，或者在工具栏中单击【标记为选取】按钮。此时，照片缩览图单元格左上角的旗标变成白色旗标，表示当前照片被留用（或被选取）。

❻ 在属性过滤器栏中单击白色旗标。此时，【网格视图】中只显示 20210110 文件夹中有【留用】旗标的照片，如图 4-63 所示。

图 4-63

提示 在菜单栏中选择【图库】>【精简显示照片】，Lightroom Classic 会根据旗标状态快速对照片进行分类。在菜单栏中选择【图库】>【精简显示照片】，在弹出的【精简显示的照片】对话框中单击【精简】按钮，Lightroom Classic 会把无旗标的照片标记为排除，把有【留用】旗标的照片重置为无旗标状态。

Lightroom Classic 中有多种为照片添加旗标的方式。在菜单栏中选择【照片】>【设置旗标】>【留用】，或者按 P 键，可以把一张照片标记为留用（选取）；单击缩览图单元格左上角的旗标，可以在无旗标和有【留用】旗标两种状态之间切换；在菜单栏中选择【照片】>【设置旗标】>【排除】，或者按 X 键，或者按住 Option 键 /Alt 键单击缩览图单元格左上角的旗标，可以把照片标记为排除；在菜单栏中选择【照片】>【设置旗标】>【无旗标】，或者按 U 键，可移除照片上的旗标；使用鼠标右键单击缩览图单元格左上角的旗标，在弹出的快捷菜单中选择【留用】【无旗标】【排除】，可改变照片的旗标状态。

⑦ 当前在属性过滤器栏中选择的是白色旗标，单击中间的灰色旗标。此时，【网格视图】中显示的是有【留用】旗标和无旗标的照片，所以，会再次看到 20210110 文件夹中的所有照片。

⑧ 在过滤器栏中单击【无】，关闭【属性】过滤器。

4.7.2 设置星级

在 Lightroom Classic 中，我们可以一边浏览照片一边为照片设置星级（一星到五星），这是一种对照片进行快速分类的简便方法。

① 在【文件夹】面板中单击 20210516 文件夹。从工具栏的【排序依据】下拉列表中选择【拍摄时间】，然后单击第二张照片，将其选中。

② 按数字键 3，出现“将星级设置为 3”的提示信息，同时照片缩览图单元格的左下角会出现 3 颗星，如图 4-64 所示。

图 4-64

提示 若在缩览图单元格的左下角看不见星级图标，请在菜单栏中选择【视图】>【视图选项】，在打开的【图库视图选项】对话框的【紧凑单元格额外信息】选项组中勾选【底部标签】复选框，并从其下拉列表中选择【星级和标签】。

③ 单击工具栏右端的三角形图标，在弹出的菜单中选择【星级】。此时，工具栏中显示的星级是应用到所选照片上的星级。如果选中了多张带不同星级的照片，工具栏中显示的星级是第一张被选中的照片的星级。

提示 此外，还可以在【元数据】面板中设置星级；或者在【照片】>【设置星级】子菜单中选择一种星级；或者使用鼠标右键单击照片缩览图，然后在弹出的快捷菜单的【设置星级】子菜单中选择一种星级。

若想更改所选照片的星级，操作起来也很简单：只要按数字键（1 ~ 5），即可向选中的照片应用新星级；按数字键 0，表示删除照片上的星级。

使用色标

组织照片时，色标也是一种非常有用的工具。与旗标、星级不同，色标本身没什么特定含义，我们可以自行为某种颜色指定某种含义，并为特定任务定制一套色标。

设置打印作业时，可以把红色色标指派给那些希望打校样的照片，把蓝色色标指派给那些需要润饰的照片，把绿色色标指派给那些已批准的照片。而在另外一个项目中，可以使用不同的色标来表示不同的紧急程度。

应用色标

可以使用工具栏中的色标按钮为照片应用某种色标。若工具栏中无色标按钮，单击工具栏右端的三角形图标，然后在弹出的菜单中选择【色标】，即可将其显示出来。在【网格视图】中，当把鼠标指针移动到某个缩览图单元格上时，缩览图单元格的右下角会显示一个灰色矩形，单击它，在弹出的菜单中选择一种颜色，即可向所选照片应用一种色标；或者在菜单栏中选择【照片】>【设置色标】，在子菜单中选择一种颜色。色标总共有 5 种颜色，其中 4 种颜色有对应的快捷键。

若希望在【网格视图】中的缩览图单元格中显示色标，请在菜单栏中选择【视图】>【视图选项】，或者使用鼠标右键单击某个缩览图，在弹出的快捷菜单中选择【视图选项】，打开【图库视图选项】对话框。在【网格视图】选项卡中勾选【显示网格额外信息】复选框，在【紧凑单元格额外信息】选项组的【顶部标签】或【底部标签】下拉列表中选择【标签】或【星级和标签】，在【扩展单元格额外信息】选项组中勾选【包括色标】复选框。

编辑色标与使用色标集

可以根据需要重命名色标，并为工作流程中的不同部分量身定制单独的色标集。在 Lightroom Classic 默认设置下，可以在【照片】>【设置色标】子菜单中找到【红色】【黄色】【绿色】【蓝色】【紫色】【无】几个选项。在菜单栏中选择【元数据】>【色标集】，然后选择【Bridge 默认设置】、【Lightroom 默认设置】或【审阅状态】，可以改变色标集。

借助【审阅状态】色标集，我们可以了解如何指派自己的色标名称，才能保证色标组织有序。在【审阅状态】色标集中，可用选项有【可删除】【需要校正颜色】【可以使用】【需要修饰】【可打印】【无】。可以直接使用这套色标集，也可以在其基础上创建自己的色标集。在菜单栏中选择【元数据】>【色标集】>【编辑】，打开【编辑色标集】对话框，先选择一种预设，进入【图像】选项卡，为每种颜色输入自定义的名称，然后在【预设】下拉列表中选择【将当前设置存储为新预设】。

按色标搜索照片

在过滤器栏中单击【属性】，显示出属性过滤器栏。单击某一个色标按钮，或者单击多个色标按钮，可以搜索带有指定色标的照片。再次单击某种色标按钮，将其取消选择。可以结合使用色标和其他属性过滤器，使搜索结果更加准确。胶片显示窗格缩览图上方的水平栏中也有各种属性过滤器（包括色标过滤器）。如果未显示，请单击水平栏右端的“过滤器”这几个字，把它们显示出来。

4.8 添加元数据

在 Lightroom Classic 中，我们可以使用附加在照片上的元数据信息来组织和管理照片库。大部分元数据是由相机自动生成的，例如拍摄时间、曝光时间、焦距等相机设置，但其实我们可以主动给照片添加一些元数据，使照片的搜索和分类变得更轻松。前面我们向照片添加关键字、星级、色标，其实就是在向照片添加元数据。此外，Lightroom Classic 还支持 IPTC（International Press Telecommunications Council，国际出版电讯委员会）元数据，包括描述、关键字、分类、版权、作者等。

在右侧面板组中，我们可以使用其中的【元数据】面板来查看或编辑添加到所选照片上的元数据。

❶ 在【文件夹】面板中单击 20210710 文件夹。在【网格视图】中选择第一张照片，如图 4-65 所示。

> 注意 【元数据】面板底部有一个【自定义】按钮，单击它，打开【自定义元数据默认面板】，在其中可以指定要在【默认值】中显示的信息。

❷ 在右侧面板组中展开【元数据】面板，折叠其他面板或隐藏胶片显示窗格，使【元数据】面板中显示更多内容。在【元数据】面板标题栏中的【元数据集】下拉列表中选择【默认值】，如图 4-66 所示。

图 4-65

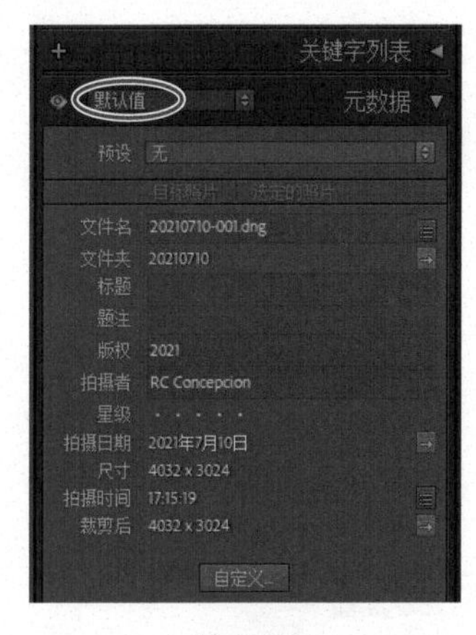

图 4-66

默认元数据集中包含了大量照片的相关信息，单击【自定义】按钮，可以添加更多信息。大部分元数据是由相机自动生成的，有些对照片分类很有帮助，例如，可以按拍摄日期筛选照片，搜索使用特定镜头拍摄的照片，或轻松地将用不同相机拍摄的照片分开。不过，默认元数据集也只显示了照片元数据的一部分。

❸ 在【元数据集】下拉列表中选择【EXIF 和 IPTC】。向下拖动面板组右侧的滚动条，通过【元数据】面板查看照片上都附带了哪些信息。

❹ 在【元数据集】下拉列表中选择【简单描述】，如图 4-67 所示。

图 4-67

在【简单描述】元数据集中，【元数据】面板中会显示文件名、副本名（虚拟副本）、文件夹、星级，以及一些 EXIF（Exchangeable

Image File，可交换图像文件）与 IPTC 元数据。可以在【元数据】面板中向照片添加标题和题注、版权声明、有关拍摄者与拍摄地的详细信息，以及改变照片星级等。

❺ 在【元数据】面板中的【星级】右侧，单击第三个点，把照片星级设置为 3 星，然后在【标题】文本框中输入“On the One Workshop”，按 Return 键 /Enter 键，如图 4-68 所示。

❻ 按住 Command 键 /Ctrl 键单击另外两张类似照片中的任意一张，将其添加到选定的照片之中。在【元数据】面板的【目标照片】中选择【选定的照片】，可以看到两张照片共有的元数据有文件夹名、尺寸、相机型号，两张照片非共享的元数据显示的是【< 混合 >】，如图 4-69 所示。在【元数据】面板中，修改某个元数据（包含显示为【< 混合 >】的元数据），会同时影响两张选定的照片。这是一种同时编辑一批照片的元数据（如版权信息）的快捷方式。

图 4-68

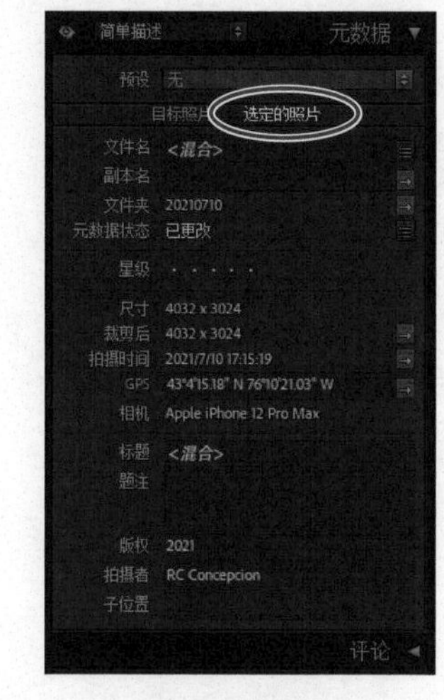

图 4-69

提示 如果需要为照片添加一个很长的题注（例如新闻摄影师和体育摄影师），请在【元数据集】下拉列表中选择【大题注】，这样会出现一个很大的题注输入框，输入长文本时非常方便。

存储元数据

照片的相关信息存储在 XMP（可扩展元数据平台）格式的文件中，XMP 是一种基于 XML 的文件格式。对于使用专用文件格式的 Camera Raw 文件，不会把 XMP 元数据写入原始文件中。为避免损坏照片，XMP 元数据保存在一个叫“附属文件”的独立文件中。对于 Lightroom Classic 支持的其他所有文件格式（JPEG、TIFF、PSD、DNG），XMP 元数据会被写入位于该数据指定位置的文件中。

XMP 便于用来在 Adobe 应用程序之间及发布工作流程之间交换元数据。例如，可以把某个照片的元数据存储为模板，然后把该元数据导入其他文件中。以其他格式［如 EXIF、IPTC (IIM) 和 TIFF］存储的元数据是用 XMP 进行同步和描述的。因此，我们可以非常方便地进行查看和管理。更多有关元数据的内容，请阅读 Lightroom Classic 帮助文档。

——摘自 Lightroom Classic 帮助文档

4.9 在【人物】视图中标记人脸

毋庸置疑，你的图库中肯定有大量家人、朋友、同事的照片。在 Lightroom Classic 中，利用各种强大的功能，你可以快速、轻松地从大量照片中找出那些对你非常重要的照片，大大减少了对照片进行分类、组织的工作量，而且能够让你更轻松、更准确地找到要找的照片。

人脸识别就是其强大功能之一，它能够自动帮助我们在照片中找到某个人，轻松地为其添加上标签。标记的人脸越多，Lightroom Classic 就越能学会如何识别指定的人，只要这个人在新照片中出现，Lightroom Classic 就会自动标记其面部。

本节内容没有配套照片，开始学习之前，请先导入一些你自己的照片。

> **提示** 当导入包含 GPS 数据的照片时，Lightroom Classic 会打开【启用地址查询】对话框，单击【启用】按钮。

❶ 使用【导入】按钮或第 2 课中学过的拖放方法，导入一些含有你认识的人的照片。请确保里面有单人照，也有集体照（各张集体照中的人数不同），并且有大量重叠，里面至少有几个陌生人的面孔。

默认设置下，人脸识别功能是关闭的。我们需要让 Lightroom Classic 分析一下照片，为包含人脸的照片建立索引。

❷ 在【目录】面板中把照片源从【上一次导入】更改为【所有照片】。这样，Lightroom Classic 会为整个目录文件建立索引。按快捷键 Command+D/Ctrl+D，或者在菜单栏中选择【编辑】>【全部不选】。

❸ 按 T 键显示出工具栏，单击【人物】按钮，如图 4-70 所示。

图 4-70

❹ Lightroom Classic 中会显示【欢迎使用人物视图】信息。单击【开始在整个目录中查找人脸】按钮。此时，工作区的左上角会出现一个进度条，同时打开活动中心菜单，提示在哪里可以关闭与打开人脸识别，如图 4-71 所示。

图 4-71

此时，工作区进入【人物】视图。Lightroom Classic 会把相似面孔堆叠在一起，并显示有多少张照片包含某个面孔。默认的排序方式是按字母排序，但是由于当前未标记任何面孔，所以按堆叠大小来排序。目前，所有面孔都出现在【未命名的人物】类别中，如图 4-72 所示。

图 4-72

❺ 单击某组照片左上角的堆叠图标，将其展开。按住 Command 键 /Ctrl 键单击某个组中的所有照片（并排放在一起），然后单击缩览图下面的问号，输入人物名称，按 Return 键 /Enter 键。

Lightroom Classic 会把选择的照片移到【已命名的人物】分类下，同时更新两个分类下的照片数量。

提示 从【未命名的人物】类别中直接把照片拖入【已命名的人物】类别中，也可以把照片添加到【已命名的人物】分类中。

❻ 使用同样的方法，为其他几组照片中的人物命名。这个过程中，Lightroom Classic 一直在学习，并在尚未命名的几组照片上显示相应的人名，如图 4-73 所示。移动鼠标指针到所建议的人名上，单击同意或不同意。

图 4-73

❼ 继续上面的操作，至少为五六个人命名，并为每个人标记若干张照片。在【已命名的人物】类别中，双击某个面孔，进入【单人视图】。在该视图中，上半部分区域是【已确认】类别，显示标记着所选人名的所有照片；下半部分区域是【相似】类别，只显示有类似人脸的照片，如图 4-74 所示。

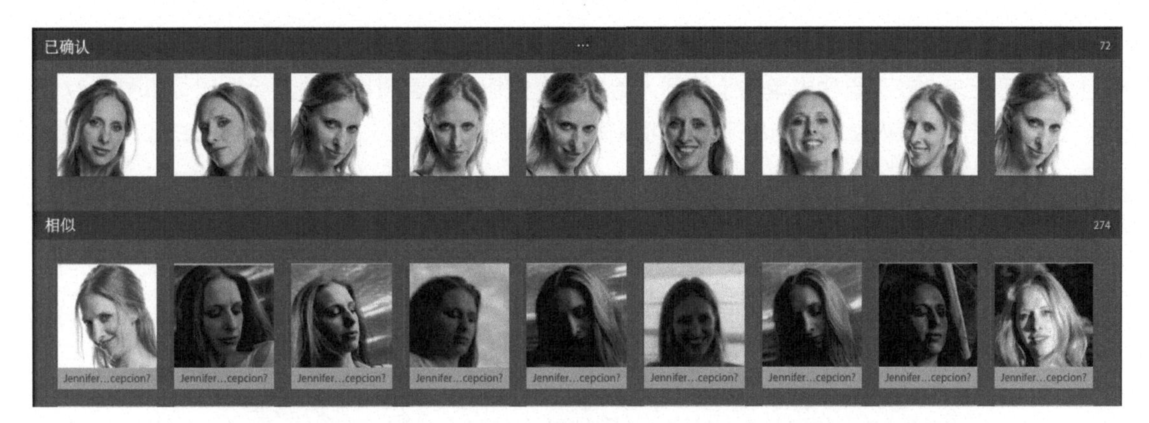

图 4-74

❽ 从【相似】类别中选择更多有同样面孔的照片，并添加到【已确认】类别中。全部找完之后，单击【已确认】类别上方的【人物】，从【单人视图】返回【人物】视图。

提示 在【关键字列表】面板中展开关键字列表顶部的过滤器选项，单击【人物】，可把【已命名的人物】类别中的人名全部列出来，如图 4-75 所示。

图 4-75

❾ 为所有已命名的人物照片重复上面操作，不断在【人物】视图和【单人视图】之间切换，直到未标记的照片全是不认识的人或者面部识别有误的。在剩余照片上忽略不正确的人名建议，然后单击问号右侧的叉号，把照片从【未命名的人物】类别中删除，如图 4-76 所示。

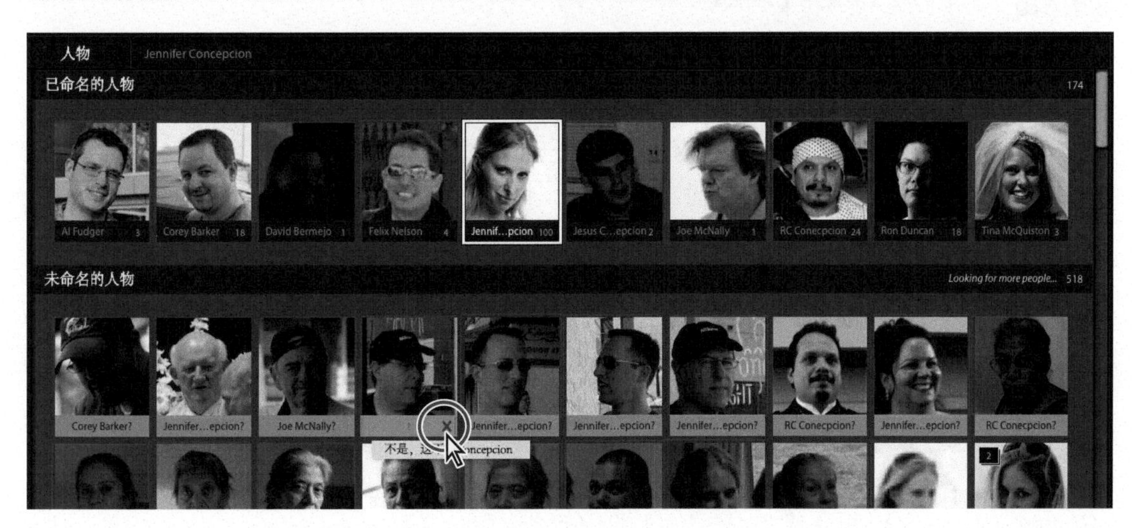

图 4-76

⑩ 在工具栏中单击【网格视图】按钮，然后双击一张包含多个人物的照片，将其在【放大视图】中显示出来。在工具栏中单击【绘制人脸区域】按钮，查看照片中的人脸标记，如图 4-77 所示。当发现照片中有人脸未识别出来时，可以使用【绘制人脸区域】工具把人脸框出来，然后输入人名。

图 4-77

⑪ 查看【关键字列表】面板，会发现新人名已经出现在了列表之中。可以使用【关键字列表】面板、【文本】过滤器、【元数据】过滤器查找人脸标记（人名），这与查找关键字是一样的。

4.10 根据地理位置组织照片

在【地图】模块下，我们可以借助照片中的地理标记在 Google 地图中查看照片是在哪里拍摄的，而且还可以根据地理位置搜索和筛选图库中的照片。

注意 只有联网后才能使用【地图】模块。

在 Lightroom Classic 中，使用能够记录 GPS 坐标的相机或手机拍摄的照片会自动显示在地图上。在 Lightroom Classic 中，我们可以很轻松地向不带 GPS 位置信息的照片添加地理位置元数据，方法有两种：一是把照片直接从胶片显示窗格拖到地图上；二是让 Lightroom Classic 把照片的拍摄时间与从移动设备上导出的轨迹日志进行匹配。

① 在【图库】模块下，单击左侧面板组左下角的【导入】按钮，打开【导入】对话框。

② 在左侧的【源】面板中，打开 LR2022CIB\Lessons\lesson04-gps 文件夹，选中该文件夹中的所有照片。在缩览图上方的导入选项中选择【添加】，在【在导入时应用】面板中的【关键字】文本框中输入“Lesson 04,GPS”，单击【导入】按钮。

提示 若当前目录文件未启用 GPS 地址查询功能，则在导入包含 GPS 数据的照片时，Lightroom Classic 会弹出【启用地址查询？】对话框，请求允许 Lightroom Classic 把 GPS 位置信息发送给 Google 地图。单击【启用】按钮，然后在弹出的通知之外单击，忽略它。

❸ 在【网格视图】中，把【排序依据】设置为【文件名】，然后选择最后一张照片，如图 4-78 所示。这张照片是我们全家去维多利亚（位于不列颠哥伦比亚省）旅行时拍摄的。

图 4-78

❹ 在模块选取器中单击【地图】。

4.10.1 使用【地图】模块

Lightroom Classic 会自动读取照片中的 GPS 元数据，然后把照片的拍摄位置在地图上用黄色标记出来。在某个缩放级别下，能看见某个标记位置的照片数量。单击位置标记，可查看在该位置拍摄的照片。

提示 如果在地图上看不到位置信息，也看不到地图键（说明地图标记的含义），请在菜单栏中选择【视图】>【显示地图信息】或【显示地图键】，把它们显示出来。

注意 受地图样式和上次使用【地图】模块时设定的缩放级别的影响，你看到的画面可能和图 4–79 的不一样。

❶ 单击【地图键】面板右上角的叉号图标（×），或者在【视图】菜单中取消选择【显示地图键】，把【地图键】面板关闭。双击某个位置标记附近的地图，可把该位置标记附近的地图放大。

左侧的【导航器】面板中显示的是概览图，白色矩形框代表主地图视图中的可视区域。在【地图视图】中的工具栏中，有地图样式、缩放滑块、锁定标记、GPS 跟踪日志等。右侧的【元数据】面板中显示的是地理位置信息。

❷ 在工具栏中反复单击缩放条右端的加号（放大），把地图放大。在【地图样式】菜单中依次选择一种样式（共 6 种），了解一下每种地图样式。在其他地图样式中，你能看见地名。

提示 在主视图中，可以拖动地图调整显示的区域。当然，也可以拖动【导航器】面板中的白色矩形框来调整显示的区域。可按住 Option 键 /Alt 键在【主地图视图】中拖出一个矩形框来放大其内部区域。

地图上方有一个位置过滤器栏，里面有 3 种过滤器：地图上可见、已标记的照片、未标记的照片。单击【地图上可见】，仅显示在地图当前可见位置拍摄的照片；单击【已标记的照片】，显示已在地图中做标记的照片；单击【未标记的照片】，显示未在地图中做标记的照片。

③ 在位置过滤器栏中依次单击每种过滤器，注意观察胶片显示窗格中显示的照片有什么变化。

在胶片显示窗格与【图库】模块的【网格视图】中，带有 GPS 位置信息的照片的右下角会有一个位置标记图标，指示该照片中包含 GPS 坐标，如图 4-79 所示。

图 4-79

> 提示 在胶片显示窗格或【图库】模块的【网格视图】中，单击缩览图右下角的位置标记图标，Lightroom Classic 会进入【地图】模块，并在地图上显示出照片的拍摄位置。

4.10.2 向不带 GPS 元数据的照片添加地理位置标记

即使相机无法记录 GPS 元数据，我们也可以在 Lightroom Classic 的【地图】模块中轻松地为照片添加地理位置标记。

① 在胶片显示窗格顶部的水平栏中单击当前所选照片名称右侧的白色三角形，在弹出的菜单中的【最近使用的源】列表中选择 Lesson01 文件夹，然后选择其中的所有照片。

② 在位置过滤器栏右端的搜索框中输入“Laws Railroad Museum”，然后按 Return 键 /Enter 键。

此时，Lightroom Classic 会重绘地图，并使用搜索结果标记标出新位置。

> 提示 从图库中选择一张照片，然后在【元数据】面板的【元数据集】下拉列表中选择【位置】，查看 GPS 字段中是否有 GPS 坐标，从而确定该照片是否带有 GPS 元数据。

③ 在位置过滤器栏中单击搜索框右端的叉号，清理掉搜索结果标记。

④ 在地图上，使用鼠标右键单击找到的位置，在弹出的快捷菜单中选择【在选定照片中添加 GPS 坐标】。

⑤ 在菜单栏中选择【编辑】>【全部不选】。把鼠标指针移动到添加到地图中的位置标记上，可以看到在该位置拍摄的所有照片。单击位置标记，打开照片浏览面板，单击面板左右两侧的白色箭头，浏览在该位置拍摄的照片都有哪些，然后在照片浏览面板之外单击，关闭它。

⑥ 使用鼠标右键单击位置标记，在弹出的快捷菜单中选择【创建收藏夹】，为新收藏夹输入名称“Bishop CA”，然后取消选择所有选项，单击【创建】按钮。

此时，可以在【收藏夹】面板中看见创建的新收藏夹，还可以把照片拖入其中。

4.10.3 保存地图位置

在左侧的【存储的位置】面板中，我们可以保存一些喜欢的地点，以便通过它们查找和组织相关照片；还可以创建一个存储的地图位置，用来存放去过的地方，或者标记为客户拍摄照片的地点。

① 在胶片显示窗格顶部的水平栏中单击当前所选照片名称右侧的白色三角形，在弹出的菜单中的【最近使用的源】列表中选择 lesson04-gps 文件夹，然后选择其中所有照片并缩小【地图视图】。

② 展开左侧的【存储的位置】面板，然后单击右上角的加号图标（新建预设图标），打开【新建位置】对话框。

❸ 在【新建位置】对话框的【位置名称】文本框中输入“Victoria Memories”。在【选项】选项组中把【半径】设置为0.3英里，然后单击【创建】按钮，如图4-80所示。

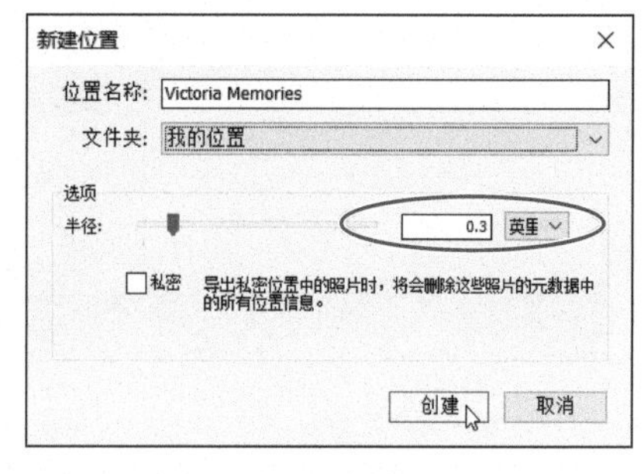

图4-80

此时，新创建的位置会出现在【我的位置】下，其右侧显示的是照片张数5，表示有5张照片位于设置的半径覆盖的区域之中。在地图上，存储的位置中心有一个灰色的圆点标记，可以移动它；圆圈上也有一个灰色的圆点标记，用于改变半径。

在【存储的位置】面板中选择一个位置，或者取消选择一个位置，Lightroom Classic会显示或隐藏圆形位置叠加，同时激活位置等待编辑。在把照片添加到存储的位置时，可以直接从胶片显示窗格中把相关照片拖动到【存储的位置】面板中的位置上，也可以先在胶片显示窗格中选择照片，然后在【存储的位置】面板中勾选位置名称左侧的复选框。

把鼠标指针移动到【存储的位置】面板中的位置上，单击位置名称右侧的白色箭头（位于照片张数右侧），如图4-81所示，可在地图上移动到那个位置。在【存储的位置】面板中，使用鼠标右键单击某个位置，在弹出的快捷菜单中选择【位置选项】，打开【编辑位置】对话框，在其中编辑位置。

图4-81

一旦在照片上添加好了位置标记，就可以使用地图上方的位置过滤器栏中的过滤器选取器和搜索框、【存储的位置】面板，以及【图库】模块中的【元数据】过滤器搜索带有特定GPS元数据或地图位置的照片了。

❹ 在模块选取器中单击【图库】，返回【图库】模块。

4.11 使用【喷涂】工具

Lightroom Classic提供了大量的照片组织工具，在这些工具中，【喷涂】工具用起来最灵活。在【网格视图】中，使用【喷涂】工具拖扫某些照片，就可以把关键字、元数据、标签、星级、旗标添加到照片上；使用该工具还可以应用与修改照片设置、旋转照片，或把照片添加到目标收藏夹中。

提示 在关键字模式下，【喷涂】工具可以“喷涂”整个关键字集或选择的关键字。在【喷涂】工具的【关键字】模式下按住Shift键，可以打开【关键字集】面板，此时鼠标指针变成一个吸管，可以吸取需要的关键字。

在工具栏中单击【喷涂】工具，就会出现【喷涂】菜单，如图4-82所示。在【喷涂】菜单中，可以选择希望应用到照片上的设置或属性。做好选择之后，【喷涂】工具右侧就会显示相应控件。

下面我们使用【喷涂】工具为照片添加色标。

❶ 在【文件夹】面板中单击lesson04文件夹。按G键切换到【网格视图】中，然后取消选择所有照片。若当前工具栏中未显示【喷涂】工具，请单击工具栏右端的三角形，在弹出的菜单中选择【喷涂】工具。

图 4-82

❷ 在工具栏中单击【喷涂】工具，在【喷涂】菜单中选择【标签】，再单击【红色】色标，如图 4-83 所示。

图 4-83

❸ 此时,【喷涂】工具已经就绪。在【网格视图】中，把鼠标指针移动到某个照片的缩览图上，鼠标指针会变成一个红色漆桶，如图 4-84 所示。

图 4-84

❹ 单击,【喷涂】工具就会把红色色标添加到这张照片上，如图 4-85 所示。能否在照片缩览图单元格中看见颜色，取决于图库视图选项设置，以及当前照片是否处于选中状态。若缩览图右下角未显示出红色色标，请在菜单栏中选择【视图】>【网格视图样式】>【显示额外信息】。

❺ 再次把鼠标指针移动到同一个缩览图上，然后按住 Option 键 /Alt 键，此时，鼠标指针会从漆桶变成橡皮擦，如图 4-86 所示。单击缩览图，即可移去红色色标。

图 4-85

图 4-86

❻ 释放 Option 键 /Alt 键，单击某个缩览图，按住鼠标左键不放，移动鼠标指针使其扫过多张照片，可把红色色标同时应用到多张照片上。按住 Option 键 /Alt 键，移除各张照片上的红色色标，只让一张照片保留红色色标。

❼ 在工具栏右端单击【完成】按钮，或者单击【喷涂】工具的空槽，取消使用【喷涂】工具，使工具栏返回正常状态。

4.12 查找与过滤照片

前面我们学习了多种对照片进行分类和添加标记的方法，为照片分好类、添加好标记后，对照片进行搜索和排序便是个非常简单的事了。现在，我们可以轻松地通过星级、色标、关键字、GPS 位置等元数据来搜索和筛选照片。在 Lightroom Classic 中，查找照片的方法有很多，其中最简单的一种是使用【网格视图】上方的过滤器栏。

4.12.1 使用过滤器栏查找照片

❶ 若【网格视图】上方未显示出过滤器栏，请按反斜杠键（\），或者在菜单栏中选择【视图】>【显示过滤器栏】，将其显示出来。在【文件夹】面板中选择 lesson04 文件夹。此时，应该能够看到文件夹中有 42 张照片。若照片数目不对，请在菜单栏中选择【图库】>【显示子文件夹中的照片】。

过滤器栏中有 3 种过滤器：文本、属性、元数据。单击任意一种过滤器，过滤器栏都会展开以显示该过滤器相关的设置与控件，可以使用它们创建一个过滤搜索。这些过滤器既可以单独使用，也可以组合在一起使用，从而创建复杂的搜索。

【文本】过滤器用来搜索照片附带的文本信息，如文件名称、关键字、标题、EXIF、IPTC元数据。【属性】过滤器用来通过旗标、星级、色标、复制状态搜索照片。在【元数据】过滤器下，最多可以创建 8 列条件来缩小搜索范围；从列标题右端的菜单中可以选择添加一列或移去一列，如图 4-87 所示。

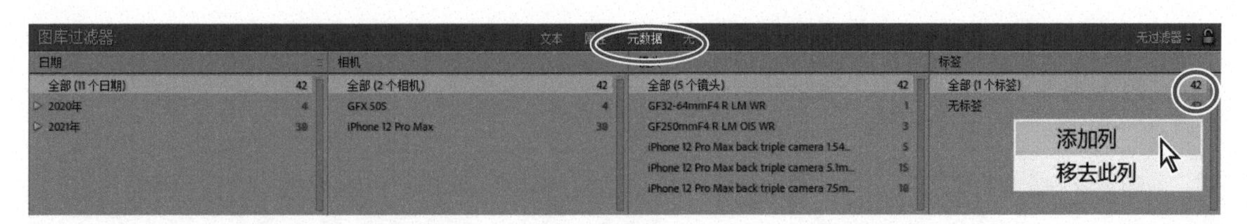

图 4-87

❷ 在【文本】过滤器或【元数据】过滤器处于激活的状态下，单击【无】，可禁用它们。单击【属性】过滤器，将其激活。若当前有旗标处于激活状态，单击旗标来取消它，或者在菜单栏中选择【图库】>【按旗标过滤】>【复位此过滤器】。

❸ 在【星级】控件中单击第三颗星，如图 4-88 所示，可搜索评级在三星或三星以上的照片。

此时，【网格视图】中仅显示星级是三星、四星、五星的照片。

❹ 有许多选项可用来缩小搜索范围。在过滤器栏中单击【文本】，追加一个过滤器。在文本过滤器栏中打开第一个下拉列表，从中选择搜索目标，包括文件名、副本名、标题、题注、可搜索的 IPTC、可搜索的 EXIF 元数据等。这里，我们选择【关键字】。打开第二个下拉列表，从中选择【包含所有】，如图 4-89 所示。

❺ 在搜索框中输入“Syracuse”。缩小搜索范围后，【网格视图】中只显示了 4 张照片，如图 4-90 所示。

图 4-88

图 4-89

图 4-90

❻ 在【星级】控件中单击第三颗星，禁用当前星级过滤器，或者在菜单栏中选择【图库】>【按星级过滤】>【复位此过滤器】。在过滤器栏中单击【属性】，关闭【属性】过滤器。

❼ 在文本过滤器栏中单击搜索框右端的叉号，清空搜索文本，然后输入“Puzzle”。

此时，【网格视图】中会显示 lesson04 文件夹中的 5 张照片，如图 4-91 所示。

图 4-91

4.12.2 使用胶片显示窗格中的过滤器

除了【图库过滤器】之外，胶片显示窗格中也有【属性】过滤器控件，如图 4-92 所示。与属性过滤器栏一样，胶片显示窗格中的过滤器菜单中也列出了大量过滤属性，同时还提供了把当前过滤器设置存储为预设的命令，存储好的预设也会出现在菜单中。

图 4-92

选择【默认列】预设，Lightroom Classic 会在过滤器栏中打开【元数据】过滤器的 4 个默认列：日期、相机、镜头、标签。

选择【关闭过滤器】，可关闭所有过滤器，并折叠过滤器栏。选择【留用】，只显示带【选取】旗标的照片。

选择【有星级】，只显示符合当前星级条件的照片。单击不同位置上的星星可改变星级，单击星星左侧的符号，可选择大于等于、小于等于、等于，或只显示符合指定星级条件的照片。选择【无星级】，显示所有不带星级的照片。

这里，我们选择大于等于三星，这样 Lightroom Classic 就只显示星级是三星或三星以上的照片。此时，会看到 5 张照片。

在过滤器菜单中选择【关闭过滤器】，或者单击胶片显示窗格水平栏最右端的开关图标，可关闭所有过滤器，显示 lesson04 文件夹中的所有照片。

提示 若过滤器菜单中无任何过滤器预设，请打开【首选项】对话框，在【预设】选项卡的【Lightroom 默认设置】选项组中单击【还原图库过滤器预设】按钮。

硬件推荐：Monogram 创意控制台

选片过程中，我一般只使用【选取】【排除】【上一张】【下一张】这几个按钮，除此之外，其他什么地方都不碰。这是我多年使用 Lightroom Classic 得来的经验，推荐大家也这么做。

但是，很多摄影师会把选片和编辑照片混在一起完成，他们选片时还会做一些照片编辑方面的工作，需要在各种模块、工具、面板之间来回切换，这浪费了大量时间。他们经常把时间的浪费错误地归咎于选片。严格来说，选片其实并不属于编辑照片的范畴，只有把选片与编辑照片两个过程分开，才能节省时间，提高工作效率。

我发现有家名叫 MONOGRAM（以前叫 Palette Gear）的公司推出了一套模拟控件，如图 4-93 所示，你可以把它们连接到计算机上，然后把应用程序中的某个命令指派给某个控件。当你想使用某个命令时，可以直接操纵相应的控件，而不用再到应用程序中到处找了，这无疑会大大节省查找命令的时间。这套控件支持很多应用程序，我在 InDesign 中编写本书时就用到了它们。我最喜欢的一个套装只包括两个按钮、一个拨盘。

图 4-93

选片时，我用的就是这个简单套装。我会把一个按钮指派为【选取】，把另一个按钮指派为【排除】，而使用拨盘来切换照片。

如果你想了解如何把这套控件纳入自己的工作流程中，请观看官方制作的一个教学视频，如图 4-94 所示。我觉得这个视频非常有用，如果你确实需要学一学，建议你好好看看这个视频。

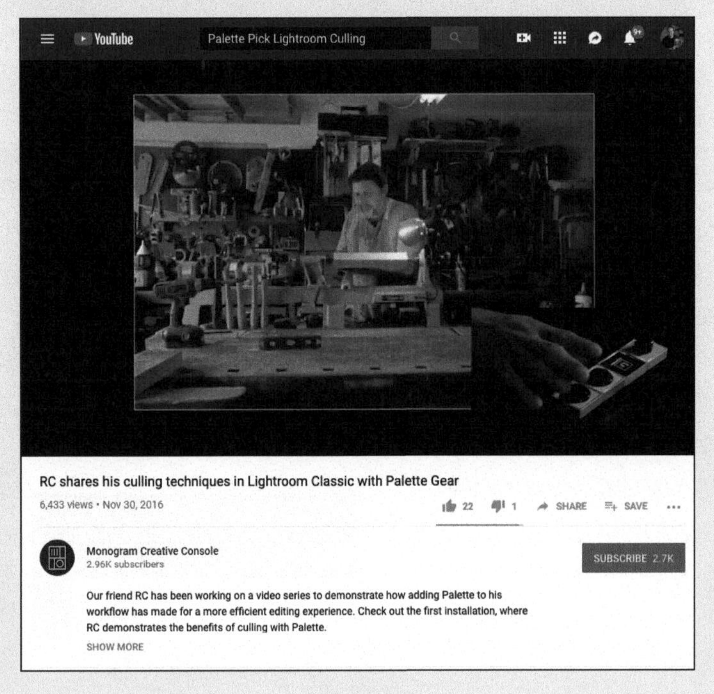

图 4-94

4.13 复习题

1. 何时使用收藏夹？何时使用收藏夹集？
2. 智能收藏夹有什么作用？
3. 什么是关键字？
4. 过滤器栏中有哪 3 种过滤器？
5. 如何根据位置搜索照片？

4.14 答案

1. 遇到下面几种情况，请考虑使用收藏夹：把一些位于不同文件夹中的照片集中在一起，把同一张照片放入不同的分组中，按照自己定义的顺序整理照片。借助收藏夹集，我们可以把多个收藏夹或收藏夹集放入同一个分组中，以此进一步组织照片。
2. 可以对智能收藏夹进行配置，使其从图库中搜索并收录满足指定条件的照片。智能收藏夹会自动更新，当导入的新照片符合指定的条件时，Lightroom Classic 就会自动把它添加到智能收藏夹中。
3. 关键字是添加到照片元数据中的一些文本，用来描述照片内容，或者以某种方式对照片进行分类。我们可以使用共享关键字，依据主题、日期等关联关系把照片组织在一起。使用关键字有助于对目录文件中的照片进行查找、识别、分类等操作。类似于其他元数据，Lightroom Classic 会把关键字保存在照片文件或者 XMP 附带文件（针对专用 Camera Raw 文件）中。
4. 过滤器栏中包含 3 种过滤器：文本、属性、元数据。组合使用这些过滤器，可以在图库中搜索带有指定元数据或文本的照片，也可以根据旗标、星级、色标、复制状态过滤搜索照片，以及指定一些自定义的元数据搜索条件。
5. 一旦照片上有了地理位置标记，就可以在【地图】模块下使用位置过滤器与【存储的位置】面板从图库中搜索在指定位置拍摄的照片了。在图库中，可以使用【元数据】过滤器、元数据集来查看 GPS 数据或 GPS 位置。

摄影师
蒂托·埃雷拉（TITO HERRERA）

“让平凡变得不平凡。”

在阅读杂志的过程中，我爱上了摄影，从那些精彩的瞬间和普通人的故事中感受到了无尽的美感。这种美感从一开始就指引着我摄影，因为我清楚地知道想拍什么样的照片。工作中，我一直遵守着一个简单的规则：让平凡变得不平凡。

在我看来，评判照片好坏的主要标准不在于其表现的主题是否吸引人。事实上，在一个地方让人们很感兴趣的东西到了另外一个地方，人们可能就会觉得稀松平常。一个主题之所以吸引人，往往不是因为主题本身有多么吸引人，而在于它的呈现方式。如果拍摄不当，漂亮的人和景看上去也会很差劲；而一些常见的东西如果拍得好，就能紧紧抓住你的眼球，给你留下深刻的印象。

那么如何才能拍得好呢？窍门是保持开放的心态，保持好奇心和创造力，用心感受周围的一切，学会以不同的方式来看待一切。从寻找你后院的美景、好光线和有趣的主题开始。

摄影不是寻找令人惊艳的主题，而是让每个主题看起来都令人惊艳。

第 5 课

修改照片

课程概览

本课主要讲解以下内容。

- 裁剪照片，以获得最佳效果
- 使用直方图正确设置白平衡
- 在【修改照片】模块中做基本的调整
- 向照片应用配置文件
- 如何使用锐化和去噪功能
- 创建虚拟副本和快照

学习本课需要 2 ~ 2.5 小时

在把照片导入 Lightroom Classic 并进行组织之后，接下来，就该使用 Lightroom Classic 中的各种工具（例如自动调整工具、专门修饰工具等）编辑照片了。学习过程中，大家可以放心地尝试这些工具，不用担心会造成很坏的后果。在 Lightroom Classic 中，一切编辑都是非破坏性的，做出的任何修改都不会破坏原始照片。

5.1 课前准备

在学习本课内容之前，请确保已经为课程文件创建好了 LRC2022CIB 文件夹，并创建了 LRC2022CIB 目录文件来管理它们，具体做法请阅读本书前言中的相关内容。

将下载好的 lesson05 文件夹放入 LRC2022CIB\Lessons 文件夹中。

❶ 启动 Lightroom Classic。

❷ 在打开的【Adobe Photoshop Lightroom Classic- 选择目录】对话框中，选择 LRC2022CIB Catalog.lrcat 文件，单击【打开】按钮，如图 5-1 所示。

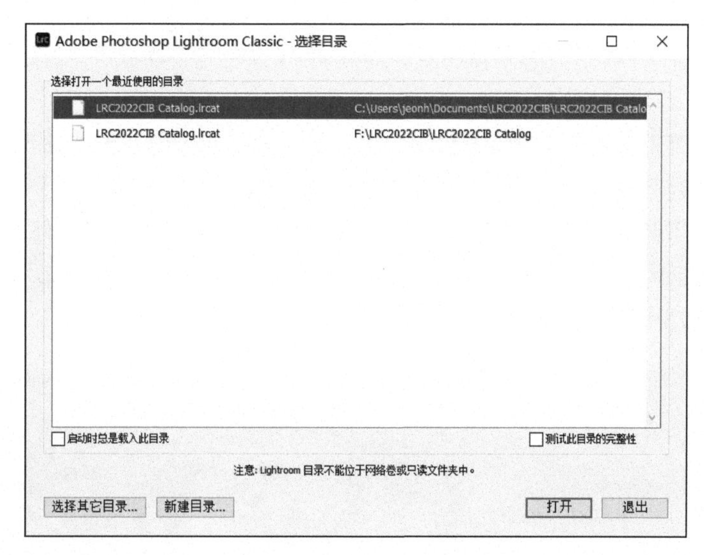

图 5-1

❸ Lightroom Classic 在【正常】屏幕模式中打开，当前打开的模块是上一次退出 Lightroom Classic 时的模块。在工作区右上方的模块选取器中单击【图库】，如图 5-2 所示，进入【图库】模块。

图 5-2

5.2 把照片导入图库

把本课要用到的照片导入 Lightroom Classic 图库中。

❶ 在【图库】模块下，单击左侧面板组左下角的【导入】按钮，如图 5-3 所示。

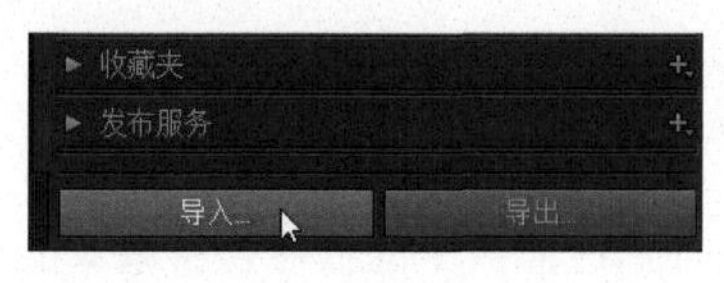

图 5-3

❷ 若【导入】对话框当前处在紧凑模式下，请单击对话框左下角的【显示更多选项】按钮（向下三角形），如图 5-4 所示，使【导入】对话框进入扩展模式，显示所有可用选项。

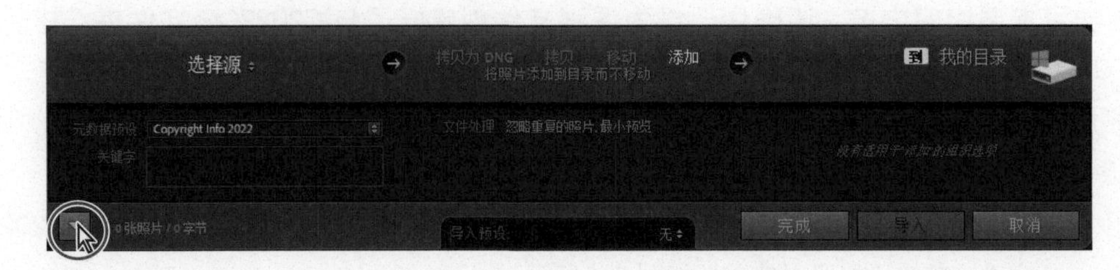

图 5-4

❸ 在左侧的【源】面板中找到并选择 LRC2022CIB\Lessons\lesson05 文件夹，选中 lesson05 文件夹中的 7 张照片，准备导入它们。

❹ 在预览区上方的导入选项中选择【添加】，Lightroom Classic 会把导入的照片添加到目录文件中，但不会移动或复制原始照片。在右侧的【文件处理】面板中的【构建预览】下拉列表中选择【最小】，勾选【不导入可能重复的照片】复选框。在【在导入时应用】面板中的【修改照片设置】和【元数据】下拉列表中选择【无】，在【关键字】文本框中输入“Lesson 05,Develop”。参考图 5-5，检查设置是否无误，然后单击【导入】按钮。

图 5-5

当从 lesson05 文件夹中把 7 张照片导入 Lightroom Classic 之后，就可以在【图库】模块下的【网格视图】和工作区底部的胶片显示窗格中看到它们了。

5.3 【修改照片】模块

在【图库】模块中，使用【快速修改照片】面板中各种基本的照片编辑选项只能对照片进行基本的调整。如果希望对照片进行更精细、更深入的调整与修改，需要进入【修改照片】模块。【修改照片】

模块是一个完整的编辑环境，里面提供了校正与调整照片所需要的各种工具。这些工具对初学者来说简单易用，对高级用户来说是功能强大的好帮手。

【修改照片】模块中有 3 种视图：放大视图（聚焦于单张照片）、参考视图（比较当前照片与参考照片）、修改前后视图（提供几种布局方式，方便比较编辑前后的照片）。工作区底部有一个工具栏，里面提供了用于切换视图的按钮，不同视图下显示的控件略有不同，如图 5-6 所示。

图 5-6

左侧面板组中有【导航器】面板（可折叠但无法隐藏）、【预设】面板、【快照】面板、【历史记录】面板、【收藏夹】面板。除【导航器】面板之外，其他面板都可以根据需要显示或隐藏。

【导航器】面板位于左侧面板组的顶部，把照片放大后，可借助面板中的白色矩形框在画面中导航；应用修片预设之前，可在【导航器】面板中预览修片预设效果；【导航器】面板中可显示照片修改历史中的某一阶段。【导航器】面板标题栏的右端有一个缩放选取器，用来设置工作视图的缩放级别，如图 5-7 所示。

图 5-7

【直方图】面板位于右侧面板组的顶部，在其下方的是一个工具条，里面的工具用于裁剪照片、去除画面污点、应用局部调整（渐变蒙版或径向蒙版），以及直接在画面上有选择性地进行绘制与调整等，如图 5-8 所示。单击其中任意一个工具，可展开工具选项面板，里面包含相应工具的控件和设置选项。

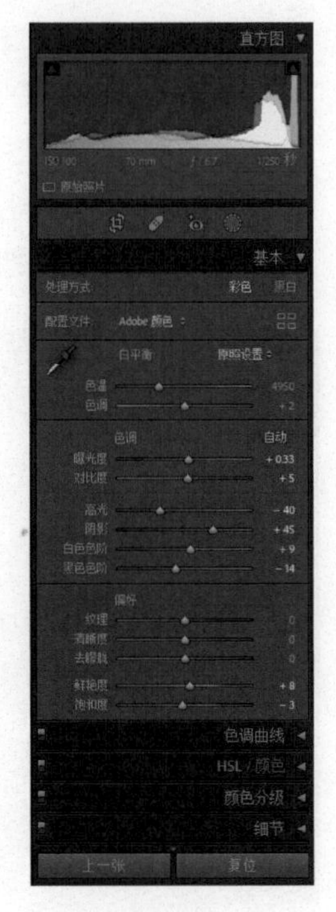

图 5-8

提示 在【修改照片】模块的右侧面板组中，工具和控件是按照常用顺序从上往下排列的，这种布局方式可以直观地引导用户完成整个编辑流程。当然，用户也可以自己调整它们的排列方式，相关内容后面会讲解。

工具条下方是【基本】面板，对照片进行颜色校正和色调调整就是从这个面板开始的。许多情况下，只使用这一个面板就能得到想要的结果。其他面板中包含的大多都是针对照片某个方面进行调整的工具。

例如，可以使用【色调曲线】面板微调色调范围的分布，增加中间调的对比度；可以使用【细节】面板中的控件对照片进行锐化，或者去除照片中的噪点。

请注意，调整照片时，这些工具并不是每个都会用到。许多情况下，我们只需要对照片进行一些细微的调整即可。当希望精细调整某张照片或者调整那些拍得有问题的照片（例如设置的拍摄参数不理想）时，可以进入【修改照片】模块，里面有需要的所有控件。

自定义【修改照片】模块

【修改照片】模块中各个面板的排列顺序是可以变动的。在右侧面板组中，使用鼠标右键单击任意一个面板的标题栏，在弹出的快捷菜单中选择【自定义“修改照片”面板】，打开【自定义“修改照片”面板】对话框，里面包含右侧面板组中的所有面板的名称，如图 5-9 所示。拖动面板名称，可改变面板的排列顺序。取消勾选或勾选面板名称右侧的复选框，可以隐藏或显示相应的面板。单击【Save】按钮，会提示重启 Lightroom Classic。重启 Lightroom Classic 之后，右侧面板组中的面板就会按照指定的顺序显示。

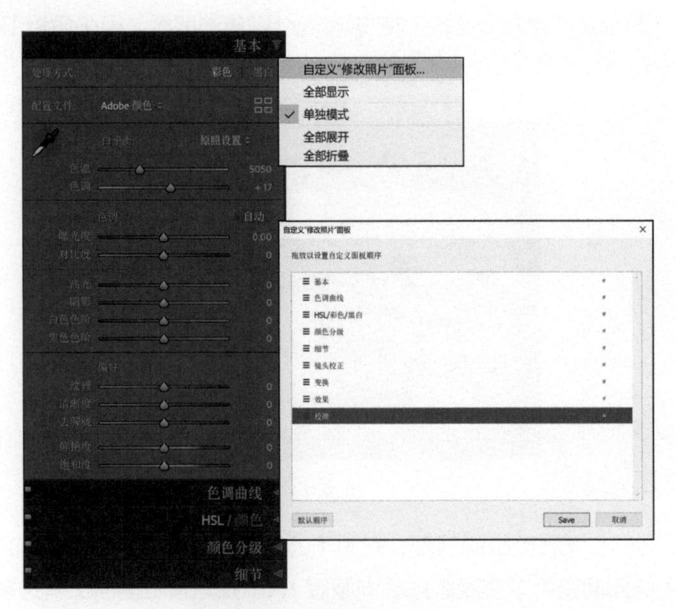

图 5-9

回到【自定义“修改照片”面板】对话框中，单击左下角的【默认顺序】按钮，再单击【Save】按钮，重启 Lightroom Classic，右侧面板组中的面板就恢复了默认顺序。

5.4 从【上一次导入】文件夹中创建收藏夹

前面我们学习了如何在 Lightroom Classic 中创建收藏夹，接下来，我们要为待处理的照片创建收藏夹。这是一个好习惯，希望大家都能养成这样的习惯。

❶ 把照片导入图库之后，所有照片都存在于【目录】面板中的【上一次导入】文件夹中。按快捷键 Command+A/Ctrl+A，选择其中的所有照片。

❷ 单击【收藏夹】面板右上角的加号图标（+），在弹出的菜单中选择【创建收藏夹】。在打开的【创建收藏夹】对话框中，在【名称】文本框中输入“Develop Module Practice”，勾选【包括选定的照片】复选框，单击【创建】按钮，如图 5-10 所示。

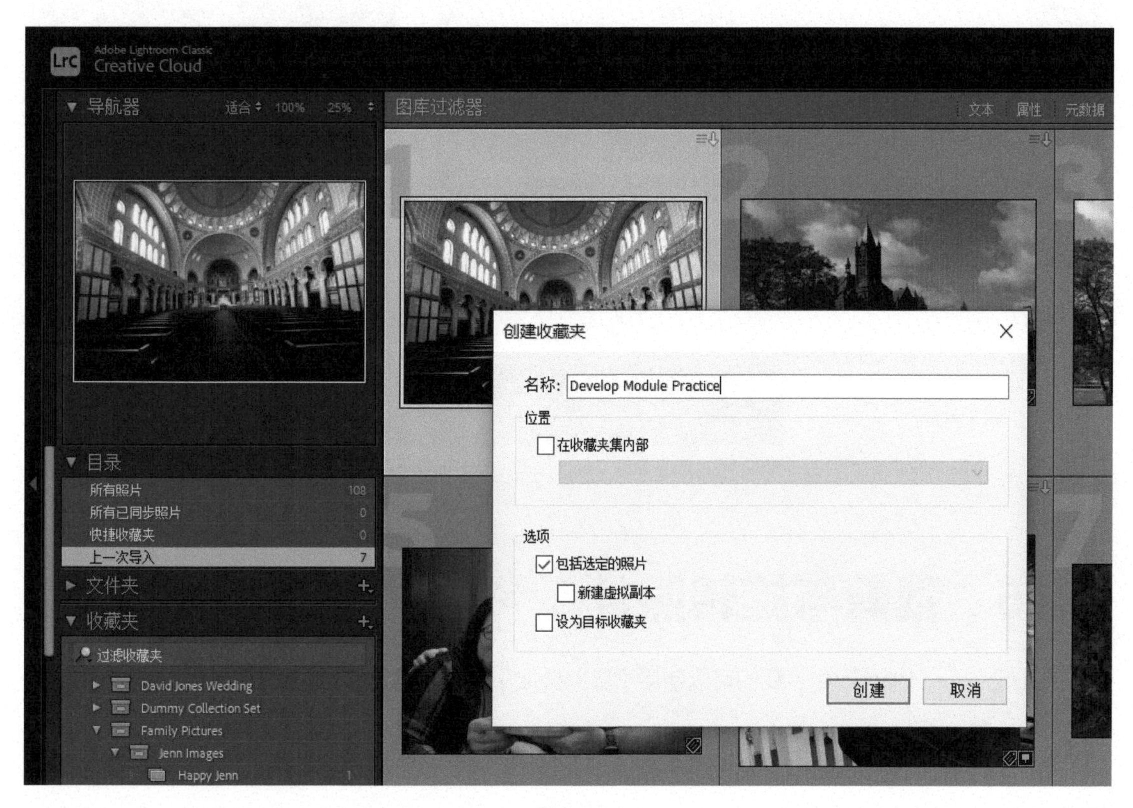

图 5-10

注意 若工作区底部未显示出工具栏，请按 T 键，将其显示出来。

❸ Lightroom Classic 会自动把选中的照片添加到 Develop Module Practice 收藏夹中，如图 5-11 所示。接下来，就可以根据自己的喜好重新组织照片，或者在工作区底部的工具栏中的【排序依据】下拉列表中选择【文件名】，按照文件名的顺序组织显示照片，如图 5-12 所示。

组织好照片之后，我们一起从上到下认识一下【修改照片】模块中一些常用的工具。

图 5-11

图 5-12

5.5 裁剪与旋转照片

在 Lightroom Classic 中，我们可以使用【裁剪叠加】工具调整照片构图、裁掉多余的边缘、矫正照片等。

❶ 在【网格视图】或胶片显示窗格中选择一张照片（lesson05-007-1），按 D 键进入【修改照片】模块。

❷ 隐藏左侧面板组，扩大预览区。在【窗口】>【面板】子菜单中，有隐藏或显示各个面板的快捷键。若当前不在【放大视图】中，可以按 D 键，或者单击工具栏中的【放大视图】按钮，切换到【放大视图】。按 T 键，可显示出工具栏。

❸ 在【直方图】面板下方的工具条中单击【裁剪叠加】按钮，或者按 R 键。此时，在【放大视图】中，照片上会出现一个裁剪矩形，同时工具条下方会打开【裁剪叠加】工具选项面板，如图 5-13 所示。

图 5-13

❹ 向内拖动裁剪矩形的 4 个角，裁剪矩形外部区域会变暗，指示这些区域会被裁剪掉，如图 5-14 所示。拖动照片，可改变裁剪矩形中显示的照片内容。把鼠标指针移动到裁剪矩形之外，鼠标指针会变成一个弯曲的双向箭头，按住鼠标左键拖动，可沿顺时针或逆时针方向旋转照片。

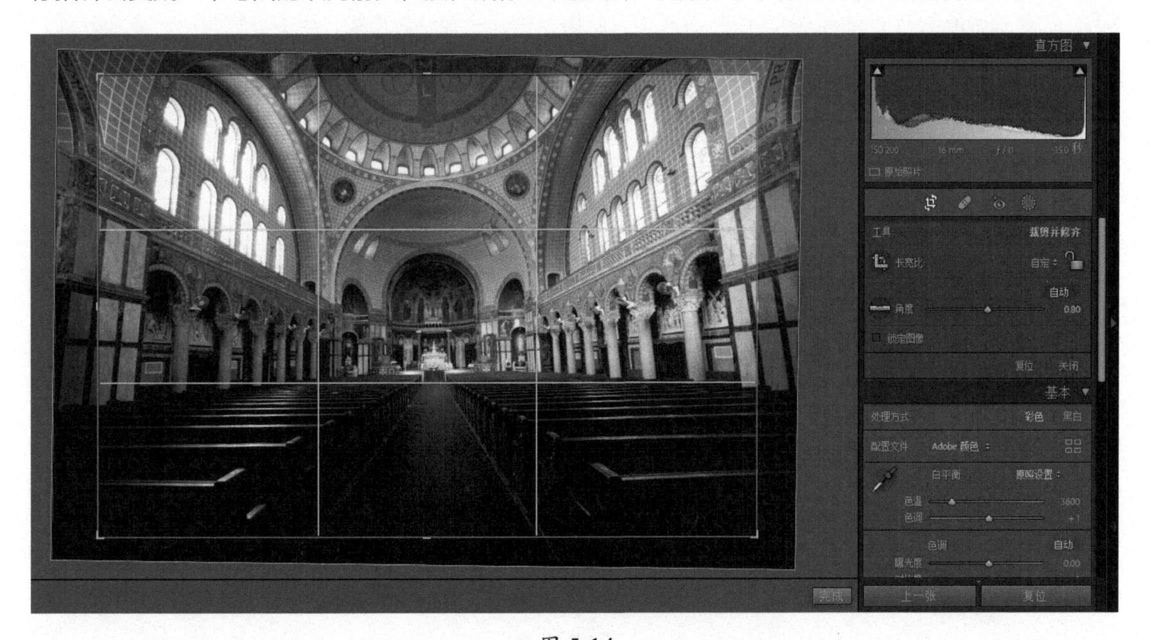

图 5-14

❺【裁剪叠加】工具带有一套裁剪参考线，借助这些裁剪参考线，可以把照片的构图调得更好。默认设置下，裁剪矩形中显示的裁剪参考线是【三分法则】。按 O 键，可切换不同类型的裁剪参考线。图 5-15 中显示的裁剪参考线是【黄金螺线】。

提示 按快捷键 Shift+O 可改变裁剪参考线的叠加方向。

图 5-15

5.5.1 切换裁剪参考线

注意 Lightroom Classic 中的裁剪参考线有网格、三分法则、对角线、居中、三角形、黄金分割、黄金螺线、长宽比等几种类型。

在矫正与裁剪照片的过程中，我们可以把裁剪参考线用作参考辅助线。图 5-16 中使用的是【居中】裁剪参考线。借助这种裁剪参考线，我们可以更好地把视线集中到画面中心，增强照片在构图上的趣味性。

图 5-16

实践中，我们并不需要使用所有裁剪参考线，可以使用如下方法限制所看到的裁剪参考线数目。在菜单栏中选择【工具】>【裁剪参考线叠加】>【选择要切换的叠加】，在打开的【切换叠加】对话框中，取消勾选不需要的裁剪参考线，单击【确定】按钮，如图 5-17 所示。这样，再次打开【裁剪参考线叠加】子菜单时，就只会看到那些已被选择的裁剪参考线。

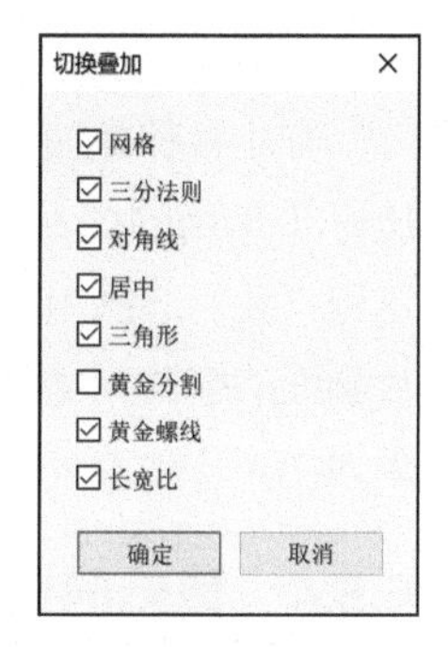

图 5-17

5.5.2 使用【矫正】工具

【矫正】工具位于【裁剪叠加】工具的选项面板中，其图标是一个水平仪。如果照片不正，可以使用【矫正】工具把照片拉正。

注意 无论是使用【矫正】工具还是手动旋转把照片拉正，单击【裁剪叠加】工具或者双击【放大视图】中的照片应用裁剪时，Lightroom Classic 都会自动把裁剪矩形之外的部分裁掉。裁剪时，Lightroom Classic 会根据指定的长宽比最大限度地保留照片内容。改变长宽比或者解锁长宽比可把照片修剪掉的部分减到最少。

❶ 在【裁剪叠加】工具的选项面板中单击【矫正】工具。此时，鼠标指针变成了一个十字准星，且右下角有一个水平仪。

❷ 把鼠标指针移动到照片上，在画面中找一个应该保持水平或垂直的参照物，沿着它拖动。这里，我们选择台阶顶部。沿着台阶顶部从左到右拖动，绘制比一条参考线，Lightroom Classic 会根据这条参考线拉正照片。此外，还可以直接拖动【角度】滑块，旋转照片，直到照片变正。这里把照片旋转 1.36° 左右，如图 5-18 所示，照片就变正了。

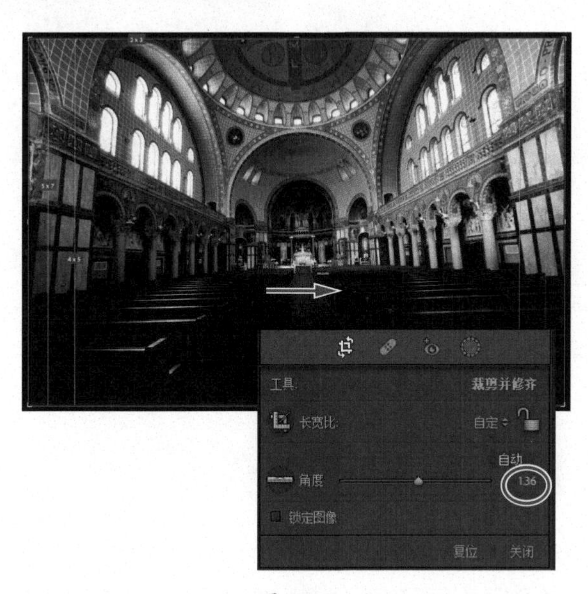

图 5-18

5.5.3 按指定尺寸裁剪

裁剪照片时，我们常常希望裁剪矩形的长宽比与原始照片的长宽比一致。但有时，我们又希望改变裁剪矩形的长宽比，以便把裁剪后的照片发布到某个社交平台上，如 Instagram（长宽比为 1 ： 1）、

Facebook 等。

在【裁剪叠加】工具的选项面板中，单击【长宽比】右侧区域，弹出一个常用的照片尺寸列表，如 1x1（正方形）、4x5/8x10、16x9 等。这里，我们选择 16x9 裁剪照片，如图 5-19 所示，让照片画面有一种影片画面的感觉。【裁剪叠加】工具会自动调整裁剪矩形的长宽比，将其约束为 16x9。

图 5-19

5.5.4 裁剪时隐藏无关面板

裁剪照片时，为了确保裁剪效果，我们最好把无关面板隐藏起来。按快捷键 Shift+Tab 可以隐藏工作界面中的所有面板、模块选取器，以及胶片显示窗格，把最大的空间留给照片，以便我们观察画面，获得最佳裁剪效果。

隐藏面板之后，按两次 L 键。第一次按 L 键，背景光变暗（变暗 80%）；第二次按 L 键，关闭背景光。这样可以消除所有干扰我们视线的界面元素，让我们得以把视线全部集中到待裁剪的照片上。

按 Return 键 /Enter 键，完成裁剪，如图 5-20 所示。按 L 键，打开背景光；再按快捷键 Shift+Tab，重新显示各个面板、模块选取器，以及胶片显示窗格。

图 5-20

提示 在 Lightroom Classic 中，所有的编辑都是非破坏性的，包括裁剪照片。无论何时，都可以随时返回，重新激活【裁剪叠加】工具以调整裁剪尺寸或照片角度。此时，照片中那些被剪掉的部分会再次显示出来，可以根据需要旋转照片，或改变裁剪的区域和大小。

5.6 什么是相机配置文件

使用 JPEG 格式拍摄照片时，相机会自动向拍摄的照片应用颜色、对比度、锐化效果。当使用 RAW 格式拍摄照片时，相机会记录下所有原始数据，同时创建一个小尺寸的 JPEG 预览图（包含所有颜色、对比度、锐度），可以在相机的 LCD 屏上看见它。

当把一张照片导入 Lightroom Classic 时，最初，Lightroom Classic 会把照片的 JPEG 预览图作为缩览图显示出来。在背后，Lightroom Classic 会渲染原始数据（这个过程叫“去马赛克”），以便我们在屏幕上查看和处理照片。在这个过程中，Lightroom Classic 会查看照片的元数据（白平衡及相机颜色菜单中的一切），并尽其所能进行解释。

但是，有些相机的专用设置 Lightroom Classic 解释不了，导致预览图与在相机 LCD 屏上看到的 JPEG 预览图不一样。因此，在照片导入期间或导入之后，缩览图的颜色发生了变化。

这种颜色的变化让许多摄影师懊恼不已。为了解决这个问题，Lightroom Classic 的开发者们加入了相机配置文件（这些预设用来模拟相机 JPEG 照片中的设置）。虽然不是完全一样，但是使用这些相机配置文件，可以使预览图与在相机 LCD 屏上看到的最接近。

随着时间的流逝，使用它们的摄影师越来越多，有些摄影师还为一些艺术效果专门创建了配置文件。为了满足色彩保真度和艺术表现的需要，摄影师们经常要添加配置文件，Lightroom Classic 的开发者们意识到了这一点，于是把配置文件放到了【基本】面板中。

5.6.1 使用配置文件

Lightroom Classic 为摄影师提供了各种各样的配置文件，有如下 3 种类型。

- Adobe Raw 配置文件：这些配置文件不依赖于相机，其目标是为摄影师拍摄的照片提供一致的外观和感觉。
- Camera Matching 配置文件：这些配置文件模拟的是相机内置的配置文件，不同相机厂商提供的配置文件不一样。
- 创意配置文件：这些配置文件是为艺术表现而创建的，它使 Lightroom Classic 拥有了使用 3D LUT 获得更多着色效果的能力。

注意 颜色查找表（Lookup Table，LUT）是重新映射或转换照片颜色的表格。LUT 最初用在视频领域中，用来使不同来源的素材外观看起来相似。随着 Photoshop 的用户使用它们为图像着色（作为一种效果），LUT 逐渐普及流行起来。这些效果有时被称为电影色。

了解各种配置文件的功能之后，接下来，我们学习如何使用它们来改善我们的作品。我们继续使用前面裁剪过的照片。若当前不在【修改照片】模块下，请按 D 键，进入【修改照片】模块。为了便于观看应用效果，请单击工作界面左侧和底部边框中间的灰色三角形，关闭左侧面板组和胶片显示窗格。

【配置文件】选项组位于【基本】面板中，紧接在【处理方式】选项组之下，如图 5-21 所示。在其右侧单击，弹出菜单，里面列出了一些 Adobe Raw 配置文件（仅在处理 RAW 文件时显示），用于模拟相机设置，如图 5-22 所示。此外，还可以使用【配置文件浏览器】面板把喜欢的配置文件添加到这个菜单中，以便访问。

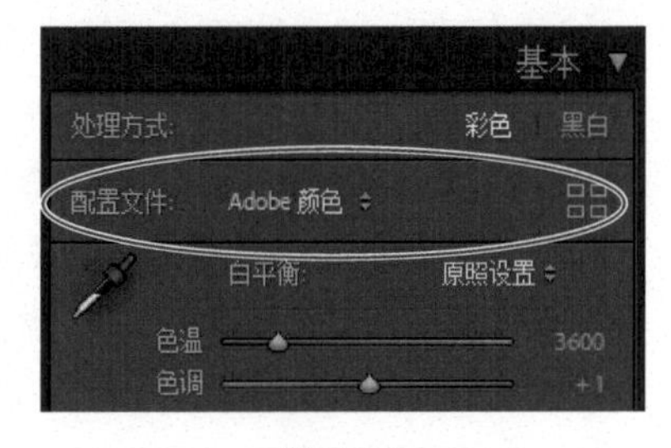

图 5-21

【配置文件浏览器】按钮（图标是 4 个正方形）位于右侧，单击该按钮，打开【配置文件浏览器】面板，在其中可以找到各种配置文件，包括 Adobe Raw 配置文件。

- Adobe 单色：经过精心调校，制作黑白照片时最好先应用一下它，然后再进行进一步调整。相比于在【Adobe 标准】下把照片转换成黑白照片，应用【Adobe 单色】能够产生更好的色调分离效果和对比度。

图 5-22

- Adobe 人像：对所有肤色进行优化，它能更好地控制和还原肤色，而且向肤色应用的对比度和饱和度较低，可以更精确、更自由地控制关键人像。
- Adobe 风景：专为风景照片打造，能够把天空、树叶等表现得更鲜艳、更漂亮。
- Adobe 颜色：有非常低的对比度。当希望最大限度地控制照片，或者处理色调范围很不理想的照片时，建议使用它。
- Adobe 鲜艳：能明显地提升饱和度。如果希望照片画面鲜艳、色彩强烈，不妨试试它。

虽然 Adobe 公司把 Adobe Raw 配置文件做得很好，但是还是有许多摄影师更喜欢使用 Camera Matching 配置文件。这些配置文件是针对特定相机的，它们是根据相机中那些可选用的配置文件制作的。要查看 Camera Matching 配置文件，请单击【配置文件浏览器】按钮。

5.6.2 使用【配置文件浏览器】面板

在【配置文件浏览器】面板中可以找到 Adobe 公司制作的所有配置文件。在【配置文件浏览器】面板顶部的是 Adobe Raw 配置文件，前面已经介绍过了。Camera Matching 配置文件是针对特定相机的，不同类型的相机有不同的配置文件数目。

在【配置文件浏览器】面板底部的是创意配置文件，包含黑白、老式、现代、艺术效果等类型。展开其中任意一类，会看到一系列缩览图，用来展示每种配置文件应用到照片上的效果。

强烈建议亲自动手试一试每种配置文件，看看它们都能产生什么样的效果。使用 Camera Matching 配置文件可以一键获得类似于在相机 LCD 屏中看到的效果。而使用创意配置文件可以向照片添加某些创意，把自己的一些想法融入画面之中。

当选择一种创意配置文件时，Lightroom Classic 就会在【配置文件浏览器】面板顶部显示一个【数量】滑动条，拖动滑块，可以控制效果的强弱。单击【配置文件浏览器】面板右上角的【关闭】按钮，返回【基本】面板中。

创意配置文件中还有黑白预设，使用这些预设能够明显地增强照片画面效果，有助于创建出吸引人的黑白照片。此外，还可以在这些预设的基础上根据需要进行进一步调整。后面我们会详细介绍如何创建黑白照片。

这里我们选择【老式 10】预设，单击【关闭】按钮，如图 5-23 所示。

应用【老式 10】预设之后，照片画面看上去比较粗糙，中间调压缩得也很厉害。

图 5-23

5.7 调整照片的白平衡

白平衡指照片中光线的颜色。不同的光线会让照片画面有不同的颜色偏向。白平衡调整的是照片的色温和色调，通过调整两者，可以把照片颜色恢复成希望的样子。选择 lesson05-004 照片。【白平衡】选项组位于【基本】面板中，单击白平衡右侧，在弹出的菜单中选择【原照设置】，如图 5-24 所示。这里，建议在白平衡菜单中选择其他白平衡预设试试。

如果照片是用 RAW 格式拍摄的，可以在白平衡菜单中看到更多选项，这些选项通常在相机中也有，但是不适用于使用 JPEG 格式拍摄的照片。请根据照片中的光线，选择一种最符合的白平衡预设。当然，也可以通过调整【色温】和【色调】来手动调整照片的白平衡。

图 5-24

注意 对于使用 RAW 格式拍摄的照片，设置照片的白平衡时，可以使用白平衡菜单中的白平衡预设，但是设置照片白平衡更快的一种方法是使用【白平衡选择器】。使用 JPEG 格式拍摄照片时，相机会把白平衡应用到照片上，所以白平衡菜单中可用的预设并不多。

在为照片设置白平衡时，如果对白平衡菜单中的所有预设都不满意，可以使用【白平衡选择器】手动设置白平衡。首先，单击【白平衡选择器】（吸管图标）或者按 W 键，然后把鼠标指针移动到照片上，找一块中性色（如浅灰或中性灰）区域，单击，如图 5-25 所示。寻找中性色区域时，可以使用放大镜工具把照片放大，这样有助于寻找。

图 5-25

示例照片中是我的几个朋友 Bonnie、Rick、Matthew，我从 Rick 的 Apple Watch 侧面对颜色进行取样。只要在画面中单击，照片画面看上去就非常自然了，如图 5-26 所示。虽然有时使用【白平衡选择器】无法直接得到令人满意的结果，但是至少能够得到差不多的结果，之后，你可以在此基础上做进一步调整，这能大大节省调整白平衡的时间。

图 5-26

关于白平衡

要正确显示照片文件中记录的所有颜色信息，关键是要使照片中的颜色分布均衡，即纠正照片的白平衡。

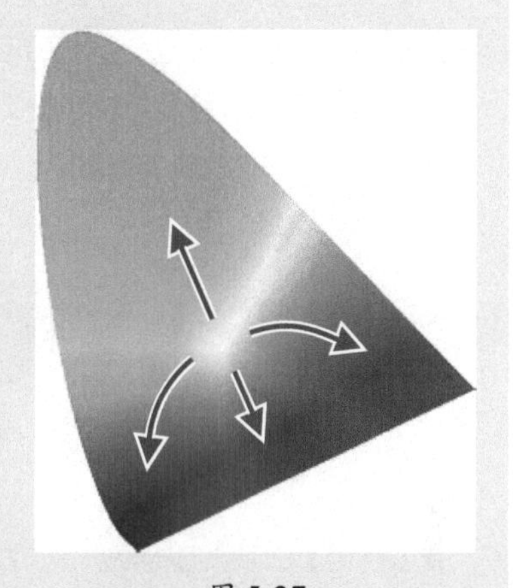

图 5-27

纠正照片的白平衡是通过移动照片的白点来实现的。白点是一个中性点，其周围的颜色沿着两根轴分布，一根轴是色温（由蓝色到红色，图 5-27 中的曲线箭头），另一根轴是色调（由绿色到洋红色，图 5-27 中的直线箭头）。

照片的白点反映的是拍摄照片时的照明条件。不同类型的人工照明有不同的白点，它们产生的光线往往以一种颜色为主，缺少另一种颜色。天气条件也会对白平衡产生影响。

光线中的红色越多，照片颜色就越偏暖；蓝色越多，照片颜色就越偏冷。照片颜色沿着这根曲线轴变化，就形成了“色温”，而“色调”指的是照片颜色向着绿色或洋红色方向变化。

拍照时，数码相机传感器会记录被摄物体反射过来的红色光、绿色光、蓝色光的数量。在纯白光线下，中性灰物体、黑色物体或白色物体会等量反射光源中的所有颜色。

若光源不是纯白的，而是绿色占主导，例如常见的荧光灯，则反射光线中绿色光的含量就非常大。除非知道光源的组成，并对白平衡或白点进行了相应的修正，否则即便看起来是中性色的物体也会偏向绿色。

使用自动白平衡模式拍摄时，相机会尝试根据传感器捕获的颜色信息来分析光源的组成。虽然现代相机在自动分析光线和设置白平衡方面做得不错，但也不是绝对可靠的。若相机支持，最好还是在拍摄之前先使用相机测量一下光源中的白点，这通常是通过在与目标对象相同的光照条件下拍摄白色或中性浅灰色物体来实现的。

除了相机传感器捕获的颜色信息之外，原始照片中还包含了拍摄时的白平衡信息、所确定的白点。Lightroom Classic 能够使用这些信息正确地解释给定光源的颜色数据，把白点作为校准点，并参考这个校准点移动照片中的颜色，以校正照片的白平衡。

【基本】面板的左上角有一个【白平衡选择器】工具，可以使用这个工具校正照片的白平衡。在照片上找一块中性浅灰色区域，单击该区域，进行采样，Lightroom Classic 会使用采样信息确定校准点，然后根据校准点设置白平衡。

在照片画面中移动鼠标指针（吸管）时，吸管的右下方会出现一个小窗口，里面显示的是要拾取的目标中性色的 RGB 值。为避免颜色偏移过度，请尽量单击与红、绿、蓝 3 种颜色的颜色值接近的像素。请不要选择白色或非常浅的颜色（例如高光区域的颜色）作为目标中性色，在非常亮的像素中，可能有一种或多种颜色已经被剪切掉了。

色温的定义参考了黑体辐射理论。当对一个黑体加热时，黑体首先呈现红色，然后呈现橙色、黄色、白色，最后呈现蓝白色。色温是指加热黑体呈现某种颜色时的温度，单位是开尔文（K），0K 相当于 −273.15℃或 −459.67 ℉，单位为开尔文的增量与单位为摄氏度的增量是等价的。

我们常说的暖色含红色较多，冷色含蓝色较多，但暖色色温比冷色色温低。烛光照亮的暖色场景的色温大约是 1500K，明亮的日光的色温大约是 5500K，阴天的色温大约是 6000 ~ 7000K。

【色温】滑块用于调整指定白点的色温，左低右高，如图 5-28 所示，向左移动【色温】滑块会降低白点的色温。因此，Lightroom Classic 会认为照片中的颜色色温比白点的色温高，从而朝着蓝色偏移照片颜色。【色温】滑动条中显示的颜色表示把滑块向相应方向移动时照片会向哪种颜色偏移。向左移动滑块时，照片中的蓝色增加，画面偏蓝；向右移动滑块时，照片画面看上去会更黄、更红。

图 5-28

【色调】滑块的工作方式与【色温】滑块类似，如图 5-29 所示。向右移动【色调】滑块（即远离滑动条的绿色一端），照片中的绿色会减少。这会增加白点中的绿色含量，因此 Lightroom Classic 会认为照片的绿色比白点的绿色少。

图 5-29

调整【色温】滑块与【色调】滑块，色域中的白点就会移动。

5.8 调整曝光度与对比度

曝光由相机传感器捕捉的光线量决定，用 F（描述相机镜头的进光量）表示。事实上，【曝光度】滑块模拟的就是相机的曝光挡数：把【曝光度】设置为 +1.0，表示曝光比相机测定的曝光多一挡。在

Lightroom Classic 中，【曝光度】滑块影响的是中间调的亮度（就人像来说，影响的是皮肤色调）。向右拖动【曝光度】滑块，增加中间调的亮度；向左拖动，降低中间调的亮度。这一点可以从画面的变化看出来。向右拖动【曝光度】滑块，照片画面变亮；向左拖动【曝光度】滑块，照片画面变暗。

❶ 选择照片 lesson05-002，在【基本】面板中向右拖动【曝光度】滑块，使其数值变为 +0.50，如图 5-30 所示。此时，照片画面变亮了。

图 5-30

❷ 在右上角的【直方图】面板中，把鼠标指针移动到直方图的中间区域，受曝光度影响的区域会呈现亮灰色，同时直方图的左下角会出现【曝光度】几个字。

调整【曝光度】滑块之前，照片像素大多都堆积在直方图左侧；调整之后，所有像素向右移动，如图 5-31 所示。

【对比度】滑块用来调整照片中最暗区域与最亮区域之间的亮度差。向右拖动【对比度】滑块（增加对比度），像素向两边拉伸，照片画面中黑色区域更黑，白色区域更白。这看起来就像是把直方图从中间分开（或接上），如图 5-32 所示。

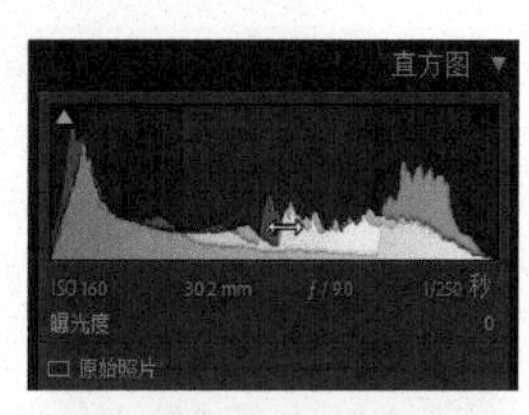

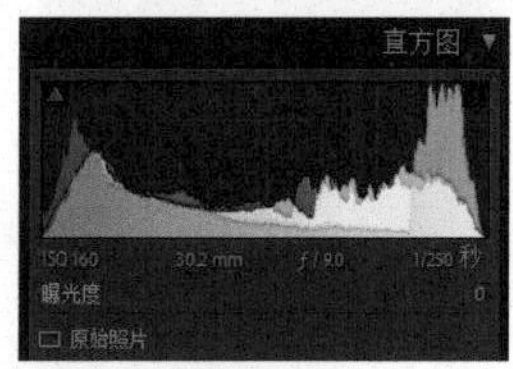

图 5-31

图 5-32

提示 不管滑块在调整面板的什么地方，如果希望 Lightroom Classic 自动调整它，按住 Shift 键双击滑块即可。这在设置对比度时特别有用（例如选择手动设置曝光度和对比度，而不使用【自动】按钮），因为对比度很难调合适。

向左拖动【对比度】滑块（降低对比度），直方图中的数据会向内压缩，最暗端（纯黑）与最亮端（纯白）之间的距离缩短，如图 5-33 所示，照片画面会变得灰蒙蒙的，又平又脏。

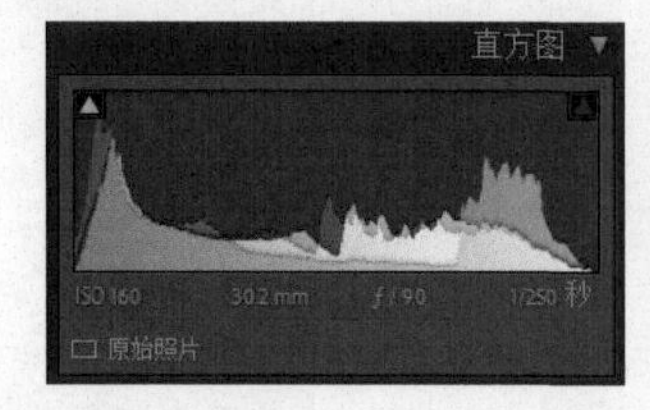

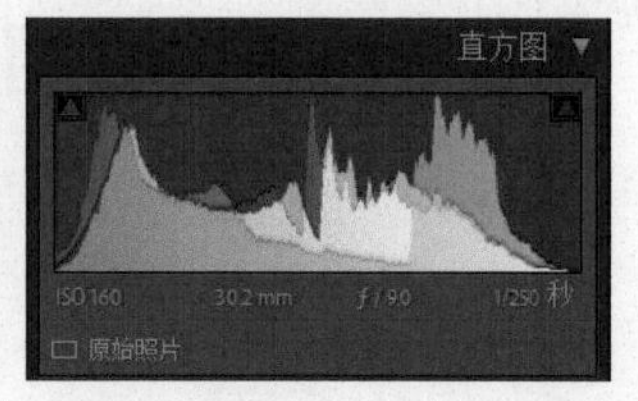

图 5-33

③ 不断尝试调整照片的对比度，并观察结果。这里，把【曝光度】设置为 +0.50、【对比度】设置为 +37，这会使照片画面显得很醒目。

④ 按 Y 键，进入修改前与修改后的【比较视图】中，如图 5-34 所示。通过比较修改前后的画面，可以大致了解当前照片修改成什么样子了。这也是使用 RAW 格式拍摄照片的好处之一。

图 5-34

5.9 调整阴影和高光

【高光】滑块与【阴影】滑块分别用来从高光区域与阴影区域找回一些细节。在照片画面中，过暗或过亮区域中的细节会丢失。若照片中的某个阴影区域过暗（有时叫“死黑”），该区域就会因缺少足够的数据而无法显示细节；若某个高光区域过亮（有时叫“死白”），该区域的细节也会丢失。

提示 按 J 键可快速打开或关闭高光剪切或阴影剪切警告。

一般情况下，我们都希望照片的阴影区域和高光区域中有足够多的细节，同时又不会影响到照片的其他部分。请看图 5-35，拍摄时，我故意欠曝一些，防止高光溢出，但这样做导致照片底部的阴影区域丢失了一些细节。下面我们尝试使用【阴影】滑块在阴影区域找回一些细节。

图 5-35

❶ 把【曝光度】设置为 -1.00，使照片欠曝一些，如图 5-36 所示。移动鼠标指针到阴影剪切警告（位于直方图的左上角）上，此时，照片画面中的某些区域出现蓝色，这些区域就是被剪切掉的阴影区域。类似地，画面中高光过曝的区域呈现红色，单击直方图右上角的方框，可打开高光剪切警告。左右拖动【曝光度】滑块，在画面中查看阴影剪切警告和高光剪切警告。然后，把【曝光度】恢复成 +0.50。

图 5-36

❷ 向右拖动【阴影】滑块（+49），观看建筑物正面，看看能找回多少细节。当画面中的蓝色区域（阴影区域）或红色区域（高光区域）消失，或者直方图上的剪切警告变灰时，阴影剪切警告或高光剪切警告就没有了，如图 5-37 所示。

图 5-37

❸ 拖动【高光】滑块时，天空中云彩的强度会受影响，但画面中的阴影区域（建筑物正面）不受影响。把【高光】设置为 −46，画面中的高光区域会出现更多细节，如图 5-38 所示。不仅云彩的细节多了，天空的颜色也变得更艳丽了，建筑物的细节也多了起来，如图 5-39 所示。

使用【阴影】滑块和【高光】滑块时，重要的是知道它们不会做什么。调整【阴影】滑块时，不会影响到高光。同样，拖动【高光】滑块时，不会干扰到阴影。这正是它们的强大之处。

图 5-38

图 5-39

在 Lightroom Classic 中修改照片时，虽然还有其他大量工具可以选用，但是根据我个人的修改照片经验，我觉得大多数时候修改照片只使用【曝光度】【对比度】【阴影】【高光】这 4 个滑块就够了。

5.10 调整白色色阶和黑色色阶

直方图表现的是照片中整个色调范围内的像素数据，因此我们最好确定这个范围的边界在哪里。

白色色阶和黑色色阶是照片中最亮的部分和最暗的部分，把它们确定下来，色调范围的边界就有了。很多照片中（并非所有），只要确保所有像素都在白色色阶和黑色色阶之间，就能得到一张非常棒的照片，如图 5-40 所示。

图 5-40

打个比方，院子里有一群孩子在玩耍，但他们只占据了半个院子，另一半空着。最理想的状态是把孩子们分散到整个院子（照片的色调范围）中。但问题是，在照片中找到最亮的区域和最暗的区域的确切位置并不容易，如图 5-41 所示。

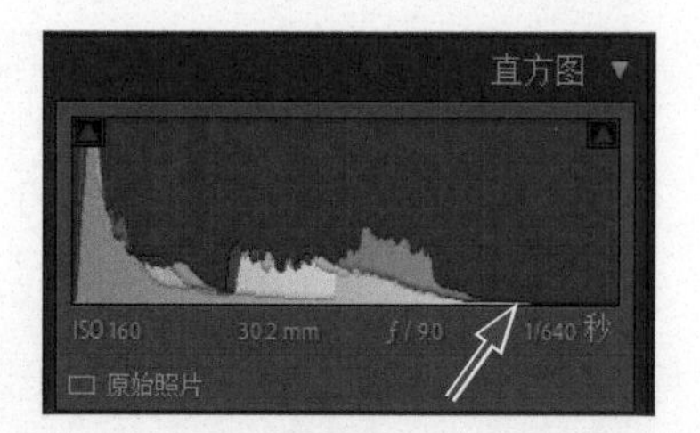

图 5-41

❶ 在【修改照片】模块下，打开照片 lesson05-001。按住 Option 键 /Alt 键单击【白色色阶】滑块。此时，照片画面变黑。向右拖动【白色色阶】滑块，会看到一些颜色发生了变化，如图 5-42 所示。我们要找的是第一块变白的大块区域，这块区域是剪切的边界，也是在保证不损失细节的情况下整张照片中最亮（最白）的区域。在白色区域出现之前的所有颜色都处在高光剪切范围内。

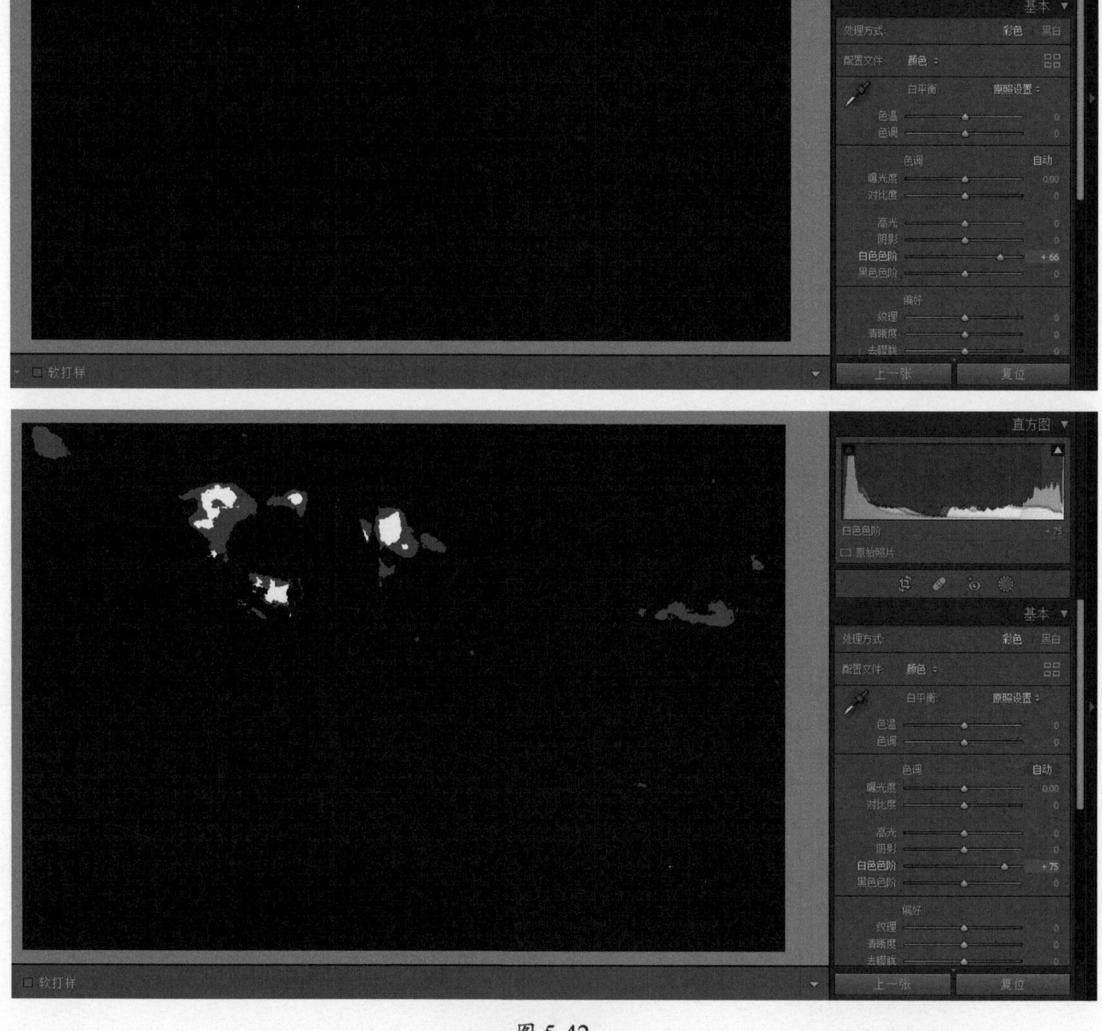

图 5-42

调整白点时出现明亮的颜色，这种情况就是所谓的偏色。例如示例照片中出现了一点蓝色。拖动滑块的过程中，画面中会出现其他颜色，但是请记住我们要寻找的是白色。

什么是直方图?

在 Lightroom Classic 中查看照片时，人们常常会说到直方图。有人说照片的直方图应该是一条曲线，还有人说直方图应该是图 5-43 这个样子。其实，这些都不重要，重要的是：要知道看直方图时看的是什么，还要知道直方图只是一个工具，从来就不是目标。

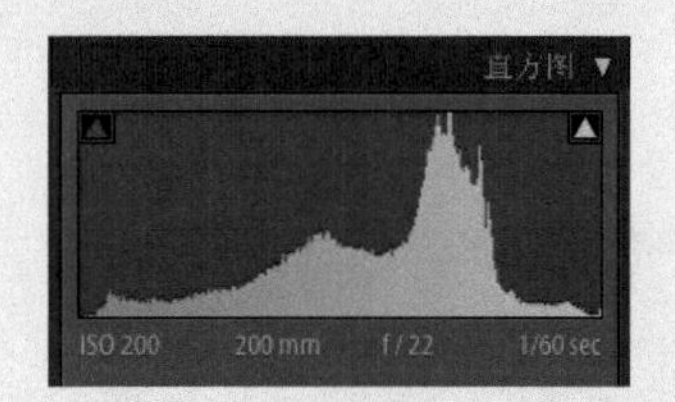

图 5-43

其实直方图很简单，只要把它看成一个图表就行了。在直方图左侧的像素的亮度是 0%，在直方图右侧的像素的亮度是 100%。白色区域显示的颜色值从 0 到 255，每一个都是从最暗到最亮。

假设照片中只有 3 个亮度值，把它们画在图表（柱状图）中，最终直方图（现在买的相机肯定不会有这样的直方图）如图 5-44 所示。

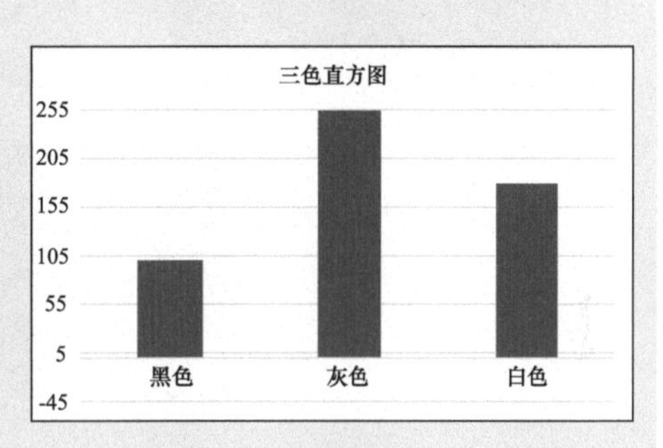

图 5-44

现在，假设照片中有 12 个亮度值，把这 12 个亮度值画在图表（柱状图）中，如图 5-45 所示。此时，柱状图看起来有点拥挤了。

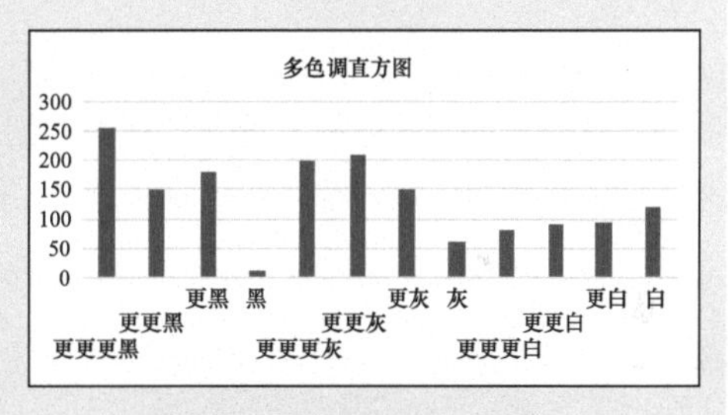

图 5-45

直方图本质上就是柱状图，只不过包含了大量竖条，而且它们是互相紧挨在一起的。直方图中，从左到右是亮度值（x 轴），从上到下是每个亮度值的亮度（y 轴），介于 0 到 255 之间，如图 5-46 所示。

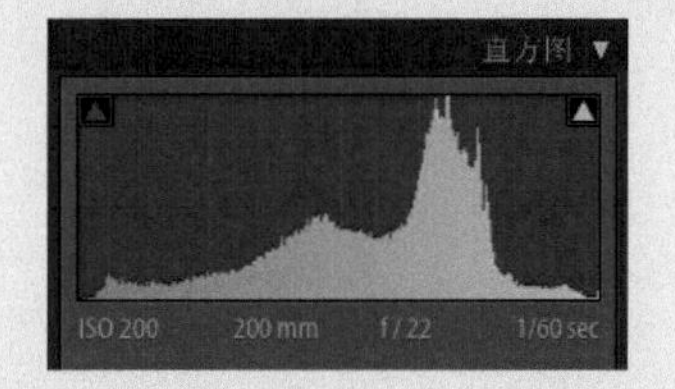

图 5-46

直方图中有些有颜色，它们也是柱状图，每种颜色对应一种柱状图，它们全部位于原始图表之后。每种颜色（例如蓝色）的柱状图表示的是相应颜色（蓝色）的像素数，左侧最暗（蓝色），右侧最亮（蓝色）。

黄色、红色也是一样，它们全是柱状图，指示照片中有多少数据，如图 5-47 所示。

直方图名人堂

我曾经认为，我们一直追求的完美直方图是一条钟形曲线，但是在雪城大学与著名人像摄影师格雷戈里·海斯勒（Gregory Heisler）进行一番交谈之后，我的看法变了。海斯勒教授说："事实证明，意图绝对比直方图的形状更重要。"

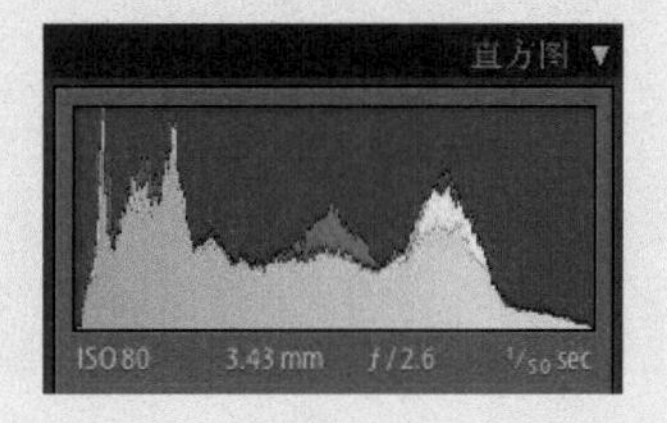

图 5-47

交谈中，他出示了一系列照片，这些照片的直方图都收录在他的“直方图名人堂”中。这些照片的直方图看上去都有问题，但其实都是摄影师有意为之，而且理由充分。

出于版权的原因，我不能在这里展示那些照片，但你可以找几张照片测试。这里，我准备了5张照片，比较一下它们的直方图，如图5–48所示。

使用直方图时，注意观察哪些部分被剪切掉了，以及如何进行补救。本课我们会讲到相关内容。

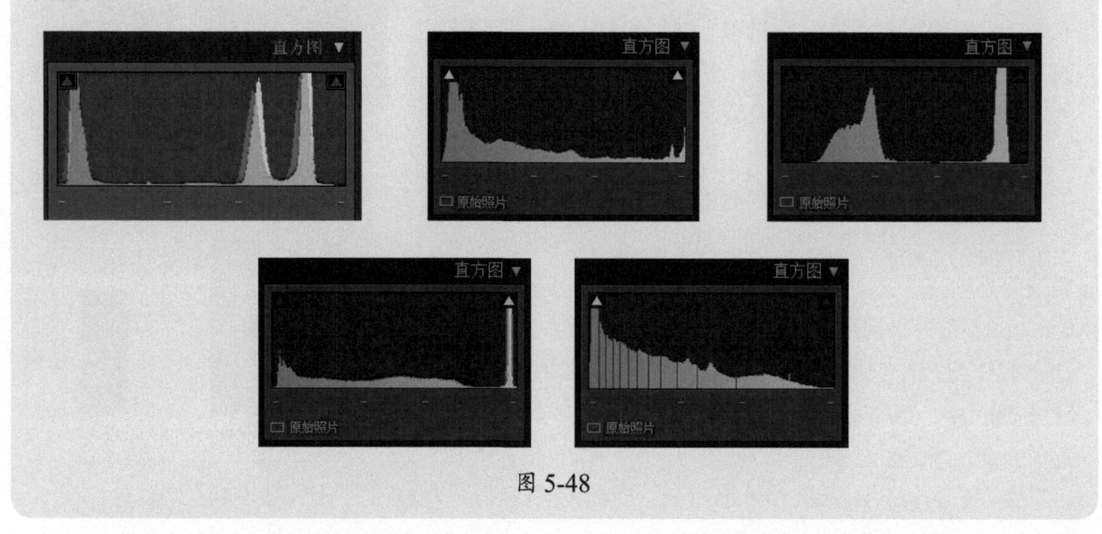

图5-48

❷ 设置好白色色阶之后，按住Option键/Alt键，向左拖动【黑色色阶】滑块。此时，照片画面变白，我们要在画面中找到第一个黑点。出现第一个黑点时，停止拖动【黑色色阶】滑块。与黑点同时出现的其他颜色在调整之后会变成全黑，如图5-49所示。

图5-49

> 💡 **提示** 按住 Shift 键双击【白色色阶】滑块或【黑色色阶】滑块，Lightroom Classic 会自动调整它们。

③ 请注意直方图调整前后的变化。继续调整照片：设置【曝光度】为 +0.50、【对比度】为 +3、【高光】为 −44、【阴影】为 +97、【白色色阶】为 +68、【黑色色阶】为 −36。这样在增加画面亮度的同时，又在画面中保留了大量细节，如图 5-50 所示。

图 5-50

这就引发出了一个问题：调整照片时，是不是使用【白色色阶】滑块和【黑色色阶】滑块要比使用【曝光度】滑块和【对比度】滑块好？答案是不一定。即便不使用【白色色阶】滑块和【黑色色阶】滑块，也可以结合使用【曝光度】【对比度】【阴影】【高光】这几个滑块调出类似的效果。学习修改照片的过程中，我们不仅要了解相关技术的工作原理，还要积极寻找最适合自己的操作方法。

5.11 调整清晰度、鲜艳度和饱和度

调整好照片的色调之后，我们可以使用【基本】面板中的其他设置项进一步调整照片。在照片的基本编辑中，调整照片的清晰度、鲜艳度、饱和度一般都是必不可少的。打开照片 lesson05-003。

❶ 对照片做如下调整：设置【色温】为 5054、【色调】为 +2、【曝光度】为 −0.30、【对比度】为 +32、【高光】为 −100、【阴影】为 +63、【白色色阶】为 +16、【黑色色阶】为 −4，如图 5-51 所示。

调整照片的对比度时，照片的阴影、高光、白色色阶、黑色色阶都会受到影响。前面我们没怎么调整照片的中间调，但有时在中间调中加一点冲击力，对提升整个画面的表现效果非常有帮助。

图 5-51

❷ 拖动【清晰度】滑块，将其设置为 +24，如图 5-52 所示。

【清晰度】滑块控制着照片中间调的对比度。【清晰度】滑块很适合用来为照片中的某些元素增强质感，例如照片中的金属、纹理、砖墙、头发等。就小女孩的头发来看，效果相当不错。

图 5-52

请注意，使用【清晰度】滑块时，请不要将其应用至失焦区域（如玉米地区域），也不要将其应用到画面中柔和的元素上。请慎重使用【清晰度】滑块，而且最好通过调整画笔来应用清晰度，相关内容我们将在下一课中讲解。

进一步增强细节：【纹理】滑块

2019 年 5 月，Lightroom Classic 新增加了一项工具——【纹理】滑块，如图 5-53 所示。我非常喜欢这个新工具，而且用得越来越多。

图 5-53

最初，【纹理】滑块用在人像修饰过程中对皮肤做平滑处理，它能够以一种非常精细的方式向照片的特定区域添加细节。

照片由高频、中频、低频区域组成。在对照片做锐化等处理时，调整肯定会作用到画面中某些元素的边缘。这些元素的边缘就位于画面的高频区域中。当调整过大时，会发现这些调整也会影响到照片的中频和低频区域。

使用【纹理】滑块可向照片的中频区域添加细节，同时不会影响到低频区域。

调整【清晰度】滑块，能够明显加强中间调的对比度，但是往往也会影响到照片的其他区域。【纹理】滑块与【清晰度】滑块有点类似，能够增加细节，但不像【清晰度】滑块那样有负面影响。

在图 5-54 中，把【清晰度】滑块调到最右边，会发现汽车后面的墙体及汽车顶部的暗晕受到了严重影响。

图 5-54

在图 5-55 中，把【纹理】滑块拖到最右侧，照片中出现了更多细节，同时墙体也没怎么受影响。

图 5-55

根据我个人的经验，调整照片的过程中，我一般会结合使用【清晰度】和【纹理】两个滑块来得到想要的细节。我建议大家多做尝试，探索一下如何使用这两个滑块才能得到想要的细节。

除了可以使用高低频技术增加画面细节之外，还可以使用这种技术把高频分离出来做柔化处理，效果如图 5-56 所示。在 Photoshop 中，这种技术叫“频率分离”（分频法）。

图 5-56

进行频率分离时，我们会把高频（细节）与低频（颜色与色调）分离开，这样一方面可以减少皮肤上的一些瑕疵，另一方面又可以保留皮肤的纹理。以前，在进行频率分离时，需要在 Photoshop 中创建独立的图层分别进行处理。现在，在 Lightroom Classic 中，只需要调整一个滑块就能得到一样的效果。

图 5-56 所示的照片中是我的妻子 Jenn。跟她沟通之后，她同意我使用这张照片给大家展示一下【纹理】滑块在美化人物皮肤方面的功效。左图是美化之前的原始照片，右图是美化之后的照片。美化时，我把【纹理】滑块向左拉，使其变为负值。此时，可以看到她的皮肤变得更柔和了，同时肤色和纹理也得到了很好的保留。其实，可以使用蒙版画笔在人物的某个局部应用这种效果，这样针对性更强，效果会更好。有关蒙版画笔的用法，将在下一课中介绍。

【纹理】滑块是 Max Wendt 的杰作，他是 Adobe 公司 Texture 项目组的首席工程师。他在 Adobe Blog 网站上专门撰写了一篇精彩的文章详细介绍【纹理】滑块，告诉用户如何最大限度地发挥其威力，如图 5-57 所示。

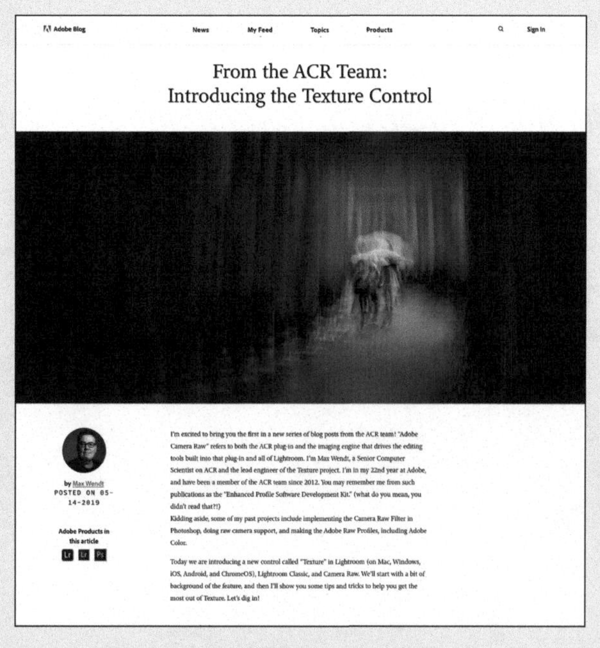

Adobe Blog　News　My Feed　Topics　Products　Sign In

From the ACR Team:
Introducing the Texture Control

by Max Wendt
POSTED ON 05-14-2019

Adobe Products in this article

I'm excited to bring you the first in a new series of blog posts from the ACR team! "Adobe Camera Raw" refers to both the ACR plug-in and the imaging engine that drives the editing tools built into that plug-in and all of Lightroom. I'm Max Wendt, a Senior Computer Scientist on ACR and the lead engineer of the Texture project. I'm in my 22nd year at Adobe, and have been a member of the ACR team since 2012. You may remember me from such publications as the "Enhanced Profile Software Development Kit." (what do you mean, you didn't read that?!)
Kidding aside, some of my past projects include implementing the Camera Raw Filter in Photoshop, doing raw camera support, and making the Adobe Raw Profiles, including Adobe Color.

Today we are introducing a new control called "Texture" in Lightroom (on Mac, Windows, iOS, Android, and ChromeOS), Lightroom Classic, and Camera Raw. We'll start with a bit of background of the feature, and then I'll show you some tips and tricks to help you get the most out of Texture. Let's dig in!

图 5-57

【饱和度】滑块和【鲜艳度】滑块处理的都是照片中的颜色，但是它们的工作方式有点不一样。

③ 把【饱和度】滑块拉到最右端。此时，照片中的所有颜色都得到了增强，如图 5-58 所示。

图 5-58

使用【饱和度】滑块提升照片颜色的饱和度时，系统不会考虑颜色是否过度饱和。因此，使用不当很容易让照片看上去过于艳丽，显得不真实。

鲜艳度其实应该叫“智能饱和度”。向右拖动【鲜艳度】滑块，所有饱和度不够的颜色都会被增强，但所有过饱和的颜色调整得并不多。当画面中有人物皮肤时，调整【鲜艳度】滑块对人物肤色的影响很小。例如，把【鲜艳度】设置为 +38 时，画面中的天空和南瓜会受到很大的影响，但是人物的皮肤没有受到影响。

④ 拖动【黑色色阶】滑块，将其设置为 -2，把画面略微提亮一些，如图 5-59 所示。

图 5-59

一般来说，在调整照片颜色时，我通常先调整【鲜艳度】滑块，使画面中的颜色合乎要求，然后再视情况调整【饱和度】滑块。

到这里，我们就调整好了照片的颜色和色调，最后我们还要给照片添加一些细节。

5.12 锐化照片

使用 JPEG 格式拍摄照片时，相机会自动向照片添加颜色、对比度、锐化效果。修改照片时，许多摄影师一开始就调整照片的色调，而把锐化照片这一步直接跳过了。默认设置下，Lightroom Classic 会自动向 RAW 文件添加少量锐化效果，但是对改善照片画面来说，这一点点锐化效果是远远不够的。

在【细节】面板中，【锐化】选项组中有 4 个滑块：数量、半径、细节、蒙版。在这些滑块之上是一个 100% 显示的照片预览图（单击面板右上角的小三角形，可隐藏或显示照片预览图）。其实，这个照片预览图的用处并不大，因为它无法让你准确地知道应用了多少锐化效果。

① 在预览区中单击照片，把照片放大到 100%。拖动照片，找一块区域，以便能够清晰地观察到应用的锐化效果，这样才知道该锐化多少，如图 5-60 所示。

❷【数量】滑块很简单，它用于设置要向照片应用多少锐化效果。拖动【数量】滑块，使其数值变为 97。拖动滑块时，同时按住 Option 键 /Alt 键，将照片画面变成黑白的，这有助于更好地观察锐化效果，如图 5-61 所示。

图 5-60

图 5-61

【半径】滑块控制着在多大的半径范围（离像素中心点的距离）内应用锐化效果。请注意，仅拖动【半径】滑块很难看清应用范围的大小，这里介绍一个小技巧。

❸ 拖动【半径】滑块时，同时按住 Option 键 /Alt 键。越向左拖动滑块，画面变得越灰；越向右拖动滑块，画面中显示的边缘越多。画面中显示的边缘就是被锐化的区域，灰色区域不会被锐化。这里，我们把【半径】设置为 2.4，如图 5-62 所示。

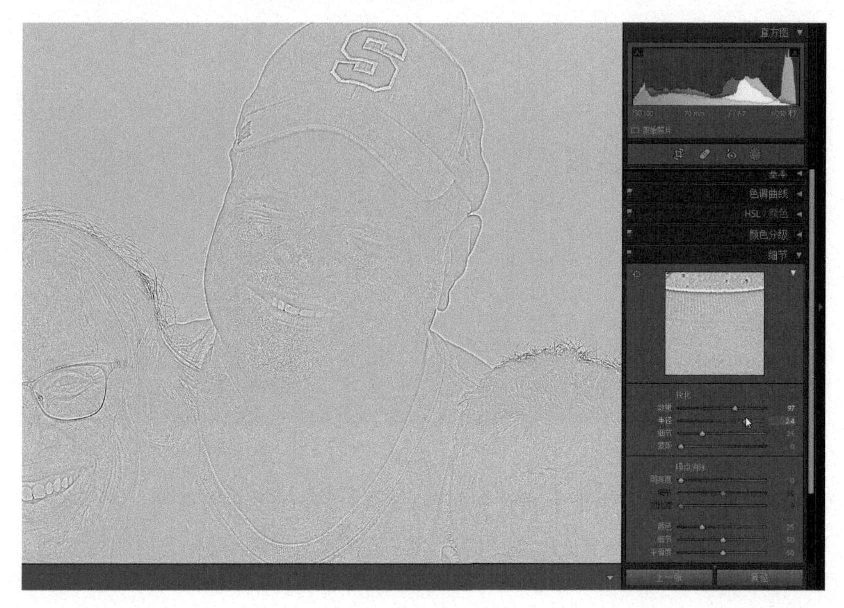

图 5-62

设置好【半径】之后，移动【细节】滑块。越向右拖动【细节】滑块，画面中的纹理或细节越多。但是，如果【细节】滑块向右移得太多，甚至直接移到了最右端，画面中的噪点就会增多。

❹ 按住 Option 键 /Alt 键向右拖动【细节】滑块，将其值设置为 47，如图 5-63 所示。

图 5-63

【蒙版】滑块可以用来控制锐化效果的应用区域。使用【蒙版】滑块时，会看到一个黑白蒙版，黑色区域代表不应用锐化效果，白色区域代表应用锐化效果。调整蒙版，确保锐化效果仅应用到对象的边缘上。

❺ 按住 Option 键 /Alt 键向右拖动【蒙版】滑块，指定希望把锐化效果应用到什么地方。释放 Option 键 /Alt 键之后，会看到照片中的锐化效果更好了，而且没有全局锐化时产生的噪点。这里，我们把【蒙版】设置为 93，如图 5-64 所示。

图 5-64

为了观察锐化前后的不同，单击【细节】面板标题栏最左侧的开关按钮，关闭锐化。再次单击开关按钮，打开锐化。反复单击开关按钮，观察锐化前后的画面，判断锐化力度是否合适。

锐化过后，接下来该处理噪点了。照片中出现噪点的原因有两个：一是拍照时设置的 ISO（感光度）太高了（例如在低光照环境下拍摄）；二是锐化过头了。这里是因为锐化有点过头了，所以照片画面中出现了很多噪点。

使用【噪点消除】选项组中的工具可以处理照片中的两类噪点。第一类是亮度噪点，这类噪点会使照片画面看起来有颗粒感。向右拖动【明亮度】滑块，画面中的噪点开始减少。使用【明亮度】滑块可以消除画面中 90% 的噪点。

拖动【明亮度】滑块后，如果觉得细节丢失太多，可以把【明亮度】滑块下方的【细节】滑块往右拖。经过调整之后，如果想向画面中添加一些对比度，那可以把【对比度】滑块往右拖。请注意，增加细节和对比度会使画面中的亮度噪点再次增加，也就是说，【明亮度】滑块与【细节】滑块、【对比度】滑块的作用是相反的。

❻ 把【明亮度】设置为 22、【细节】设置为 50、【对比度】设置为 0，如图 5-65 所示。反复单击【细节】面板标题栏左侧的开关按钮，观察亮度噪点的消除效果是否理想。

图 5-65

第二类噪点是颜色噪点，也就是画面中出现的红色、绿色、蓝色小点。这类噪点在用某些相机拍摄的照片中较常见，往往出现在画面的阴影区域中。为了消除颜色噪点，Lightroom Classic 提供了【颜色】【细节】【平滑度】3 个滑块。消除颜色噪点时，先向右拖动【颜色】滑块，当颜色噪点的颜色消失时，停止拖动；然后再添加一些细节和调整平滑度平衡一下整个画面。

在为使用高 ISO 拍摄的照片去噪时，画面的平滑度会调得高一些。但是，当照片锐化过度时，我们必须对照片做去噪处理。一张照片锐化得越厉害，噪点就越多，尤其是使用了【细节】滑块，噪点会更多。使用【细节】面板锐化照片时，每次加一点锐化度，就要相应地去除一下噪点，确保照片锐化度提升的同时噪点不会明显增加。

5.13 镜头校正与变换

每个镜头或多或少都会有一些问题，如畸变、暗边（暗角）、色差（物体边缘的彩色像素）。为了纠正这些问题，Lightroom Classic 提供了【镜头校正】和【变换】两个面板。选择照片 lesson05-007-1，然后单击右侧面板组底部的【复位】按钮。在【基本】面板中，做如下调整:【色温】设置为 3930、【色调】设置为 +9、【曝光度】设置为 +0.25、【对比度】设置为 +31、【高光】设置为 −100、【阴影】设置为 +40、【饱和度】设置为 −19，如图 5-66 所示。

❶ 展开【镜头校正】面板，在【配置文件】选项卡中勾选【启用配置文件校正】复选框，Lightroom Classic 会读取照片内嵌的 EXIF 数据，判断拍摄照片所用的镜头制造商和型号。选择一个内

置的配置文件，自动调整照片，使照片变得更好，如图 5-67 所示。若 Lightroom Classic 识别不出镜头，它会在镜头制造商和型号列表中选择最类似的一个镜头配置文件。

图 5-66

图 5-67

然而，有时候照片的问题不是由镜头本身造成的，而是由照片拍摄者的位置引起的。例如，在照片 lesson05-007-1 中，建筑物非常高，站在地面上从下往上拍摄，导致墙面看起来有点向后倾斜。此时，【变换】面板就派上大用场了。此外，建筑物还有点弯曲。把鼠标指针移动到【变换】面板中的任意一个滑块上，画面中会出现网格，借助网格，就知道建筑物是有点弯的。

【变换】面板的【Upright】选项组中有一些按钮，如图 5-68 所示，这些按钮可以用于倾斜和歪曲照片，从而修复照片。其中，常用的有如下 4 个按钮。

- 自动：自动校正水平、垂直、平行透视关系，并尽量保持照片的长宽比不变。
- 水平：启用水平透视校正。
- 垂直：启用水平和垂直透视校正。
- 完全：同时启用水平、垂直、自动透视校正。

图 5-68

❷ 尝试单击其中的每一个按钮，看一看哪种校正结果符合需要。

如果对所有校正结果都不满意，那么可以尝试使用【引导式】按钮进行校正。在【引导式】校正方式下，需要在照片画面中找到一些应该保持水平或垂直的区域，然后沿着区域边缘绘制两条或多条参考线（最多 4 条）以自定义透视校正。绘制参考线时，照片会根据参考线自动调整到水平或垂直状态。

人工智能：【增强】功能

过去几年里，Adobe 公司在机器学习领域取得了一些令人难以置信的成果，并且积极地把这些研究成果应用到他们的产品之中。具体到 Lightroom Classic 中，我认为最值得一提的是【增强】功能。

拍摄照片时，相机会捕获不同数量的红色、绿色、蓝色，并根据它们创建 RAW 文件。在把 RAW 文件导入 Lightroom Classic 时，Lightroom Classic 会重新解释它们，这个过程叫“去马赛克”。

在处理包含大量细节的照片时，把红色、绿色、蓝色解析成所见照片的过程可能会出现问题。如果希望最大限度地使用照片中的每个像素，那么一定要试试【增强】功能，如图 5-69 所示。

图 5-69

选择一张 RAW 格式的照片，在菜单栏中选择【照片】>【增强】。此时，Lightroom Classic 会把照片信息发送给 Adobe，他们的卷积神经网络（Convolutional Neural Networks，CNN）会开始工作，使用人工智能技术重新渲染照片，把照片［使用拜耳传感器（佳能、尼康）或 X-Trans 传感器（富士）拍摄］的细节数量大幅增加，最多可增加 30%。

现在中画幅相机的价格与全画幅相机差不多，我也一直在尝试使用中画幅相机拍摄作品。本课中用到的照片是用富士 GFX 50S 拍摄的，如图 5-70 所示，每张照片的像素数大约是 5140 万，包含大量的细节和色调。这类照片最适合使用【增强】功能。请注意，增强后的照片会耗费大量时间和占用大量内存，但是从最终得到的结果来看是非常值得的。

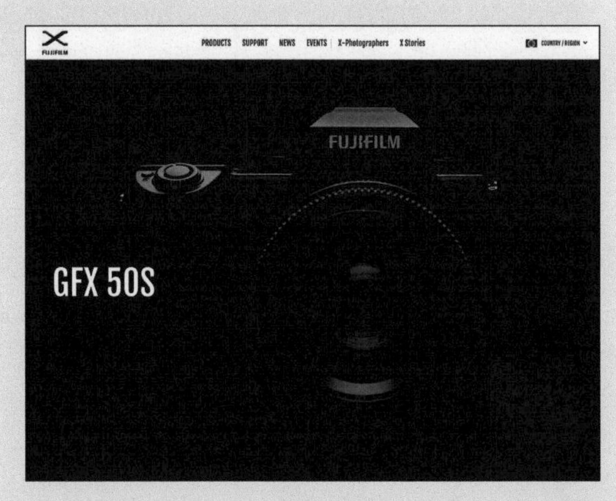

图 5-70

❸ 单击【引导式】按钮，沿着左侧与右侧墙体（绿色区域中的深色框架）各绘制一条垂直线，然后在柱子之间画一条横跨圆顶祭坛区底部的水平线，如图 5-71 所示。

校正完成后，再拖动各个变换滑块进行微调。若照片画面底部边角存在大量白色背景，可以使用【裁剪叠加】工具进行裁剪。当然，可以在校正时勾选【锁定裁剪】复选框，这样 Lightroom Classic 会自动裁掉白色区域。单击工具栏最右端的【完成】按钮，退出照片校正模式。最终得到的照片会比原始照片小一些，但是里面的建筑物已经变得横平竖直了。

图 5-71

④ 根据需要，使用【基本】面板再对照片做一些调整。从最终照片看，照片画面的变化是相当明显的，如图 5-72 所示。

图 5-72

5.14 创建虚拟副本

在组织图库中的照片方面，Lightroom Classic 做得非常好，它可以把图库中重复照片的数量降为0。在 Lightroom Classic 中，一张照片可以被多个收藏夹引用，在一个收藏夹中修改某张照片，其他收藏夹中的同张照片会自动同步修改。

在 Lightroom Classic 中，如果想复制一张照片，并在副本上尝试做不同的调整，同时又要保证调整不影响原照片，那该怎么办呢？此时，就需要用到它的另一个强大的功能了——虚拟副本。

① 按 G 键进入【网格视图】，选择照片 lesson05-006-1。

② 单击【收藏夹】面板标题栏右端的加号，在弹出的菜单中选择【创建收藏夹】。在打开的【创建收藏夹】对话框的【名称】文本框中输入“Virtual Copies”，勾选【包括选定的照片】复选框，单击【创建】按钮，如图 5-73 所示。

③ 使用鼠标右键单击照片，在弹出的快捷菜单中选择【创建虚拟副本】，如图 5-74 所示。

注意【创建虚拟副本】命令对应的快捷键是 Command+'/Ctrl+'（撇号）。

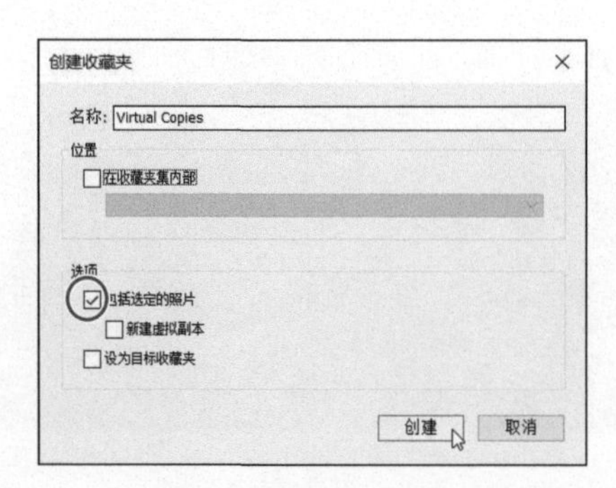

图 5-73

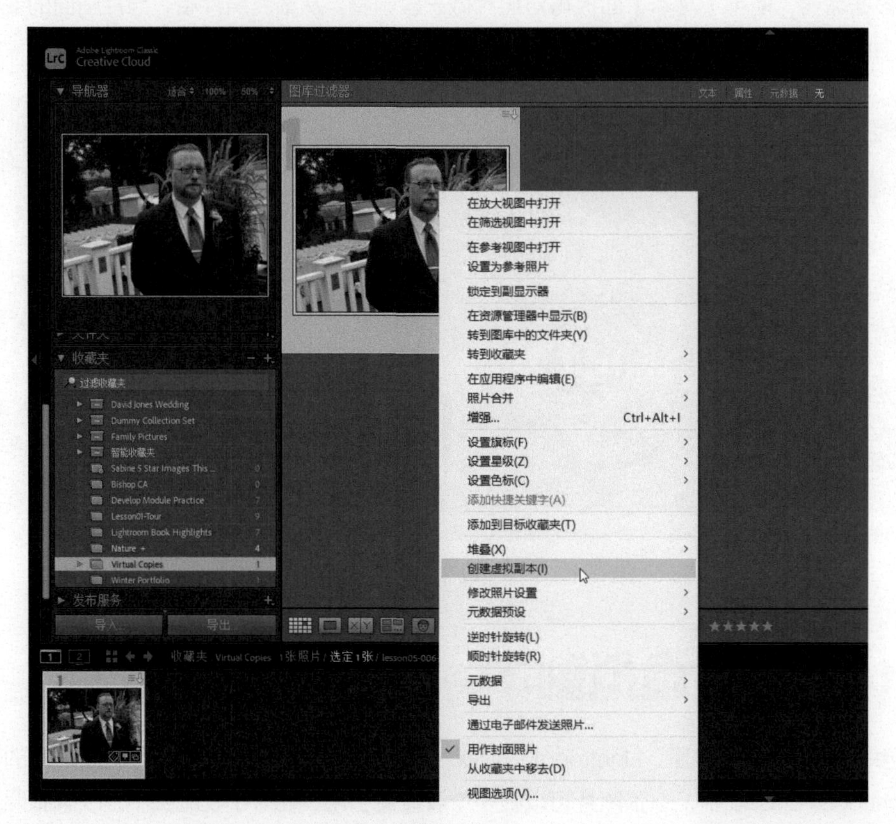

图 5-74

❹ 使用同样的方法再创建一个虚拟副本。此时，收藏夹中共有 3 个文件。

这些新照片都是原始照片的虚拟副本。可以在【修改照片】模块下分别修改每个副本，Lightroom Classic 会把每一个副本当成独立的照片，分别应用修改，如图 5-75 所示。

虽然虚拟副本看上去是独立的照片，但它们实际引用的是照片的同一个物理副本（虚拟副本并非直接与原始照片绑定在一起）。这也正是“虚拟”二字的含义所在。

可以为一张照片创建多个虚拟副本，分别在这些副本上尝试不同的编辑风格，同时不用担心这些副本会占用额外的硬盘空间。然后，把不同编辑风格的副本并排放在一起，做一下比较，从中选出最满意的编辑风格。

图 5-75

❺ 同时选中 3 张照片，按 N 键，进入【筛选视图】，做一下比较，如图 5-76 所示。最后，按 G 键返回【网格视图】。

图 5-76

5.15 创建快照

在一张照片上尝试不同的编辑风格时，除了创建虚拟副本之外，还可以创建快照，如图 5-77 所示。通过创建不同的快照来保存不同的编辑风格，再借助快照比较这些编辑风格，然后从中选出最满意的一种。

在【修改照片】模块下，修改照片的过程中，若想把当前画面保存下来，可以单击【快照】面板（位于左侧面板组中）标题栏右端的加号，打开【新建快照】对话框，默认快照名称是创建快照时的日期和时间。如果不想使用默认的快照名称，可以在【快照名称】文本框中输入一个新名称（例如对照片当前状态的一个简短描述），如图 5-78 所示。然后单击【创建】按钮，创建一个快照，如图 5-79 所示。

图 5-77

图 5-78

图 5-79

继续编辑照片，当需要再次保存当前画面时，再次单击【快照】面板标题栏右端的加号，新保存一个快照即可。快照是一种保存修片阶段性结果和标记修片进度的好工具，但相较而言，我还是喜欢使用虚拟副本，因为可以把虚拟副本并排放在一起进行查看。

5.16 复习题

1. 在【修改照片】模块下，如何自定义右侧面板组中的面板？
2. 什么是白平衡？
3. 如何拉直歪斜的照片？
4. 如何让 Lightroom Classic 自动调整【基本】面板中的各个设置？
5. 如何让 Lightroom Classic 自动进行镜头校正？

5.17 答案

1. 在【修改照片】模块下，在右侧面板组中，我们可以关闭某些面板，也可以调整面板的排列顺序。具体做法是：使用鼠标右键单击某个面板标题栏，在弹出的快捷菜单中选择【自定义“修改照片”面板】，然后在打开的【自定义“修改照片”面板】对话框中拖动面板名称，可更改面板的排列顺序，勾选或取消勾选面板名称右侧的复选框，可以显示或隐藏面板。调整好之后，保存更改，重启 Lightroom Classic，即可在右侧面板组中看到调整后的结果。
2. 照片的白平衡反映的是拍摄照片时的光照条件。在不同类型的人造光源、天气条件下拍摄时，现场的光线会偏向某一种颜色，这会导致拍出的照片画面也带有某种颜色偏向。
3. 通过旋转裁剪矩形，或者使用【矫正】工具，可以把一张歪斜的照片拉直。在这个过程中，Lightroom Classic 会在照片画面中寻找水平或垂直的元素作为参考来拉直照片。
4. 在【基本】面板中按住 Shift 键双击某个滑块，即可让 Lightroom Classic 自动调整该设置项。
5. 在【镜头校正】面板的【配置文件】选项卡中，勾选【启用配置文件校正】复选框，Lightroom Classic 会自动进行镜头校正。若 Lightroom Classic 识别不出镜头制造商和型号，它会在镜头制造商和型号列表中选择最类似的一个配置文件进行镜头校正。

摄影师
莎拉·兰多（SARA LANDO）

“你必须花一些时间来寻找自己的声音。”

我的个人作品主要表现的是身份认同、真实与虚幻间的界限，以及记忆随时间消退与重塑的方式。当我们与周围世界的传统关系破裂并被“我们是什么”或“我们可能是什么”的新定义替代时，就会出现一些很精彩的瞬间，我对这些瞬间很感兴趣。

我使用摄影、插画、拼贴画和数字手段进行创作。我使用的方法来自玩乐时的新奇感，以及与对象直接互动的过程。我着迷于图像的碎片化和毁损过程，喜欢通过破坏照片的物理与数字结构来表达某个观念。

对我来说，摄影就是一种表现手段，与写作无异，它能够让我坦诚地表达自己，又允许我有所保留。摄影是一种语言，对我们大多数人来说，它就像一门我们正在学习的外语。即使你很熟悉快门速度、光圈，知道如何使用闪光灯，拥有市面上最好的相机，但如果你没有什么可表达的，那也没什么用。

我从事摄影行业 20 多年了。根据这些年的经验，我可以给一个建议，那就是：某个时候，你必须花一些时间来寻找自己的声音，不要把时间浪费在叙述别人的故事上。我觉得这一点是最重要的。

这些年，我一直在用 Lightroom Classic。起初，我只是使用它纠正照片中的问题，随着时间的推移，它逐渐成了我进行艺术创作的好帮手。

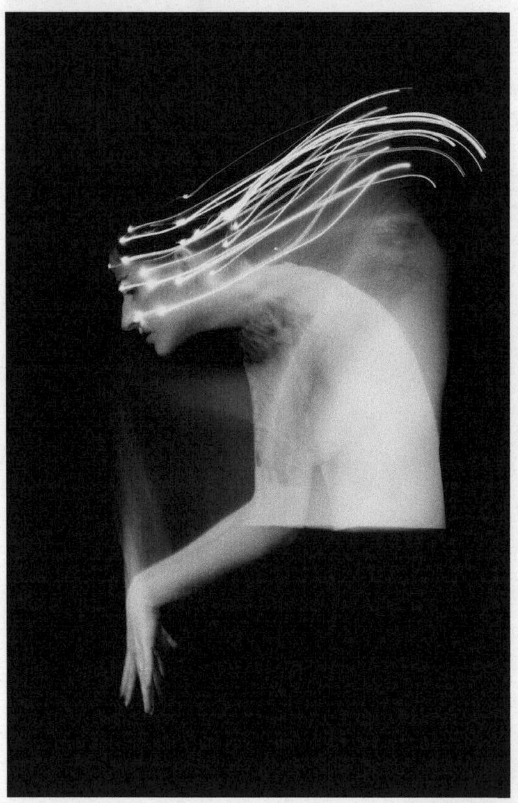

第 6 课

高级编辑技术

课程概览

本课主要讲解以下内容。

- 使用智能蒙版提升编辑速度
- 使用【画笔】工具和渐变工具调整特定区域
- 使用【污点去除】工具清除照片中的污点
- 使用【HSL/ 颜色】面板与【色调曲线】面板
- 创建黑白照片
- 使用范围蒙版调整光线与色彩
- 制作 HDR 照片与 HDR 全景图
- 使用预设同时修改多张照片

学习本课需要 3 ~ 3.5 小时

Lightroom Classic 提供了大量精确、易用的工具。借助这些工具，我们不仅可以轻松地纠正照片中的基本问题，还可以进一步调整和修饰照片。在【修改照片】模块下，我们可以创造性地使用各种工具和控件定制个人特效，然后保存为自定义预设，方便日后使用。

6.1 课前准备

在学习本课内容之前，请确保已经为课程文件创建好了 LRC2022CIB 文件夹，并创建了 LRC2022CIB 目录文件来管理它们，具体做法请阅读本书前言中的相关内容。

将下载好的 lesson06 文件夹放入 LRC2022CIB \Lessons 文件夹中。

❶ 启动 Lightroom Classic。

❷ 在打开的【Adobe Photoshop Lightroom Classic- 选择目录】对话框中，选择 LRC2022CIB Catalog.lrcat 文件，单击【打开】按钮，如图 6-1 所示。

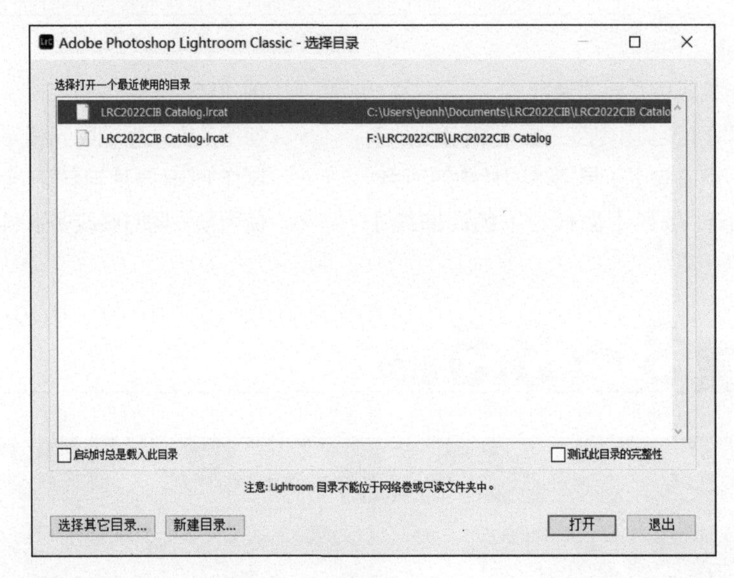

图 6-1

❸ Lightroom Classic 在【正常】屏幕模式中打开，当前打开的模块是上一次退出 Lightroom Classic 时的模块。在工作区右上方的模块选取器中，单击【图库】，如图 6-2 所示，进入【图库】模块。

图 6-2

导入照片与创建收藏夹

把本课要用到的照片导入图库中。

❶ 在【图库】模块下单击左侧面板组左下角的【导入】按钮，如图 6-3 所示。

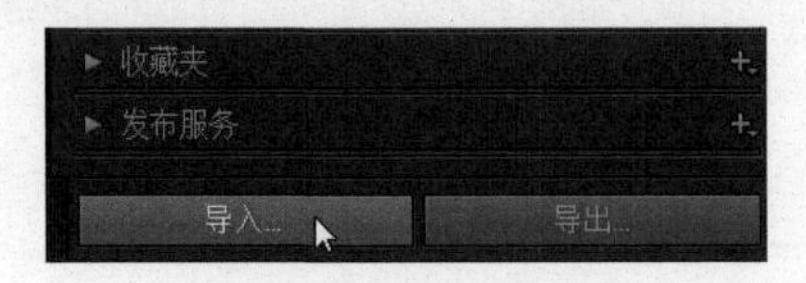

图 6-3

❷ 若【导入】对话框当前处在紧凑模式下，请单击对话框左下角的【显示更多选项】按钮（向下三角形），如图 6-4 所示，使【导入】对话框进入扩展模式，显示所有可用选项。

图 6-4

❸ 在左侧的【源】面板中找到并选择 LRC2022CIB\Lessons\lesson06 文件夹，选中 lesson06 文件夹中的 41 张照片，准备导入它们。

❹ 在预览区上方的导入选项中选择【添加】，Lightroom Classic 会把导入的照片添加到目录文件中，但不会移动或复制原始照片。在右侧的【文件处理】面板中的【构建预览】下拉列表中选择【最小】，勾选【不导入可能重复的照片】复选框。在【在导入时应用】面板中的【修改照片设置】下拉列表和【元数据】下拉列表中选择【无】，在【关键字】文本框中输入"Lesson06"。参照图 6-5，检查设置是否无误，然后单击【导入】按钮。

图 6-5

当从 lesson06 文件夹中把 41 张照片导入 Lightroom Classic 之后，就可以在【图库】模块下的【网格视图】和工作区底部的胶片显示窗格中看到它们了。

接下来，创建名为 Selective Edits 与 Synchronize Edits 收藏夹，对导入的照片进行分类。

❺ 在【目录】面板中选择【上一次导入】文件夹，然后按快捷键 Command+A/Ctrl+A，选择所有照片。单击【收藏夹】面板右上角的加号图标（+），创建一个名为 Selective Edits 的收藏夹，并确保勾选了【包括选定的照片】复选框，如图 6-6 所示。

❻ 按快捷键 Command+D/Ctrl+D 取消选择所有照片。按住 Command 键 /Ctrl 键，单击 lesson06-0024、lesson06-0025、lesson06-0026、lesson06-0028 这几张照片，新建一个名为 Synchronize Edits 的收藏夹，同时勾选【包括选定的照片】复选框，如图 6-7 所示。

接下来，导入 3 张照片，并且把它们放入一个单独的收藏夹中，这 3 张照片在我们学习智能蒙版和智能选择功能时会用到。

图 6-6

创建收藏夹

名称: Synchronize Edits

位置

在收藏夹集内部

选项

包括选定的照片

新建虚拟副本

设为目标收藏夹

创建　取消

图 6-7

❼ 再次单击【导入】按钮，在打开的【导入】对话框左侧的【源】面板中找到并选择 LRC2022CIB\Lessons\lesson06B 文件夹，然后选择其中的所有照片（共 3 张）。

❽ 在预览区上方的导入选项中选择【添加】，Lightroom Classic 会把导入的照片添加到目录文件中，但不会移动或复制原始照片。在右侧的【文件处理】面板中的【构建预览】下拉列表中选择【最小】，勾选【不导入可能重复的照片】复选框。在【在导入时应用】面板中的【修改照片设置】下拉列表和【元数据】下拉列表中选择【无】，在【关键字】文本框中输入“AI Machine Learning”。参照图 6-8，检查设置是否无误，然后单击【导入】按钮。

当从 lesson06B 文件夹把这 3 张照片导入 Lightroom Classic 之后，就可以在【图库】模块下的【网格视图】和工作区底部的胶片显示窗格中看到它们了。

接下来，创建一个名为 New Selections 的收藏夹，然后把导入的 3 张照片放入其中。

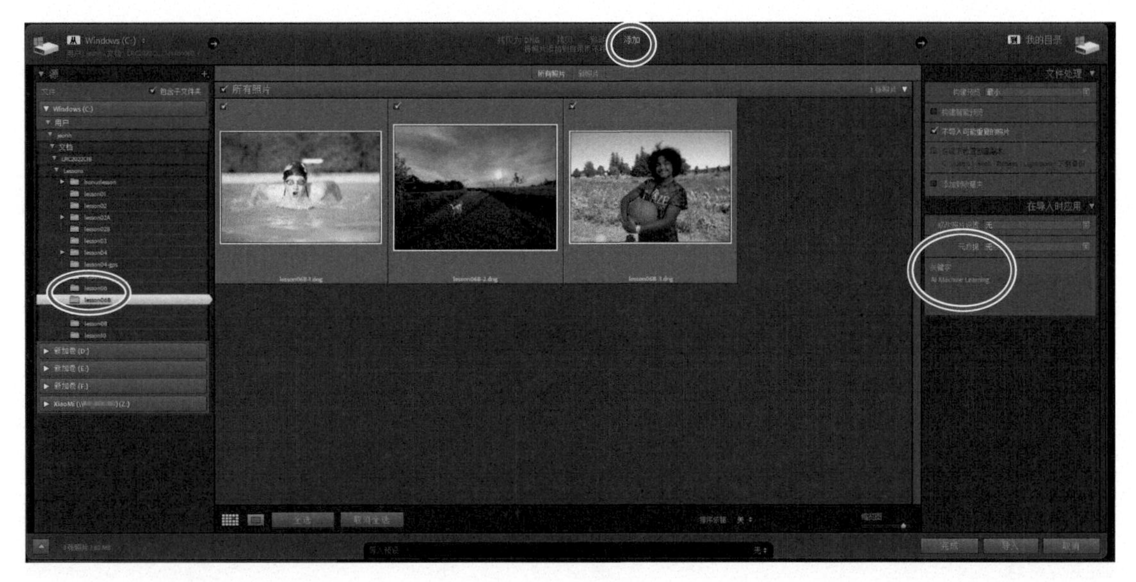

图 6-8

⑨ 在【目录】面板中选择【上一次导入】文件夹，然后按快捷键 Command+A/Ctrl+A，选择所有的照片。单击【收藏夹】面板右上角的加号图标（+），创建一个名为 New Selections 的收藏夹，并确保勾选了【包括选定的照片】复选框。然后，在工具栏中把【排序依据】设置为【文件名】，如图 6-9 所示。

图 6-9

⑩ 在胶片显示窗格中选择照片 lesson06B-2，按 D 键进入【修改照片】模块。按 F6 键隐藏胶片显示窗格，按 F7 键隐藏左侧面板组，扩大预览区。照片中显示的是我的狗——Dixie，拍摄地是纽约的詹士威尔，照片是我使用 iPhone 在快日落的时候拍摄的，如图 6-10 所示。接下来，我就选用这张照片测试 Lightroom Classic 新增的功能——智能蒙版与智能选择。

图 6-10

6.2 Lightroom Classic 重大改进：智能选择与智能蒙版

Lightroom Classic 2022 的重大改进之一就是加入了基于人工智能（Artificial Intelligence，AI）和机器学习的工具，使用这些智能工具能够大大提高工作效率。【直方图】面板下方的工具条中出现了一个【蒙版】工具，它取代了原来的好几个工具。单击【蒙版】按钮，打开【添加新蒙版】列表，其中有旧工具，也有新工具，如图 6-11 所示。

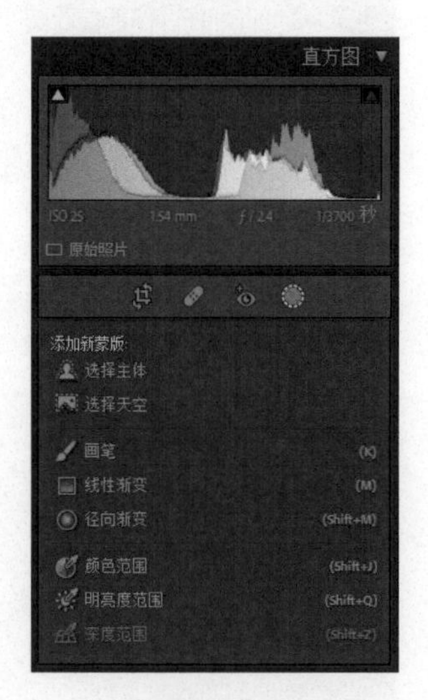

图 6-11

以前的【调整画笔】变成了【画笔】，【渐变滤镜】和【径向滤镜】变成了【线性渐变】和【径向渐变】。同时范围蒙版（【颜色范围】【明亮度范围】【深度范围】）也出现在了【添加新蒙版】列表中。

第一个新工具是【选择主体】，这个工具会使用 AI 与机器学习算法为画面中的主体创建精确蒙版。

【选择天空】是一种基于 AI 的天空快速选择工具，使用这个工具能够大大减少手动选择天空的麻烦。

选择天空或主体时，【直方图】面板左侧会弹出一个【蒙版】面板，里面会显示在照片中创建的所有蒙版，如图 6-12 所示。蒙版的这种参考指引可以一直看到，但在以前版本的 Lightroom Classic 中，必须把鼠标指针移动到蒙版的编辑点上，才能看到蒙版的叠加颜色。

图 6-12

以前版本的 Lightroom Classic 中，【调整画笔】【渐变滤镜】【径向滤镜】等局部调整工具都是基于矢量的，也就是使用数学公式来实现局部调整，这有助于 Lightroom Classic 在大型目录下节约空间。而新的智能蒙版是基于位图的灰度图像，黑色代表未受影响的区域，白色代表受影响的区域，如图 6-13 所示。

图 6-13

在当前版本的 Lightroom Classic 中，可以同时使用这两种蒙版。也就是说，在 Lightroom Classic 2022 中，既可以像以前一样选用画笔工具、渐变工具、范围蒙版工具等工具，也可以把这些工具与基于 AI 的工具结合起来，大幅提升工作效率，如图 6-13 所示。

做复杂选择时，借助新的【蒙版】面板，可以对基于 AI 创建的蒙版与使用传统选择工具（例如画笔工具、渐变工具、范围蒙版工具）创建的蒙版进行相交操作，通过加减选区来进一步改善蒙版，如图 6-14 所示。

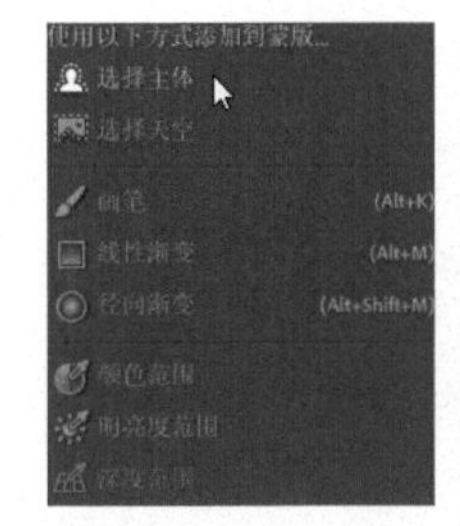

图 6-14

以前要创建精确的蒙版，必须使用 Photoshop 等专业软件才能实现。而现在，在 Lightroom Classic 中就能做到这一点了。

请一定要明白：对照片做局部调整时，使用蒙版工具添加蒙版时不是一定要用基于 AI 的智能工具。有时，使用一个简单的【径向渐变】工具就够了。因此，我个人认为：一方面我们要看到这些新工具给工作效率带来的明显提升；另一方面也要看到画笔工具、渐变工具、范围蒙版工具这些传统工具在工作中发挥的强大作用。两类工具各有短长，各有相应的应用场景。

6.2.1 使用【选择天空】与【选择主体】

使用基于 AI 与机器学习的工具的最大好处之一是它们能够节省大量的时间。使用这些智能工具做精确选区（或者修改选区）时，通常只需要按几个按键，必要时再反转一下选区就行了。

❶ 示例照片中，天空看起来有一点沉闷，如图 6-15 所示。我们需要在天空区域中添加一点对比度，并在地平线处淡出对比效果，借此把观者的注意力吸引到画面中间。同时，再为狗加一点暖色，将其凸显出来。

图 6-15

❷ 单击【蒙版】按钮，在打开的【添加新蒙版】列表中选择【选择天空】。此时，Lightroom Classic 会使用机器学习算法在照片中选出天空并创建选区。

❸ 选出天空后，【蒙版】面板中会出现【蒙版 1】，【蒙版 1】左侧的缩览图中有一个白色区域，它代表的就是天空区域。当在【选择天空】选项面板（位于工具条下方）中调整各个选项时，白色区域就会受到影响。在【选择天空】选项面板中，做如下调整，为天空增加一点戏剧色彩：【曝光度】设置为 -0.27、【对比度】设置为 45、【高光】设置为 -35、【白色色阶】设置为 20、【黑色色阶】设置为 -13、【去朦胧】设置为 14，如图 6-16 所示。

图 6-16

注意 在【蒙版】面板中，若蒙版（这里是【蒙版 1】）下方未显示出【添加】按钮、【减去】按钮，单击蒙版即可把它们显示出来，再次单击蒙版可把它们隐藏起来。

❹ 做好调整之后，在【蒙版】面板中双击【蒙版 1】，在打开的【重命名】对话框中把蒙版名称更改为 Blue Sky，方便进行接下来的操作，如图 6-17 所示。

图 6-17

❺ 在【蒙版】面板中单击顶部的【创建新蒙版】按钮，在弹出的菜单中选择【选择主体】。此时，工作区底部会显示一条信息，告知 Lightroom Classic 正在检测画面中的主体。检测完成后，会看到狗的身体上出现一个红色蒙版。然后，把【色温】设置为 35、【曝光度】设置为 0.73，为狗加一点暖色。最后，把蒙版名称更改为 Dixie，如图 6-18 所示。

上面我们使用智能工具快速选出了画面中的天空和主体，并对它们分别做了调整。像这样使用智能工具的确能节省不少时间。

图 6-18

6.2.2 添加或减去选区

使用智能选择功能可以自由地在智能选区中添加、减去一个选区，还可以做选区交叉操作，这能够大大提高工作效率。

前面我们在示例照片中调整了天空和主体（狗 Dixie）。如果我们想调整画面中的绿色植被，那该怎么办呢？

❶ 在【蒙版】面板顶部单击【创建新蒙版】按钮，在弹出的菜单中选择【选择天空】。此时，Lightroom Classic 会快速选出天空，并把它放入【蒙版 1】（位于顶层）中。

❷ 选项面板（该面板在右侧面板组中）右上角（位于【选择天空】右侧）有一个【反相】复选框。勾选该复选框，红色叠加会出现在除天空之外的区域（包括狗、草地、树木等）中，如图 6-19 所示。

图 6-19

③ 在【蒙版】面板中单击【蒙版 1】，其下方会显示两个按钮，分别用来向【蒙版 1】添加选区或从【蒙版 1】中减去部分选区。这里，我们使用智能选择工具把狗从蒙版选区中移除，具体操作是：单击【减去】按钮，然后在弹出的菜单中选择【选择主体】。此时，蒙版选区中只包含草地、灌木丛、树木部分。把【色温】设置为 43、【曝光度】设置为 -0.42，这样蒙版区域就变暗了一些，也变暖了一些。把【蒙版 1】重命名为 Grass，如图 6-20 所示。

图 6-20

④ 使用鼠标右键单击 Grass 蒙版，在弹出的快捷菜单中选择【重复 Grass】。此时，【蒙版】面板中会出现 Grass Copy 蒙版，这个蒙版作为初始蒙版使用，接下来我们会往其中添加其他区域。

复制蒙版后，画面中的绿植部分变得更暗了。这是因为复制蒙版时应用在蒙版上的效果也一起被复制了。为了解决这个问题，我们需要把效果从新复制的蒙版上删除。

⑤ 在 Grass Copy 蒙版中选择【主体 1】，在【选择主体】选项面板中查看复制过来的设置。在面板左上角双击【效果】，把所有滑块重置到默认位置，如图 6-21 所示。

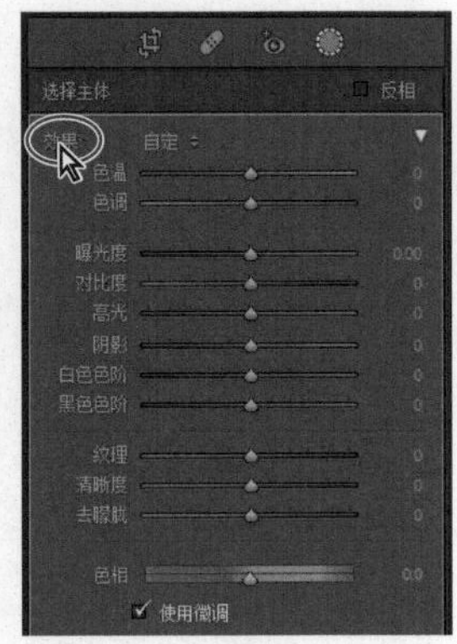

图 6-21

⑥ 在 Grass Copy 蒙版中单击【添加】按钮，在弹出的菜单中选择【选择天空】。

⑦ 此时，除了狗之外，画面中的所有东西都包含在选区中。在【选择天空】选项面板中把【纹理】设置为 14，增加天空细节。然后，在【蒙版】面板中双击 Grass Copy，在打开的【重命名】对话框中把蒙版名称设置为 Texure，单击【确定】按钮，确认修改，如图 6-22 所示。

图 6-22

6.2.3 颜色范围与明亮度范围

Lightroom Classic 的另一个改进是把颜色范围与明亮度范围（基于位图的蒙版）放入了【蒙版】面板中。借助它们，我们不仅可以快速地更改颜色与色调，还可以把它们快速应用到照片中，只需要单击即可。此外，我们还可以通过在【蒙版】面板中添加和减去蒙版来增加和删除画面的颜色和亮度值。

我的朋友 Regina 请我给他的女儿拍摄一张游泳队的毕业照，于是我就在自家后院的泳池里给他的女儿拍了一张。为了让照片看上去是在专业环境下拍摄的，我打算更改一下照片中绿植和水的颜色。我们可以使用 Lightroom Classic 中新的范围蒙版工具轻松实现这个目标。

❶ 在胶片显示窗格中选择照片 lesson06B-1。在【直方图】面板下方的工具条中单击【蒙版】按钮，在打开的【添加新蒙版】列表中选择【颜色范围】，如图 6-23 所示。

图 6-23

❷ 此时，【蒙版】面板中出现了一个【新建蒙版】，同时工具条下方显示了【颜色范围】选项面板，并提示在画面中单击颜色进行采样，如图 6-24 所示。

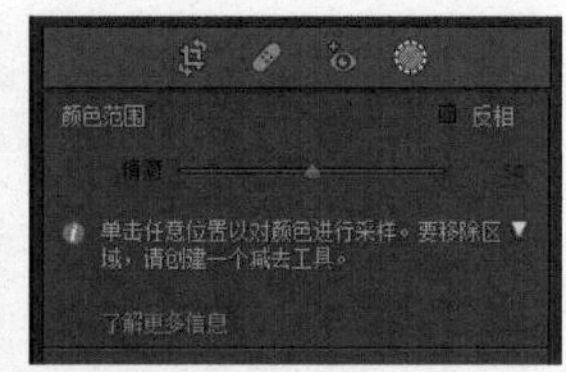

图 6-24

❸ 把鼠标指针移动到画面中，鼠标指针会变成吸管。单击人物背后的绿植，此时，绿植区域中就叠加上了红色，如图 6-25 所示。

图 6-25

❹ 把【曝光度】设置为 -2.18、【对比度】设置为 27，将绿植区域压暗一些，如图 6-26 所示。

图 6-26

❺ 为水体区域添加一个颜色范围蒙版，把水体颜色加深一些。在【蒙版】面板顶部单击【创建新蒙版】按钮，在弹出的菜单中选择【颜色范围】。然后，单击水体任意一处的蓝色，此时，整个水体区域中出现了红色叠加，如图 6-27 所示。

❻ 在水体区域处于选中的状态下，把【曝光度】设置为 -0.23、【色温】设置为 -28、【色相】设置为 1.4，加深水体的蓝颜色，如图 6-28 所示。

图 6-27

范围蒙版工具还支持调整明亮度范围，即允许通过明亮度来选择画面中的某个区域，进而实现对这个区域的快速调整。下面我们使用【明亮度范围】把人物的皮肤选出来，然后把颜色压暗一点。

图 6-28

❼ 单击【创建新蒙版】按钮，在弹出的菜单中选择【明亮度范围】。移动鼠标指针到画面中，鼠标指针再次变成吸管，但这次吸管吸取的是特定区域的亮度值。单击人物左肩膀的中间部分，选择画面中具有类似亮度的区域，如图 6-29 所示。

图 6-29

❽ 此时，泳池边缘与跳板也一起被选中了，因为它们的亮度值与单击的地方类似。在【明亮度范围】选项面板（位于工具条下）中，可以拖动明亮度滑块扩展或缩小亮度范围。拖动亮度条下方的亮度滑块可调整上限值，拖动高亮矩形左端可改变下限值。参考图 6-30 调整亮度范围。

图 6-30

⑨ 在人物皮肤处于选中的状态下把【曝光度】设置为 -0.64。这样做不仅可以从皮肤中去掉褪色的区域，还可以向皮肤中添加一点颜色，如图 6-31 所示。

图 6-31

⑩ 裁剪画面，修改前后的对比效果如图 6-32 所示。

图 6-32

6.2.4 综合运用几种蒙版

借助 AI 技术和传统矢量画笔，我们能够轻松地对照片的特定区域做一些具体编辑。Lightroom Classic 还同时支持对基于像素的蒙版和选区做增减操作，使得编辑工作变得轻而易举。接下来，我们综合运用多种蒙版处理一张照片，一起感受这些工具的强大魅力。

① 在胶片显示窗格中选择照片 lesson06B-3，如图 6-33 所示。在【直方图】面板下方的工具条中单击【蒙版】按钮，在打开的【添加新蒙版】列表中选择【选择主体】，如图 6-34 所示。

图 6-33

❷ 创建好蒙版后，把【曝光度】设置为 0.84、【高光】设置为 −51，将人物提亮一些，如图 6-35 所示。

❸ 画面中天空的颜色有点浅。在【蒙版】面板中单击【创建新蒙版】按钮，在弹出的菜单中选择【选择天空】。在【选择天空】选项面板（位于工具条下方）中把【曝光度】设置为 −0.65、【对比度】设置为 16、【高光】设置为 −32，如图 6-36 所示。

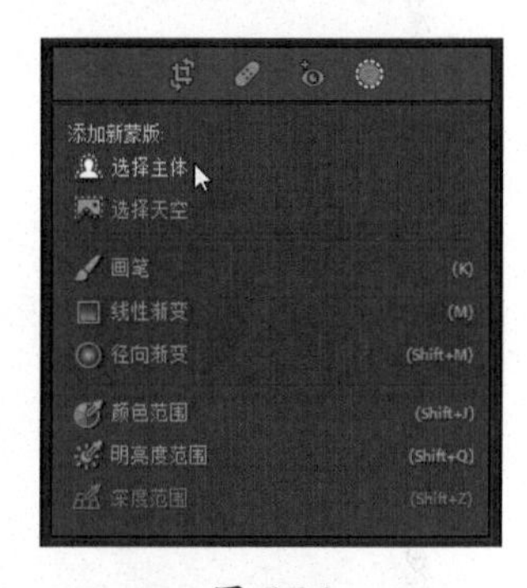

图 6-34

图 6-35

图 6-36

❹ 把画面中的绿色区域减淡一些。先新建一个蒙版，把天空选出来，然后反转蒙版，把地面选中。在【蒙版】面板中单击【蒙版】按钮，然后单击【减去】按钮，在弹出的菜单中选择【选择主体】，轻松地把画面中的绿色区域选中。把【曝光度】设置为 -0.51、【对比度】设置为 38，将绿色区域压暗一些，如图 6-37 所示。

图 6-37

当发现所调整的范围不符合要求时，可以继续使用【画笔】工具做一些局部的调整。

❺ 在【蒙版】面板中单击【创建新蒙版】按钮，在弹出的菜单中选择【画笔】。然后，在【画笔】选项面板中把【大小】设置为 7.0、【羽化】设置为 0、【流畅度】设置为 50、【密度】设置为 100，在人物短袖上涂抹，创建一个蒙版，把【曝光度】设置为 -0.93，压暗人物的短袖，增强照片的对比度，如图 6-38 所示。

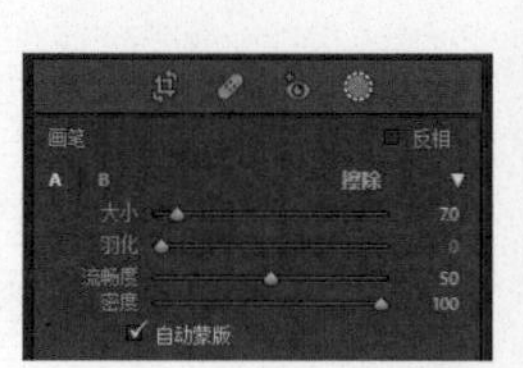

图 6-38

❻ 在【基本】面板中做一些调整，设置【曝光度】为 -0.15、【高光】为 -35、【阴影】为 +21、【白色色阶】为 +33，如图 6-39 所示。

图 6-39

6.2.5 在移动版 Lightroom Classic 中使用智能工具

不仅 Lightroom Classic 中引入了智能工具，移动版 Lightroom Classic 中也加入了智能工具。也就是说，不论在什么设备上使用 Lightroom Classic，都能使用这些智能工具实现快速编辑，如图 6-40 所示。

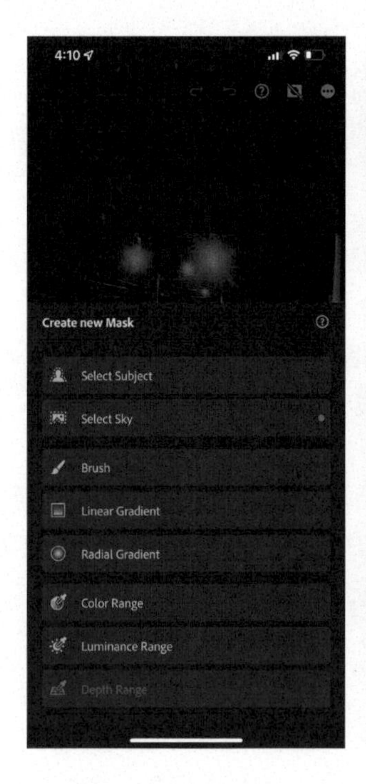

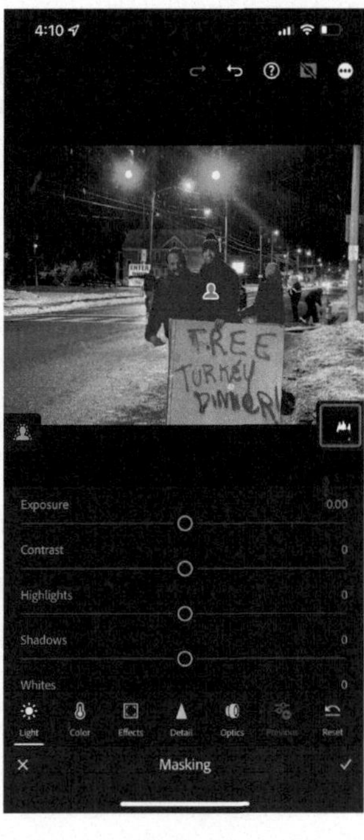

图 6-40

6.3 使用【线性渐变】工具

借助【线性渐变】工具，我们可以沿线性方向把调整应用到照片的某个局部。【线性渐变】选项面板中的滑块与【基本】面板中的滑块的功能差不多，但是线性渐变效果会沿着拖动的方向淡出。下面我们尝试在一张照片中应用两个线性渐变来调整照片。

❶ 在【收藏夹】面板中单击 Selective Edits 收藏夹，按文件名对照片进行排序。选择照片 lesson06-0039，按 D 键进入【修改照片】模块，如图 6-41 所示。照片中的天空有点平淡，需要给它加点对比度，并且让对比效果逐渐减淡，直至地平线。这样会把观者的注意力吸引到照片中间。同时，照片底部有点暗，需把照片底部的前景提亮一些，但不希望照片顶部一起变亮。

图 6-41

为此，先向照片添加两个线性渐变，一个加强天空，另一个提亮和增强阴影纹理。然后使用调整笔刷擦掉一些渐变，缩小线性渐变的影响范围。

❷ 在【基本】面板上方的工具条中单击【蒙版】按钮，如图 6-42 所示，然后在打开的【添加新蒙版】列表中选择【线性渐变】，或者直接按 M 键。此时，工具条下方会显示【线性渐变】选项面板。

图 6-42

所有局部调整工具的滑块都会停留在上一次使用时的位置，所以使用之前一定要记得重置它们。双击某个滑块的标签或滑块本身，即可将其重置到默认位置。双击面板左上角的【效果】，或者按住 Option 键 /Alt 键，当【效果】变成【复位】时，单击它，即可把所有滑块重置到默认位置。

提示 【线性渐变】选项面板底部有一个【自动重置滑块】复选框，勾选它，可自动重置所有滑块。

❸ 在【线性渐变】选项面板中双击【效果】，复位所有滑块。然后，向左拖动【曝光度】滑块，将其值设置为 −1.50，把【对比度】设置为 75、【高光】设置为 29、【白色色阶】设置为 100、【去朦胧】

设置为 32，如图 6-43 所示。使用某个工具之前，一般要先设置好各个选项，这样在照片画面中拖动鼠标指针时，这些设置会立即应用到照片上。

❹ 应用线性渐变时，按住 Shift 键从照片中间（天空最低处）往下拖，拖至人物头部之上，使线性渐变盖住天空和树木，如图 6-44 所示。按住 Shift 键，可保证拖动沿着垂直方向进行。

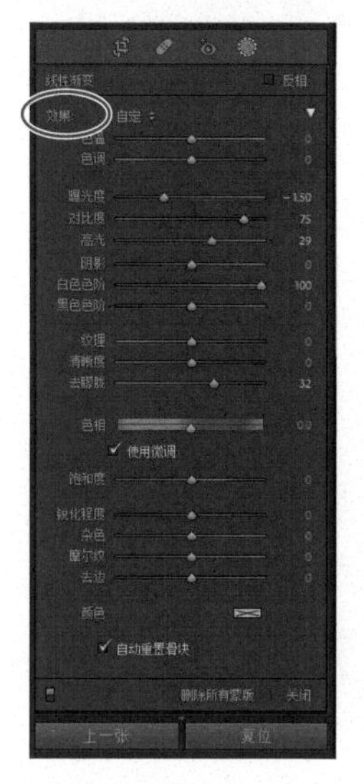

图 6-43

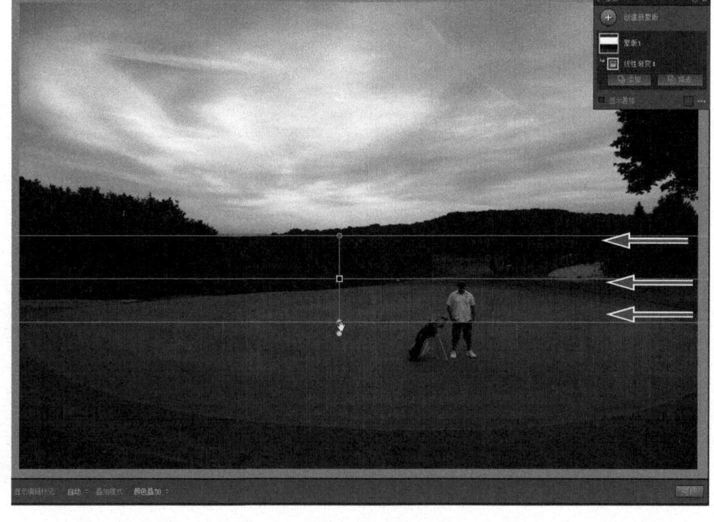

图 6-44

> **提示** 按 O 键，可打开渐变蒙版叠加（红色）。再按一次 O 键，可关闭渐变蒙版叠加。【蒙版】面板底部有一个【显示叠加】复选框，勾选或取消勾选该复选框，也可以打开或关闭渐变蒙版叠加。按快捷键 Shift+O，可更改蒙版颜色。当蒙版颜色在照片中大面积出现时，为防止混淆，更改蒙版颜色就变得非常有用了。

此时，Lightroom Classic 会在拖动的区域上添加一个线性渐变蒙版。这个线性渐变蒙版控制着调整的作用区域。拖动线性渐变中间的控制点，可改变蒙版的位置。当控制点处于选中状态时，它是黑色方块，此时可以调整线性渐变的各个滑块；而当控制点处于非选中状态时，它显示为一个五边形，此时调整各个滑块不会对线性渐变产生影响。单击控制点，按 Delete 键 /BackSpace 键，即可把线性渐变删除。

线性渐变有 3 条白线，代表沿着拖动方向调整的强度逐渐减弱，即从 100% 减弱到 50%，再减弱到 0%。向着中间白线拖动顶部白线或底部白线，线性渐变区域会变小；反向拖动顶部白线或底部白线，线性渐变区域会变大。把鼠标指针移到中间白线附近，鼠标指针会变成一个弯曲的双向箭头，沿着顺时针或逆时针方向拖动，即可旋转线性渐变。

> **提示** 把鼠标指针移动到预览区之外时，Lightroom Classic 会自动隐藏控制点。在工具栏中，可使用【显示编辑标记】右侧菜单来改变编辑标记的显示行为。若工具栏未显示出来，可按 T 键将其显示出来。

前面我们使用线性渐变把天空压暗了一些，同时画面中的树木也一起变暗了，稍后我们会解决这个问题。

❺ 为了再添加一个线性渐变，在【蒙版】面板中单击【创建新蒙版】按钮，在弹出的菜单中选

择【线性渐变】，按住 Shift 键从画面底部往上拖动至右侧大树的一半处。此时，第一个线性渐变的编辑标记隐藏起来，同时出现新的线性渐变，如图 6-45 所示。

图 6-45

提示 创建线性渐变时，多个线性渐变是可以叠加在一起的。

❻ 双击面板左上角的【效果】，复位所有滑块。然后向左拖动【色调】滑块，设置其值为 −23，这样可以使草木更绿。接着，把【曝光度】设置为 0.74、【对比度】设置为 36、【阴影】设置为 18、【白色色阶】设置为 56，提亮前景，如图 6-46 所示。

❼ 在【蒙版】面板中反复单击各个蒙版右侧的眼睛图标以开关蒙版，观察调整效果。

❽ 我们希望将前景的提亮效果应用在主体人物上。为此，单击第二个蒙版的控制点，再次调整渐变区域，使中间白线位于人物头部上方，确保下方所有区域更亮，如图 6-47 所示。

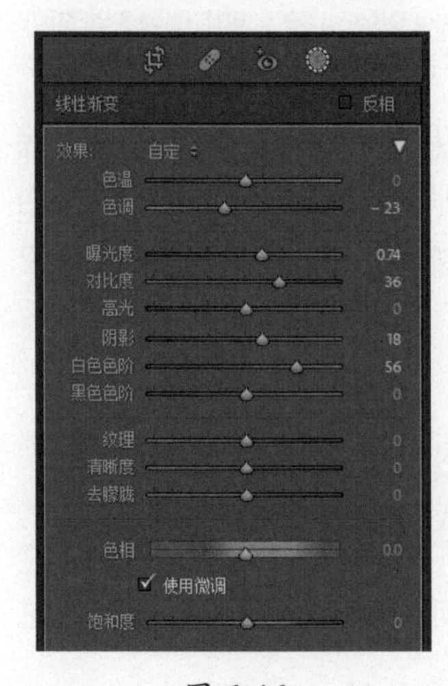

图 6-46

图 6-47

⑨ 为了在树木上去除压暗效果，可以使用【画笔】工具擦除第一个渐变蒙版的一部分。在【蒙版】面板中单击【蒙版 1】，单击【减去】按钮，在弹出的菜单中选择【画笔】，如图 6-48 所示。按左中括号（[）键或右中括号（]）键，可以增大或减小画笔大小。使用【画笔】工具在树木上涂抹，擦掉覆盖在上面的渐变蒙版。

图 6-48

⑩ 使用【画笔】工具擦除蒙版时，不用担心擦多了。在【画笔】选项面板顶部单击【擦除】，反转画笔，可以往回添加蒙版。把画笔调小一些，然后把【羽化】【密度】【流畅度】全部设置成 100，勾选【自动蒙版】复选框，如图 6-49 所示，让 Lightroom Classic 自动判断树木的边缘位置。把鼠标指针移动到不希望擦除的区域中涂抹，确保十字形（位于画笔中心）远离树木。

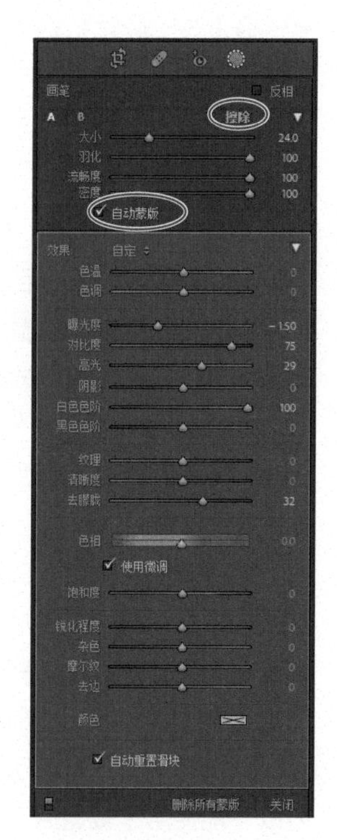

图 6-49

借助【线性渐变】工具，我们可以很好地强调画面的某些部分，把它们从画面中凸显出来。下面列出了一些使用【线性渐变】工具的注意事项（这些事项同样适用于【径向渐变】工具和【画笔】工具）。

- 可以使用【画笔】工具调整线性渐变的蒙版，控制线性渐变的作用范围。先单击线性渐变的控制点，将其选中，然后在【蒙版】面板中单击【添加】或【减去】按钮，选择【画笔】工具，再在相应区域中涂抹即可（在【减去】模式下，鼠标指针内是一个负号）。
- 单击某个线性渐变的控制点将其选中，然后单击【线性渐变】选项面板右上角的三角形（位于【效果】右侧与控制滑块之上），把面板折叠起来后，会看到一个【数量】滑块，如图 6-50 所示。向左拖动滑块，可降低应用在蒙版上的设置的强度。
- 可以把当前设置存储为预设。在选项面板顶部单击【效果】，在弹出的菜单中选择【将当前设置存储为新预设】，如图 6-51 所示，在打开的【新建预设】对话框中输入一个预设名称，然后单击【创建】按钮。创建好一个预设之后，它就会出现在【效果】菜单中。调整照片的过程中，你希望多次重复使用同一个蒙版时，使用预设会非常方便。

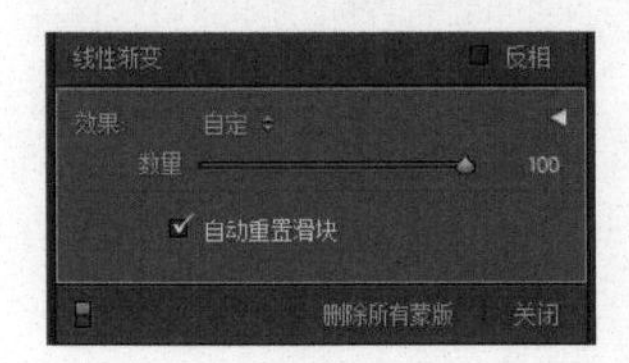

图 6-50

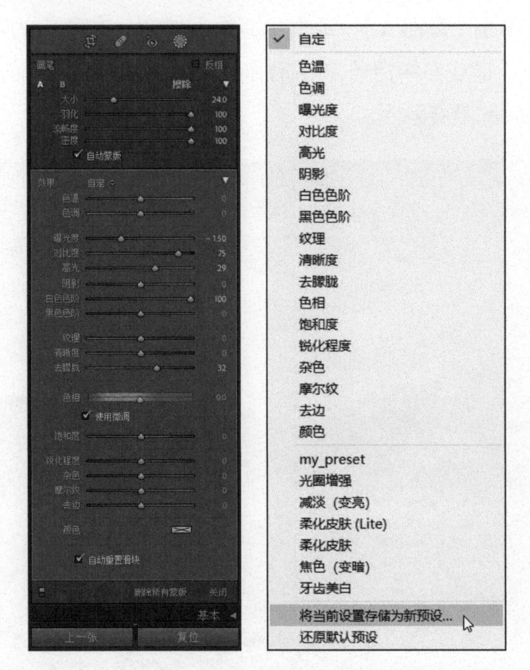

图 6-51

接下来，我们学习如何使用【径向渐变】工具。【径向渐变】工具也在【添加新蒙版】列表中，紧挨着【线性渐变】工具，两种渐变工具的工作方式类似。

6.4 使用【径向渐变】工具

调整照片的过程中，【线性渐变】工具能做的，【径向渐变】工具也能做，但是两者的渐变方式不一样，前者是线性的，后者是径向的。借助【径向渐变】工具，我们可以精确地对照片中的某个局部区域做提亮、压暗、模糊、变色、暗角等处理，以便把这个区域凸显出来（譬如说，把观者的注意力吸引到某个不在中心的对象上），如图 6-52 所示。

下面，我们学习如何在照片中添加一个径向渐变，把观者的注意力吸引到一个非圆形且偏离画面中心的区域上。

❶ 单击 Selective Edits 收藏夹，在胶片显示窗格中选择照片 lesson06-0013，如图 6-53 所示。照片中人物怀里抱着花园精灵，我希望观者把注意力集中到人物身上，为此我们可以把人物脸部周围的区域压暗一些。但由于人物脸部不在画面中心，所以不能使用【裁剪后暗角】功能（位于【效果】面板中）围绕画面中心来压暗画面四周。

图 6-52

图 6-53

❷ 在工具条中单击【蒙版】按钮（位于【基本】面板上方），在【添加新蒙版】列表中选择【径向渐变】，或者直接按快捷键 Shift+M。此时，在工具条下方会显示【径向渐变】选项面板，勾选【反相】复选框，如图 6-54 所示。

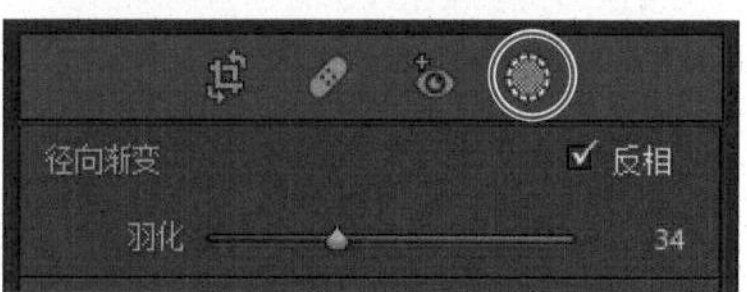

图 6-54

❸ 双击面板中的【效果】，把所有滑块全部重置到默认位置。

❹ 在选项面板中把【羽化】设置为 50，确保渐变外边缘过渡柔和、平滑。

提示 在选项面板中单击某个选项的数值输入框，按 Tab 键，可以自上而下在各个输入框之间跳转，方便输入数值。按快捷键 Shift+Tab，可以自下而上在各个输入框之间跳转。

❺ 单击【曝光度】右侧的输入框中输入“-0.92”，如图 6-55 所示。

❻ 把鼠标指针（加号）放到人物脸部中央，按住鼠标左键向右下方拖动，创建一个椭圆径向渐变（椭圆中心就在人物脸部中央），如图 6-56 所示。

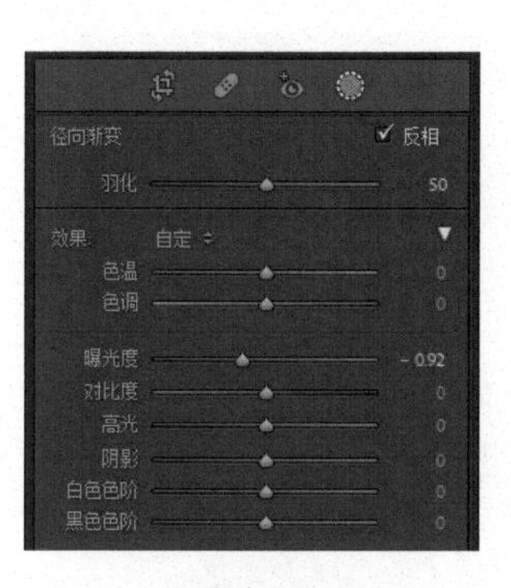

图 6-55

图 6-56

此时，椭圆径向渐变周围的区域立即暗了下来。接下来，我们把椭圆径向渐变的角度调整一下，以便更好地表现光线方向。

❼ 根据需要，按照如下方法调整径向渐变的位置和大小。

- 拖动径向渐变中心的圆形控制点，把径向渐变移动到不同的区域中。
- 把鼠标指针移动到径向渐变外框的圆形控制点上，鼠标指针会变成一个双向箭头，按住鼠标左键向内或向外拖动，可调整径向渐变的大小。使用同样方法拖动其他控制点，可改变径向渐变的形状。
- 把鼠标指针移动到径向渐变外框之外，当鼠标指针变成一个弯曲的双向箭头时，按住鼠标左键拖动，可旋转径向渐变，如图 6-57 所示。

图 6-57

❽ 在选项面板左下角单击开关按钮，可把径向渐变关闭；再次单击开关按钮，可把径向渐变打开。

接下来，我希望人物怀里抱着的两个花园精灵能更显眼。在【蒙版】面板中单击【减去】按钮，在弹出的菜单中选择【径向渐变】，然后在每个精灵上分别绘制一个椭圆，但是我希望单独控制精灵的光线，所以需要在画面中新添加两个径向渐变。

❾ 在【蒙版】面板顶部单击【创建新蒙版】按钮，在人物左侧的精灵上拖出一个径向渐变，把【曝光度】设置为 1.37，效果如图 6-58 所示。

图 6-58

❿ 使用相同方法再在右侧精灵上添加一个径向渐变，把【曝光度】设置为 +1.03。在工具栏（位于照片下方）中单击【完成】按钮，返回【基本】面板。

⓫ 整体看一下画面，再使用【基本】面板对画面做一些调整。可以根据自己的需要进行调整，这里，把【曝光度】设置为 +0.20、【对比度】设置为 +80、【高光】设置为 −31、【黑色色阶】设置为 −33，如图 6-59 所示。

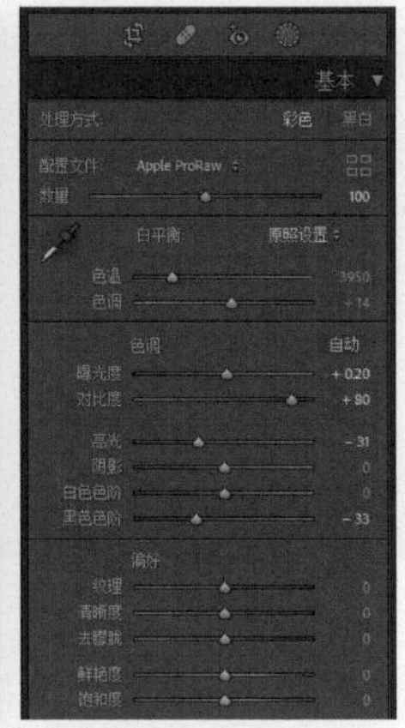

图 6-59

借助【线性渐变】工具和【径向渐变】工具，我们可以对照片画面做非常细致的调整，但是相比之下，【画笔】工具用起来更灵活、更强大。接下来，我们一起学习一下。

6.5 使用【画笔】工具

借助【线性渐变】工具和【径向渐变】工具，我们可以对照片的局部区域做特定的调整，但是有时它们的精细度还是不够。我们希望有一种工具能够把【基本】面板和【细节】面板中的每个调整精确地应用到指定区域中。这个工具就是【画笔】工具。

使用【画笔】工具可以把调整[提亮、压暗（减淡与加深）、模糊、锐化、去噪、增强颜色等]精确地应用到某个区域中。下面我们学习如何使用【画笔】工具对照片做一些精修。

❶ 再次选择照片 lesson06-0039。接下来，我们对照片中的人物和天空做进一步调整。放大人物面部。

❷ 单击【蒙版】按钮（位于【基本】面板上方），打开【蒙版】面板，然后单击【创建新蒙版】按钮，在弹出的菜单中选择【画笔】，或者直接按 K 键。在【画笔】选项面板中，把【曝光度】设置为 0.67、【对比度】设置为 6、【高光】设置为 −25、【阴影】设置为 28，把【大小】设置为 3.3、【羽化】和【流畅度】都设置为 100，如图 6-60 所示，然后涂抹人物的面部和帽子。

图 6-60

此时，画笔涂抹的区域中会出现一个画笔图标，代表这个区域中有一个用画笔涂抹生成的蒙版。把鼠标指针移动到画笔图标上，Lightroom Classic 会用红色显示出涂抹的区域（蒙版），也就是效果的应用范围。把鼠标指针放在画笔图标上，按快捷键 Shift+O，可循环改变蒙版颜色。这里，把蒙版颜色改成绿色。

❸ 使用【画笔】工具继续涂抹人物的衣服、胳膊，如图 6-61 所示。提高亮度后，衣服看上去

会更干净。前面我们在小范围内涂抹，所以画笔大小设置得比较小。接下来，我们把画笔大小设置为20，这样能更快地把衣服涂抹完，如图 6-62 所示。下面是画笔的一些设置。

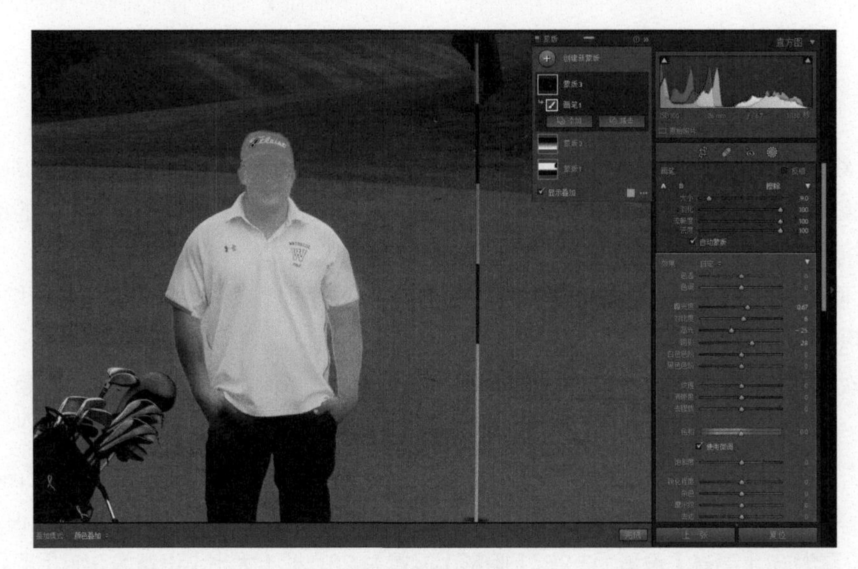

图 6-61

图 6-62

- 选择【画笔】后，鼠标指针变成两个同心圆，其中内部粗线圆代表画笔大小。
- 【羽化】用来在调整的区域与周围像素之间产生柔和的过渡效果。内外圆之间的距离代表羽化量的多少，如图 6-63 所示。
- 【流畅度】控制着绘制的速度。
- 【密度】控制着效果的透明度。
- 【自动蒙版】用来把画笔笔触限制应用到有类似颜色的区域中。
- 按住 Option 键 /Alt 键，可把【画笔】工具临时切换成【擦除】工具，如图 6-64 所示。

注意 按左中括号键或右中括号键，可改变【画笔】工具或【擦除】工具的笔刷大小。

图 6-63

图 6-64

❹ 在【蒙版】面板中单击【创建新蒙版】按钮，在弹出的菜单中选择【画笔】，在照片左上角涂抹，如图 6-65 所示。把【曝光度】设置为 0.05、【高光】设置为 −10、【阴影】设置为 68，为天空找回一些细节。

图 6-65

按反斜杠键（\），观察画面调整前后的区别。示例照片中还有许多地方需要调整，这些地方可自行调整。

硬件推荐：数位板

使用各种画笔工具调整照片时，使用鼠标操作会比较费力。为了解决这个问题，建议大家购买一块数位板。

使用数位板能够模拟钢笔或铅笔在纸张上写与画的感觉，在用画笔工具调整画面细节时特别有效率，如图 6-66 所示。

Wacom 公司影拓系列数位板有两个版本，3 种尺寸，如图 6-67 所示。入门级的数位板功能也很强大，几乎包含了所有需要的功能，而且价格也很便宜。当然，专业级的数位板支持的压感级别更高，但价格相对会贵一些。至于是买入门级的还是买专业级的，主要看个人需要。

图 6-66

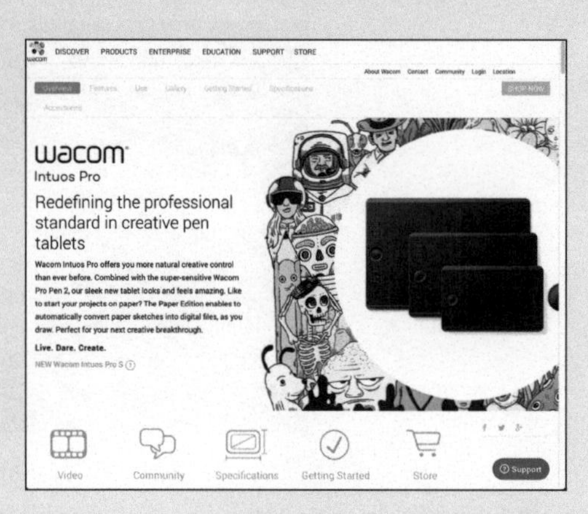

图 6-67

调整控制点的提示与技巧

使用【线性渐变】工具、【径向渐变】工具、【画笔】工具时，都会有一个控制点。关于如何调整控制点，下面给出了一些提示和技巧供参考。

- 在照片画面中，把鼠标指针移动到某个控制点上，然后按住鼠标左键拖动，即可将其移到目标位置。
- 使用鼠标右键单击控制点，在弹出的快捷菜单中选择【复制】，即可复制出一个新的控制点，之后，可以将其拖动到目标位置。
- 把鼠标指针移动到控制点上，按住 Option 键 /Alt 键，此时鼠标指针变成一个双向箭头，按住鼠标左键向左拖动，各个滑块值逐渐向默认值（0）靠拢，滤镜效果强度随之减弱。
- 把鼠标指针移动到控制点上，按住 Option 键 /Alt 键，此时鼠标指针变成一个双向箭头，按住鼠标左键向右拖动，各个滑块值逐渐向最大值靠拢，滤镜效果强度随之增强。

6.6 使用【污点去除】工具

在 Lightroom Classic 中，使用【污点去除】工具可以很好地去掉照片画面中的一些干扰物，例如传感器上的灰尘、电线、污点等。【污点去除】工具也可以用来对照片中的对象进行一些快速修饰。

【污点去除】工具有【仿制】和【修复】两种模式，这两种模式去除污点的方式不一样。在【仿制】模式下，【污点去除】工具会直接把取样点的像素复制到当前污点的位置；而在【修复】模式下，【污点去除】工具会自动把污点与周围像素进行混合。

> 提示 有时，使用富士相机选择 RAW 格式拍摄时，RAF 文件会应用在相机内设置的裁剪比例。如果希望复位裁剪比例，查看完整照片，请先按 R 键切换成【裁剪叠加】工具，然后使用鼠标右键单击照片画面，在弹出的快捷菜单中选择【复位裁剪】，按 Enter 键即可。

6.6.1 去除传感器留在照片上的污点

下面我们使用【污点去除】工具去除传感器留在照片中的污点。

❶ 在【修改照片】模块下的【收藏夹】面板中单击 Selective Edits 收藏夹，在胶片显示窗格中选择照片 lesson06-0011。

❷ 去除污点之前，先在【修改照片】模块下单击右下角的【复位】按钮，撤销之前对照片做的修改。

【污点去除】工具在【基本】面板上方的工具条（左数第二个）中。单击【污点去除】按钮，或者直接按 Q 键，激活【污点去除】工具。此时，工具条之下会出现【污点去除】工具选项面板，如图 6-68 所示。

图 6-68

❸ 在【污点去除】工具选项面板中单击【修复】按钮。在【修复】模式下，Lightroom Classic 会把污点周围的像素与污点混合。把【大小】设置为 53、【羽化】设置为 5、【不透明度】设置为 100，如图 6-69 所示。

❹ 在工具栏（位于照片预览区之下）中勾选【显现污点】复选框，如图 6-70 所示。此时，Lightroom Classic 会把照片转换成黑白的，就像照片负片一样，照片中的轮廓线能够明显地显露出来。相机传感器上的污点在照片画面中一般表现为白色圆形或浅灰色的点。向右拖动【显现污点】复选框右侧的滑块，会增加感知的灵敏度，显示出更多污点。若显示的污点太多，可以向左拖动滑块，减少显示的污点数量。

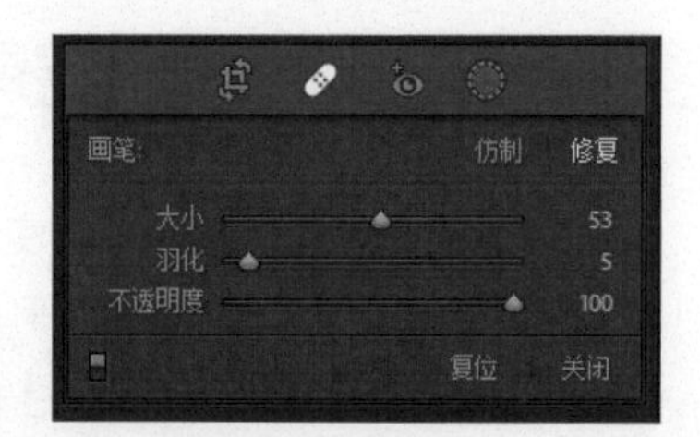

图 6-69

注意 若照片预览区下方未显示工具栏，请按 T 键将其显示出来。

图 6-70

【显现污点】功能能够把镜头、传感器、扫描仪上的灰尘所产生的污点清晰地显现出来。在显示器中观看这样的照片时，这些小的污点几乎是看不出来的，但是在打印出来后，上面的污点就会明显地暴露出来。图 6-70 中，可以很明显地看到照片画面的左侧有污点。

❺ 在左上角的【导航器】面板中单击【100%】，把照片放大。按住空格键，此时鼠标指针暂时切换成抓手工具，拖动画面可查看照片的不同区域，找出画面中的污点。画面右侧区域中有 3 个污点。

提示 在某个局部调整工具处于激活状态，且照片显示在【适合】级别下时，按空格键，鼠标指针暂时变成放大工具，单击照片，可以把照片放大至 100%。此时，按住空格键，鼠标指针会变成抓手工具，拖动画面，可以显示照片的不同区域。当局部调整工具处于未激活状态时，只需单击照片画面，即可缩放照片。

❻ 把鼠标指针移动到一个污点上，滚动鼠标滚轮，调整圆圈大小，使其恰好包住污点（略微比污点大一些），如图 6-71 所示，然后单击污点，将其去除。

图 6-71

Lightroom Classic 会复制污点附近区域中的像素，用以去除污点。此时画面中会出现两个圆圈，一个圆圈是单击的区域（目标区域），另一个圆圈是 Lightroom Classic 取样的区域（源区域），它们中间有一个箭头。

❼ 若对修复结果不满意，可以尝试改变一下取样区域或者画笔大小。为此，先单击目标区域，选择污点，然后做如下操作。

- 按斜杠键（/），让 Lightroom Classic 重新选择一块源区域。不断按斜杠键，Lightroom Classic 会不断更换源区域。
- 把鼠标指针移动到源区域上，当鼠标指针变成一个手形时，拖动圆圈到另外一个位置，即可改变源区域，如图 6-72 所示。
- 把鼠标指针移动到任意一个圆圈上，当鼠标指针变成一个双向箭头时，按住鼠标左键向外或向内拖动，放大或缩小圆圈，可修改目标区域或源区域的大小，如图 6-73 所示。当然，还可以拖动【污点去除】工具选项面板中的【大小】滑块来改变目标区域或源区域的大小。

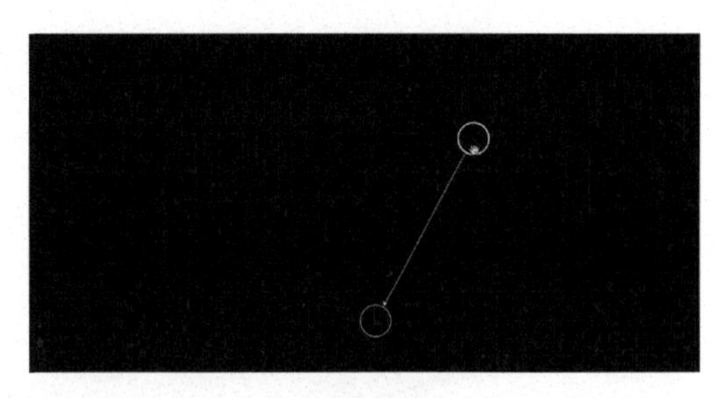
图 6-72

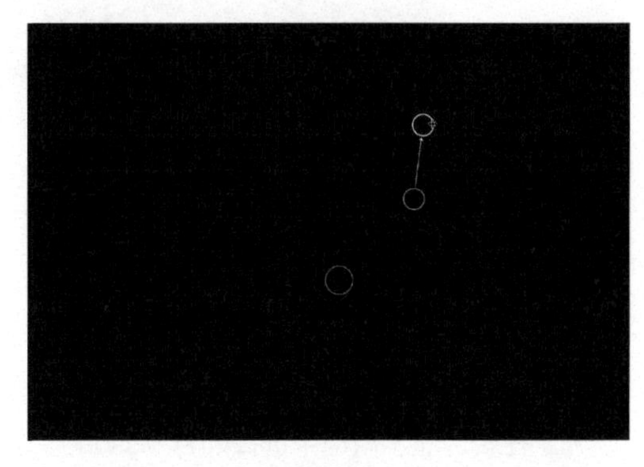
图 6-73

无论何时，只要对修复结果不满意，都可以把修复结果删除，然后重新进行修复，具体做法是：先选择目标区域，然后按 Delete 键 /BackSpace 键。

注意 在工具栏中的【工具叠加】设置成【自动】的情况下，当鼠标指针从预览区中移走时，【污点去除】工具的圆圈就会消失，这与【线性渐变】工具、【径向渐变】工具、【画笔】工具的控制点一样。在【工具叠加】菜单中选择【总是】【从不】【选定】（只看选定的修复），可以改变这个行为。

提示 当你打算把照片打印出来或者上传到商业图库中时，打印或上传之前，一定要彻底检查一下照片中是否存在污点。具体做法为：在【导航器】面板中按 Home 键，把缩放矩形移动到画面的左上角，然后不断按 Page Down 键，把缩放矩形从照片左上角一步步移动到照片右下角（自上而下，从左到右），一边按 Page Down 键，一边认真检查画面是否有污点。

❽ 按住空格键不断拖动照片画面，认真检查画面的每个部分是否存在污点，并去除画面中的所有污点。

❾ 在工具栏中取消勾选【显现污点】复选框，把照片画面恢复正常，检查画面中的所有污点是否去除干净，如图 6-74 所示。

不管在什么视图中，都可以去除污点。在去除污点的过程中，可以打开或关闭【显现污点】功能，在不同视图之间来回切换。

去除污点时，可以选择同一时间同一地点拍摄的多张照片，为它们同时去除污点。去除之后，请一定要逐张检查一下污点去除效果是否令人满意。如果照片中污点的位置不同，请拖动目标区域，重新进行去除。

图 6-74

请保持【污点去除】工具处于激活状态，继续学习下一小节内容。

6.6.2 从照片中移除无关对象

下面我们学习如何使用【污点去除】工具移除画面中的无关对象。

❶ 在胶片显示窗格中选择照片 lesson06-0039。这张照片画面中有一条明显的轨迹，把画面缩放级别调整成【适合】，这样会看得更清楚，如图 6-75 所示。

图 6-75

❷ 在【污点去除】工具选项面板中单击【修复】按钮，然后把【大小】设置为 77、【羽化】设置为 5，沿着轨迹拖动绘制，如图 6-76 所示。此时，Lightroom Classic 会自动找一块源区域，然后用源区域中的像素覆盖掉轨迹。如果对最终结果不满意，可以拖动源区域，更换一下源区域。

> **提示** 通过拖动绘制的方式从画面中移除一个对象之后，可以继续调整【羽化】值，以增加或减少过渡区域的平滑度。

图 6-76

提示 如果对结果不满意，可以按斜杠键（/），让 Lightroom Classic 重新选择一个源区域进行取样。

❸ 使用【污点去除】工具消除画面中的无关对象时，有时被去除的对象周围的区域中会出现一些新的污点。遇到这种情况时，请删除画笔笔触，然后把画笔调小再做尝试。在去除天空左下区域中的一条轨迹时就用了这种方法，如图 6-77 所示。

图 6-77

❹ 当继续使用【污点去除】工具从已经刷过的区域之外取样时，可以进一步混合污点修复区域，从而得到更真实的效果，如图 6-78 所示。

我个人认为，Lightroom Classic 提供的【污点去除】工具本身的功能非常强大。也就是说，是否能够成功地把一个对象从照片中去除主要取决于 3 个因素：被去除对象本身的复杂程度、花费的时间，以及操作者的耐心。就示例照片来说，使用 Photoshop 去除照片中的杂物效果会更好。事实上，可以在 Lightroom Classic 里面对照片做很多这样的修正，而且不需要在像素层面操作，这一点是相当令人震惊的。

图 6-78

6.7 使用【HSL/ 颜色】与【色调曲线】面板

【HSL/ 颜色】面板、【色调曲线】面板、【黑白】面板中都有一套工具，它们很类似，学会用其中一套，其他的也就会了。下面我们先从【HSL/ 颜色】面板学起。

6.7.1 使用【HSL/ 颜色】面板

【HSL/ 颜色】面板中有大量滑块，向左或向右拖动这些滑块，可以调整照片画面颜色。虽然这些滑块提供了调整颜色的精细方式，但相比之下，我个人觉得【目标调整】工具更棒，因为它让我们能够对颜色进行更细致的调整与控制。

❶ 在【修改照片】模块下选择照片 lesson06-0034。单击【目标调整】工具（位于【HSL/ 颜色】面板的左上角），然后在【HSL/ 颜色】面板顶部单击【色相】选项卡，如图 6-79 所示。

图 6-79

❷ 在绿树上找一块区域，按住鼠标左键向上或向下拖动，Lightroom Classic 会自动判断鼠标指针位置的颜色，并随着拖动调整这些颜色的色相滑块。随着拖动，色相面板中的滑块会自动变化，以调整颜色，如图 6-80 所示。

图 6-80

❸ 在【HSL/ 颜色】面板顶部单击【饱和度】选项卡，在特定区域中的某些颜色上使用【目标调整】工具向上或向下拖动，可提高饱和度（向上拖动）或降低饱和度（向下拖动），如图 6-81 所示。请注意，此时【目标调整】工具改变的不只是鼠标指针经过的区域，它针对的是鼠标指针经过区域的颜色，若同样颜色出现在照片画面的其他区域中，则这些区域也会受到影响。

图 6-81

❹ 在【HSL/ 颜色】面板顶部单击【明亮度】选项卡，在特定区域中的某些颜色上使用【目标调整】工具向上或向下拖动，可提亮（向上拖动）或压暗（向下拖动）这些颜色，如图 6-82 所示。

图 6-82

6.7.2 使用【色调曲线】面板

使用【基本】面板为照片添加了对比度之后，我们还可以使用【色调曲线】面板进一步为照片添加对比度。展开【色调曲线】面板，里面有一条色调曲线和一些滑块，可以通过调整这些滑块来调整色调曲线，如图 6-83 所示。若【色调曲线】面板中未显示出各种滑块，请单击【目标调整】工具右侧的【参数曲线】按钮，把各种滑块显示出来。

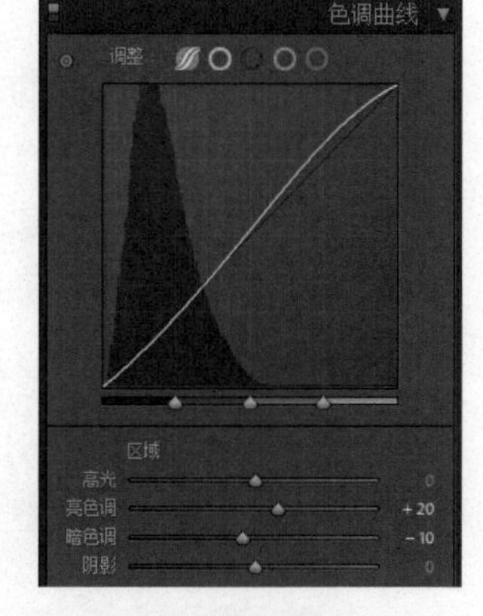

图 6-83

色调曲线代表的是整张照片色调等级的变化。水平轴代表原始色调（输入），左侧全黑，越往右越亮。

垂直轴代表的是改变后的色调（输出），底部全黑，越往上越白。

向上移动曲线上的某个点，色调会变亮；向下移动，色调会变暗。倾斜 45° 的直线代表色调等级没有变化。

虽然可以通过拖动各个滑块轻松调整照片中的各个色调区域，但是使用【目标调整】工具（与【HSL/ 颜色】面板中的【目标调整】工具一样）调整照片色调会更直观。

提示 在参数曲线（这种曲线对推拉程度有限制）和点曲线（可随心所欲地调整）之间切换时，请使用【目标调整】工具右侧的调整按钮（位于曲线上方），从左到右依次是参数曲线、点曲线、红色通道、绿色通道、蓝色通道。

❶ 在【色调曲线】面板中单击【目标调整】工具，把鼠标指针移动到画面上。当在画面某个区域中移动鼠标指针时，色调曲线上的相应区域就会高亮显示出来，如图 6-84 所示 。

❷ 在某个区域中，按住鼠标左键向下拖动，压暗该区域；向上拖动，提亮该区域。拖动时，请注意观察向上拖动或向下拖动对色调曲线的影响，如图 6-85 所示。

可以使用【色调曲线】面板对照片色调做许多创意性的调整与尝试，但是也要学会使用【目标调整】工具为照片增加对比度和细节。

图 6-84

图 6-85

6.8 创意颜色与黑白效果

关于黑白照片，环境人像摄影师格雷戈里 • 海斯勒（Gregory Heisler）曾说过："唯有在黑白照片中，我们才能发现一些色彩无法表现的结构。"我们时常看见一些黑白怀旧照片，观赏这些照片时，我们一般都会把注意力集中到照片的构图、画面结构和被摄主体的姿态上。

大多数数码相机中都有拍摄黑白照片的设置，但是这些设置只对使用 JPEG 格式拍摄的照片有效。而且对于相机直接拍摄出的黑白照片，我们是没办法控制照片中特定颜色的呈现方式的。

在 Lightroom Classic 中，我们可以向照片单独添加某些颜色，制作手工着色照片，探索各种可能性。这些着色技术从单一颜色开始，然后增加到几种颜色，快速生成复古效果。

拍摄示例照片时，我模仿了安塞尔•亚当斯（Ansel Adams）的拍摄手法。在亚当斯拍摄的照片中，黑白对比很强烈，画面有种空灵的感觉。接下来，我们尝试把彩色照片转成黑白照片。

6.8.1 把彩色照片转成黑白照片

注意 通常，为了更清楚地看到照片中的色彩表现，我一般都会调高照片的饱和度。此外，我还会调整照片的高光、阴影、黑色色阶、白色色阶、去朦胧，保证照片中的每个细节都显现出来。

❶ 选择照片 lesson06-0029，把【曝光度】设置为 +0.60、【对比度】设置为 +21。

❷ 在【基本】面板的右上角单击【黑白】按钮。此时，Lightroom Classic 会把彩色照片转换成黑白照片，同时原来的【HSL / 颜色】面板也变成了【黑白】面板，如图 6-86 所示。

图 6-86

❸ 展开【黑白】面板，里面一系列的滑块代表照片中的不同颜色。把某个颜色滑块往右拖，画面中该颜色所在的区域会变亮；往左拖，该颜色所在的区域会变暗，如图 6-87 所示。

图 6-87

❹ 当前我们面临的最大问题是：照片是黑白的，但【黑白】面板中是各种颜色的滑块，我们该如何调整这些滑块呢？这个时候，【目标调整】工具就派上大用场了。单击【目标调整】工具，把鼠标指针移动到希望调整的部分上，按住鼠标左键向上拖动，可提亮鼠标指针所指位置的颜色，向下拖动，可压暗颜色，如图 6-88 所示。

图 6-88

6.8.2 使用【颜色分级】面板

在新版 Lightroom Classic 中，【颜色分级】面板取代了【分离色调】面板，引入了色轮来控制阴影、高光、中间调，如图 6-89 所示。

图 6-89

【颜色分级】面板简单、易用。每种色调都有一个色轮。拖动色轮的中心点或者色轮外的圆点，可以改变整体色相；向内或向外拖动中心点，可以改变饱和度；拖动色轮下方的滑块，可以改变亮度。

❶ 把照片恢复成彩色照片，展开【颜色分级】面板。在面板顶部单击【中间调】按钮（位于【调整】右侧），在【中间色调】色轮上略微向左下拖动中心点。此时，照片的色相和饱和度会同时发生变化。向左拖动【明亮度】滑块，压暗中间调，如图 6-90 所示。

图 6-90

❷ 在面板顶部单击【阴影】按钮。在【阴影】色轮下方向左拖动【明亮度】滑块，使其值变为 −31，把阴影压暗一点，如图 6-91 所示。

图 6-91

❸【混合】滑块用来设置每个范围如何相互混合。这里，把它的值设置成 70，让照片暗一些。

❹【平衡】滑块控制着 Lightroom Classic 把照片中的哪些像素看作阴影、高光、中间调。这里，把它的值设置成 +4。建议使用这些色轮多做一些尝试，以便找出最满意的调整效果。

6.8.3 使用【效果】面板

在 Lightroom Classic 中，我们可以使用【效果】面板往照片中添加颗粒或者暗角。当希望把观者的视线引导至照片的中心区域时，可以使用【裁剪后暗角】这个非常棒的功能。但是，应用【裁剪后暗角】功能时要格外小心，以免照片落入俗套。

这里，我们继续使用上一小节调整过的照片。保持【颜色分级】面板不动，展开【效果】面板，如图 6-92 所示。

使用某些镜头拍摄时，镜头本身的缺陷可能会导致照片边角很暗，【裁剪后暗角】功能模拟的就是这种效果。慢慢地，人们开始喜欢使用这种效果，在照片中应用这种效果能够有效地把观者的注意力吸引到照片的中心区域。

图 6-92

早期的 Lightroom Classic 中有一个【暗角】滑块，它本来是用来消除暗角的，不过，摄影师们经常使用它来添加暗角，但是暗角效果会在裁剪照片之后消失。

后来，Lightroom Classic 把【暗角】滑块放入【镜头校正】面板中，并在【效果】面板中新增加了【裁剪后暗角】(裁剪照片之后暗角大小不变，且中心位于画面中心处）功能。

【裁剪后暗角】有 3 种样式可供选用，如图 6-93 所示。

- 高光优先：该样式可以恢复照片中一些“爆掉”的高光细节，但会导致照片暗部颜色变化。该样式适用于包含明亮区域的照片，例如剪切的反射高光。
- 颜色优先：该样式可以最大限度地减少照片暗部的颜色变化，但不能恢复高光细节。
- 绘画叠加：该样式把裁剪后的图像值与黑色或白色像素混合，可能会导致照片画面平淡。

图 6-93

【裁剪后暗角】选项组中有如下 5 个滑块可调整。

- 数量：向左拖动【数量】滑块，可压暗照片边缘，如图 6-94 所示；向右拖动【数量】滑块，可提亮照片边缘。

图 6-94

- 中点：调整暗角离中心点的远近。值越小，离中心点越近；值越大，离边角越近，如图 6-95 所示。

图 6-95

- 圆度：调整暗角形状。越向左拖动，画面形状越接近圆角矩形；逐渐向右拖动，圆角矩形逐渐变成椭圆、圆形，如图 6-96 所示。

图 6-96

- 羽化：调整暗角内边缘的柔和程度。越向右拖动，暗角内边缘越柔和，如图 6-97 所示；越向左拖动，暗角内边缘越生硬。
- 高光：只有在【样式】菜单中选择【高光优先】或【颜色优先】时，该滑块才可用，它控制保留高光的对比强弱。

在【颗粒】选项组中可以控制添加到照片中的颗粒数量、大小和粗糙度，如图 6-98 所示。向照片中添加颗粒，能够提升画面的真实感、增强画面质感，尤其是在处理黑白照片时，添加颗粒能够使画面有强烈的冲击力。

图 6-97

图 6-98

我不太喜欢用【裁剪后暗角】这个功能。相比之下，我还是喜欢使用【画笔】工具和【径向渐变】工具，它们能够给我很大的自由度。双击各个滑块，可重置各个滑块；双击【裁剪后暗角】，可重置所有滑块。如果觉得向照片中添加这些效果有助于增强照片画面表现力，那么大可自由地使用它们。

6.9 全景接片

全景照片能给人一种完全沉浸其中的感觉。过去拍摄全景照片要用特制的镜头，确保有足够的宽度，以容下想拍摄的场景。但是，现在我们可以在 Lightroom Classic 中轻松地把若干张特意拍摄的照片合成一张全景照片。只需要拍摄一系列照片，Lightroom Classic 会自动完成全景接片工作。

全景接片过程中，Lightroom Classic 做了如下事情。

首先，Lightroom Classic 中有一个【边界变形】滑块，用来变换合并结果的形状，以填充矩形图像边界，从而保留更多的图像内容。以前，我们必须使用 Photoshop 中的【内容识别填充】功能来防止裁剪发生，但是现在这些在 Lightroom Classic 中都能轻松完成了。

其次，Lightroom Classic 生成的合并结果也是一个 RAW 文件（DNG 格式），这种文件提供了很大的后期空间，可以在【修改照片】模块中使用各种工具自由地调整它。

再次，全景接片时，Lightroom Classic 支持“无显模式”。

在 Lightroom Classic 中，还可以使用【HDR 全景图】命令，把创建 HDR 图像与合成全景图两个步骤融合在一起。

最后，Lightroom Classic 允许填充照片边缘，在保证照片不变形的前提下，能够得到完整的照片。

提示 拍摄全景接片照片时，要保证前后两张照片之间有 30% 左右的重叠量。拍摄前，请手动设置对焦点和曝光值，这样可以防止拍摄照片时这些参数发生变化。而且拍摄时，最好用上三脚架。

6.9.1 使用【全景图】命令接片

下面我们使用【全景图】命令把 3 张照片拼接在一起。拼接时，照片的顺序不重要，Lightroom Classic 会自动分析照片，确定如何把它们拼接在一起。拼接好照片之后，可以继续调整照片的色调与颜色。

❶ 在【图库】模块下，先选择照片 lesson06-0018，按住 Command 键 /Ctrl 键，再选择照片 lesson06-0019、lesson06-0021，同时选中 3 张照片。

❷ 使用鼠标右键单击所选照片，在弹出的快捷菜单中选择【照片合并】>【全景图】，如图 6-99 所示，或者直接按快捷键 Control+M/Ctrl+M。

图 6-99

合并全景图需要花费一些时间，但是合成速度明显比老版本更快，它使用内嵌 JPEG 照片生成预览图。如果前期照片拍得没问题，合成过程会非常顺利。但是，如果前期照片拍得有问题，那不仅会增加 Lightroom Classic 的分析时间，而且还有可能产生不理想的结果。

❸ 在【全景合并预览】对话框中，Lightroom Classic 提供了 3 种投影模式，每种投影模式都值得试一试。如果全景照片非常宽，建议选用【圆柱】投影模式。在合成 360° 全景照片或者多排全景照片时，建议选择【球面】投影模式。若照片中包含大量线条（例如建筑物照片），合成全景照片时，建议选择【透视】投影模式。

本示例中，选择【球面】投影模式比较好。但是照片周围会有许多白色区域，这些区域都需要裁掉或填充，如图 6-100 所示。

图 6-100

❹ 向右拖动【边界变形】滑块，直到照片周围的白色区域完全消失。这个滑块在矫正照片方面做得很棒，有了它，我们就不必手动裁剪或填充画面边缘的白色区域了。现在，请把该滑块的值重置为 0。如果希望裁掉照片周围的空白区域，请勾选【自动裁剪】复选框。

❺ 勾选【填充边缘】复选框，Lightroom Classic 会自动填充照片周围的白色区域，而且填充得非常自然、真实，如图 6-101 所示。设置完成后，单击【合并】按钮，关闭对话框。Lightroom Classic 会把 3 张照片合并在一起，生成一张无缝融合的全景照片。若在【全景合并预览】对话框中勾选了【自动设置】复选框，Lightroom Classic 会尝试自动修改照片。在胶片显示窗格中选择合并后的全景照片（照片名称的后缀为".Pano"），了解一下接片效果。

警告 若全景照片没有立即在【图库】模块的【网格视图】或胶片显示窗格中显示出来，请耐心等待一会儿。合并高动态范围（High-Dynamic Range，HDR）照片时，也会出现这种情况。

❻ 在【修改照片】模块下，使用各种面板和前面介绍的修片技术调整照片的色调与颜色。合并后的全景照片是 DNG 格式的，它也是一种 RAW 文件，能够留出足够的后期空间，如图 6-102 所示。

图 6-101

图 6-102

6.9.2 合成全景图时使用“无显模式”

合并全景图时往往需要花费一些时间，为了节省合成时间，加快合成速度，我一般会使用“无显模式”。具体做法是：按住 Shift 键，使用鼠标右键单击所选照片，然后在弹出的快捷菜单中选择【照片合并】>【全景图】。此时，Lightroom Classic 会跳过【全景合并预览】对话框，直接在后台合成全景图。

6.10 制作 HDR 照片

使用相机拍摄的照片中，几乎没有照片的暗调、中间调、亮调全是完美的。在一张照片的直方图中，会经常看到某一端的信息要比另一端的信息更多，也就是说，这张照片要么高光区域曝光良好，要么暗部区域曝光良好，而不是两个区域曝光都好。这是由数码相机有限的动态范围决定的，它们在一次拍摄行为中只能收集这么多的数据。如果拍摄场景中既有高光区域，也有暗部区域，那么拍摄时，就必须决定要让哪个区域曝光准确。换句话说，不可能在同一张照片中让高光区域和暗部区域的曝光同时准确。

为了制作出高光区域和暗部区域曝光都准确、细节都丰富的照片，可以从下面两种方法中任选一种使用。

- 拍摄照片时，使用 RAW 格式拍摄，然后在 Lightroom Classic 中进行色调映射。拍摄时，只要保证照片高光区域保留了丰富的细节（检查相机的直方图），就可以在 Lightroom Classic 中使用【基本】面板把高光细节“抢救”回来。

注意 “色调映射”是指改变照片中的现有色调，扩大其动态范围。

- 在同一个场景中选用不同的曝光值（Exposure Value，EV）拍摄多张照片，然后在 Lightroom Classic 中合成高动态范围照片。拍摄照片时，可以手动设置不同的曝光值，为同一个场景拍摄 3 到 4 张照片；也可以使用相机的包围曝光功能让相机自动拍摄多张照片。

借助包围曝光功能，可以告诉相机拍摄几张照片（至少拍 3 张，但多多益善），以及每张照片之间的曝光值相差多少（建议设置成 1EV 或 2EV）。例如，拍摄 3 张照片，一张照片正常曝光，一张照片过曝一挡或二挡，一张照片欠曝一挡或二挡。

注意 即便选用 RAW 格式拍摄，拍摄时最好还是打开相机的包围曝光功能。例如，拍摄光线不足的场景时，最好使用不同的曝光值来拍摄多张照片，而不是只拍摄一张照片。有时只拍摄一张照片，即便使用“色调映射”技术也得不到令人满意的结果。多拍几张照片是很有必要的，而且也不会有什么损失，就是多占点存储空间而已。把拍摄的多张照片导入 Lightroom Classic 后，从中选出满意的，然后删除其他照片即可。

最近几个版本中，Lightroom Classic 创建 HDR 照片的能力有了很大的提升。虽说 Lightroom Classic 和 Photoshop 都能用来合成 HDR 照片，但相比之下，使用 Lightroom Classic 合成 HDR 照片会更容易，因为在 Lightroom Classic 中我们可以快速切换到【基本】面板对合并结果进行色调映射。

下面我们学习如何在 Lightroom Classic 中合成 HDR 照片，以及处理多组照片时如何加速整个流程。在 Lightroom Classic 中合成 HDR 照片非常简单。

6.10.1 在 Lightroom Classic 中合成 HDR 照片

下面我们选择 5 张有不同曝光度的照片（曼哈顿天际线），把它们合成一张 HDR 照片，然后再对合成后的 HDR 照片进行色调映射。

❶ 在【图库】模块下，按住 Command 键 /Ctrl 键，分别单击照片 lesson06-0006、lesson06-0008、lesson06-0010、lesson06-0012、lesson06-0016，把它们同时选中。

❷ 使用鼠标右键在选中的照片中单击任意一张照片，在弹出的快捷菜单中选择【照片合并】>【HDR】，如图 6-103 所示，或者按快捷键 Control+H/Ctrl+H。

与合成全景图一样，Lightroom Classic 生成 HDR 预览图的速度也是很快的。我曾经在 Lightroom Classic 中合成过尺寸非常大的 HDR 照片，其生成预览图的速度真是很快。

❸【HDR 合并预览】对话框中有多个选项可以帮助我们控制合成过程，如图 6-104 所示。

- 自动对齐：拍摄照片时，相机三脚架可能会发生轻微移动，导致最终拍摄的多张照片之间的像素发生位移。勾选【自动对齐】复选框后，Lightroom Classic 会尝试对齐各张照片，纠正像素位移。

图 6-103

图 6-104

- 自动设置：勾选该复选框后，Lightroom Classic 会把【修改模块】下【基本】面板中的设置应用到合成后的图像上，通常都能得到一个不错的结果。建议勾选该复选框，如果觉得不合适，还可以在合成完成后修改它。
- 伪影消除量：消除画面中出现的伪影。拍摄照片时，有时会遇到刮强风、树枝晃动，或画面中有人经过的情况。此时，可以在【伪影消除量】中选择消除运动的强度。请根据具体情况选择是否开启该选项。
- 在【伪影消除量】下选择某种消除强度之后，可以勾选【显示伪影消除叠加】复选框，显示应用伪影消除校正的位置。

- 创建堆叠：勾选该复选框后，Lightroom Classic 将把生成的 HDR 照片与原始照片堆叠起来。有关照片堆叠的内容不在本书讨论的范围之内，这里请不要勾选该复选框。

注意 一张 HDR 照片经过色调映射处理之后，有可能是真实风格的，也有可能是超现实风格的。真实风格的照片中保留着大量细节，画面看上去也很自然；超现实风格的照片更多的是强调画面的局部对比度和细节，要么饱和度很高，要么饱和度很低（脏调风格）。调成什么样的风格没有对错之分，这全是我们个人的主观想法。

单击【合并】按钮后，Lightroom Classic 就开始在后台合成 HDR 照片，这期间可以继续在 Lightroom Classic 中处理其他照片。而在老版本的 Lightroom Classic 中，合成 HDR 照片期间是不能继续处理其他照片的，必须等到 HDR 照片合成完毕之后才可以。现在，可以返回 Lightroom Classic 中继续处理其他照片，等待 HDR 照片合成完成。

在 Lightroom Classic 中，合成之后的 HDR 照片仍然是 RAW 格式的。相比于转换成像素数据的图像，RAW 格式的图像后期空间更大，可以随意调整其色温、色调，以及做其他各种调整。在【修改照片】模块下，把【曝光度】滑块从一端拖动到另一端，可以在生成的图像中看到有多少色调可用，如图 6-105 所示。

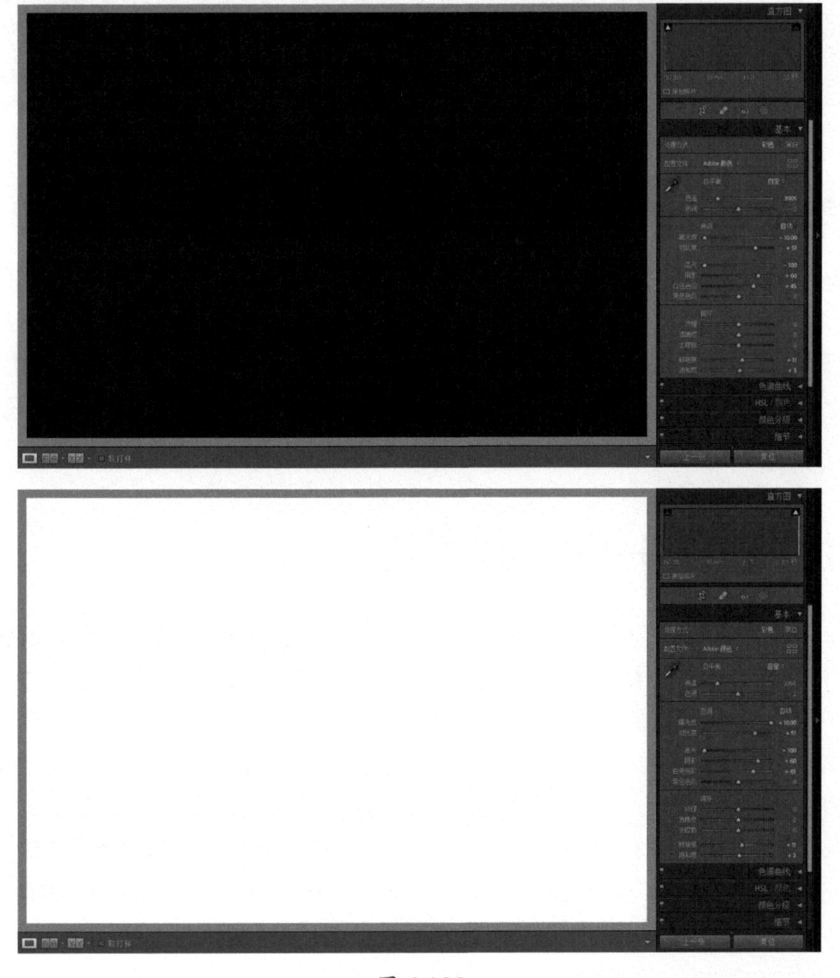

图 6-105

当 HDR 照片合成完成之后，就可以在原始照片旁边找到合成好的 HDR 照片了。在胶片显示窗格中单击合成好的 HDR 照片（名称中包含“HDR”几个字母），按 D 键进入【修改照片】模块。展开【基本】面板，可以看到 Lightroom Classic 自动应用到 HDR 照片上的设置，当然，可以根据实际需要再次调整这些设置。这里，在【基本】面板中调整了色调的相关设置，如图 6-106 所示。 最后，按数字键 6，把照片标签设置为红色。

图 6-106

6.10.2 合成 HDR 照片时使用“无显模式”

在 Lightroom Classic 中合成 HDR 照片时可以使用“无显模式”。有时合成 HDR 照片时，我们并不希望 Lightroom Classic 弹出【HDR 合并预览】对话框，因为我们不想进行任何设置，只想让 Lightroom Classic 马上开始合成。按住 Shift 键使用鼠标右键单击任意一张选中的照片，在弹出的快捷菜单中选择【照片合并】>【HDR】，Lightroom Classic 就不会弹出【HDR 合并预览】对话框，它会马上开始合成 HDR 照片。

6.11 制作 HDR 全景图

在 2018 年 10 月以前的 Lightroom Classic 中，合成 HDR 全景图分为两步：先把多张不同曝光的照片合成单张 HDR 照片，然后再把多张 HDR 照片合成一张 HDR 全景图。而在 2018 年 10 月以后发布的 Lightroom Classic 中，只需要一个命令就可以把一系列用于合成 HDR 照片的照片合成 HDR 全景图。Lightroom Classic 会把整个过程自动化，并且以 DNG 格式保存合并后的图像，以便为后期留出更多空间。

我为曼哈顿拍摄了一组照片，每张照片有 5 次不同曝光，曝光值范围从 -2EV 到 2EV。这里我们只使用其中 6 张。我想在 Lightroom Classic 中把这些照片合成一张 HDR 全景图，并希望在这张全景图中把捕捉到的所有色调都表现出来。下面我们一起看一下 Lightroom Classic 是怎么帮助我们实现这个想法的。

❶ 在【图库】模块下，单击第一张照片 lesson06-0006，按住 Shift 键再单击最后一张照片 lesson06-0012，同时选中 7 张照片。

❷ 使用鼠标右键单击任意一张选中的照片，在弹出的快捷菜单中选择【照片合并】>【HDR 全景图】，如图 6-107 所示。执行该命令时，Lightroom Classic 会先把 7 张照片合并成 HDR 照片，然后再合成 HDR 全景图。

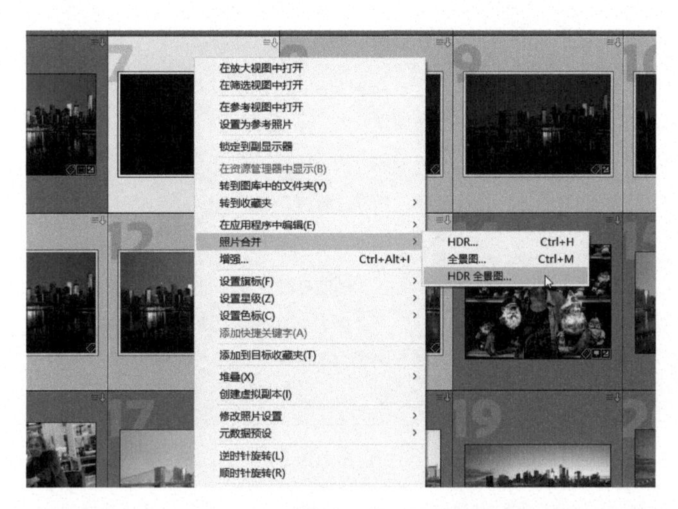

图 6-107

❸ 合成的 HDR 全景图四周有白色区域。在【HDR 全景合并预览】对话框中，Lightroom Classic 提供了 3 种投影模式，这里选择【球面】投影模式效果最好，如图 6-108 所示。

图 6-108

❹ 勾选【自动裁剪】复选框，Lightroom Classic 会裁剪掉大部分前景。相比之下，调整【边界变形】滑块或勾选【填充边缘】复选框效果会更好。

❺ 取消勾选【自动裁剪】复选框，勾选【填充边缘】复选框，Lightroom Classic 会把周围白色区域填充好，同时校正透视关系，如图 6-109 所示。

单击【合并】按钮，Lightroom Classic 开始合成 HDR 全景图。

❻ 合成完毕后，会得到一张非常棒的 HDR 全景图。整个合成过程都是 Lightroom Classic 自动完成的。进入【修改照片】模块，进一步调整照片色调，增加画面细节，如图 6-110 所示。

图 6-109

图 6-110

6.12 Lightroom Classic 中的高效操作

大多数情况下，使用 Lightroom Classic 处理照片都很容易。Lightroom Classic 中集成了大量功能和工具，这些功能和工具的作用都是帮助我们轻松实现自己的想法，创作出更多精彩的作品。在 Lightroom Classic 中，我们运用所学的知识和技术能够轻松实现自己的想法，但是如何提高效率呢？把调整设置应用到多张照片上就是一个提高照片处理效率的好方法。

6.12.1 使用【上一张】按钮把调整设置应用到下一张照片上

下面我们使用一种高效的方法快速调整 Synchronize Edits 收藏夹中的多张照片。先选中一张照片，做一些调整，然后使用【上一张】按钮把调整设置快速应用到下一张照片上。

❶ 在【图库】模块下，打开 Synchronize Edits 收藏夹，把【排序依据】设置为【文件名】，选择

照片 lesson06-0024（第一张照片），如图 6-111 所示。

图 6-111

❷ 进入【修改照片】模块，设置白平衡，把【色温】设置为 6100、【色调】设置为 +12。然后，把【对比度】设置为 +31、【高光】设置为 −33，对比效果如图 6-112 所示。

图 6-112

❸ 按右箭头键，移动到下一张照片。会发现当前照片与上一张照片一样存在白平衡和曝光问题。在右侧面板组下方单击【上一张】按钮，如图 6-113 所示，Lightroom Classic 会复制上一张照片的所有设置，并把它们应用到当前照片上。

图 6-113

6.12.2 使用【同步】按钮把调整设置应用到多张照片上

如果只有两张照片，可以使用【上一张】按钮把调整设置轻松地应用到另一张照片上。但是，如果有 50 张照片，再使用【上一张】按钮一张张地调整就会比较费事。这时，我们可以使用【同步】按钮，把调整设置一次性同步到多张照片上。

❶ 按快捷键 Command+Z/Ctrl+Z，撤销前一小节做的调整。

❷ 在胶片显示窗格中，单击第一张照片，按住 Shift 键单击最后一张照片（lesson06-0028），同时选中 4 张照片。第一张选中的照片用作源照片，我们会把它的调整设置同步到其他照片上。

❸ 单击右侧面板组下方的【同步】按钮，如图 6-114 所示。

图 6-114

❹ 在打开的【同步设置】对话框中单击左下角的【全部不选】按钮，然后选择第一张照片中修改过的设置；或者单击【全选】按钮，选择所有的设置选项。设置好同步选项之后，单击【同步】按钮，如图 6-115 所示。

此时，Lightroom Classic 会把第一张照片（源照片）上的调整设置同步到其他所选照片上，如图 6-116 所示，这大大加快了照片的处理速度。可以利用省下来的时间做一些更具创意的编辑工作，或者根据需要多添加一些细节。

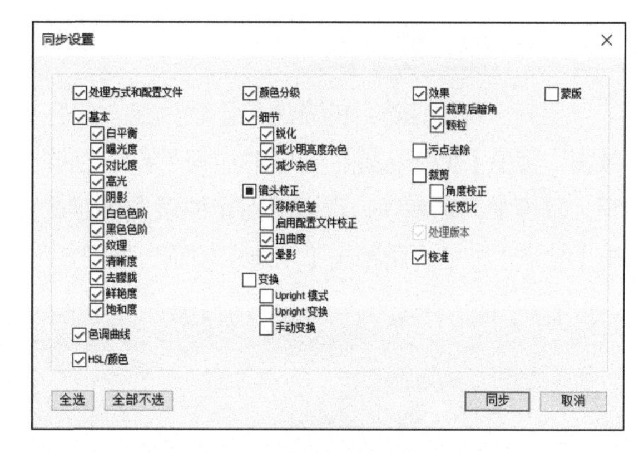

图 6-115

图 6-116

对收藏夹中的最后一张照片进行调整：设置【曝光度】为 -0.20、【对比度】为 +61、【高光】为 -91、【阴影】为 -2、【纹理】为 +5、【鲜艳度】为 +15，如图 6-117 所示。

图 6-117

6.12.3 创建修片预设

另外一种快速修片的方法是创建预设。打开 Develop Module Practice 收藏夹，选择第一张照片。单击【预设】面板标题栏右端的加号（+），在弹出的菜单中选择【创建预设】，在打开的【新建修改照片预设】对话框中，可以把指定的设置保存成预设。在【预设名称】文本框中输入“Un Dia”，单击【全选】按钮，再单击【创建】按钮，如图 6-118 所示。

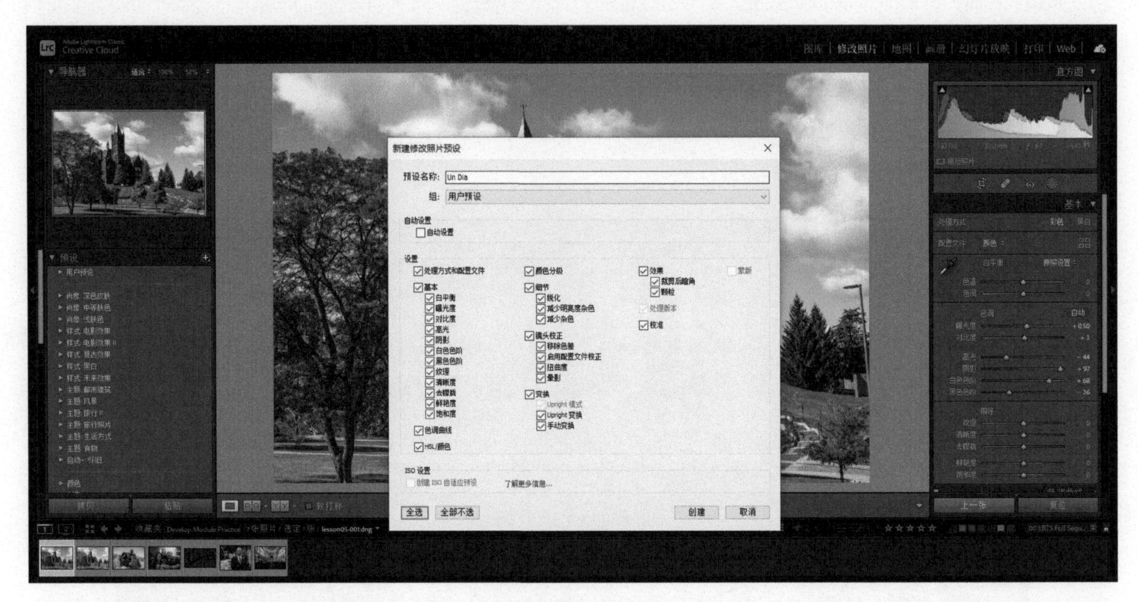

图 6-118

预设保存完成之后，可以在【预设】面板的【用户预设】下找到它。在【修改照片】模块下的胶片显示窗格中任选一张照片（例如打开 Selective Edits 收藏夹，选择照片 lesson06-0037），在【预设】面板的【用户预设】下单击创建的预设，将其应用到所选的照片上，如图 6-119 所示。

图 6-119

关于处理版本

处理版本（Processing Version，PV）指的是 Lightroom Classic 的底层图像处理技术。本书讲解的内容（特别是有关【基本】面板的内容）针对的底层图像处理技术的版本是 PV5，它于 2018 年推出。在【修改照片】模块下的【校准】面板中可以找到当前使用的是哪个处理版本。

在 2018 年之前使用 Lightroom Classic 调整照片时，使用的是另外一个处理版本。事实上，如果用的是 2012 年推出的版本，进入【修改照片】模块，会发现【基本】面板中某些滑块的外观和行为与当前版本的 Lightroom Classic 有很大不同。有些滑块名称变了，默认值也不同，尤其是【清晰度】滑块，早期版本与当前版本中使用的算法完全不一样。

如果喜欢旧的处理方式，可以不用管它，但是如果想使用 PV5 的改进功能，可以修改一下照片的处理版本。请注意，修改了处理版本之后，Lightroom Classic 的工作界面会发生一些变化。

按 G 键返回【图库】模块的【网格视图】中。可以在【网格视图】中选择一系列照片（先单击第一张照片，然后按住 Shift 键单击最后一张照片），在【快速修改照片】面板中的【存储的预设】下拉列表中选择创建的预设，将其应用到所选照片上，如图 6-120 所示。无疑，使用预设会大大节省照片处理时间，极大地提高工作效率。

图 6-120

6.13 复习题

1. 使用蒙版工具时，【选择主体】【选择天空】【画笔】有什么区别？
2. 在 Lightroom Classic 中编辑一张照片时，可以综合使用多种蒙版吗？
3. 哪种蒙版工具最适合用来选择照片中的特定亮度？
4. 选择蒙版工具下的某个局部调整工具后，如何重置其选项面板中的所有滑块？
5. 如何移除一部分线性渐变或径向渐变效果？
6. 【污点去除】工具的【仿制】模式与【修复】模式有何不同？
7. 在【HSL/颜色】面板、【黑白】面板、【色调曲线】面板中，【目标调整】工具是如何工作的？
8. 如何把一张照片上的修改同步到多张照片上？

6.14 答案

1. 【选择主体】与【选择天空】使用基于像素的蒙版，它们使用灰度来生成选区。【画笔】工具使用基于矢量的蒙版来节省空间。
2. 编辑照片时，可以创建智能蒙版，并在【蒙版】面板中快速添加或减去其他蒙版，甚至还可以向现有蒙版添加基于矢量的蒙版。
3. 【明亮度范围】蒙版工具最适合用来选择照片中的特定亮度。可以在明亮度范围渐变条中进一步调整选择的范围。
4. 使用蒙版工具下的某个局部调整工具（【线性渐变】【径向渐变】【画笔】工具）时，在选项面板中双击【效果】，即可重置所有滑块。
5. 创建好线性渐变或径向渐变后，在【蒙版】面板中单击【减去】按钮，然后在弹出的菜单中选择某个局部调整工具指定目标范围，将其从现有范围中减去，即可移除一部分线性渐变或径向渐变效果。
6. 使用【污点去除】工具时，选择【修复】模式时，Lightroom Classic 会自动混合周围像素；选择【仿制】模式时，Lightroom Classic 会直接执行复制、粘贴操作。
7. 使用【目标调整】工具在画面特定区域中拖动可调整该区域中的颜色或色调，这个过程中并不需要准确知道哪些颜色或色调受到影响。
8. 调整同一光照环境下拍摄的多张照片时，先选择一张照片做调整，然后选择所有照片，再单击右侧面板组底部的【同步】按钮，在打开的【同步设置】对话框中选择希望同步的选项，单击【同步】按钮即可将修改同步到所有照片上。

摄影师
拉坦娅·亨利（LATANYA HENRY）

“摄影使我有机会与世界各地的人建立联系，这种联系跨越了语言的障碍。”

我十岁那年有了人生的第一台相机——Kodak 110，一有时间我就带着它到处拍照。

从小我就喜欢通过相机来探索世界，喜欢记录周围重要的人和时刻。我喜欢用相机拍摄时间切片，留作岁月的记忆。

我从事过人像摄影工作，通过它，我认识了形形色色的人，并帮助他们看到了自己独特的美。我还从事过婚礼摄影工作，婚礼摄影重新点燃了我捕捉人物故事的热情。在与客户合作的过程中，我有幸了解了他们的个性和家庭，记录了他们一些最珍贵的时刻，帮他们把爱情故事一直保留下去。

时至今日，无论走到哪里，我都会带着相机。摄影使我有机会与世界各地的人建立联系，这种联系跨越了语言障碍。摄影让我能够捕捉到生活中的一些美妙瞬间，把记忆定格在时间中。从婚礼到旅行，再到与家人在一起的普通日子，我总能从记录美好瞬间的过程中体会到快乐。

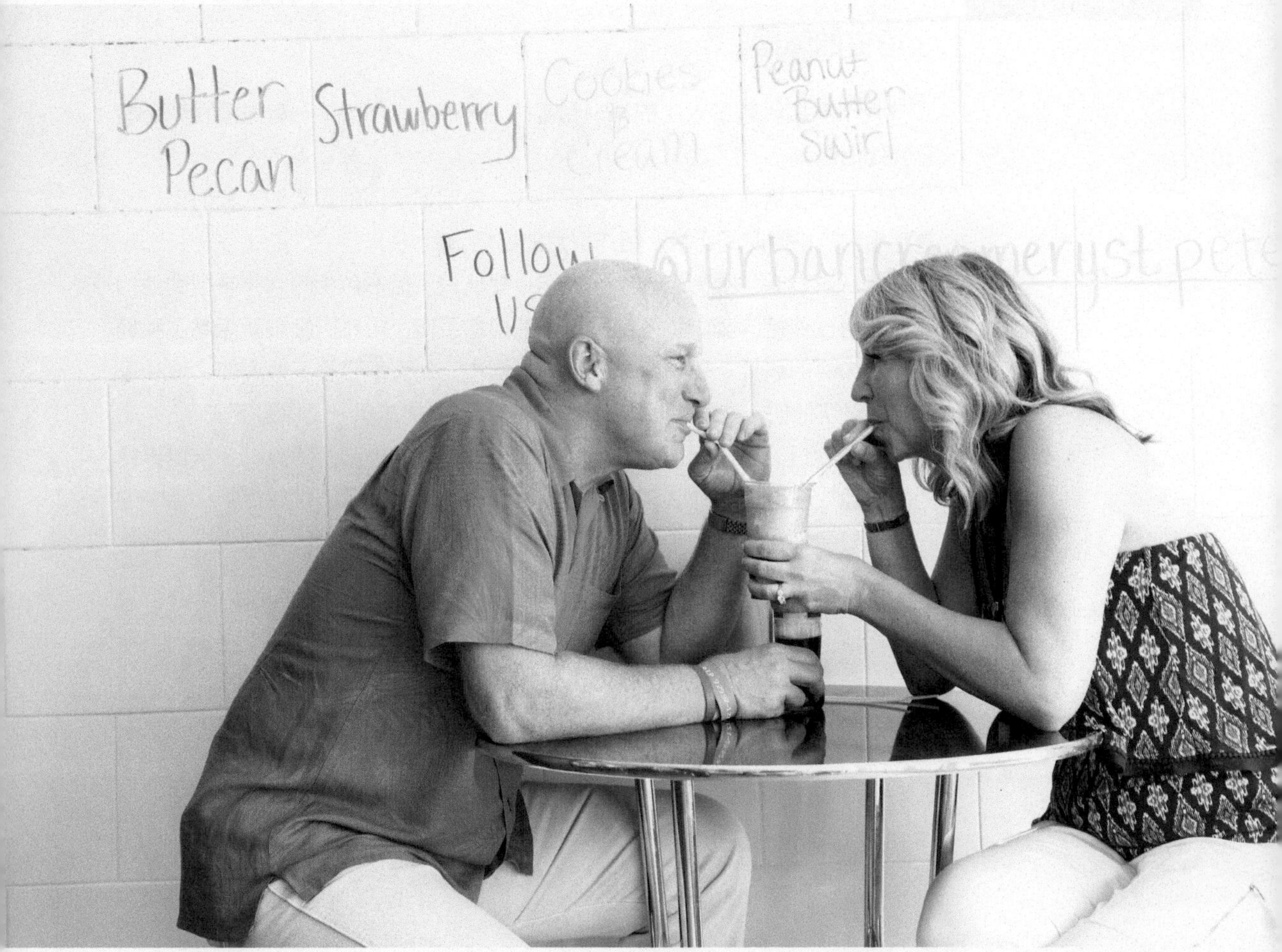
Butter
Pecan
Strawberry
Peanut
Butter
Swirl
Follow

THE
Parkers
EST. 2018

第 7 课

制作画册

课程概览

本课主要讲解以下内容。

- 使用照片单元格调整页面布局模板
- 设置页面背景
- 在布局中放置与安排照片
- 在画册中添加文本
- 使用【文本调整】工具
- 存储画册、自定义页面布局、进行画册布局
- 导出画册

学习本课需要 1 ~ 2 小时

在【画册】模块中可以找到制作画册需要的一切工具，也可以把制作好的画册直接从 Lightroom Classic 上传到按需打印服务商（如 Blurb）进行打印，当然还可以把画册输出成 PDF 文件，然后发送到自己的打印机上进行打印。基于模板的页面布局、直观的编辑环境和先进的文本工具，用户能够以最好的方式呈现照片。

7.1 课前准备

在学习本课内容之前，请确保已经为课程文件创建好了 LRC2022CIB 文件夹，并创建了 LRC2022CIB 目录文件来管理它们，具体做法请阅读本书前言中的相关内容。

将下载好的 lesson07 文件夹放入 LRC2022CIB\Lessons 文件夹中。

❶ 启动 Lightroom Classic。

❷ 在打开的【Adobe Photoshop Lightroom Classic- 选择目录】对话框中，选择 LRC2022CIB Catalog.lrcat 文件，单击【打开】按钮，如图 7-1 所示。

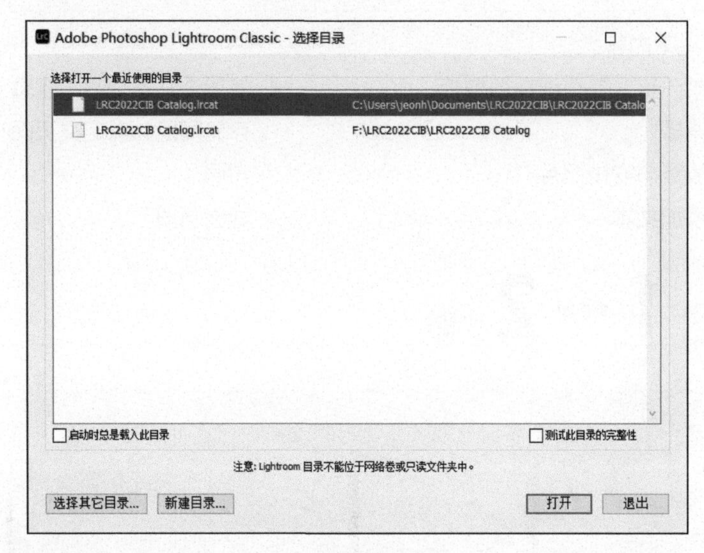

图 7-1

❸ Lightroom Classic 在【正常】屏幕模式中打开，当前打开的模块是上一次退出 Lightroom Classic 时的模块。在工作区右上方的模块选取器中单击【图库】，如图 7-2 所示，进入【图库】模块。

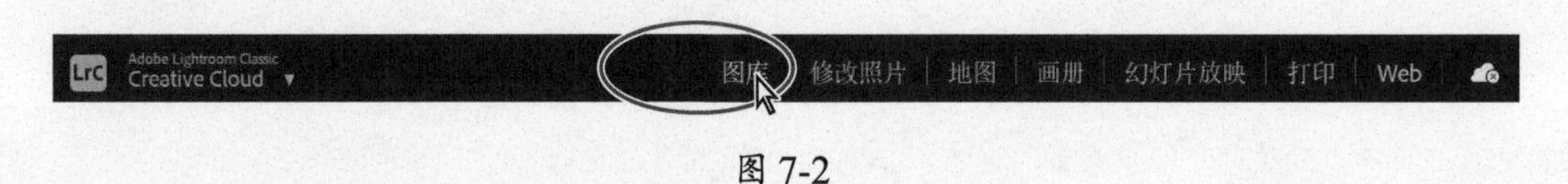

图 7-2

7.2 把照片导入图库

把本课要用到的照片导入 Lightroom Classic 图库中。

❶ 在【图库】模块下单击左侧面板组左下角的【导入】按钮，如图 7-3 所示。

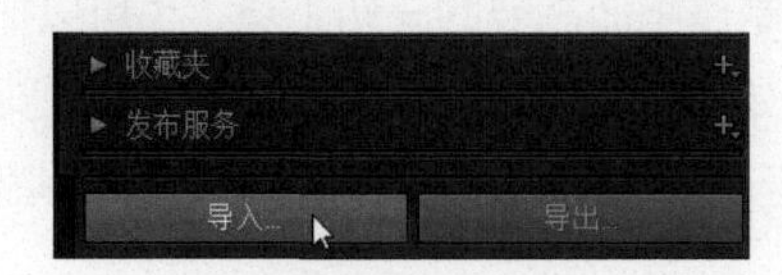

图 7-3

❷ 若【导入】对话框当前处在紧凑模式下，请单击对话框左下角的【显示更多选项】按钮（向

下三角形），如图 7-4 所示，使【导入】对话框进入扩展模式，显示所有可用选项。

图 7-4

❸ 在左侧的【源】面板中找到并选择 LRC2022CIB\Lessons\lesson07 文件夹，选中 lesson07 文件夹中的 19 张照片，准备导入它们。

❹ 在预览区上方的导入选项中选择【添加】，Lightroom Classic 会把导入的照片添加到目录文件中，但不会移动或复制原始照片。在右侧的【文件处理】面板中的【构建预览】下拉列表中选择【最小】，取消勾选【不导入可能重复的照片】复选框。在【在导入时应用】面板中的【修改照片设置】下拉列表和【元数据】下拉列表中选择【无】，在【关键字】文本框中输入“Lesson 07,Fall”。参考图 7-5，检查设置是否无误，然后单击【导入】按钮。

图 7-5

当从 lesson07 文件夹把 19 张照片导入 Lightroom Classic 之后，就可以在【图库】模块下的【网格视图】和工作区底部的胶片显示窗格中看到它们了。

7.3 收集照片

制作画册的第一步是收集照片，也就是要选择把哪些照片放入画册中。前面导入的照片在【上一次导入】文件夹中，如图 7-6 所示，我们就使用这些照片来制作画册。

但是，【上一次导入】文件夹只是一个临时分组，我们无法重排里面的照片，也无法从项目中排除某张照片且保证不从目录文件中删除它。其实，我们可以把某个收藏夹或文件夹（不包含子文件夹）

用作画册照片的来源，它们都允许在【网格视图】或胶片显示窗格中重新排列照片。这里，我们新建一个收藏夹，把用来制作画册的照片放入其中。使用收藏夹时，可以轻松地把一张照片从收藏夹中删除，而不用把它从目录文件中删除。

图 7-6

❶ 在【目录】面板中选择【上一次导入】文件夹，或者在【文件夹】面板中选择 lesson07 文件夹，将其作为画册的照片源，然后按快捷键 Command+A/Ctrl+A，或者在菜单栏中选择【编辑】>【全选】。

❷ 在【收藏夹】标题栏右端单击加号（+），在弹出的菜单中选择【创建收藏夹】。在打开的【创建收藏夹】对话框的【名称】文本框中输入“Fall Foliage”，勾选【包括选定的照片】复选框，其他复选框全部取消勾选，然后单击【创建】按钮。此时，Fall Foliage 收藏夹会出现在【收藏夹】面板中，且处于选中状态，如图 7-7 所示。

图 7-7

❸ 在菜单栏中选择【编辑】>【全部不选】。在工具栏中把【排序依据】设置为【拍摄时间】，然后在工作区右上角的模块选取器中单击【画册】，如图 7-8 所示。

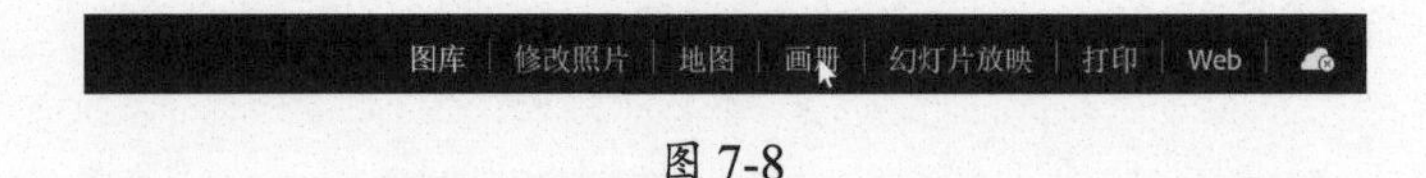

图 7-8

7.4 使用【画册】模块

无论是想纪录家庭生活中某个重要的时刻或整理某次难忘的旅行，还是想展示个人作品，制作画册都是一个非常吸引人且常用的手段。在【画册】模块中，可以找到制作画册需要的一切工具，还可以把制作好的画册直接上传到按需打印服务商（如 Blurb）进行打印，当然还可以把画册导出为 PDF 文件，然后发送到自己的打印机上进行打印。

7.4.1 创建画册

在工作区中，是否能够看到那些已经放在页面布局中的照片，取决于是否已经使用过【画册】模块下的工具和控件。

❶ 在工作区顶部的标题栏中单击【清除画册】按钮，如图 7-9 所示。若标题栏未显示，请在菜单栏中选择【视图】>【显示标题栏】。

图 7-9

❷ 在右侧面板组顶部的【画册设置】面板中的【画册】菜单中选择【Blurb 图册】，确保【大小】【封面】【纸张类型】【徽标页面】分别设置为【标准横向 \s\t10 × 8 英寸（25 × 20 厘米）】【精装版图片封面】【高级光泽纸】【开启】，如图 7-10 所示。当前设置的打印评估价格会显示在面板底部。

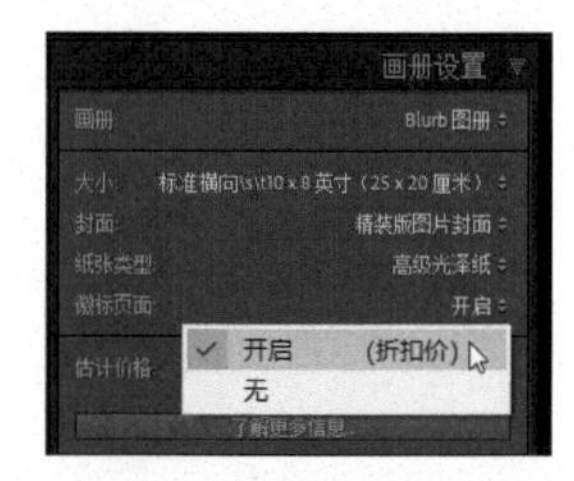

图 7-10

❸ 在工具栏（位于工作区底部）最左端单击【多页视图】按钮，如图 7-11 所示。在【视图】菜单中取消【显示叠加信息】的选择。

图 7-11

❹ 在菜单栏中选择【画册】>【画册首选项】，在打开的【画册首选项】对话框中检查各个选项。在【默认照片缩放】下拉列表中可以选择【缩放以填充】或者【缩放到合适大小】，在【自动填充选项】选项组中可以勾选【开始新画册时自动填充】复选框，在【文本选项】选项组中可以设置文本框行为。请保持默认设置，关闭【画册首选项】对话框，如图 7-12 所示。

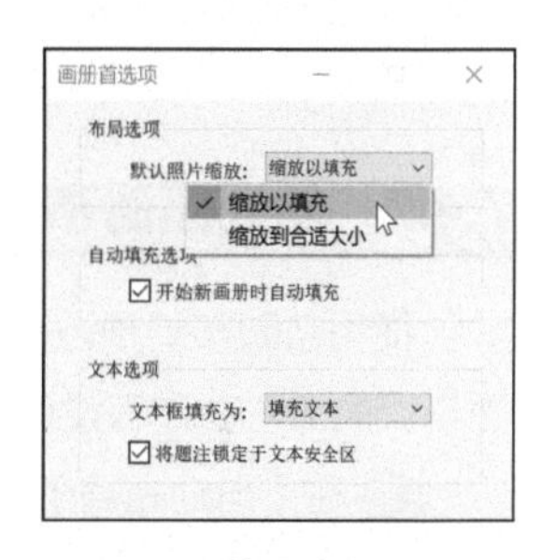

图 7-12

默认设置下，自动填充功能处于开启状态。第一次进入【画册】模块时，会看到收藏夹中的照片已经出现在了默认布局中。设计一个新画册时，最好从自动生成的布局开始做起，尤其是还不确定要什么样的布局时。

注意 如果要将画册发送给 Blurb，自动布局允许的最多页数是 240 页。若发布成 PDF 文件，则自动布局的页数没有限制。

❺ 展开【自动布局】面板，从自动布局的【预设】菜单中选择【左侧空白，右侧一张照片，具有照片文本】，然后单击【自动布局】按钮，如图 7-13 所示。把鼠标指针移动到工作区中，滚动鼠标滚轮，查看所有页面的缩览图。在【自动布局】面板中单击【清除布局】按钮，再在【预设】菜单中选择【每页一张照片】，单击【自动布局】按钮。

图 7-13

❻ 在工作区中滚动鼠标滚轮，查看所有页面的缩览图，在【多页视图】中页面缩览图是双栏排列的。按 F5 键与 F7 键，或者单击工作区顶部边框或左侧边框中的三角形，隐藏模块选取器和左侧面板组，扩大预览区。在工具栏中拖动【缩览图】滑块，可放大或缩小缩览图。

Lightroom Classic 生成一个带封面的画册，收藏夹中的每张照片都在单独的一页上（按照胶片显示窗格中的顺序排列），第 20 页上出现 Blurb 徽标。我们无法把照片放到 Blurb 徽标页面中，但是可以在【画册设置】面板中禁用它，如图 7-14 所示。

注意 如果画册最后一页有 Blurb 徽标，他们会给你一个折扣价。

Lightroom Classic 会把胶片显示窗格中的第一张照片放在封面上，把最后一张照片放在封底上。胶片显示窗格中的每张照片上方都有一个数字，它代表一张照片在画册中出现的次数。第一张照片和最后一张照片在画册中出现了两次，分别在封面和第 1 页、封底和第 19 页中。

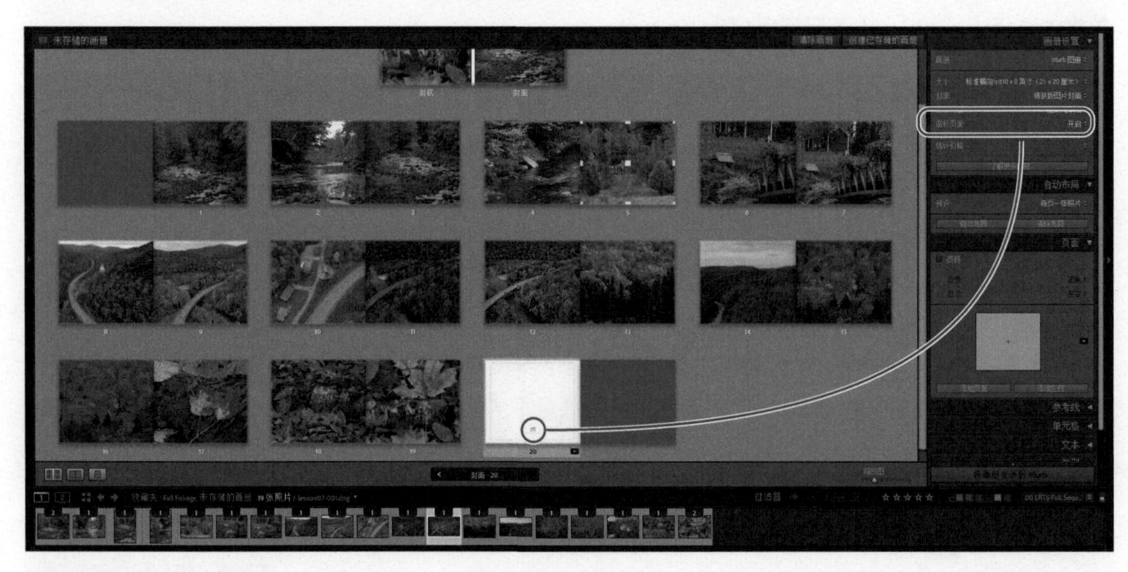

图 7-14

提示 如果希望在单击【自动布局】按钮之前重新调整胶片显示窗格中照片的顺序，那么需要先保存画册。

7.4.2 创建画册布局

使用自动布局预设有助于我们快速开始制作画册。应用预设之后，我们只需把精力集中到个别版面与页面上，在现有设计中添加一些变化和进行改动即可。这里，我们打算从零开始创建画册布局。

❶ 在【自动布局】面板中单击【清除布局】按钮。

❷ 使用鼠标右键单击【页面】面板标题栏，在弹出的快捷菜单中选择【单独模式】。

❸ 在【多页视图】中双击封面，将其在【单页视图】中打开。

双击封面后，Lightroom Classic 会在【单页视图】中显示画册的封面与封底，并且选中封面的照片单元格。此时，【页面】面板中显示的是默认封面布局模板的预览图，包括两个照片单元格（中央有十字线）和一个沿着书脊放置的狭长的文本单元格。

❹ 在【页面】面板中单击预览图右侧的【更改页面布局】按钮（向下三角形）。当然，也可以在工作区中单击封面对页右下角的【更改页面布局】按钮（向下三角形），如图 7-15 所示。

❺ 在页面模板选择器中查看所有可用的封面布局模板。中间带有十字线的灰色区域代表的是照片单元格，有水平线填充的矩形是文本单元格。在布局模板列表中选择第三个模板。模板中央的十字线代表这个模板只有一个照片单元格（跨封面封底），模板中还有 3 个文本单元格，一个在封底、一个在封面、一个在书脊，如图 7-16 所示。

❻ 展开【参考线】面板，勾选【显示参考线】复选框，然后依次勾选其下的各个复选框，观察工作区中的布局有何变化。把鼠标指针放到布局中，左右移动，可以看到文本单元格的边框，如图 7-17 所示。

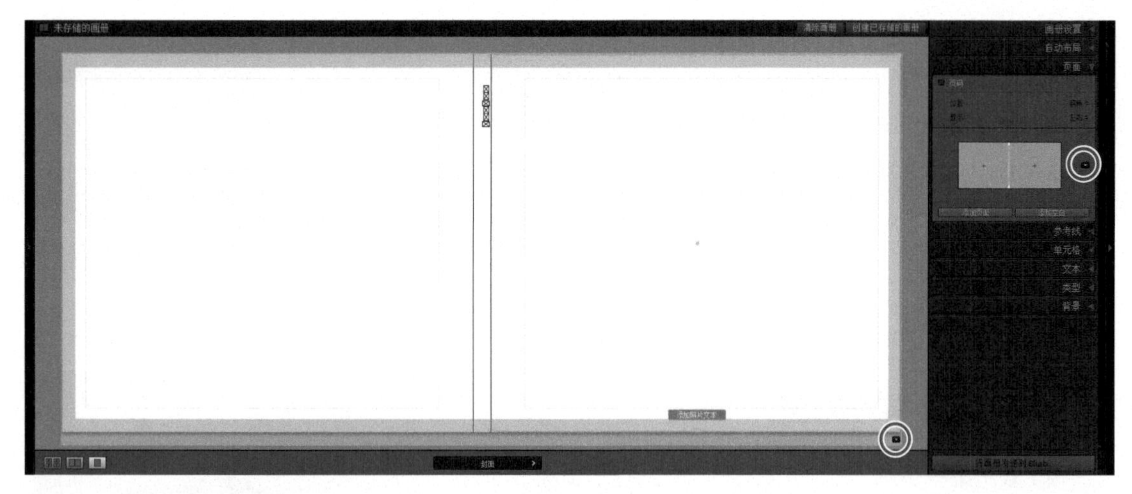

图 7-15

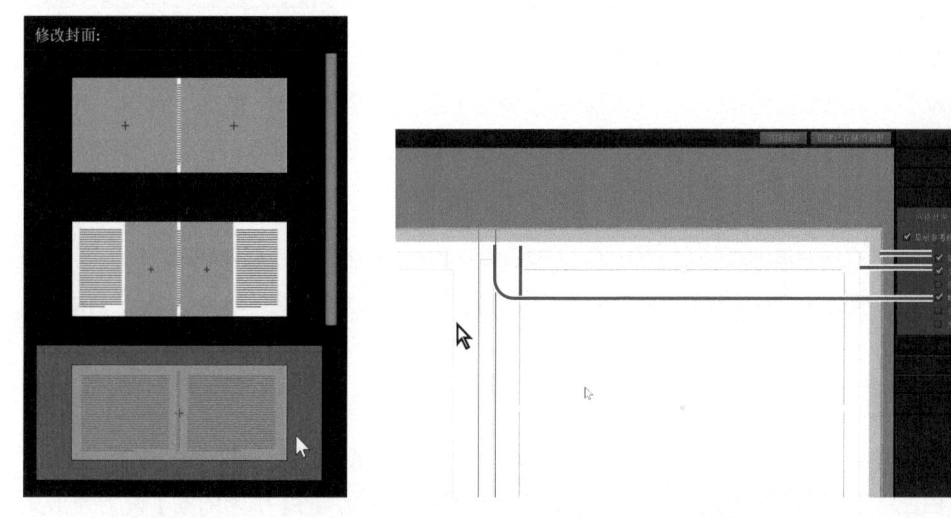

图 7-16　　图 7-17

【页面出血】是一个灰色边框，这个边框在打印之后会被裁剪掉。【文本安全区】是一个灰色的细线框，这个区域中的文本会被很好地保留下来，不会出现被意外裁剪掉的问题。勾选【填充文本】复选框可显示填充文本，这些填充文本标出了文本单元格的位置。单击文本单元格时，填充文本会自动消失。

❼ 取消勾选【照片单元格】复选框，其他 3 个复选框（【页面出血】【文本安全区】【填充文本】）保持勾选状态，然后在工具栏中单击【多页视图】按钮。

画册的第一页总是在第一个对页的右侧；左侧灰色区域代表的是封面内部，它不会被打印。同样地，画册（委托 Blurb 印刷的画册）的最后一页一定位于最后一个对页的左侧。目前的画册中包含一个封面（封底）和一个双面页（背面有 Blurb 徽标）。

❽ 使用鼠标右键单击第 1 页，在弹出的快捷菜单中选择【添加页面】。此时，第二个对页出现在【多页视图】中。再使用鼠标右键单击第 2 页，在弹出的快捷菜单中选择【添加页面】，把同样的页面布局复制到第 3 页。

❾ 单击第 2 页，然后单击页面右下角的【更改页面布局】按钮，打开页面模板选择器。

内页与封面不一样，其布局模板是按照风格、项目类型、每页照片数目分类的。

⑩ 单击【2 张照片】，下方会列出所有包含两个照片单元格的模板。选择第 4 个模板，该布局无文本单元格，页面中包含两个照片单元格，如图 7-18 所示。在【参考线】面板中勾选【照片单元格】复选框，可以看到变化之后的页面布局。

> **提示** 在页面模板选择器中把鼠标指针移动到某个布局模板缩览图上，单击右上角的小圆圈，即可把相应布局模板添加到【收藏夹】中。

图 7-18

7.4.3 在画册中添加页码

❶ 双击第一页进入【单页视图】，然后在【页面】面板顶部勾选【页码】复选框，在【位置】菜单中选择【底角】，在【显示】菜单中选择【左右】。使用鼠标右键单击第一页，在弹出的快捷菜单中选择【全局应用页码样式】。

❷ 在页面预览中单击新页码单元格，然后展开【类型】面板，设置字体、样式、大小、不透明度。选择【全局应用页码样式】后，所有页码样式的修改都会应用到整个画册中。目前，请保持默认设置不变。

> **注意** 页码单元格的快捷菜单中还有【隐藏页码】【起始页码】两个命令。使用【隐藏页码】命令可隐藏所选页面上的页码，使用【起始页码】命令可以把起始页码设置成一个非 1 的数字。

7.4.4 在页面布局中添加照片

不论在哪种视图中，都可以轻松地把一张照片添加到一个页面布局中。

❶ 在工具栏左端单击【多页视图】按钮，然后返回【图库】模块，把【排序依据】设置为【文件名】。再回到【画册】模块，按住鼠标左键把照片 lesson07-006 拖至封底与封面上，如图 7-19 所示。释放鼠标左键后，照片会自动缩放，同时填满封底与封面。

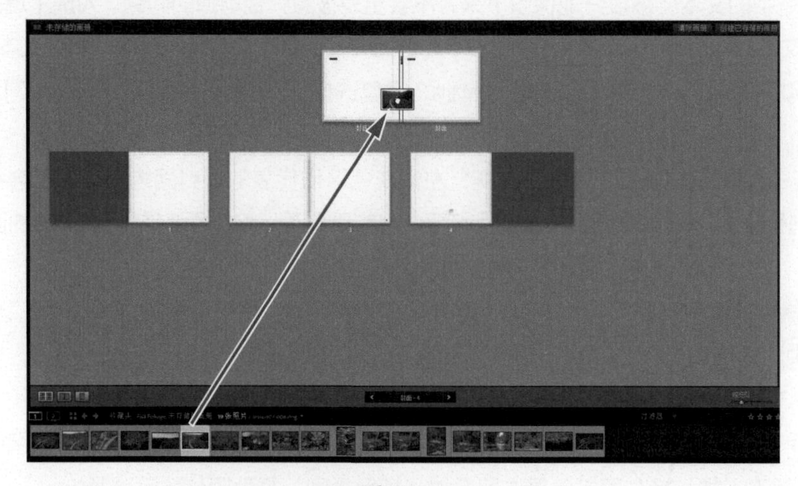

图 7-19

❷ 把照片 lesson07-007 从胶片显示窗格拖动到第 1 页（多页视图）中，把照片 lesson07-011 和 lesson07-014 分别拖动到第 2 页的左侧照片单元格和右侧照片单元格中，把照片 lesson07-013 拖动到第 3 页中，效果如图 7-20 所示。

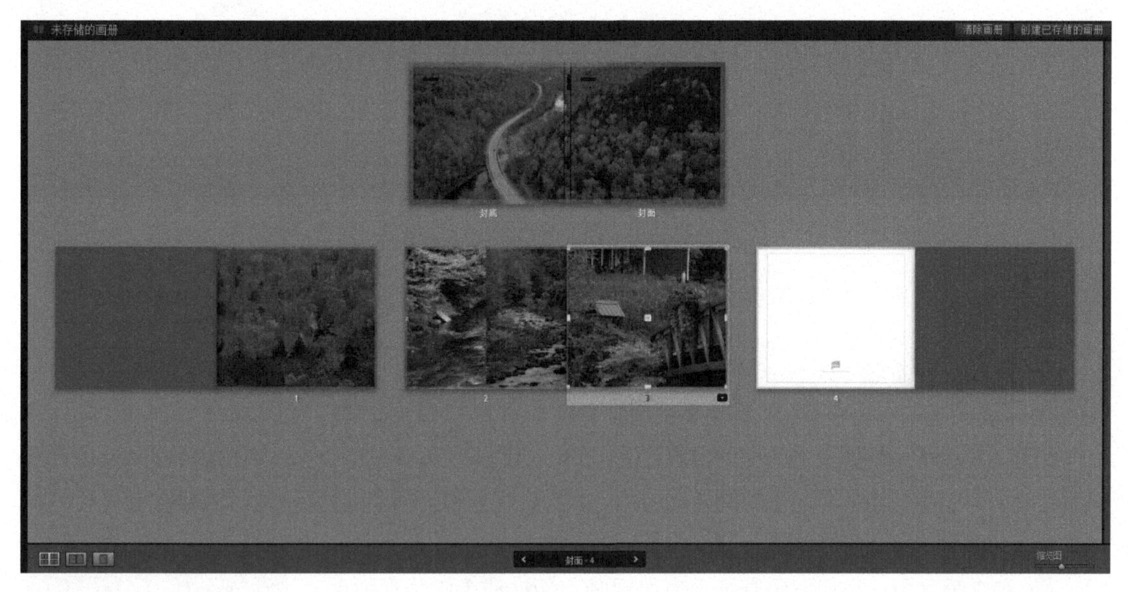

图 7-20

提示 照片单元格右上角出现感叹号代表照片的分辨率不够高，照片在当前尺寸下的打印效果不好。此时，可以缩小布局中照片的尺寸，但如果觉得打印效果可以接受，也可以忽略这个警告。

7.4.5 修改画册中的照片

在页面布局中使用鼠标右键单击某张照片，在弹出的快捷菜单中选择【删除照片】，可以把照片从页面布局中删除。如果想替换页面布局中的现有照片，就不必先删除它。

❶ 把照片 lesson07-015 拖动到第 1 页中，它会替换掉原有照片 lesson07-007。

❷ 在【多页视图】中，把第 1 页中的照片 lesson07-015 拖动到第 3 页中的照片 lesson07-013 上，如图 7-21 所示。此时，这两页中的照片会相互交换位置，如图 7-22 所示。

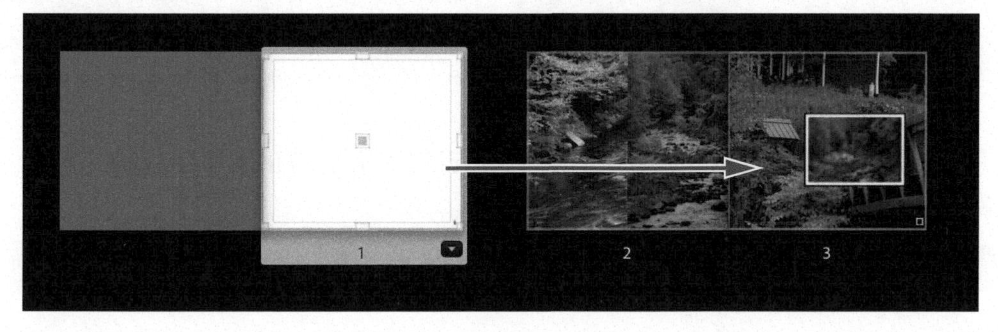

图 7-21

拖动照片时，照片缩览图会随着鼠标指针移动，请确保不是页面随着鼠标指针移动。如果移动了页面，请把它拖回原处，然后再试一次。请一定要从照片单元格内部开始拖照片。

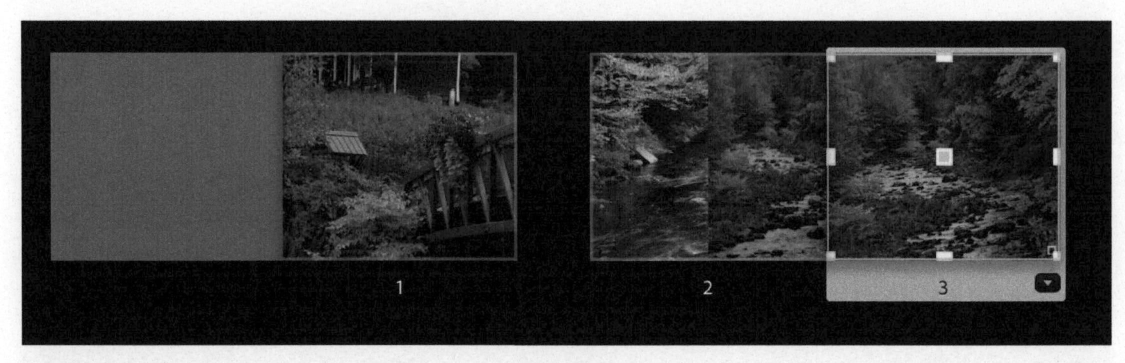

图 7-22

> 提示　我们可以轻松地调整画册中页面的顺序，方法是在【多页视图】中把它们拖动到新位置。

7.4.6　使用照片单元格

页面布局模板中的照片单元格的位置是固定的，我们无法删除它们，无法调整它们的大小，也无法移动它们。但是，我们可以使用单元格边距（照片边缘到单元格边框的距离）调整照片在页面布局中的位置，使其位于指定的位置上。

❶ 双击第 3 页，画册编辑器从【多页视图】切换成【单页视图】，如图 7-23 所示。

图 7-23

❷ 单击照片将其选中，然后拖动【缩放】滑块。向右拖动滑块，放大照片，当照片放大到一定程度（超过 18%）时，右上角就会出现一个感叹号，警告在此放大倍率下照片的打印效果不佳。使用鼠标右键单击照片，在弹出的快捷菜单中选择【缩放照片以填满单元格】，Lightroom Classic 会缩放照片，使其最短边填满单元格（这里缩放比例为 11%）。沿水平方向拖动照片，调整照片在单元格中显示的区域。把【缩放】滑块拖到最左端，此时照片上方会出现空白区域，选择照片，按住鼠标左键向上拖动，使照片靠顶部对齐，如图 7-24 所示。

图 7-24

❸ 把当前照片的缩放比例设置为 8%。展开【单元格】面板，向右拖动边距【数量】滑块，或者在右侧输入“75 磅”，增加边距，如图 7-25 所示。

> 提示　若看不到【数量】滑块，请单击边距值上方的白色三角形。

❹ 单击边距值上方的白色三角形，展开边距控件。默认设置下，4 个控件链接在一起，调整其中任意一个控件，其他几个控件会跟着一起变化。取消勾选【链接全部】复选框，就可以分别调整各个控件的滑块了。这里，我们把【上】边距设置为 95 磅，把【下】边距设置为 162 磅，如图 7-26 所示。

图 7-25

图 7-26

开始时，先选择一个合适的模板，然后设置照片的单元格边距。接下来，就可以把照片放到页面的任意一个地方进行裁剪了。

❺ 在【单元格】面板中勾选【链接全部】复选框，然后向左拖动任意一个滑块，把 4 个方向上的边距值全部设置为 0。在【单页视图】中使用鼠标右键单击照片，在弹出的快捷菜单中选择【缩放照片以填满单元格】。沿水平方向拖动照片，选取一个满意的画面区域。

❻ 在工具栏中单击【跨页视图】按钮，如图 7-27 所示，同时观看第 2 页和第 3 页。

图 7-27

❼ 选择第 2 页中的左侧照片，在【单元格】面板中的【链接全部】复选框处于勾选的状态下，把 4 个边距全部设置为 50 磅，然后取消勾选【链接全部】复选框，把【右】边距设置为 15 磅。对第 2 页中的右侧照片进行同样的设置，但这次是把【左】边距设置为 15 磅，效果如图 7-28 所示。

⑧ 双击第 2 页下方的黄色区域，在【单页视图】中显示第 2 页。左侧照片的缩放比例大约是 4%，右侧照片的缩放比例大约是 10%。在单元格边距内拖动照片，调整要显示的区域。为了看得更清楚，单击页面外部的灰色区域取消选择页面。

⑨ 在【单页视图】下方的工具栏中单击左箭头，跳到第 1 页，然后向左移动照片，以包含更多的红花，如图 7-29 所示。

图 7-28

图 7-29

⑩ 在页面之外单击以取消选择照片。在工具栏中单击【多页视图】按钮，浏览所做的修改。

7.4.7 设置页面背景

默认设置下，新画册中的所有页面共用一个纯白背景。但其实，我们可以轻松地改变背景颜色、设置部分透明的背景照片，或者从图库中选择一张照片充当背景，也可以应用设计到整个画册中或画册的某个页面中。

下面我们向画册中添加两个跨页并设置背景。

❶ 使用鼠标右键单击第 4 页，在弹出的快捷菜单中选择【添加页面】。使用鼠标右键单击第 5 页，在弹出的快捷菜单中选择【添加页面】，应用默认布局。再使用鼠标右键单击第 6 页，在弹出的快捷菜单中选择【添加空白页】。

❷ 在【多页视图】中单击第 6 页，然后在工具栏中单击【跨页视图】按钮。

❸ 展开【背景】面板，取消勾选【全局应用背景】复选框，然后把照片 lesson07-018 拖动至【背景】面板中的预览窗格中。拖动【不透明度】滑块，把照片的不透明度设置为 43%，如图 7-30 所示。

图 7-30

❹ 勾选【背景色】复选框，然后单击右侧的颜色框，如图 7-31 所示，打开拾色器。把拾色器右侧的【饱和度】滑块拖至其范围的三分之二处，然后使用吸管在拾色区域中选择一种柔和的颜色。这里选择的颜色值是：R（98）、G（100）、B（89）。按 Return 键 /Enter 键，关闭拾色器。

❺ 在【背景】面板中勾选【全局应用背景】复选框，然后在工具栏中单击【多页视图】按钮。

图 7-31

此时，背景应用到了每个页面中（不包括含 Blurb 徽标的页面，其仅应用颜色），可以在第 4、第 5、第 6、第 7 页，以及第 2 页的照片之后看到背景。在其他页面中，背景隐藏在照片单元格之后。

❻ 取消勾选【背景色】复选框，然后使用鼠标右键单击预览窗格中的照片，在弹出的快捷菜单中选择【删除照片】。取消勾选【全局应用背景】复选框。

❼ 在【多页视图】中选择第 2 页，然后在【背景】面板中勾选【背景色】复选框。单击颜色框，打开拾色器，然后单击拾色器顶部的黑色。按 Return 键 /Enter 键，关闭拾色器。

7.5 向画册添加文本

在【画册】模块下，向画册添加文本的方法有好几种，每种方法适用于不同的情况。

- 页面布局模板中的文本单元格：位置固定，我们不能删除、移动它们，也不能调整它们的大小；但是，我们可以通过调整单元格边距把文本放到页面的任意位置上。
- 照片文本：是一个文本单元格，且与布局中的一张照片链接在一起；可以把它放到照片上方、下方或者叠加到照片上，也可以沿着页面垂直移动它。
- 页面文本：是一个文本单元格，且与整个页面（非某张照片）链接在一起，占据整个页面宽度；可以沿垂直方向移动它们，也可以通过调整单元格边距，水平设置文本位置，把自定义文本放到布局中的任意位置。

在一个页面中，即便这个页面是建立在一个没有固定文本单元格的布局模板上，也可以添加一个页面文本，或者为每张照片分别添加一个照片文本。固定文本单元格和照片文本中的内容可以是自定义的文本，也可以是从照片元数据中提取出来的标题或说明文本。

【画册】模块中集成了多个先进的文本工具，借助这些文本工具，可以全面控制文本样式。调整文本属性时，既可以使用滑块，也可以直接输入数值，当然还可以使用【文本调整】工具做可视化调整。

7.5.1 使用文本单元格

前面提到，页面布局模板中的文本单元格是固定的，但是，可以通过调整单元格边距把文本放到页面布局指定的地方。

❶ 单击【多页视图】按钮查看整个画册布局，然后双击“封面”二字，在【单页视图】中显示封面与封底。单击封面中心，选择固定的文本单元格。

> 提示 如果希望选择某个页面或跨页，而非布局中的文本单元格与照片单元格，请在缩览图边缘附近或者紧贴其下单击。

❷ 展开【类型】面板，把【文本样式预设】设置为【自定】，以适应手动输入的文本，而不是照片中的元数据。

❸ 从预设下的菜单中选择字体与字体样式。这里选择【Arial】与【Regular】。单击【字符】颜色框，打开拾色器。在拾色器顶部单击白色，然后按Return键/Enter键，关闭拾色器。把【大小】设置为47.0磅、【不透明度】设置为100%。在面板左下角单击【居中对齐】按钮，如图7-32所示。

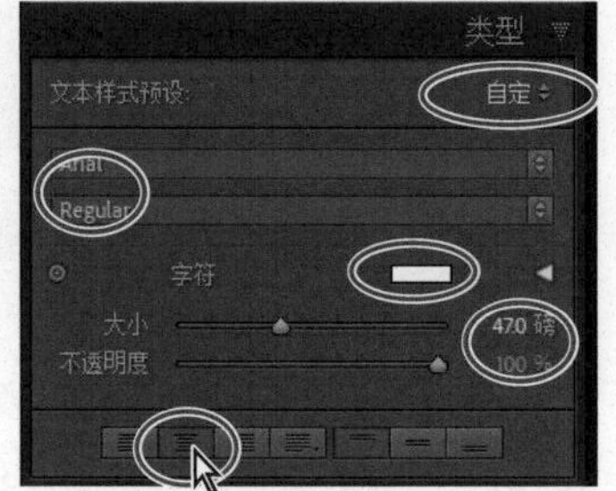

图 7-32

❹ 在文本单元格中输入“Fall in the”，按Return键/Enter键，再输入“Adirondacks”。双击文本Adirondacks将其选中，然后把【大小】修改为90.0磅。

❺ 在文本处于选中的状态下，单击【字符】颜色框右侧的白色三角形，展开更多文本调整控件。把【行距】（选定的文本与上面一行文本之间的间距）设置为69.0磅。为了使文本在绿色区域中，选择两行文本，然后在【类型】面板底部单击【右对齐】按钮，如图7-33所示。

图 7-33

> 提示 一旦修改【行距】值，文本调整控件下方的【自动行距】按钮就可用了。单击它，可快速恢复默认设置。【自动字距】按钮的工作方式也一样。

❻ 在文本单元格中单击，不要碰到文本，保持单元格处于选中状态，同时取消选择文本，然后展开【单元格】面板，取消勾选【链接全部】复选框，然后把【上】边距设置为 60 磅，如图 7-34 所示。

图 7-34

7.5.2 细调文本

在【类型】面板中，Lightroom Classic 提供了一系列强大、易用的文本工具。借助这些文本工具，可以精细调整文本样式。在【类型】面板中，可以通过调整滑块或者输入数值来设置文本属性，也可以使用【文本调整】工具直观地调整文本。

❶ 展开【类型】面板，在【大小】滑块与【不透明度】滑块下有 4 个控件，如下。

- 字距调整：调整所选文本中的字母之间的距离，调整【字距调整】滑块可以改变文本的整体外观和可读性，使文本字母彼此拉开或者靠得更近。
- 基线：调整所选文本相对于基线的垂直位置。
- 行距：调整所选文本与其上一行文本之间的距离。
- 字距：调整光标前后两个字母之间的距离。调整某些字母对之间的距离时会导致字母间隔看上去不均匀；调整两个字母之间的距离时，先把光标放到这两个字母之间，然后调整【字距】滑块即可。

❷ 选择封面上的所有文本，在【类型】面板下【字符】颜色框的左侧单击【文本调整】工具，将其激活，如图 7-35 所示。

❸ 左右拖动所选文本，可以调整文本大小。调整是相对的，文本大小改变的是相对量。在菜单栏中选择【编辑】>【还原字体大小】，或者按快捷键 Command+Z/Ctrl+Z 撤销更改。

❹ 上下拖动所选文本，可改变所选文本的行距。在菜单栏中选择【编辑】>【还原行距】，或者按快捷键 Command+Z/Ctrl+Z 撤销更改。

图 7-35

❺ 按住 Option 键 /Alt 键（暂时禁用文本调整控件），按住鼠标左键选择文本 Fall in the，不要选择 Adirondacks。释放 Option 键 /Alt 键和鼠标左键，按住 Command 键 /Ctrl 键和鼠标左键，左右拖动所选文本，略微减小字距。一边拖动，一边观察【字距调整】值，当其变为 -21em 时，停止拖动，并释放鼠标左键。

❻ 按住 Command 键 /Ctrl 键，上下拖动所选文本，相对于基线移动所选文本。当【基线】值变为 6.0 磅时，在文本之外单击以取消选择。

❼ 按 F7 键，或者在菜单栏中的【窗口】>【面板】子菜单中取消选择【显示左侧模块面板】，把左侧面板组隐藏起来，这样封面上的文本会显得更大。在【文本调整】工具处于激活的状态下，按左箭头键，把光标移到 Fall 的两个 l 之间，然后向右拖动，当【字距】值变为 64 em 时，停止拖动，如图 7-36 所示。

图 7-36

❽ 选择文本，拖动【行距】滑块，重新为文本设置行距，直到满意为止。在【类型】面板中单击【文本调整】工具，禁用它，然后在工具栏中单击【多页视图】按钮，查看整个画册布局。双击第 1 页，进入【单页视图】。

7.5.3　添加照片文本与页面文本

不同于布局模板中的固定文本单元格，照片文本和页面文本可以上下移动，但左右移动只能依靠调整边距来实现。即便布局模板中无内建的文本单元格，每个页面也可以包含一个页面文本和一个照片文本（针对页面中的照片）。

❶ 使用鼠标右键单击【类型】面板标题栏，在弹出的快捷菜单中取消选择【单独模式】，然后展开【类型】面板和【文本】面板。

❷ 把鼠标指针移动到第 1 页上。该页模板中无固定文本单元格，也就无高亮显示部分。先单击照片，再单击【添加照片文本】按钮。在【文本】面板中，【照片文本】控件被激活。按快捷键 Command+Z/Ctrl+Z，还原照片文本。单击照片下方的黄色区域，把【添加照片文本】按钮切换成【添加页面文本】按钮。单击【添加页面文本】按钮，此时【文本】面板中的【页面文本】控件处于激活状态。

提示 添加照片文本或页面文本时，除了可以使用浮动按钮之外，还可以在【文本】面板中勾选相应的复选框进行添加。

注意 与照片文本不同，页面文本不能显示照片元数据中的信息，只能用来添加自定义文本。

❸ 若想把页面文本移动到页面顶部，请在【页面文本】控件下单击【上】按钮，然后拖动【位移】滑块，使其值变为 96 磅。

❹ 在页面文本处于激活的状态下，参照“使用文本单元格”一小节中的步骤 2 和步骤 3，在【类型】面板中进行设置，但这里要把【大小】设置为 30.6 磅，把【字距调整】设置为 3em，单击【自动行距】按钮。在页面文本中输入想要的文本，按 Return 键 /Enter 键换行，使文本与图像相适应，如图 7-37 所示。

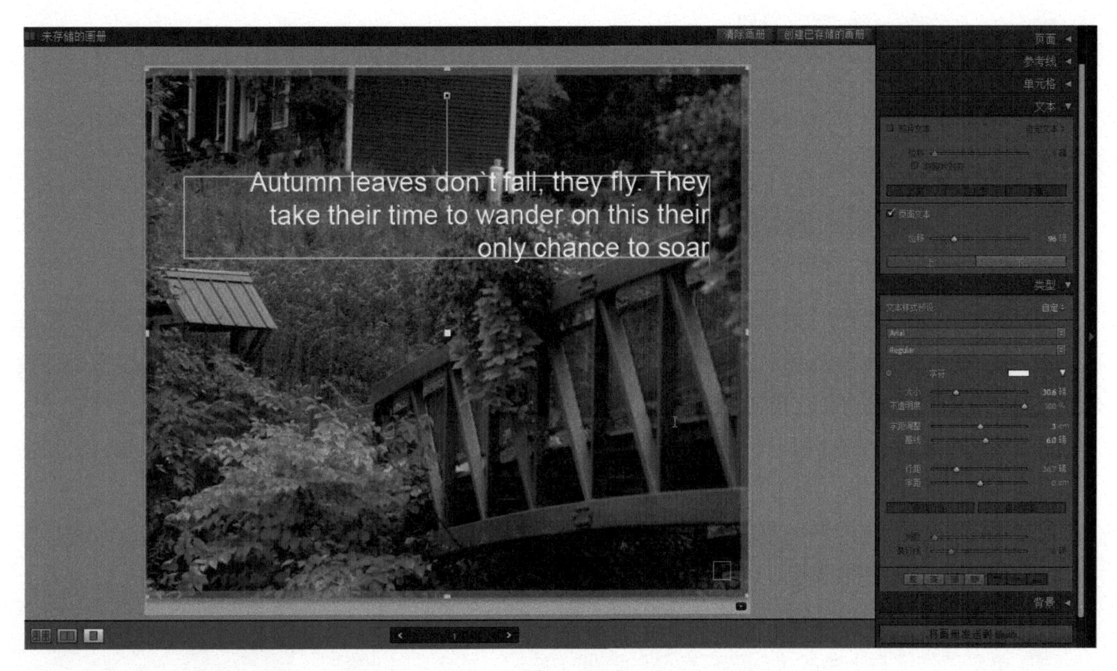

图 7-37

❺ 在工具栏中单击【多页视图】按钮。

7.5.4 创建自定义文本预设

在【类型】面板中的【文本样式预设】菜单中选择【将当前设置存储为新预设】，可以把当前文本设置存储成一个文本预设。这样我们就可以在画册的任意一个地方应用它，当然也可以把它应用到不同的项目中。

7.5.5 保存与重用自定义页面布局

在页面中设置好单元格边距，添加好标题文本，并调整好页面布局之后，可以把它保存成一个自定义模板，这个模板会显示在页面布局菜单中。

❶ 展开【页面】面板，然后在【多页视图】中使用鼠标右键单击第 1 页，在弹出的快捷菜单中

选择【存储为自定页面】，观察【页面】面板中的布局缩览图。

此时，原来的单照片布局被一个文本单元格覆盖掉，其页面文本的大小比例和位置正是刚刚设置的。

❷ 页面预览图右下角有一个【更改页面布局】按钮，单击它；或者单击【页面】面板下布局缩览图右侧的【更改页面布局】按钮，如图 7-38 所示，可以在【自定页面】类别下看到已经保存好的布局。

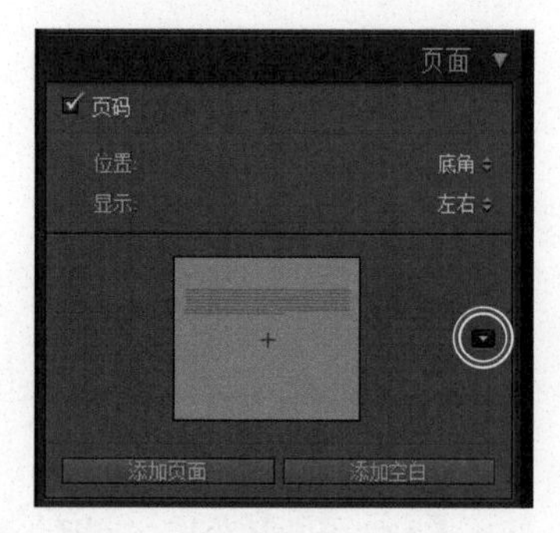

图 7-38

另外一种重用布局的方法是，直接把布局复制到另外一个页面中，然后原样使用，或者做进一步修改。在工作区中，使用鼠标右键单击第 1 页，在弹出的快捷菜单中可以看到【拷贝布局】与【粘贴布局】两个命令。

7.6 存储画册

在【画册】模块下，我们一直处理的是未存储的画册，工作区的左上角显示着“未存储的画册”几个字，如图 7-39 所示。

图 7-39

保存画册布局之前，【画册】模块看起来就像一个便笺簿。可以进入其他模块，甚至关掉 Lightroom Classic，当再次返回【画册】模块或打开 Lightroom Classic 时，会发现所做的设置都保留着。但是，如果清除了布局，启动了另外一个项目，做的所有设置就会随之消失。

把项目转换成已存储的画册，不仅可以保留设置，还可以把画册布局与设计中用到的照片链接在一起。

Lightroom Classic 会把画册保存成一种特殊的收藏夹（输出收藏夹），可以在【收藏夹】面板下找到它。不管清除画册布局多少次，单击画册收藏夹，都可以立即找到所有用到的照片，并恢复所有设置。

❶ 单击工作区右上角的【创建已存储的画册】按钮，或者在【收藏夹】面板标题栏右端单击加号（+），在弹出的菜单中选择【创建画册】。

❷ 在打开的【创建画册】对话框的【名称】文本框中输入画册名称“Adirondacks”；在【位置】选项组中勾选【内部】复选框，在下拉列表中选择 Fall Foliage 收藏夹，然后单击【创建】按钮。

Lightroom Classic 会在 Fall Foliage 收藏夹下创建 Adirondacks 画册，画册左侧会显示已存储的画册图标，画册右侧的数字表示画册中只使用了源收藏夹（Fall Foliage）中的 5 张照片，如图 7-40 所示。工作区左上角显示的是画册名称。

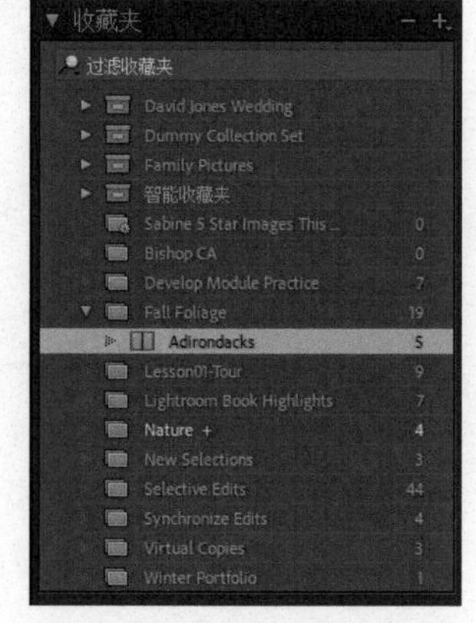

图 7-40

> **提示** 可以向已存储的画册中添加更多照片，操作也很简单，只需在【收藏夹】面板中把照片拖入画册收藏夹中即可。在【收藏夹】面板中，把鼠标指针移动到已存储的画册上，单击数字右侧的白色三角形，可直接从【图库】模块进入【画册】模块，并打开画册。

可以在设计过程中随时保存画册，也可以在进入【画册】模块后立即创建已存储的画册（包含一系列照片），或者等到设计完成后再创建画册。

保存了画册之后，Lightroom Classic 会自动保存对画册做的所有修改。

复制已保存的画册

设计画册要付出大量精力，因此我们都希望能够再次使用这些设计成果。如果希望做一些不同的尝试，同时又不想失去已有的设计成果，或者想在现有设计中尝试添加一些页面与照片去探索更多可能，那么可以把已保存的画册复制一份，然后对副本做一些具有探索意味的修改，而且这个过程中完全不必担心会丢掉现有的工作成果。

❶ 在【收藏夹】面板中使用鼠标右键单击 Adirondacks 画册，在弹出的快捷菜单中选择【复制画册】。

在画册副本中对设计做了一些调整之后，如果对调整后的画册满意，那么可以删掉原始画册，然后重命名画册副本。

❷ 在【收藏夹】面板中，使用鼠标右键单击原始画册（Adirondacks），在弹出的快捷菜单中选择【删除】。在打开的【确认】对话框中单击【删除】按钮，即可删除原始画册。

❸ 在【收藏夹】面板中，使用鼠标右键单击画册副本（Adirondacks 副本），在弹出的快捷菜单中选择【重命名】。在打开的【重命名画册】对话框中把画册名称修改为 Adirondacks，单击【重命名】按钮，完成重命名操作。

7.7 导出画册

制作好画册之后，可以把画册上传到 Blurb 进行委托打印，也可以把画册导出为 PDF 文件，然后发送至打印机进行打印。

❶ 在右侧面板组底部单击【将相册发送到 Blurb】按钮，可把画册上传到 Blurb。

❷ 在【购买画册】对话框中使用电子邮件地址和密码登录 Blurb，或者单击对话框左下角的【不是成员？】按钮，进入注册流程。

❸ 输入画册标题、副标题、作者名。此时，会出现一个警告，告知画册总页数不得少于 20 页，【上载画册】按钮也处于不可用状态。单击【取消】按钮，或者先退出 Blurb，再单击【取消】按钮。

Blurb 要求画册总页数在 20 页到 240 页之间，封面与封底不计算在内。Blurb 会以 300dpi 的分辨率打印画册，如果画册分辨率低于 300dpi，就会在工作区中照片单元格的右上角看到一个感叹号（!）。单击感叹号，可以了解照片的打印分辨率是多少。为获得最佳打印质量，Blurb 建议分辨率不低于 200dpi。

如果想咨询打印相关问题，请访问 Blurb 的客户支持页面。

❹ 在 Lightroom Classic 中，还可以把画册导出为 PDF 文件。首先，在【画册设置】面板顶部的【画册】菜单中选择【PDF】，然后，在【画册设置】面板下半部分进行相应设置，如图 7-41 所示。这里，我们保持【JPEG 品质】【颜色配置文件】【文件分辨率】【锐化】【媒体类型】默认值不变（使用的打印机和纸张类型不同，这些设置也不相同）。在右侧面板组之下单击【将画册导出为 PDF】按钮。

❺ 在打开的【存储】对话框中输入画册名称“Adirondacks”，打开 LRC2022CIB\Lessons\lesson07 文件夹，单击【存储】按钮。

❻ 如果希望以 PDF 格式导出 Blurb 画册作为打印校样，请在【画册】菜单中选择任意一个包含 Blurb 的命令，然后单击左侧面板组下方的【将画册导出为 PDF】按钮。

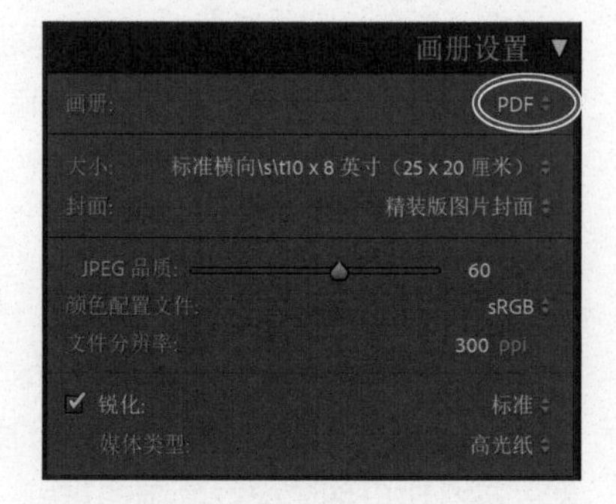

图 7-41

本课中，我们学习了如何制作一个漂亮的画册来展示照片，了解了【画册】模块，还学习了如何使用各种控件面板来定制页面模板、改善页面布局、设置画册背景，以及添加文本等内容。

下一课，我们将学习如何制作幻灯片来展示照片。

7.8 复习题

1. 如何调整画册页面布局?
2. 有哪些页码选项可用?
3. 什么是单元格边距，如何使用?
4. 【类型】面板中的【字距调整】【基线】【行距】【字距】分别用来控制文本的什么属性?
5. 如何使用【文本调整】工具细调文本?

7.9 答案

1. 在【页面】面板中单击布局预览图右侧的【更改页面布局】按钮，或者在工作区中单击所选页面或跨页右下角的【更改页面布局】按钮，选择布局类型，然后单击布局缩览图，应用模板，使用单元格边距调整布局。
2. 可以在【页面】面板中找到页码选项，还可以为页码设置全局位置，以及设置页码是否显示在左右页面中。在【类型】面板中可以设置文本属性。使用鼠标右键单击页码，可以通过弹出的快捷菜单应用全局样式，隐藏指定页面的页码，或者从一个非 1 的数字开始编号。
3. 单元格边距是一个单元格中照片或文本边缘到单元格边框的距离。可以使用单元格边距调整文本或照片在页面中的位置，可以把单元格边距和【缩放】滑块结合起来使用，还可以按照要求裁剪照片。
4. 【字距调整】用来调整所选文本中字母之间的距离，让字母之间的距离拉得更开，或者使字母挨得更紧。【基线】用来调整所选文本相对于基线的垂直距离。【行距】用来调整所选文本与其上一行文本之间的距离。【字距】用来调整光标左右两个字母之间的距离。
5. 沿水平方向拖动所选文本，可调整文本大小；沿垂直方向拖动所选文本，可增加或减小行距。按住 Command 键 /Ctrl 键，同时沿水平方向拖动所选文本，可调整字距。按住 Command 键 /Ctrl 键，沿垂直方向拖动所选文字，可调整其相对于基线的距离。当希望修改所选文本时，可按住 Option 键 /Alt 键，临时禁用【文本调整】工具。在两个字母之间单击，插入光标，然后沿水平方向拖动光标，可调整字母间距。

摄影师

格雷戈里·海斯勒（GREGORY HEISLER）

感谢父母给了我一双眼睛，让光线把外界的人、事带入我的大脑，送入我的内心。

光线是如何做到这一点的？它是如何让我们对外界的人与事产生情感的？我总是对此痴迷不已。光线不是中性的，它带有明显的个人色彩。捕捉现有光线，根据记忆重现光线，或者从零创建光线，引发观者的即时情感，这是我乐于接受的挑战，也是我制作影像的方法。一旦我设想好光线，然后落到实处，我就知道照片会是什么样子的。

相机能够如实地捕获光线，但是它不知道我是如何理解光线的。我必须充当一个翻译的角色，把光线的语言翻译成相机能够理解的语言，否则，最终得到的影像就会与我的所见、所想产生巨大差异。

以前，相机是解释光线的主要工具。我们还可以使用传统暗房技术在后期对光线做进一步的调整。后来，在拍摄中，用到了闪光灯、连续照明，这使得我们能够重新解释、塑造、创建光线。现在，Lightroom Classic 和 Photoshop 为我们提供了许多用来处理光线的强大工具，我们可以使用这些工具在拍摄完成后根据创作意图继续处理照片中的光线。

在 Lightroom Classic 和 Photoshop 中，我们可以使用它们提供的各种工具轻松地创建虚无缥缈的幻境，也可以忠实地还原自己看到或经历过的景象（纪实）。因此，我一直主张摄影师应该学习和掌握这些软件。在影像的后期处理过程中，摄影师最主要的任务是做处理决策，这不是一个纯粹的美学决策，这些决策会直接、强烈地影响影像的叙事方式。只有摄影师知道他们看到了什么、感受到了什么，以及经历了什么，也只有摄影师知道影像的拍摄动机。

只有摄影师才是影像的真正创作者，而在整个创作过程中，光线是关键！

第 8 课

制作幻灯片

课程概览

本课主要讲解以下内容。

- 把制作幻灯片需要用到的所有照片放入一个收藏夹中
- 选择幻灯片模板，调整布局，选择背景照片，添加文本、声音、动画
- 保存幻灯片与修改后的模板
- 导出幻灯片
- 播放即席幻灯片

学习本课需要 1～2 小时

在【幻灯片放映】模块下，我们可以轻松地添加各种照片、过渡效果、文本、音乐、视频等，快速制作出令人印象深刻的幻灯片。在 Lightroom Classic 中，我们可以轻松地把制作好的幻灯片导出为 PDF 文件或视频文件，这极大地简化了把照片分享给家人、朋友、客户及其他人的过程。

8.1 课前准备

在学习本课内容之前，请确保已经为课程文件创建好了 LRC2022CIB 文件夹，并创建了 LRC2022CIB 目录文件来管理它们，具体做法请阅读本书前言中的相关内容。

将下载好的 lesson08 文件夹放入 LRC2022CIB\Lessons 文件夹中。

❶ 启动 Lightroom Classic。

❷ 在打开的【Adobe Photoshop Lightroom Classic- 选择目录】对话框中，选择 LRC2022CIB Catalog.lrcat 文件，单击【打开】按钮，如图 8-1 所示。

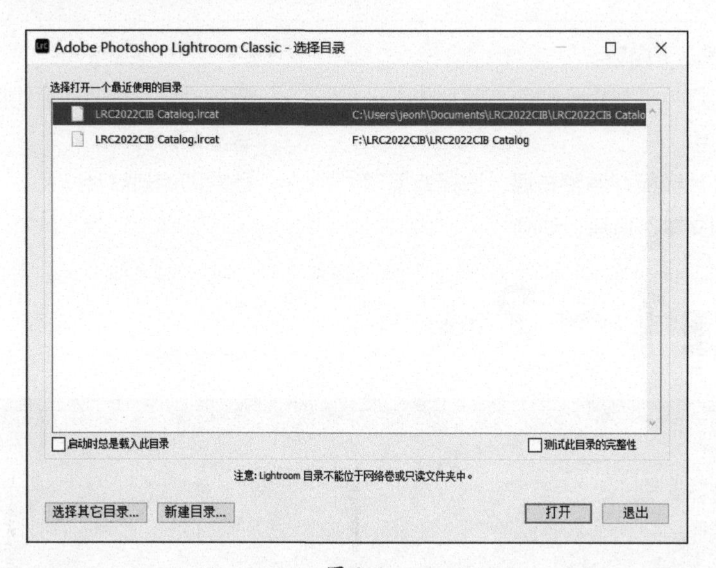

图 8-1

❸ Lightroom Classic 在【正常】屏幕模式中打开，当前打开的模块是上一次退出 Lightroom Classic 时的模块。在工作区右上方的模块选取器中单击【图库】，如图 8-2 所示，进入【图库】模块。

图 8-2

8.2 把照片导入图库

把本课要用到的照片导入 Lightroom Classic 图库中。

❶ 在【图库】模块下单击左侧面板组左下角的【导入】按钮，如图 8-3 所示。

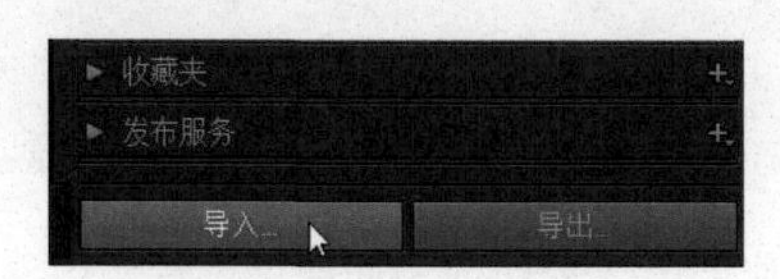

图 8-3

❷ 若【导入】对话框当前处在紧凑模式下，请单击对话框左下角的【显示更多选项】按钮（向

下三角形），如图 8-4 所示，使【导入】对话框进入扩展模式，显示所有可用选项。

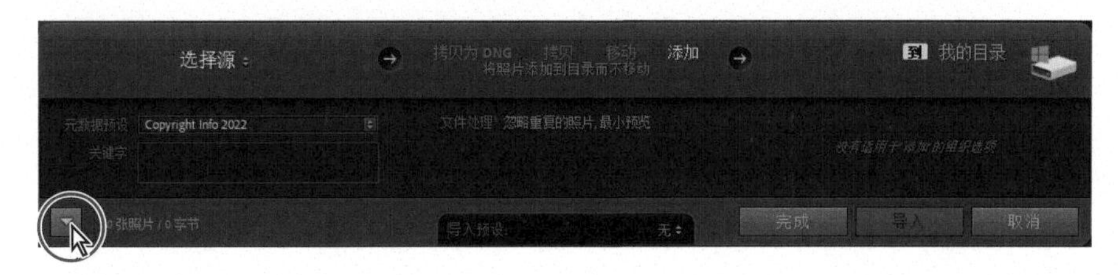

图 8-4

③ 在左侧的【源】面板中找到并选择 LRC2022CIB\Lessons\lesson08 文件夹，选中 lesson08 文件夹中的 10 张照片，准备导入它们。若显示出 MP3 文件，请勾选 MP3 文件左侧的复选框，将其从选择中排除。

④ 在预览区上方的导入选项中选择【添加】，Lightroom Classic 会把导入的照片添加到目录文件中，但不会移动或复制原始照片。在右侧的【文件处理】面板中的【构建预览】下拉列表选择【最小】，勾选【不导入可能重复的照片】复选框。在【在导入时应用】面板中的【修改照片设置】下拉列表和【元数据】下拉列表中选择【无】，在【关键字】文本框中输入“Lesson 08,Midtown”。参考图 8-5，检查设置是否无误，然后单击【导入】按钮。

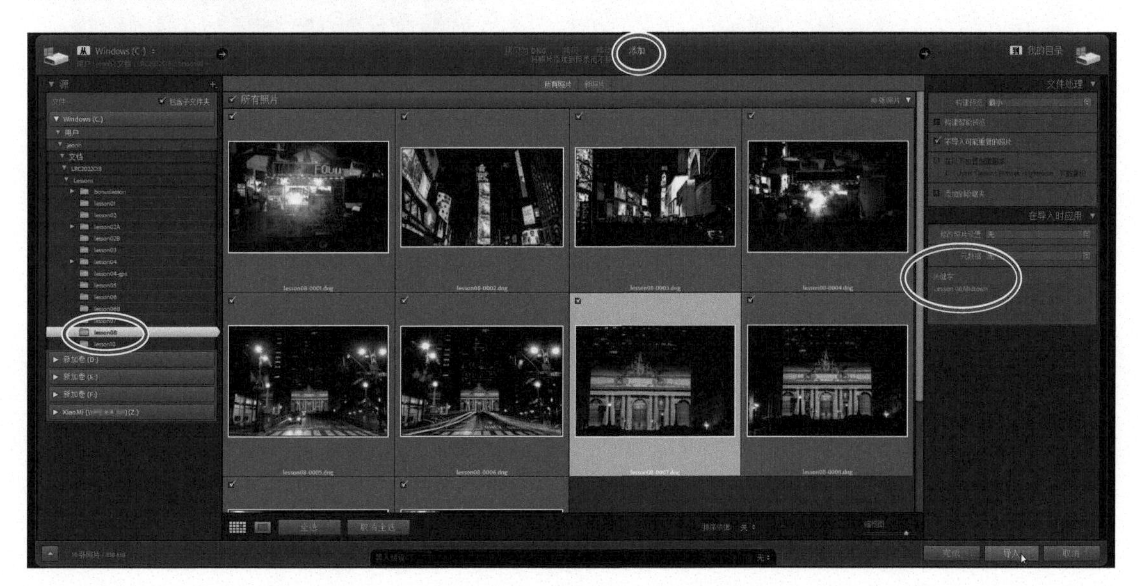

图 8-5

当从 lesson08 文件夹中把 10 张照片导入 Lightroom Classic 之后，就可以在【图库】模块下的【网格视图】和工作区底部的胶片显示窗格中看到它们了。

8.3 收集照片

提示 幻灯片中可以包含视频，也可以包含静态照片。

制作幻灯片的第一步是收集照片，也就是要选择把哪些照片放入幻灯片中。前面导入的照片在

【上一次导入】文件夹中，如图 8-6 所示。接下来，我们就使用这些照片来制作幻灯片。

图 8-6

但是，【上一次导入】文件夹只是一个临时分组，导入新照片时，Lightroom Classic 仍然会把新照片放入【上一次导入】文件夹中，而且新照片会覆盖掉原来的照片。此外，【上一次导入】文件夹中的照片是无法重新组织的。

❶ 在【上一次导入】文件夹处于选中的状态下，在【网格视图】中把第一张照片拖动到第四张照片上。Lightroom Classic 会弹出一个警告，提示当前选定的源不支持自定排序，如图 8-7 所示。

图 8-7

制作幻灯片时，需要用到的照片往往来自不同的文件夹，而且很多时候我们需要重新组织这些照片。例如，一年之中，我们拍摄了很多照片，并且把这些照片放入了不同的文件夹中。制作幻灯片之前，我们需要从这些照片中挑选出最令人满意的并把它们放在一起，但实际上这些照片来自不同的文件夹。

这时，我们该怎么办呢？其实，我们可以创建一个收藏夹，然后把制作幻灯片需要用到的所有照片放入其中。有了收藏夹之后，我们就可以对收藏夹中的照片进行重新排序，也可以把来自其他文件夹中的照片添加进去。所有收藏夹都可以在【收藏夹】面板中找到，不论在哪个模块下，都可以轻松访问收藏夹，随时获取其中的照片。

提示 在【网格视图】或胶片显示窗格中，只需简单地拖动照片缩览图，即可对收藏夹中的照片进行重新排序。Lightroom Classic 会把照片的新顺序随收藏夹一起保存下来。

❷ 在【上一次导入】文件夹仍处于选中的状态下，按快捷键 Command+A/Ctrl+A，或者在菜单栏中选择【编辑】>【全选】，选择所有照片。在【收藏夹】面板标题栏右端单击加号（+），在弹出的菜单中选择【创建收藏夹】，在【创建收藏夹】对话框中输入新收藏夹名称“Midtown”，勾选【包括选定的照片】复选框，其他复选框不勾选，然后，单击【创建】按钮，如图 8-8 所示。

此时，新创建的收藏夹（Midtown）出现在【收藏夹】面板中，而且自动处于选中状态。其右侧的数字指示 Midtown 收藏夹中包含 10 张照片，如图 8-9 所示。

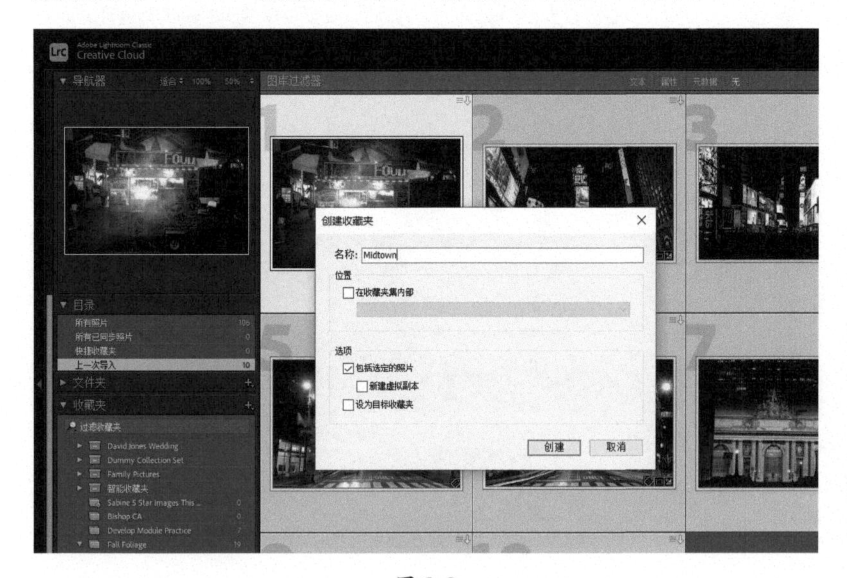

图 8-8

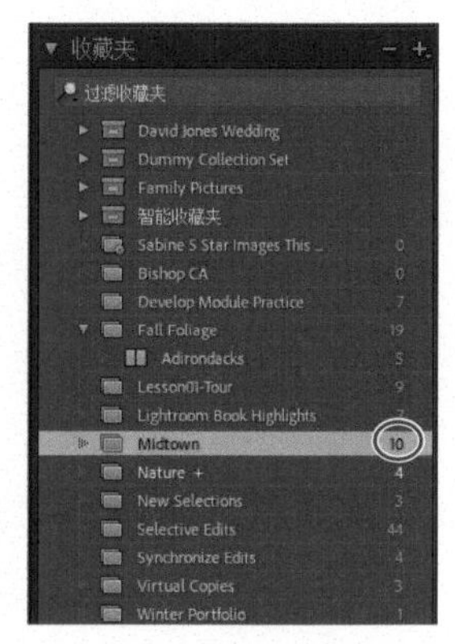

图 8-9

随着收藏夹的数量越来越多，查找某个收藏夹也变得越来越困难。此时，我们可以直接使用【收藏夹】面板标题栏下方的搜索框，在其中输入想搜索的收藏夹名称，Lightroom Classic 会搜索面板下的所有收藏夹，找到目标收藏夹。

❸ 在 Midtown 收藏夹处于选中的状态下，在【网格视图】中的工具栏中把【排序依据】设置为【文件名】（稍后制作幻灯片时可重新组织它们），如图 8-10 所示。

图 8-10

❹ 按快捷键 Option+Command+5/Alt+Ctrl+5，或者在模块选取器中单击【幻灯片放映】，进入【幻灯片放映】模块。

8.4 使用【幻灯片放映】模块

幻灯片编辑器视图是设计幻灯片布局、预览幻灯片的主要工作区。

💡注意 若看到的工作界面与这里的截图不太一样，可能是由计算机显示器的大小和比例造成的。

左侧面板组中有【预览】面板、【模板浏览器】面板、【收藏夹】面板，其中，【预览】面板中显示的是【模板浏览器】面板下当前选中或鼠标指针所指的布局模板的缩览图，【收藏夹】面板提供了快速访问某个收藏夹的方式，如图 8-11 所示。

图 8-11

幻灯片编辑器视图中的工具栏中有一些控件可分别用来浏览收藏夹中的照片、预览幻灯片，以及向幻灯片中添加文本。

选择幻灯片模板

每个幻灯片模板中包含了不同的布局设置，例如照片尺寸、边框、背景、阴影、文本叠加等，我们可以自定义这些设置，以创建出自己的幻灯片。

❶ 在【模板浏览器】面板中展开【Lightroom 模板】文件夹，如图 8-12 所示，然后把鼠标指针移动到各个模板上，可以在【预览】面板中看到所选照片在每个模板中的样子。在胶片显示窗格中另外选择一张照片，预览其在模板中的样子。

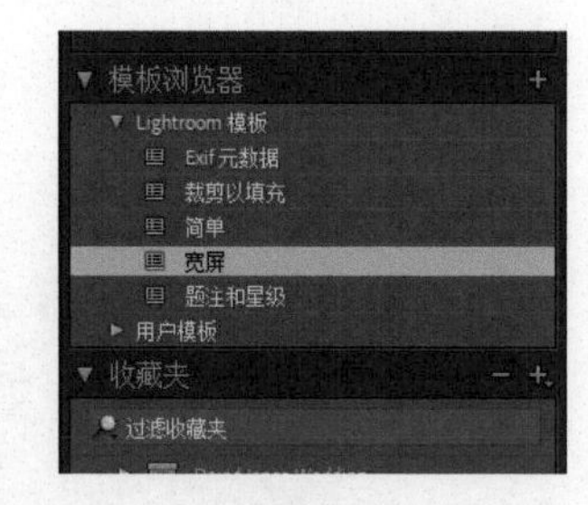

图 8-12

💡提示 从某个模块启动即席幻灯片放映时，Lightroom Classic 会启用默认模板。若希望指定其他模板，请使用鼠标右键在【模板浏览器】面板中单击模板名称，在弹出的快捷菜单中选择【用于即席幻灯片放映】。此时，新的默认模板名称右侧会出现一个加号（+）。

❷ 预览完【模板浏览器】面板中的各个模板之后，单击【宽屏】模板将其选中。

❸ 在工具栏中的【使用】菜单中选择【所有胶片显示窗格中的照片】。在胶片显示窗格中选择第四张照片 lesson08-0004。

❹ 单击右侧面板组下方的【预览】按钮，在幻灯片编辑器视图中预览幻灯片。预览完成后，按Esc键或者单击幻灯片编辑器视图，停止预览。

幻灯片模板

Lightroom Classic提供了多个幻灯片模板，而且这些模板都是可定制的。制作幻灯片时，我们可以选择一种模板，然后根据需要修改模板，创建出符合自己需要的幻灯片布局。

Exif元数据：该模板会把照片居中放置在黑色背景上，并显示星级、EXIF信息和身份标识。

裁剪以填充：该模板会用照片填充屏幕，并根据屏幕长宽比裁剪照片，因此不太适用于展示垂直拍摄的照片。

简单：该模板会把照片居中放置到黑色背景上，并显示自定义的身份标识。

宽屏：该模板会把照片居中放置，并根据屏幕尺寸调整照片尺寸，但不会裁剪照片，照片周围的空白区域会被填充成黑色。

题注和星级：该模板会把照片居中放置在灰色背景中，并且在每一面显示照片星级和题注元数据。

8.5 定制幻灯片模板

接下来，我们选择【宽屏】模板，在其基础之上创建自定义幻灯片布局。

8.5.1 调整幻灯片布局

选择了幻灯片模板之后，我们可以使用右侧面板组中的各个控件自定义幻灯片布局。这里，我们先修改幻灯片布局，然后修改背景，设计整体外观，再决定边框、文本的风格、颜色等。在【布局】面板中，我们可以设置照片单元格的边距，以调整照片在幻灯片中的大小和位置。

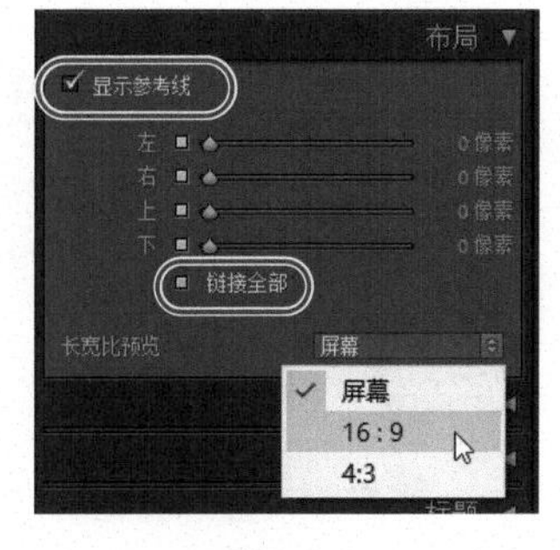

图 8-13

❶ 在右侧面板组中，若【布局】面板当前处于折叠状态，单击【布局】面板标题栏右侧的三角形将其展开，勾选【显示参考线】复选框，选择【链接全部】复选框。若屏幕长宽比不是16 ：9，请在【长宽比预览】下拉列表中选择【16 ：9】，如图8-13所示。

提示　在幻灯片布局中放置视频的方式和放置静态照片的方式一样，而且配有边框和阴影。

❷ 在幻灯片编辑器视图中，把鼠标指针移动到照片下边缘上，当鼠标指针变成一个双向箭头时，按住鼠标左键，向上拖动照片下边缘。拖动时，缩小的照片的周围背景上会出现白色的布局参考线。在【布局】面板中选择了【链接全部】复选框后，4条参考线会同时移动。一边向上拖动照片下边缘，一边观察【布局】面板中的数值，当数值变成64像素时，如图8-14所示，停止拖动，释放鼠标左键。

图 8-14

> 💡 **提示** 调整幻灯片布局中的照片尺寸时，在【布局】面板中，既可以拖动滑块修改数值，也可以直接在输入框中输入新数值。勾选【链接全部】复选框后，只需拖动一个滑块或者修改一个值，其他几个值就会随之变化。不同计算机显示器的长宽比不一样，所以你看到的幻灯片比例可能与本课截图不一样。

接下来，我们增大幻灯片顶部的边距，扩大空间，以便后面添加文本。

❸ 在【布局】面板中，取消勾选【链接全部】复选框，然后向右拖动【上】滑块，或者在幻灯片编辑器视图中拖动顶部参考线，或者直接输入像素值——300 像素。取消勾选【显示参考线】复选框，然后把【布局】面板折叠起来。

8.5.2 设置幻灯片背景

在【背景】面板中，我们可以为幻灯片设置背景颜色、应用渐变色，以及添加背景照片，综合运用这 3 种方式，可以制作出非常精彩的幻灯片。

> 💡 **注意** 在【背景】面板中，取消勾选 3 个复选框后，幻灯片背景就是黑色的。

❶ 在胶片显示窗格中选择除最后一张照片之外的任意一张照片。

❷ 在右侧面板组中展开【背景】面板。取消勾选【背景色】复选框，勾选【背景图像】复选框，把照片 lesson08-0010 从胶片显示窗格拖入背景图像方框中。向左拖动【不透明度】滑块，把不透明度降低为 50%，或者在右侧输入框中输入“50”，如图 8-15 所示。

> 💡 **提示** 此外，还可以直接把某张照片从胶片显示窗格拖入幻灯片编辑器视图中的某个幻灯片背景上。

在【背景色】复选框处于未勾选的状态下，默认的黑色背景会透过半透明的背景照片显露出来，起到压暗背景照片的作用。不过，此时背景照片还是太显眼了。我们可以继续使用【渐变色】控件把背景再压暗一些。勾选【渐变色】复选框之后，会产生一个从所选颜色到背景照片颜色的渐变效果。

图 8-15

❸ 勾选【渐变色】复选框，单击右侧的颜色框，然后在拾色器顶部单击黑色。

❹ 在拾色器左上角单击【关闭】按钮。在【渐变色】复选框下方把【不透明度】设置为 85%，把【角度】设置为 45 度，如图 8-16 所示。设置完毕后，把【背景】面板折叠起来。

把背景照片设置成半透明之后，幻灯片背景上应用了 3 种设置，分别是渐变色、背景照片、默认背景颜色。

图 8-16

8.5.3 添加边框与投影

到这里，我们已经为幻灯片创建好了整体布局。接下来，我们为照片添加一个细边框和一个投影，把照片从背景上进一步突显出来。选择边框颜色时，我们会选择一种与背景颜色反差大的颜色，这样能够形成强烈的对比效果。

❶ 在右侧面板组中展开【选项】面板，勾选【绘制边框】复选框，然后单击右侧的颜色框，打开拾色器。

❷ 依次单击拾色器右下角的 R、G、B，分别输入“70”“85”“90”，将边框颜色设置为淡蓝色，如图 8-17 所示。然后，在拾色器外单击，关闭拾色器。

图 8-17

③ 拖动【宽度】滑块，把边框宽度设置为 1 像素。当然，也可以直接在输入框中输入“1”。

④ 在【选项】面板中勾选【投影】复选框，尝试调整其下不同的控件，包括不透明度（阴影的透明程度）、位移（阴影与照片之间的偏移量）、半径（阴影边缘的柔和度）、角度（阴影投射角度）。请参考图 8-18 调整各个控件，然后把【选项】面板折叠起来。

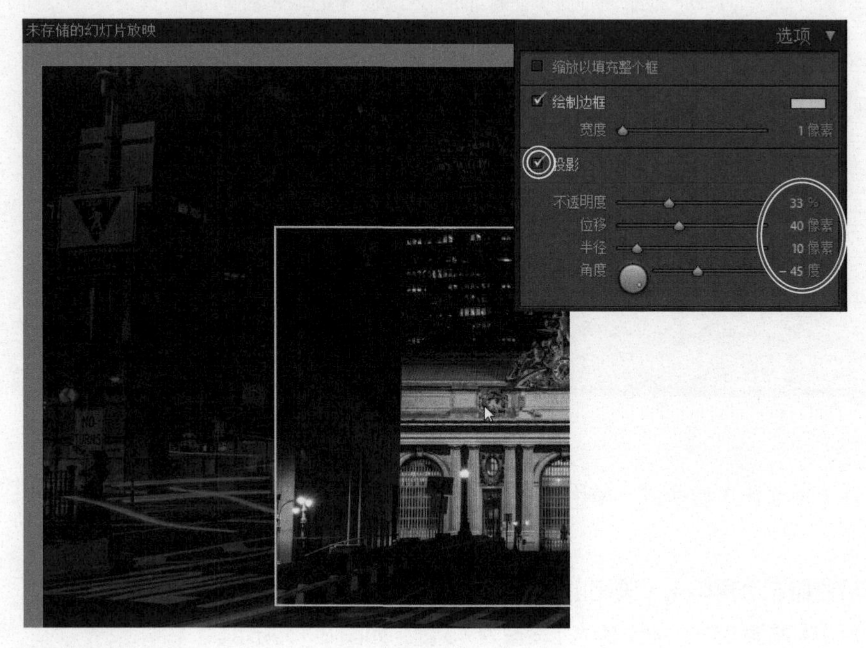

图 8-18

8.5.4 添加文本

在【叠加】面板中，我们可以向幻灯片中添加文本、身份标识、水印，以及让 Lightroom Classic 显示指派给照片的星级或者添加到元数据中的题注。下面我们添加一个简单的标题，使其出现在每张幻灯片的背景中。

注意 这里，我们不会向幻灯片添加身份标识和水印。有关添加身份标识的内容，在 Lightroom Classic 帮助下的“用户指南”的“向幻灯片添加身份标识”部分中。

❶ 展开【叠加】面板，勾选【叠加文本】复选框。若当前工具栏未在幻灯片编辑器视图中显示出来，请按 T 键将其显示出来。在工具栏中单击【向幻灯片添加文本】按钮（ABC），如图 8-19 所示。

图 8-19

❷ 在【自定文本】文本框中输入“GRAND CENTRAL STATION”，如图 8-20 所示，按 Return 键 /Enter 键。Lightroom Classic 会把输入的文本显示在幻灯片的左下角，文本周围有一个虚线框（可能需要单击虚线框才能看到文本）。

图 8-20

❸【叠加】面板的【叠加文本】选项组中有一些关于文本的设置，例如字体、样式、不透明度等。单击字体名称右侧的双箭头，选择一种字体，然后再选择一种样式。这里，保持默认设置不变。文本保持默认颜色（白色）不变（单击【叠加文本】复选框右侧的颜色框，可设置文本颜色）。若文本太亮，请把【不透明度】设置为 80%，降低一点亮度。

❹ 向上拖动文本，使其位于幻灯片上边缘的中心位置。向上拖动虚线框底部中间的控制点，把文本缩小一些，然后使用上下箭头键，把文本放到图 8-21 所示的位置上。

图 8-21

在幻灯片中拖动文本时，Lightroom Classic 会把虚线框与幻灯片边缘或照片边缘上最近的参考点连接起来，方便确定文本位置。

❺ 在幻灯片页面中拖动文本，可以看到有一条白线把虚线框与周围最近的参考点连接了起来。了解完之后，把文本放到原来的位置上。

在整个幻灯片中，文本都会保持在相同的位置上。也就是说，无论形状如何，其相对于整个幻灯片或者照片边框的位置都是一样的。

借助这个功能，我们可以把照片的标题文本固定在某个位置上，例如，把文本固定在照片左下角之下，无论文本大小和方向如何，它都会出现在照片左下角之下。同时，应用到整个幻灯片的标题文本在屏幕上的位置也始终保持不变。后一种情况下，文本与幻灯片边缘的某个参考点连接在一起；前一种情况下，文本与照片边框上的某个参考点连接在一起。

【叠加文本】选项组中的颜色、不透明度控件和渐变色、边框区域中的控件功能一样。在 macOS 中，还可以向文本添加投影。

❻ 把【叠加】面板折叠起来，在幻灯片编辑器视图中取消选择文本。

❼ 在胶片显示窗格中选择第一张幻灯片，单击右侧面板组底部的【预览】按钮，在幻灯片编辑器视图中预览制作好的幻灯片，如图 8-22 所示。预览完毕后，按 Esc 键停止播放。

图 8-22

使用【文本模板编辑器】对话框

在【幻灯片放映】模块下，可以使用【文本模板编辑器】对话框访问和编辑照片中的元数据，创建显示在每张幻灯片上的文本等。可以自定义文本，也可以在众多预设中选择，例如标题、题注、照片大小、相机信息等，然后把设置保存成一个文本模板预设，以便日后应用在类似的项目中。

在工具栏中单击【向幻灯片添加文本】按钮（ABC），然后单击【自定文本】右侧的按钮，在弹出的菜单中选择【编辑】，如图 8-23 所示，即可打开【文本模板编辑器】对话框。

图 8-23

在【文本模板编辑器】对话框中，可以创建一个包含一个或多个文本标记、占位符的字符串，如图 8-24 所示，它们代表要从照片元数据中抽取的信息项，这些信息项会显示在幻灯片中。

在对话框顶部的【预设】下拉列表中，可以应用、保存、管理文本预设，以及根据不同用途定制的一系列信息标记。

在【图像名称】选项组中，可以创建一个包含当前文件名、原始文件名、副本文件名或文件夹名称的字符串。

在【编号】选项组中，可以设置幻灯片中的照片编号，以及以多种格式显示照片拍摄日期等。

在【EXIF 数据】选项组中，可以选择要插入的元数据，包括照片大小、曝光度、闪光灯等多个属性。

在【IPTC 数据】选项组中，可以选择插入版权、拍摄者详细信息等大量 IPTC 相关数据。

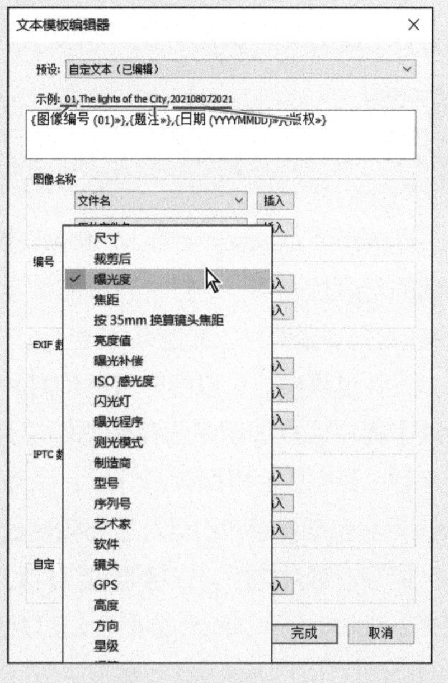

图 8-24

8.6 创建已存储的幻灯片

在【幻灯片放映】模块下，我们一直在处理的是未存储的幻灯片，幻灯片编辑器视图的左上角会显示“未存储的幻灯片放映”几个字，如图 8-25 所示。

未存储的幻灯片放映　创建已存储的幻灯片

图 8-25

保存幻灯片之前，【幻灯片放映】模块看起来就像一个便笺簿。可以进入其他模块，甚至关掉 Lightroom Classic，当再次返回【幻灯片放映】模块或打开 Lightroom Classic 时，会发现所做的设置都保留着。但是，如果在【模板浏览器】面板中单击了一个新的幻灯片模板（包括当前选用的模板），那么所有设置都会随之消失。

把项目转换成已存储的幻灯片，不仅可以保留布局和播放设置，还可以把布局与设计中用到的照片链接在一起。Lightroom Classic 会把幻灯片保存成一种特殊的收藏夹（输出收藏夹），可以在【收藏夹】面板下找到它。不管清除幻灯片“便笺簿”多少次，单击幻灯片收藏夹，就可以立即找到所有用到的照片，并恢复所有设置。

❶ 在幻灯片编辑器视图右上角单击【创建已存储的幻灯片】按钮，或者在【收藏夹】面板标题栏右端单击加号（+），在弹出的菜单中选择【创建幻灯片放映】。

❷ 在打开的【创建幻灯片放映】对话框的【名称】文本框中输入“Midtown Slideshow”；在【位置】选项组中勾选【内部】复选框，并在其下拉列表中选择 Midtown 收藏夹，然后，单击【创建】按钮，如图 8-26 所示。

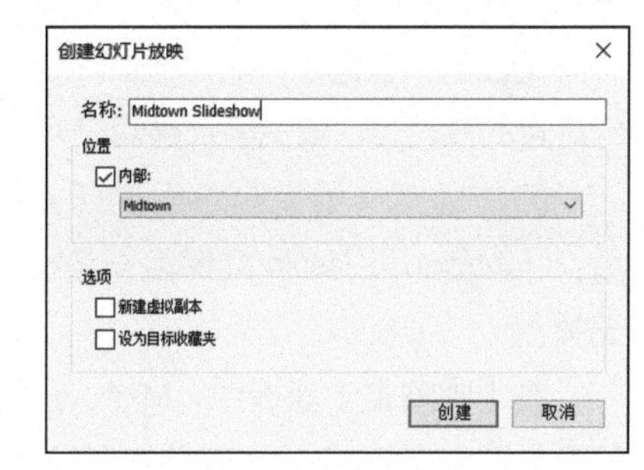

图 8-26

此时，幻灯片编辑器视图上方的标题栏中显示的是已存储的幻灯片的名称，同时【创建已存储的幻灯片】按钮也不见了。

提示 当希望向幻灯片中的所有照片应用某种处理（例如修改照片预设）时，在【选项】选项组中勾选【新建虚拟副本】复选框后，所应用的处理不会影响到原始收藏夹中的照片。

Lightroom Classic 会在 Midtown 收藏夹中创建 Midtown Slideshow 幻灯片，幻灯片左侧会显示已存储的幻灯片图标，幻灯片右侧的数字表示幻灯片中用到了源收藏夹中的 10 张照片，如图 8-27 所示。

图 8-27

设计过程中，可以随时保存幻灯片，也可以在进入【幻灯片放映】模块后立即创建已存储的幻灯片（包含一系列照片），或者等到设计完成后再保存幻灯片。保存了幻灯片之后，Lightroom Classic 会自动保存对幻灯片布局和播放设置做的所有修改。

保存幻灯片之后，在精调幻灯片时，就可以随意删除与重排幻灯片了，这些操作不会影响到源收藏夹。Lightroom Classic 会把在幻灯片中删除的照片从 Midtown Slideshow 输出收藏夹中移除，但是它们仍然保留在 Midtown 收藏夹中。

如果还打算使用 Midtown 收藏夹中的照片进行打印或制作在线相册，上面这个特点会非常有用。源收藏夹中的照片始终保持不变，但每个项目的输出收藏夹中包含了照片的不同子集，而且排列顺序也各不相同。

8.7 精调幻灯片中的内容

提示 可以向已存储的幻灯片中添加更多的照片，操作也很简单，只需在【收藏夹】面板中把照片拖入幻灯片收藏夹中即可。在【收藏夹】面板中，把鼠标指针移动到已存储的幻灯片上，单击数字右侧的箭头，如图 8-28 所示，可直接从【图库】模块进入【幻灯片放映】模块，并打开幻灯片。

图 8-28

确定播放设置之前，最好先把幻灯片中要用到的照片确定下来。不然以后再在幻灯片中删除某张照片，可能就得重新调整每张幻灯片的时长、过渡时间，尤其是有同步音频时，必须重新匹配幻灯片与音频，这做起来会非常麻烦。

❶ 在胶片显示窗格中，使用鼠标右键单击照片 lesson08-0010（该照片是幻灯片的背景照片），在弹出的快捷菜单中选择【从收藏夹中移去】。

请注意，在把照片 lesson08-0010 移除之后，它不会再出现在任何幻灯片上，但是仍然会出现在幻灯片的背景中。背景照片是幻灯片布局的一部分，而不只是一张要显示在幻灯片中的照片。

即使选择一组完全不同的照片放在幻灯片中，背景照片也仍然会保持原样。保存幻灯片之后，Lightroom Classic 会保留一个指向背景照片的链接，而且这个链接与输出收藏夹及其父收藏夹无关。

在【收藏夹】面板中，Midtown Slideshow 输出收藏夹名称右侧当前显示的照片数目是 9，而它的父收藏夹（Midtown）名称右侧显示的照片数目仍然是 10。

❷ 在胶片显示窗格中，按住鼠标左键把照片 lesson08-0007 拖动到照片 lesson08-0003 与 lesson08-0004 之间，当出现黑色插入线时，如图 8-29 所示，释放鼠标左键。

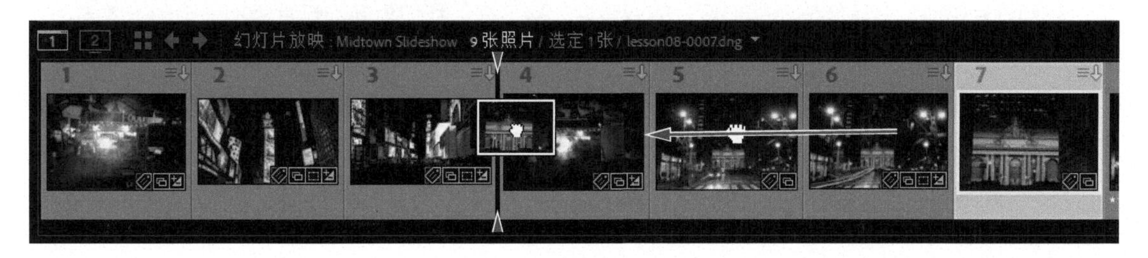

图 8-29

8.8 在幻灯片中添加声音与动画

如果希望幻灯片更有动感，可以在幻灯片中添加视频，这些视频放在幻灯片中，也可以设置边框、阴影、叠加等，和设置照片差不多。

即便是完全由静态照片组成的幻灯片，也可以通过添加音乐来烘托气氛，以让观者产生情感共鸣，或通过电影般的平移和缩放效果使照片变得生动、活泼。

lesson08 文件夹中有一个名为 midtown-rc.mp3 的音乐文件。这段音乐有助于突显幻灯片充满活力、生气勃勃的主题。不过，也可以从音乐库中选择其他喜欢的音乐。此幻灯片中只包含 9 张照片，选择时长短一点的音乐会更好。

❶ 在右侧面板组中展开【音乐】与【回放】两个面板。单击【音乐】面板标题左侧的开关按钮，开启声道。单击【添加音乐】（加号）按钮，如图 8-30 所示，打开 LRC2022CIB\Lessons\lesson08 文件夹，选择 midtown-rc.mp3 文件，单击【打开】按钮 /【选择】按钮。

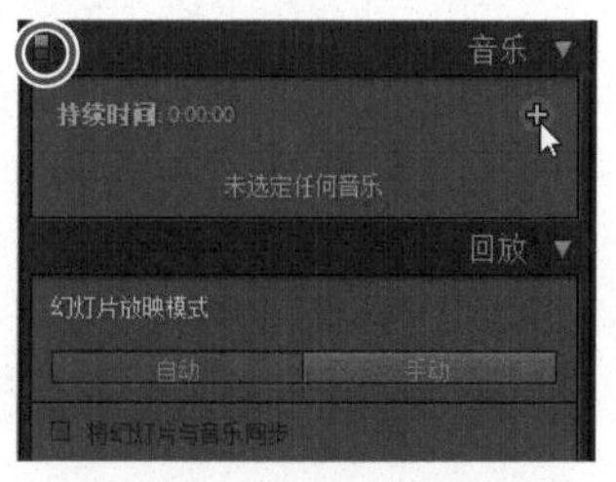

图 8-30

此时，音乐文件的名称和持续时间就会在【音乐】面板中显示出来。

❷ 展开【标题】面板，勾选【介绍屏幕】复选框和【结束屏幕】复选框，取消勾选【添加身份标识】复选框。

接下来，根据音乐时长，设置幻灯片的持续时间和过渡时间，调整好幻灯片的时间点。

❸ 在【回放】面板中，单击【按音乐调整】按钮，如图 8-31 所示，观察【幻灯片长度】和【交叉淡化】值的变化情况。若弹出“幻灯片不适合音乐”的提示消息，请尝试减小【交叉淡化】值。

图 8-31

在时间上做调整是为了确保 9 张照片、两个标题屏幕与音乐文件的时间相适应。

❹ 向右拖动【交叉淡化】滑块，把淡化过渡的时长延长一点，然后再次单击【按音乐调整】按钮，同时观察【幻灯片长度】值的变化。这个过程中，Lightroom Classic 会重新计算幻灯片的时长，在淡化过渡时长增加的情况下，确保幻灯片与音乐文件相匹配。

❺ 在【回放】面板中，取消勾选【重播幻灯片放映】复选框与【随

机顺序】复选框。在胶片显示窗格中选择第一张照片，然后在右侧面板组底部单击【预览】按钮，在幻灯片编辑器视图中预览幻灯片。预览完成后，按 Esc 键停止播放。

在幻灯片中添加音乐能够增强幻灯片的叙事性。接下来，我们再向幻灯片添加一些动态效果，以告诉观者这不只是一个故事，还是一次旅行。

❻ 在【回放】面板中勾选【平移和缩放】复选框，拖动滑块，设置效果级别，把滑块放到滑动条的大约三分之一处。

【平移和缩放】滑块越往右，动态效果速度越快，力度越大；滑块越往左，动态效果速度越慢，力度越小。

❼ 在胶片显示窗格中选择第一张照片，然后单击右侧面板组下方的【播放】按钮，在全屏模式下观看幻灯片。播放过程中，可按空格键暂停播放与继续播放。播放完毕后，按 Esc 键结束幻灯片放映。

提示 最多可向幻灯片添加 10 段音乐，在【音乐】面板中拖动音乐文件，可改变音乐文件的播放顺序。

如果幻灯片中用到的照片非常多，可以使用【添加音乐】按钮添加多个音乐文件。当幻灯片中有多个音乐文件时，单击【按音乐调整】按钮，可把幻灯片、过渡时间与音乐持续时间相匹配。

勾选【将幻灯片与音乐同步】复选框，【幻灯片长度】【交叉淡化】【按音乐调整】都会被禁用，如图 8-32 所示。Lightroom Classic 会分析音乐文件，根据音乐节奏设置幻灯片的时间，并对音乐中突出的声音做出响应。

在【回放】面板中拖动【音频平衡】滑块，可以把音乐和幻灯片中视频中的声音进行混合。

如果计算机上接了另外一台显示器，那么会在【回放】面板底部看到一个【回放屏幕】选项组。在这个选项组中，可以选择全屏播放幻灯片时使用哪个屏幕，以及设置播放过程中另一个屏幕是否是空白的。

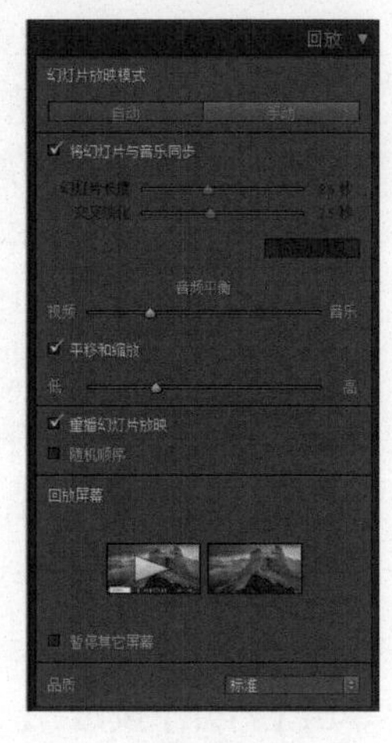

图 8-32

8.9 保存自定义的幻灯片模板

定制好了幻灯片模板之后，我们应该把它保存下来，使其出现在【模板浏览器】面板中，供日后使用。这与之前幻灯片的保存不一样。前面说过，已存储的幻灯片本质上是一个输出收藏夹，里面存放着一组有特定顺序的照片，以及幻灯片设置。与此不同，一个已保存的自定义模板只记录幻灯片的布局和播放设置，而不会链接任何照片。

调整与组织用户模板

【模板浏览器】面板中提供了许多用来组织模板和模板文件夹的选项。

重命名模板或模板文件夹

在【模块浏览器】面板中，无法重命名【Lightroom 模板】文件夹、内置模板，以及默认的【用户模板】文件夹，但可以对自己创建的模板或模板文件夹进行重命名操作。在【模板浏览器】面板中，使用鼠标右键单击某个模板或模板文件夹，然后在弹出的快捷菜单中选择【重命名】即可。

移动模板

在【模板浏览器】面板中，如果希望把一个模板移动到另外一个文件夹中，直接把该模板拖入其中即可。如果希望把一个模板移动到一个新文件夹中，请使用鼠标右键单击该模板，然后在弹出的快捷菜单中选择【新建文件夹】，Lightroom Classic 会新建一个文件夹，并把选中的模板放入其中。当试图移动一个模板时，Lightroom Classic 会把选择的模板复制到新文件夹中，但是原始模板仍然保留在【Lightroom 模板】文件夹中。

更新自定义模板设置

如果希望修改某个自定义模板，请在【模板浏览器】面板中选择它，然后使用右侧面板组中的各种控件做修改，再在【模板浏览器】面板中使用鼠标右键单击模板，在弹出的快捷菜单中选择【使用当前设置更新】。

创建模板副本

如果希望在现有模板文件夹中为当前选择的模板创建一个副本，请单击【模板浏览器】面板标题栏右侧的加号（新建预设），在打开的【新建模板】对话框中输入副本模板名称，在【文件夹】下拉列表中选择一个目标文件夹，单击【创建】按钮。如果希望在一个新文件夹中为当前所选模板创建副本，请单击【模板浏览器】面板标题栏右侧的加号（新建预设），在打开的【新建模板】对话框中输入副本模板名称，在【文件夹】下拉列表中选择【新建文件夹】，在打开的【新建文件夹】对话框中输入文件夹名，单击【创建】按钮，Lightroom Classic 就会在新文件夹中创建所选模板的副本。

导出自定义模板

在【模板浏览器】面板中使用鼠标右键单击某个自定义模板，然后在弹出的快捷菜单中选择【导出】，可以将其导出，以便在另一台计算机的 Lightroom Classic 中使用它。

导入自定义模板

如果希望导入在另一台计算机的 Lightroom Classic 中创建的自定义模板，请使用鼠标右键单击【用户模板】标题栏或者【用户模板】文件夹中的任意一个模板，然后在弹出的快捷菜单中选择【导入】，再在打开的【导入模板】对话框中到要导入的模板文件，单击【导入】按钮。

删除模板

在【模板浏览器】面板中使用鼠标右键单击某个自定义模板，在弹出的快捷菜单中选择【删除】，即可删除选定的自定义模板。此外，选择待删除的自定义模板，然后在【模板浏览器】面板的标题栏中单击减号（删除选定预设），也可以删除选定的自定义模板。请注意，无法删除【Lightroom 模板】文件夹中的模板。

新建模板文件夹

在【模板浏览器】面板中使用鼠标右键单击某个模板文件夹或模板，然后在弹出的快捷菜单中选择【新建文件夹】，即可新建一个空白模板文件夹。接下来，我们就可以把模板拖入其中了。

删除模板文件夹

要删除模板文件夹，首先需要删除文件夹中的所有模板（或者把模板全部拖入另外一个文件夹中），然后使用鼠标右键单击空白文件夹，在弹出的快捷菜单中选择【删除文件夹】。

如果希望把相关幻灯片放在一起，或者想把模板用作新设计的起点，那么可以把自定义的幻灯片保存成模板，这样在以后会节省大量时间。

默认设置下，Lightroom Classic 会把用户自定义的模板显示在【模板浏览器】面板的【用户模板】文件夹中。

❶ 在幻灯片处于打开状态时，在【模板浏览器】面板的标题栏中单击加号（新建预设），或者在菜单栏中选择【幻灯片放映】>【新建模板】。

❷ 在打开的【新建模板】对话框中输入新模板的名称“Centered Title”，在【文件夹】下拉列表中选择【用户模板】作为目标文件夹，单击【创建】按钮，如图 8-33 所示。

此时，可以在【模板浏览器】面板中的【用户模板】文件夹中看到新创建的自定义模板，如图 8-34 所示。

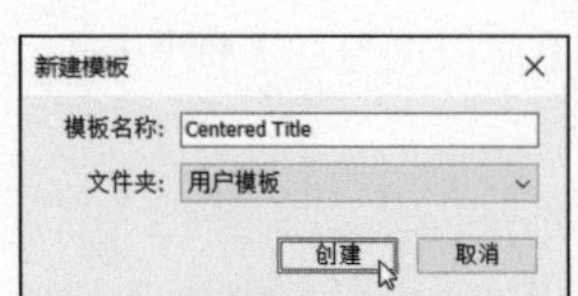

图 8-33

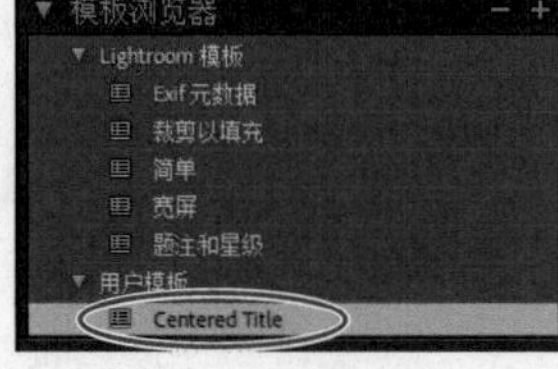

图 8-34

提示 保存自定义模板时，最好起一个描述性名称。当【模板浏览器】面板中存在多个模板时，有一个好的名称有助于快速找到所需要的模板。

8.10 导出幻灯片

为了把制作好的幻灯片发送给朋友、客户，或者在另一台计算机中播放，或者在网络上分享，我们可以把幻灯片导出为 PDF 文件或高品质视频。

❶ 在【幻灯片放映】模块下，单击左侧面板组底部的【导出为 PDF】按钮。

❷ 在打开的【将幻灯片放映导出为 PDF 格式】对话框中浏览各个选项，要特别留意幻灯片尺寸与品质的设置，然后单击【取消】按钮，如图 8-35 所示。

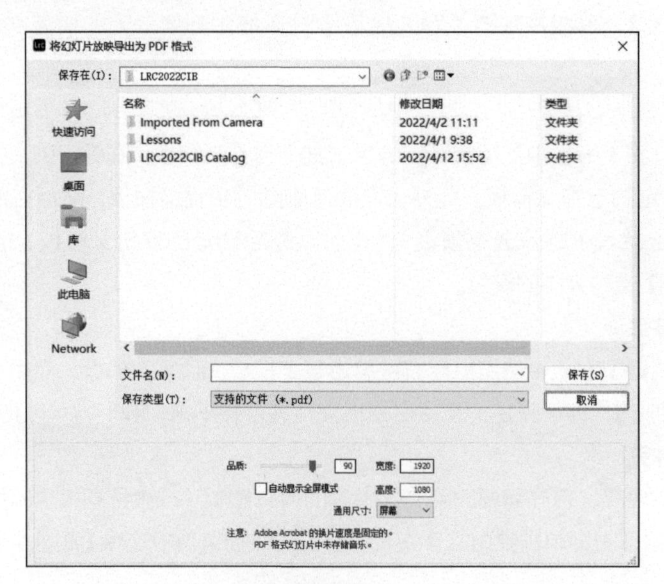

图 8-35

注意 使用 Adobe Reader 或 Adobe Acrobat 浏览导出的 PDF 文件时，幻灯片的过渡效果会正常发挥作用。但是在把幻灯片导出为 PDF 文件之后，原来幻灯片中的音乐、播放设置都会丢失。

❸ 在左侧面板组之下单击【导出为视频】按钮，在打开的【将幻灯片放映导出为视频】对话框中浏览各个选项，了解【视频预设】下拉列表中有哪些选项，依次选择各个选项，阅读下方简短的说明，如图 8-36 所示。

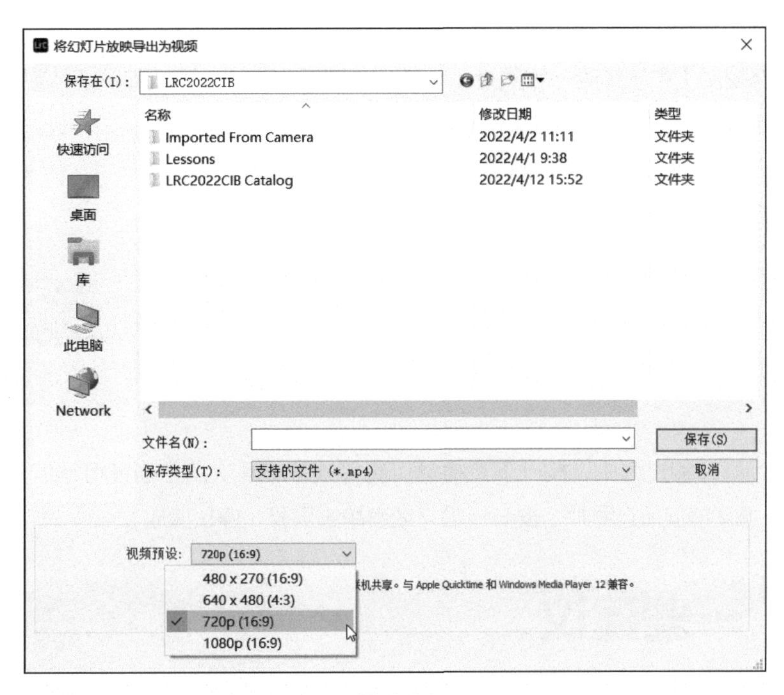

图 8-36

以 MP4 格式导出幻灯片，然后就可以把视频上传到视频分享网站，或者对视频做进一步优化，以便在移动设备中播放。关于视频尺寸和质量有多种选择，例如 480 × 270（适用于私人媒体播放器和电子邮件）、1080p（高质量 HD 视频）。

❹ 在【将幻灯片放映导出为视频】对话框中为导出视频输入一个名称，指定一个目标文件夹，在【视频预设】下拉列表中选择一个视频预设，然后单击【保存】按钮。

此时，工作区的左上角会出现一个进度条，显示导出的进度，如图 8-37 所示。

图 8-37

8.11 播放即席幻灯片

在 Lightroom Classic 中，即便在【幻灯片放映】模块之外，我们也可以轻松地播放即席幻灯片。例如，在【图库】模块下，启动即席幻灯片放映，可以以全屏的方式浏览导入的照片。

在 Lightroom Classic 中，不论在哪个模块下，都可以启动即席幻灯片放映。即席幻灯片的布局、时间安排、过渡效果由当前在【幻灯片放映】模块下设置的用于即席幻灯片的模板确定。若未设置，则 Lightroom Classic 会使用【幻灯片放映】模块中的当前设置。

提示 在【幻灯片放映】模块下的【模板浏览器】面板中，使用鼠标右键单击某个模板，在弹出的快捷菜单中选择【用于即席幻灯片放映】，可以更改用于即席幻灯片的模板。

❶ 进入【图库】模块。在【目录】面板中单击【上一次导入】按钮。单击【网格视图】按钮，单击【排序依据】左侧的【排序方向】按钮，选择一个浏览照片的顺序。

❷ 在【网格视图】中选择第一张照片，然后按快捷键 Command+A/Ctrl+A，或者在菜单栏中选择【编辑】>【全选】，选择上一次导入的所有照片。

❸ 在菜单栏中选择【窗口】>【即席幻灯片放映】，或者按快捷键 Command+Return/Ctrl+Enter，启动即席幻灯片放映。

提示 在【图库】与【修改照片】模块下，还可以单击工具栏中的【即席幻灯片放映】按钮来放映幻灯片，如图 8-38 所示。若工具栏中未显示【即席幻灯片放映】按钮，请单击工具栏右端的向下三角形，在弹出的菜单中选择【幻灯片放映】，将其显示出来。

图 8-38

❹ 在播放幻灯片的过程中，按一下空格键可暂停播放，再次按空格键可继续播放。Lightroom Classic 会重复、循环播放所选照片。按 Esc 键，或者单击屏幕，停止播放。

8.12 一些建议

注意 本节内容只是笔者个人的一些建议，并不是一定要采纳，读者可以把本节内容作为参考，以进一步完善自己的工作流程。

本课的主要目标是带领大家了解【幻灯片放映】模块下的所有功能。不过，请注意，虽然【幻灯片放映】模块下有各种各样的功能，但这些功能在制作幻灯片的过程中并非都会用到。我个人十分推崇简约，制作幻灯片时，我只使用那些必要的功能，绝不会滥用各种功能。在制作了大量幻灯片之后，我有了一些心得、体会，下面我把这些心得、体会分享给大家，希望能给大家带来一点帮助。

我希望自己的照片成为人们议论的焦点，所以我一般都在【模板浏览器】面板中选择【简单】模板，在【布局】面板中把边距设置成 72 像素，在【选项】面板中把边框颜色设置成深灰色（R：20%、G：20%、B：20%）且把【宽度】设置成 1 像素，在【背景】面板中确保选择的是黑色背景颜色，取消勾选【叠加】面板中的所有复选框，如图 8-39 所示。

需要花时间做的是，在【标题】面板中添加【介绍屏幕】和【结束屏幕】，如图 8-40 所示。

在向一群人或一个客户播放幻灯片时，我们总是希望一开始就能产生很好的效果。在做好准备之前，我不希望幻灯片一开始就显示出第一张照片，我可能想先讲一些话，比如介绍一下项目。

图 8-39

图 8-40

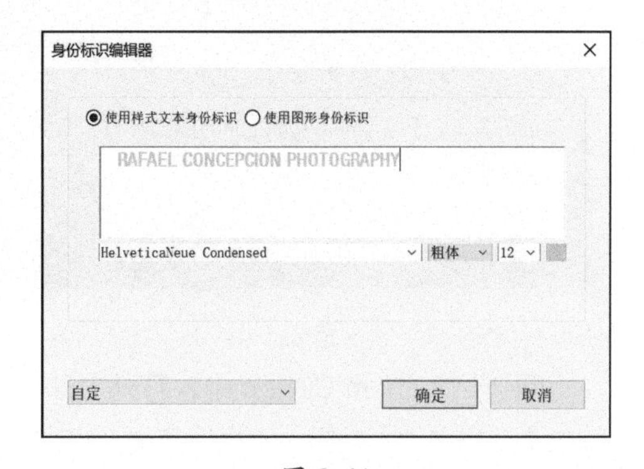

图 8-41

在【介绍屏幕】选项组中，我们可以添加一个带有个人信息的身份标识。制作身份标识时，最简单的方法是在【身份标识编辑器】对话框中选中【使用样式文本身份标识】。这里，把字体设置为 HelveticaNeue Condensed 粗体，然后输入公司名称，如图 8-41 所示。

设置好身份标识后，在【标题】面板中拖动【比例】滑块，可调整身份标识大小，如图 8-42 所示。除了使用纯文本身份标识之外，我们还可以使用图形身份标识，使身份标识更有个性。

图 8-42

制作图形身份标识需要用到 Photoshop。在 Photoshop 中，我把自己的个性签名（使用平板计算机和触控笔）添加到公司名称之上，然后将图形身份标识保存成一个透明的 PNG 文件（背景透明，采用黑色填充只是为了更好地显示白色文字），如图 8-43 所示。

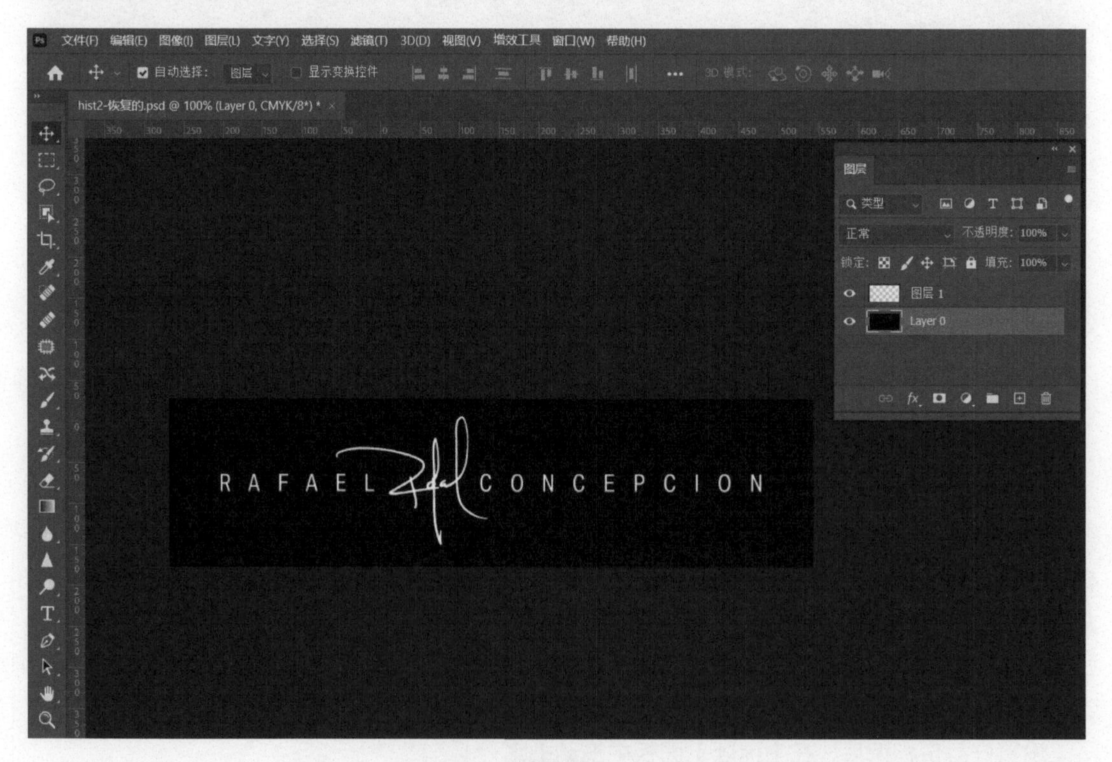

图 8-43

回到 Lightroom Classic 中，打开【身份标识编辑器】对话框，选中【使用图形身份标识】，然后单击【查找文件】按钮，选择保存的 PNG 文件，如图 8-44 所示。

图 8-44

此时，【介绍屏幕】选项组中会显示出制作的图形身份标识。勾选【结束屏幕】复选框，将其设置成黑色，取消勾选【添加身份标识】复选框。当幻灯片刚开始播放时，立即按空格键暂停播放，此时出现的是介绍屏幕，如图 8-45 所示，上面显示的是名字或公司 Logo，这时可以对自己或工作做一些简单的介绍，然后再继续往下播放幻灯片。

图 8-45

8.13 复习题

1. 如何改变即席幻灯片套用的模板？
2. 如果希望显示照片的元数据，应该选择哪个模板？
3. 定制幻灯片模板时，有哪些选项可用？
4. 为何带连线的文本有助于设计幻灯片页面布局？
5. 已存储的自定义幻灯片模板与已存储的幻灯片有何不同？

8.14 答案

1. 在【幻灯片放映】模块下的【模板浏览器】面板中，使用鼠标右键单击某个幻灯片模板的名称，在弹出的快捷菜单中选择【用于即席幻灯片放映】。
2. 如果希望显示照片的元数据，请在【Lightroom 模板】文件夹中选择【Exif 元数据】模板。该模板会把照片居中放置在黑色背景上，并显示照片的星级、EXIF 信息及身份标识。
3. 在右侧面板组中，可以修改幻灯片的布局，添加边框和文本，为照片或文本添加阴影（目前只支持 Mac 系统），更改背景颜色或添加背景照片，调整幻灯片的时长和过渡时间，以及添加音乐。
4. 带连线的文本会与幻灯片边缘上的参考点连接在一起，确保文本在每页幻灯片上的位置相同。带连线的文本也可以与照片边缘上的参考点连接在一起，确保各张照片上的文本出现在相同的位置上。
5. 已存储的自定义幻灯片模板只记录幻灯片的布局和播放设置，它就像是一个空容器，不与任何照片关联。已存储的幻灯片本质上是一个输出收藏夹，里面包含一组有特定顺序的照片，还有幻灯片布局、叠加的文本及播放设置。

摄影师 埃米·滕辛（AMY TOENSING）

“当我透过相机观察生活时，生活于我便多了些意义。”

最初，我把摄影作为记录自己童年与青春期的手段，例如在墙上舞动的影子、从盒子里偷看的猫、我家后面美丽的树林，以及与朋友们一起的冒险。随着我越来越成熟，我与摄影的关系也在不断变化。最终，透过相机观察生活成为我理解这个世界，以及与之建立联系的一种方式。

我的工作主要是完成一些长期拍摄项目。我喜欢拍摄照片的过程，它是一个揭示、连接、惊喜、觉悟、感动的过程。我希望尽可能多地研究与了解一个人、一个社区、一个问题，我会实地考察，深入了解，努力寻找最能表达故事中某些情感的画面。

我的拍摄是新闻性质的，主要是见证和记录生活，而不是导演。我拍摄的每张照片都与表现的主题息息相关。我的拍摄是围绕着联系展开的，拍摄时，我会花一些时间向拍摄对象敞开心扉，让这些联系塑造我拍摄的照片和我讲述的故事。在这个过程中，我要等待、建立联系、表达尊敬，还要对复杂的生活持开放态度，这样才能见证生活的美丽、残酷、欢乐、奇迹。

第 9 课

打印照片

课程概览

本课主要讲解以下内容。

- 选择与自定义打印模板、创建自定图片包打印布局
- 添加身份标识、边框、背景颜色，根据照片元数据创建题注
- 保存自定义打印模板，把打印设置保存为输出收藏夹
- 指定打印设置、打印机驱动程序，选择合适的配置文件

学习本课需要 1～2 小时

在 Lightroom Classic 中，借助【打印】模块，我们可以轻松地获得专业级的打印结果，还可以自定义打印模板，方便制作照片小样及艺术边框等。【打印】模块支持特定设备的软打样，可确保最终打印结果与屏幕上看到的颜色一样。

9.1 课前准备

在学习本课内容之前，请确保已经为课程文件创建好了 LRC2022CIB 文件夹，并创建了 LRC2022CIB 目录文件来管理它们，具体做法请阅读本书前言中的相关内容。

将下载好的 lesson09 文件夹放入 LRC2022CIB\Lessons 文件夹中。

❶ 启动 Lightroom Classic。

❷ 在打开的【Adobe Photoshop Lightroom Classic- 选择目录】对话框中，选择 LRC2022CIB Catalog.lrcat 文件，单击【打开】按钮，如图 9-1 所示。

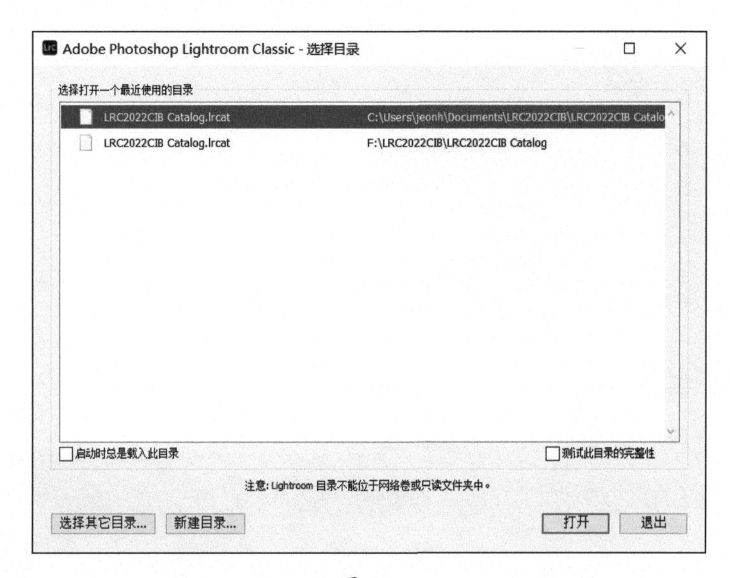

图 9-1

❸ Lightroom Classic 在【正常】屏幕模式中打开，当前打开的模块是上一次退出 Lightroom Classic 时的模块。在工作区右上方的模块选取器中单击【图库】，如图 9-2 所示，进入【图库】模块。

图 9-2

9.2 为现有照片创建收藏夹

前面课程中，我们已经导入和处理过大量照片了。下面我们在这些照片中选择十多张，然后把它们放入一个收藏夹中，供本课学习使用。

❶ 在【目录】面板中选择【所有照片】文件夹，如图 9-3 所示。

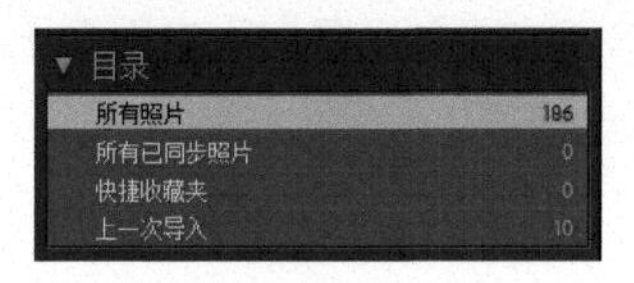

图 9-3

❷ 在【收藏夹】面板标题栏右端单击加号按钮，在弹出的菜单中选择【创建收藏夹】。在打开的【创建收藏夹】对话框中输入名称“Images to Print”，取消勾选【包括选定的照片】复选框，勾选【设为目标收藏夹】复选框，单击【创建】按钮，如图 9-4 所示。

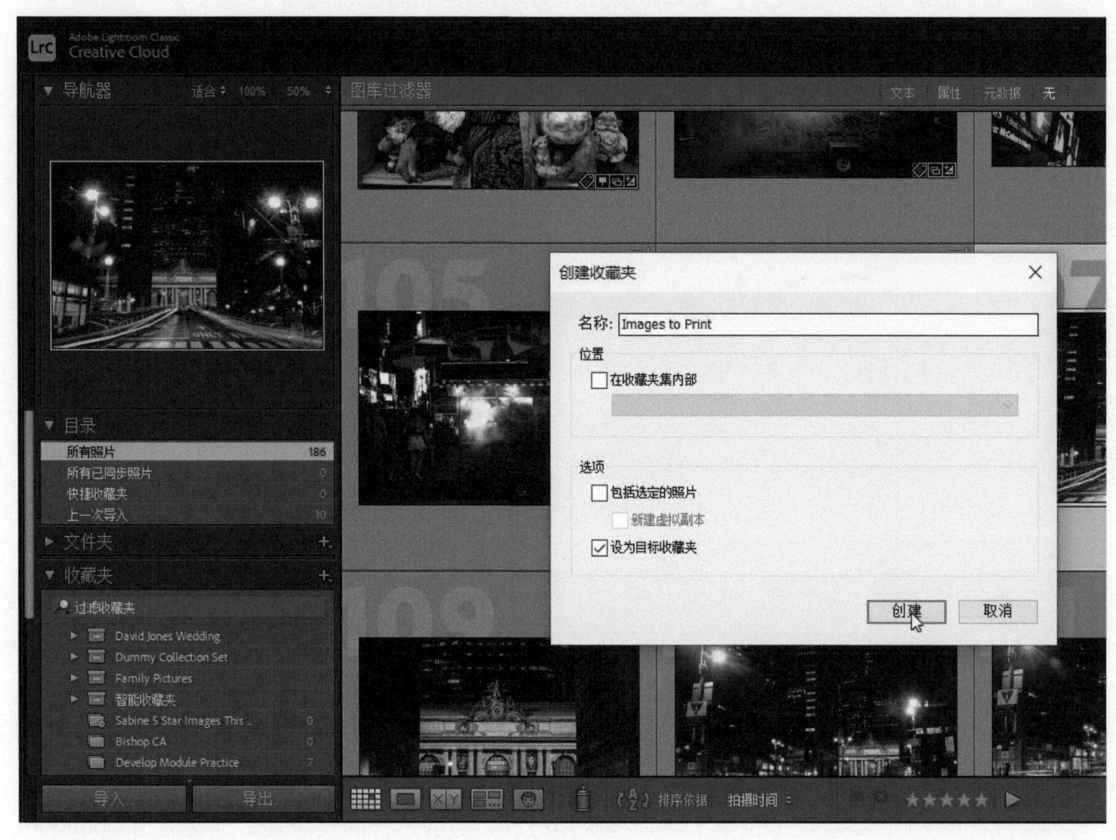

图 9-4

注意 如果希望把某个收藏夹设为目标收藏夹，请使用鼠标右键单击该收藏夹，然后在弹出的快捷菜单中选择【设为目标收藏夹】。

❸ 在工具栏中把【排序依据】设置为【文件名】。在【网格视图】中浏览各张照片，发现想打印的照片时，按 B 键，即可将其添加到指定的目标收藏夹（Images to Print）中，如图 9-5 所示。相比于把照片拖入目标收藏夹，使用快捷键 B 要方便、快捷得多。

❹ 可以根据自己的喜好把照片放入目标收藏夹中。这里，我们选择的是 20170622-008、20210516-005-1、lesson03-20、lesson07-006、lesson07-009、lesson07-010、lesson07-012、lesson08-0001、lesson08-0004、lesson08-0006、lesson08-0008 这 11 张照片。在【收藏夹】面板中，单击 Images to Print 收藏夹，把【排序依据】设置为【文件名】，然后在工作区右上角的模块选取器中单击【打印】，如图 9-6 所示，进入【打印】模块。

图 9-5

图 9-6

9.3 使用【打印】模块

【打印】模块下有许多应用在打印流程中的工具和控件。借助这些工具和控件，我们可以轻松地更改照片顺序，选择打印模板，调整版面布局，添加边框、文本、图形，调整输出设置。

左侧面板组中包含【预览】面板、【模板浏览器】面板、【收藏夹】面板。在【模板浏览器】面板中，移动鼠标指针到某个模板上，可以在【预览】面板中看到相应模板的布局情况。在模板列表中选择一个新模板，打印编辑器视图（位于工作区中央）就会更新，显示所选照片在新布局中的样子。

在胶片显示窗格中，可以快速为打印作业选择和重排照片；在源菜单中，可以轻松访问图库中的照片，以及最近使用的源文件夹和收藏夹。

可以使用右侧面板组中的各种控件自定义打印模板，以及指定输出设置，如图 9-7 所示。

【模板浏览器】面板中包含 3 种不同类型的模板：图片包、单个图像 / 照片小样、自定图片包，如图 9-8 所示。

【Lightroom 模板】文件夹下第一组模板（以小括号打头）是图片包，它们会在同一个页面上以不同尺寸重复单张照片。第二组模板是单个图像 / 照片小样，可用来在同一个页面上以相同尺寸打印多张照片，包括带有单个单元格或多个单元格的照片小样，例如艺术边框、最大尺寸模板。文件夹中还包括一类自定图片包模板，使用这些模板，可以在同一页面上以任意尺寸打印多张照片。所有模板都是可以调整的，可以把调整后的模板保存为用户自定义模板，它们同样会显示在【模板浏览器】面板中。

图 9-7

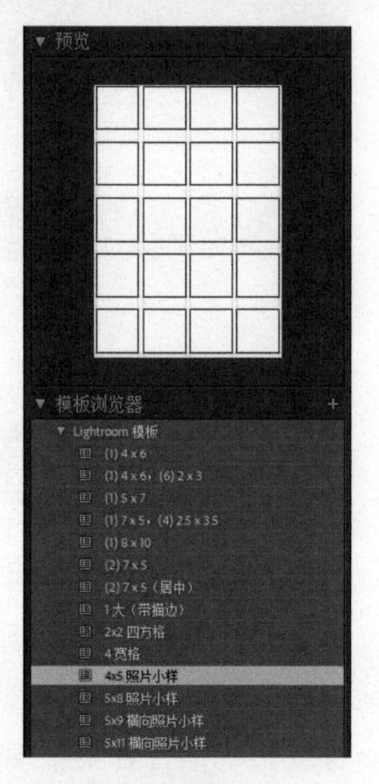

图 9-8

在【模板浏览器】面板中选择一个模板之后，右侧面板组顶部的【布局样式】面板中就会显示当前使用的是哪类模板。选择的模板类型不一样，【布局样式】面板下显示的面板也不同，如图 9-9 所示。

可以使用【图像设置】面板中的各种控件添加照片边框，以及指定照片适应照片单元格的方式。

选择【单个图像 / 照片小样】类型的模板后，可以在【布局】面板中调整边距、单元格大小、间隔，修改页面网格的行数和列数；可在【参考线】面板中选择显示或隐藏一系列布局参考线。选择【图片包】或【自定图片包】类型的模板后，可以在【标尺、网格和参考线】面板和【单元格】面板中调整布局，以及显示或隐藏各种参考线。在【页面】面板中，可以轻松地在打印布局中添加水印、文本、图形、背景颜色。在【打印作业】面板中，可以设置打印分辨率、打印锐化、纸张类型、色彩管理等。

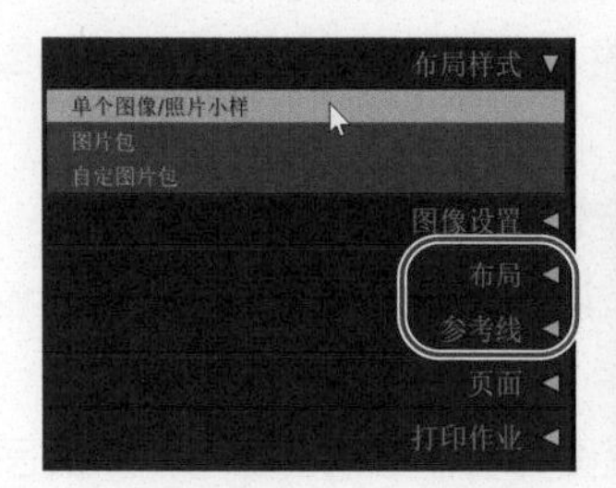

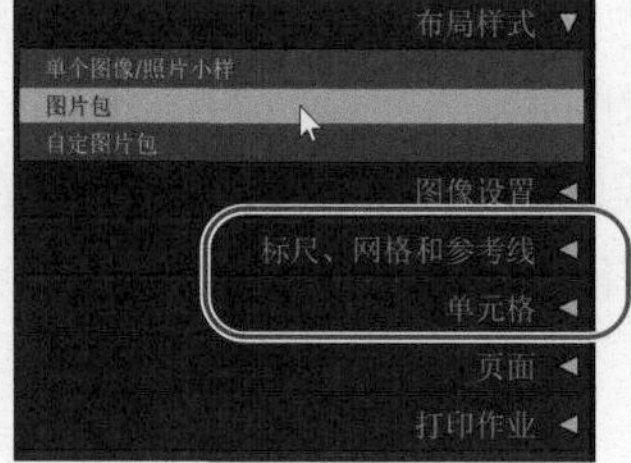

图 9-9

9.4 布局样式与打印模板

【模板浏览器】面板中内置有大量打印模板，这些模板在基本布局上有差异，而且有些还包括各种设计特征，例如边框、叠加的文本或图形等。

不同模板在输出设置上也不一样，例如，照片小样的打印分辨率就比那些用于生成最终印刷品的模板所设置的分辨率要低。

有些模板基本能满足打印要求，设置打印作业时，选择这些模板，可以节省大量时间与精力。下面我们向大家介绍不同类型的模板，并通过右侧面板组中的各个面板来了解每个布局的特点。

❶ 在左侧面板组中展开【预览】面板与【模板浏览器】面板。必要时，可以把胶片显示窗格的上边框往下拖，这样能在【模板浏览器】面板中看到更多的模板。在右侧面板组中展开【布局样式】面板，把其他面板折叠起来。

❷ 在菜单栏中选择【编辑】>【全部不选】，然后在胶片显示窗格中任选一张照片。Lightroom Classic 会立即更新打印编辑器视图（位于工作区中央），把选择的照片显示在当前布局中。

❸ 在【模板浏览器】面板中展开【Lightroom 模板】文件夹，把鼠标指针依次移动到各个模板上，在【预览】面板中观察每个模板的布局。

❹ 在【模板浏览器】面板中选择第二个模板 【(1) 4×6，(6) 2×3】。此时，在打印编辑器视图中，Lightroom Classic 会立即把所选模板应用到照片上。在右侧面板组的【布局样式】面板中，可以看到当前所选模板是【图片包】类型。在【模板浏览器】面板中选择【(2) 7×5】模板，【布局样式】面板中显示它也是【图片包】类型。

❺ 在【模板浏览器】面板中选择【双联贺卡】模板，【布局样式】面板中显示它是【单个图像 / 照片小样】类型，同时工作区中央的打印编辑器视图中会显示出新模板。

❻ 在【布局样式】面板中单击【图片包】，打印编辑器视图会立即更新，显示最近选择的模板【(2) 7×5】。在【布局样式】面板中单击【单个图像 / 照片小样】，打印编辑器视图会立即显示最近选择的一个【单个图像 / 照片小样】类型的模板（双联贺卡）。

在【单个图像 / 照片小样】与【图片包】两个类型之间切换时，右侧面板组中显示的面板略有不同。即便是两个类型中都有的面板，其显示的内容也不太一样。

❼ 在右侧面板组中展开【布局样式】面板，在【布局样式】面板中单击【图片包】。展开【图像设置】面板。在【图片包】和【单个图像 / 照片小样】之间切换，观察【图像设置】面板中的选项有何变化。

可以看到，在这些模板中，所选照片与照片单元格的适应方式不一样。在【图片包】类型模板【(2) 7×5】的【图像设置】面板中，【缩放以填充】复选框处于勾选状态，Lightroom Classic 会缩放照片并进行裁剪，使之填满单元格。在【单个图像 / 照片小样】类型的模块（双联贺卡）中,【缩放以填充】复选框处于禁用状态，照片不会被裁剪，如图 9-10 所示。请花一些时间了解一下在不同类型模板下【图像设置】面板有哪些不同。

❽ 选择【单个图像 / 照片小样】类型。工具栏右端会显示页数：第 1 页（共 1 页）。按快捷键 Command+A/Ctrl+A，或者在菜单栏中选择【编辑】>【全选】，选中胶片显示窗格中的 11 张照片。此时，工具栏右端显示的页数是：第 6 页（共 11 页）。把【双联贺卡】模板应用到 11 张照片上，产生 11 页打印作业。使用工具栏左端的导航按钮（左右箭头），在不同页面之间切换，依次查看应用到每张照片上的布局。当在不同页面之间切换时，工具栏右端显示的页数也会发生相应的变化，如图 9-11 所示。

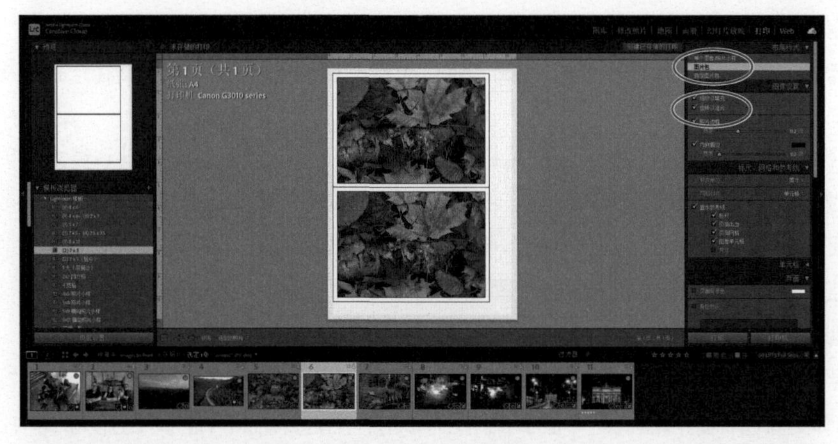

【(2) 7×5】模板

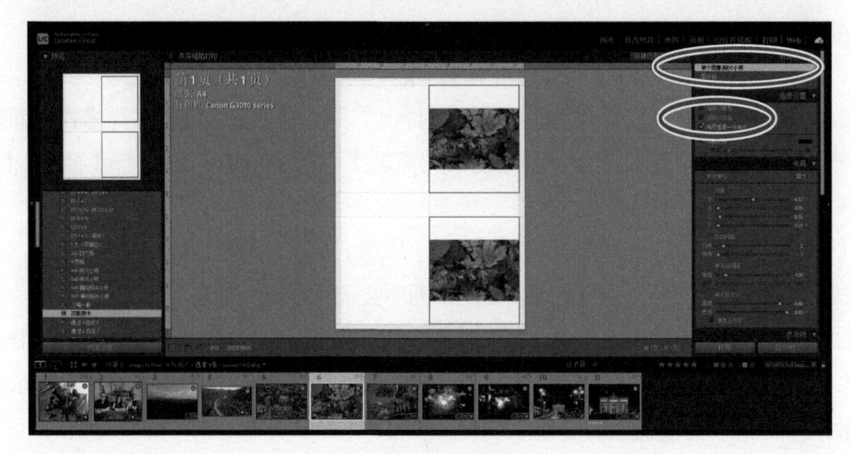

【双联贺卡】模板

图 9-10

图 9-11

提示 在多个页面之间切换时，除了使用工具栏中的导航按钮外，还可以使用 Home 键、End 键、Page Up 键、Page Down 键和左右箭头键，或者在菜单栏中的【打印】菜单中选择相应的导航命令。

❾ 把【图像设置】面板折叠起来，展开【打印作业】面板。在【打印作业】面板中【双联贺卡】模板的【打印分辨率】是 240 像素 / 英寸。在【模板浏览器】面板中选择【4×5 照片小样】模板，此时在【打印作业】面板中，【打印分辨率】处于禁用状态，【草稿模式打印】处于启用状态。

9.5 选择打印模板

提示 默认设置下，每张照片都居于照片单元格中央。在照片单元格内拖动照片，可在照片单元格内显示照片画面的不同部分。

了解了【模板浏览器】面板之后，我们选择一个模板，然后根据需要修改一下。

❶ 在【模板浏览器】面板中选择【4 宽格】模板。在【页面】面板中取消勾选【身份标识】复选框，隐藏默认设置。稍后在本课中，我们会自定义身份标识。

❷ 在菜单栏中选择【编辑】>【全部不选】。在胶片显示窗格中，选择 lesson07-009、lesson07-010、lesson07-012 这 3 张照片。照片在模板中的排列顺序与它们在胶片显示窗格中出现的顺序一样。在网格单元格中拖动照片，调整要显示的画面区域，然后把它们拖回到原来的位置，如图 9-12 所示。

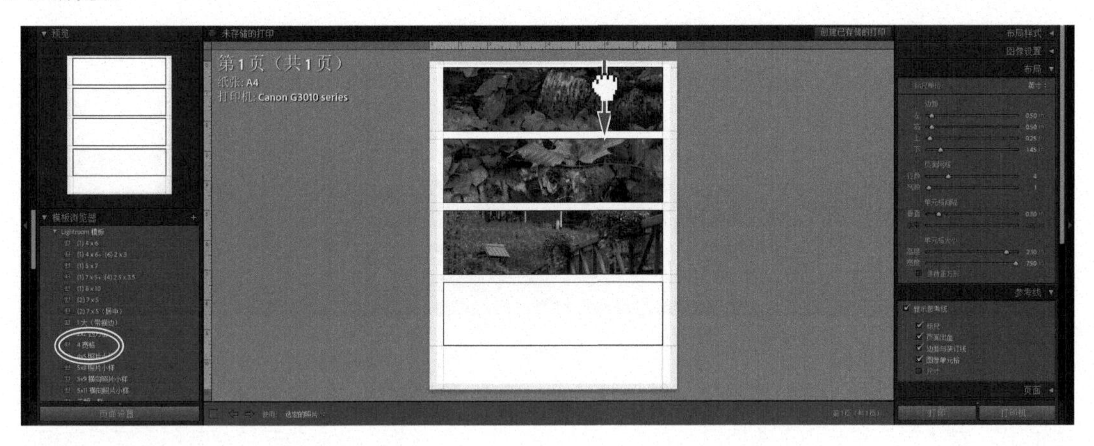

图 9-12

指定打印机和纸张尺寸

提示 根据指定的纸张尺寸，Lightroom Classic 会自动缩放打印模板中的照片。在【页面设置 / 打印设置】对话框中，保持缩放设置为 100%（默认值），可使 Lightroom Classic 根据页面调整模板。此时，打印编辑器视图中显示的就是最终打印结果。

自定义模板之前，我们需要先为打印作业指定纸张尺寸和纸张方向。现在指定好就不用再次调整布局了，这会节省很多时间和精力。

❶ 在菜单栏中选择【文件】>【页面设置】，或者单击左侧面板组底部的【页面设置】按钮。

❷ 在打开的【页面设置 / 打印设置】对话框的【名称】下拉列表中选择一台打印机，在【大小】下拉列表中选择【US Letter】(macOS) /【Letter】(Windows)。在【方向】选项组中选中【纵向】，然后单击【确定】按钮。

9.6 自定义打印模板

为打印作业创建好整体布局之后，可以继续使用【布局】面板中的各种控件来微调模板，以使照片更好地适应页面。

9.6.1 修改单元格个数

默认模板布局下，页面中有 4 个单元格，下面我们把页面中的单元格个数改成 3 个。

❶ 在右侧面板组中展开【布局】面板。在【页面网格】选项组中向左拖动【行数】滑块，或者在滑块右侧的输入框中输入“3”，把页面中的单元格个数改成 3 个，如图 9-13 所示。

图 9-13

❷ 尝试调整边距、单元格间隔、单元格大小，每次调整之后，按快捷键 Command+Z/Ctrl+Z，撤销操作。在【单元格大小】选项组下勾选【保持正方形】复选框，此时单元格宽度和高度保持相同。取消勾选【保持正方形】复选框。

❸ 每张照片周围都有黑色线条，代表的是照片单元格边框，它们只是一些辅助性的线条，不会出现在最终打印结果中。调整照片单元格的尺寸和间隔时，这些辅助线条很有用；但是在向页面中添加可打印的边框时，这些辅助线又很碍眼。此时，展开【参考线】面板（位于【布局】面板之下），取消勾选【图像单元格】复选框，如图 9-14 所示，然后把【布局】面板和【参考线】面板折叠起来。

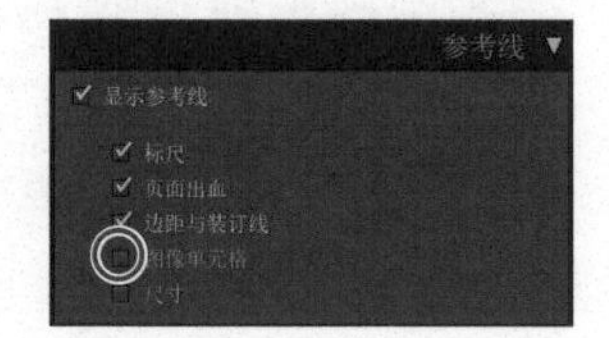

图 9-14

提示 若看不见参考线，请在【参考线】面板顶部勾选【显示参考线】复选框，将参考线显示出来。

调整打印模板的页面布局

不同类型打印模板的布局控件

选择不同类型的打印模板，右侧面板组中显示的面板也不太一样。其中，【图像设置】面板、【页面】面板、【打印作业】面板这 3 个面板是所有模板都有的，但在不同类型的模板下，它们所包含的用于调整页面布局的控件不一样。选择【单个图像 / 照片小样】类型的模板时，我们要使用【布局】面板和【参考线】面板来自定义布局；选择【图片包】类型的模板时，我们要使用【标尺、网格和参考线】面板和【单元格】面板来调整布局；选择【自定图片包】类型的模板时，我们要使用【标尺、网格和参考线】面板和【单元格】面板来调整布局，但此时这两个面板中的控件与选择【图片包】类型的模板时显示的控件有些不一样。

【图片包】和【自定图片包】类型的模板布局都不是基于网格的，因此用起来非常灵活。例如，在页面中移动照片单元格时，既可以直接在打印编辑器视图中拖动，也可以使用【单元格】面板中的控件；调整单元格大小时，既可以拖动【宽度】滑块和【高度】滑块，也可以拖动控制框上的控制点；向布局中添加照片时，既可以使用【单元格】面板中的控件，也可以按住 Option 键 / Alt 键拖动单元格进行复制或按需要调整大小。

Lightroom Classic 提供了多种参考线来帮助调整布局。最终打印照片时，这些参考线不会被打印出来，它们只出现在打印编辑器视图中。借助【参考线】面板或【标尺、网格和参考线】面板中的【显示参考线】选项，或者菜单栏中的【视图】>【显示参考线】命令（快捷键为 Command+Shift+G/Ctrl+Shift+G），可以显示或隐藏参考线。在【参考线】面板中，可以指定在打印编辑器视图中显示什么样的参考线。

注意 【边距与装订线】参考线与【图像单元格】参考线（仅支持【单个图像 / 照片小样】类型的模板）都是交互式的。也就是说，可以直接在打印编辑器视图中拖动这两种参考线来调整布局，而且在移动这些参考线时，【布局】面板中的【边距】【单元格间隔】【单元格大小】滑块也会相应地移动。

使用【布局】面板调整【单个图像 / 照片小样】类型模板的布局

【标尺单位】：用来为【布局】面板中的大多数控件及【参考线】面板中的标尺设置度量单位。单击【标尺单位】，在弹出的菜单中可以选择【英寸】【厘米】【毫米】【磅】【派卡】，默认是【英寸】。

【边距】：用来指定布局中照片单元格到页面四周的距离。许多打印机不支持无边距打印，边距最小值取决于打印机。即便打印机支持无边距打印，也必须先在打印机设置中打开这个功能，才能把边距设置为 0。

【页面网格】：用来指定布局中照片单元格的行数与列数。一个页面中至少有一个照片单元格（行数为 1、列数为 1），最多可有 225 个照片单元格（行数为 15、列数为 15）。

【单元格间隔】与【单元格大小】：这两个选项是相互关联的，改变其中任意一个，另外一个也会随之发生变化。【单元格间隔】用来设置照片单元格之间的水平间距与垂直间距，【单元格大小】用来设置单元格的宽度和高度。勾选【保持正方形】复选框可把照片单元格的高度与宽度链接在一起，保证照片单元格是正方形。

使用【参考线】面板调整【单个图像 / 照片小样】类型模板的布局

【标尺】：使标尺显示在打印编辑器视图的顶部与左侧。在【显示参考线】复选框处于勾选状态时，使用菜单栏中的【视图】>【显示标尺】命令（快捷键为 Command+R/Ctrl+R），也可以把标尺显示出来。在【布局】面板中使用【标尺单位】可以修改标尺单位。

【页面出血】：指页面中不可打印的边缘区域，由打印机设置指定。

【边距与装订线】：该参考线指示的是【布局】面板中的【边距】设置。在打印编辑器视图中，拖动【边距与装订线】参考线时，【布局】面板的【边距】选项组中相应的边距值会跟着发生变化。

【图像单元格】：勾选该复选框后，每个照片单元格周围都会出现一个黑色边框。当【边距与装订线】参考线未显示时，在打印编辑器视图中，拖动照片单元格参考线，【布局】面板中的边距、单元格间隔、单元格大小会发生变化。

【尺寸】：勾选该复选框后，Lightroom Classic 会把照片的尺寸显示在左上角，照片尺寸的单位由【布局】面板中的【标尺单位】指定。

使用【标尺、网格和参考线】面板调整【图片包】类型模板的布局

【标尺单位】：用来设置度量单位，它与选择【单个图像 / 照片小样】类型的模板时【布局】面板中的【标尺单位】一样。

【网格对齐】：用于在打印编辑器视图中准确对齐页面中的照片单元格。在【网格对齐】菜单中分别选择【单元格】【网格】【关闭】，拖动照片单元格时，单元格会彼此对齐，或者根据网格对齐单元格，或者关闭对齐功能。网格划分会受所选择的标尺单位的影响。

注意 当照片单元格发生重叠时，Lightroom Classic 会在页面右上角显示一个警告图标（！）。

【页面出血】和【尺寸】：这两个选项的功能与选择【单个图像 / 照片小样】类型的模板时【参考线】面板中两个选项的功能一样。

使用【单元格】面板调整【图片包】类型模板的布局

【添加到包】：以按钮的形式提供布局所允许的 6 种照片单元格尺寸预设。单击某个按钮右侧的三角形图标，在弹出的菜单中选择一种尺寸预设指派给当前按钮。默认预设值是标准的照片尺寸，但是可以根据需要做调整。

【新建页面】：向布局中添加一个页面，但在使用【添加到包】按钮添加多张照片且超出一个页面时，Lightroom Classic 会自动添加页面。在打印编辑器视图中，单击某个页面左上角的 × 按钮，可删除相应页面。

【自动布局】：用于优化排列页面中的照片，以使裁剪量最小。

【清除布局】：从版面布局中移除所有照片单元格。

【调整选定单元格】：通过拖动滑块或输入数值，调整选定单元格的宽度与高度。

9.6.2 在打印页面中重排照片

在一个打印页面中放置多张照片时，Lightroom Classic 会根据照片在胶片显示窗格（或【图库】模块下的【网格视图】）中出现的顺序排列照片。

当照片源是一个收藏夹，或者是一个不包含子文件夹的文件夹时，在胶片显示窗格中拖动各个照片缩览图，改变它们的位置，这些照片在打印作业中的排列顺序也会随之发生变化。但是，如果照片源在【所有照片】或【上一次导入】文件夹中，那么我们就无法通过拖动的方式来重排照片了。

在胶片显示窗格中单击空白处，取消选择所有照片，然后调整照片顺序。重新调整好照片顺序之后，按住 Command 键 /Ctrl 键在胶片显示窗格中单击前 3 张照片，把它们选中，如图 9-15 所示。

图 9-15

9.6.3 创建描边和照片边框

选择【单个图像 / 照片小样】类型的某个模板时，【图像设置】面板中有些选项会影响照片在照片单元格中的放置方式。下面我们为选中的 3 张照片添加边框，并且调整边框宽度。

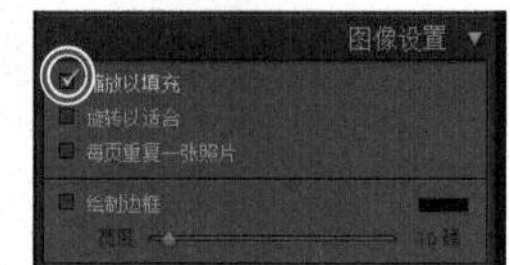

图 9-16

❶ 展开【图像设置】面板。由于用的是【4 宽格】模板，所以【缩放以填充】复选框处于勾选状态，如图 9-16 所示。也就是说，Lightroom Classic 会在高度上裁剪照片，使其适应照片单元格的大小。

❷ 勾选【绘制边框】复选框，然后向右拖动【宽度】滑块，或者直接在滑块右侧的输入框中输入“2.0”，设置边框粗细，如图 9-17 所示。

图 9-17

提示 单击【绘制边框】右侧的颜色框，从弹出的拾色器中选择一种颜色，可以修改边框的颜色。

❸ 在【布局样式】面板中单击【图片包】。在【标尺、网格和参考线】面板中勾选【图像单元格】复选框，显示出单元格边框。选择【图片包】类型的模板时，【图像设置】面板中有两个与边框相关的控件，其中【内侧描边】用来设置照片内边框的粗细，【照片边框】用来设置照片内边框外沿与照片单元格边沿之间空白框的宽度，如图 9-18 所示。

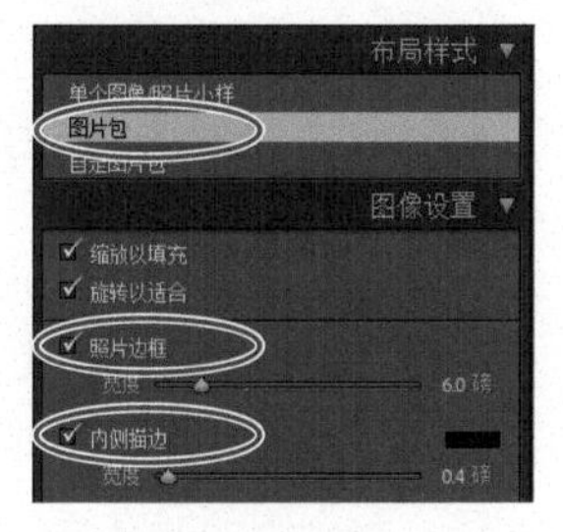

图 9-18

❹ 调整【内侧描边】和【照片边框】的值，如图 9-19 所示。

❺ 取消勾选【图像单元格】复选框。在【布局样式】面板中单击【单个图像 / 照片小样】，返回调整后的【4 宽格】模板中。

图 9-19

9.6.4 自定义身份标识

在【页面】面板中，我们可以使用各种控件在打印页面中添加身份标识、裁剪标记、页码，以及照片元数据中的文本信息等。我们先根据页面布局编辑身份标识。

❶ 展开【页面】面板，勾选【身份标识】复选框。在 macOS 中，身份标识预览区中默认显示的是系统用户名。单击身份标识预览区右下角的三角形，在弹出的菜单中选择【编辑】，如图 9-20 所示。

❷ 在打开的【身份标识编辑器】对话框中选中【使用样式文本身份标识】，然后选择字体和字号，这里选择 HelveticaNeue Condensed，粗体，24 磅。在文本框中选择文本，单击字号右侧的颜色框，在打开的拾色器中选择一种颜色，更改文本颜色。再次选择文本，输入“RC CONCEPCION PHOTOGRAPHY”，然后单击【确定】按钮，如图 9-21 所示。

图 9-20

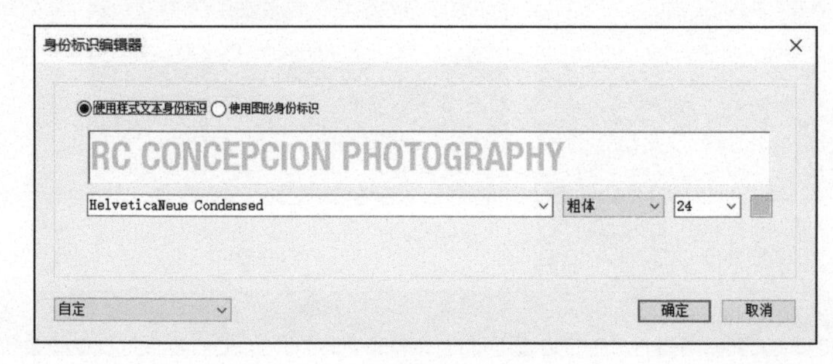

图 9-21

提示 若文本太长，无法在文本框中完全显示出来，此时，可以调整对话框的大小或减小字号，等编辑完成再改回来。

使用【旋转以适合】选项

默认设置下，Lightroom Classic 放置照片时会让它们在照片单元格中保持垂直。在【图像设置】面板中，勾选【旋转以适合】复选框可以改变这个默认行为，使照片随着照片单元格的朝向进行旋转。在展示页面布局中，我们不希望同一个页面中的照片有不同的朝向。但在有些情况下，这个选项非常有用，而且还有助于节省昂贵的照片打印纸。当希望在同一个页面中以横向与纵向打印不同照片，而且希望最大限度地利用照片打印纸，把每张照片打印得最大时，勾选【旋转以适合】复选框会特别有用，如图 9-22 所示。

图 9-22

此外，打印照片小样时，也可能会用到【旋转以适合】复选框。勾选【旋转以适合】复选框后，不管照片朝向如何，所有照片都以同样的尺寸显示，如图 9–23 所示。

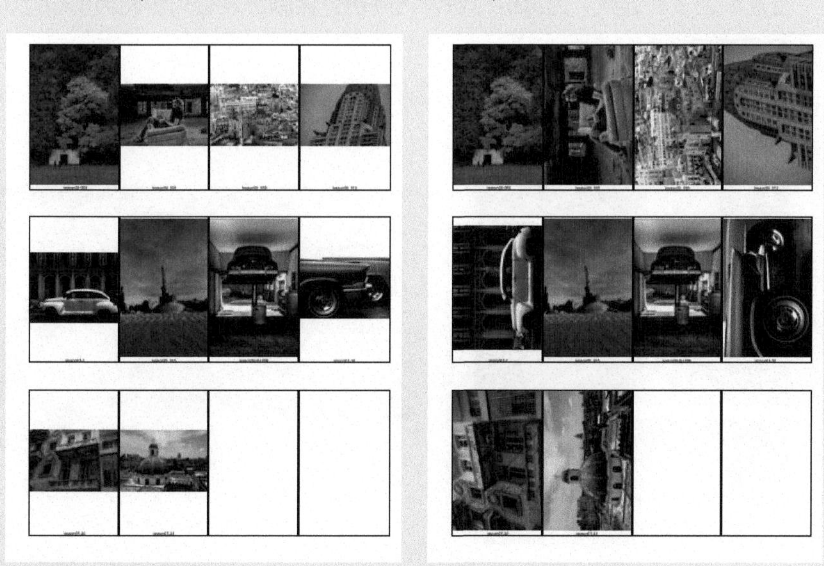

图 9-23

③ 向右拖动【比例】滑块，使文本身份标识与照片一样宽，如图 9-24 所示。在打印编辑器视图中单击文本身份标识，其周围会出现控制框，拖动控制框上的各个控制点，可以调整身份标识的大小。

提示 默认设置下，身份标识是水平放置的。此时，【页面】面板中的身份标识预览区的右上角会显示【0°】。单击【0°】，在弹出的菜单中选择【在屏幕上旋转 90°】【在屏幕上旋转 180°】【在屏幕上旋转 –90°】，可改变身份标识在页面中的朝向。在打印编辑器视图中直接拖动身份标识，可改变其在页面中的位置。

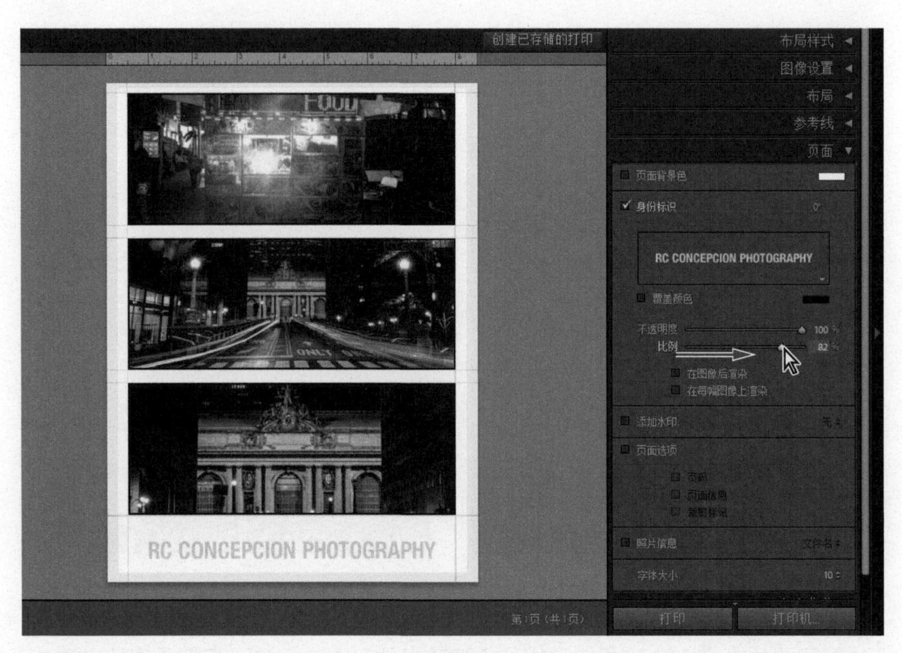

图 9-24

❹ 勾选【覆盖颜色】复选框，为身份标识设置颜色。该颜色设置只影响当前布局，它不会对已经设置好的身份标识颜色产生影响。

❺ 单击【覆盖颜色】右侧的颜色框，打开拾色器，分别输入 R（62%）、G（8%）、B（54%）值，如图 9-25 所示，然后关闭拾色器。此时，文本身份标识变成淡紫色。

图 9-25

💡提示 若拾色器右下角显示的是 HEX 值，不是 RGB 值，请单击颜色滑块下方的【RGB】，切换成 RGB 值的形式。

❻ 在【身份标识】选项组中拖动【不透明度】滑块，把身份标识的【不透明度】设置为 75%。设置不透明度值时，还可以直接在【不透明度】滑块右侧的输入框中输入“75”，如图 9-26 所示。当希望把身份标识放在某张照片上时，这个操作特别有用。

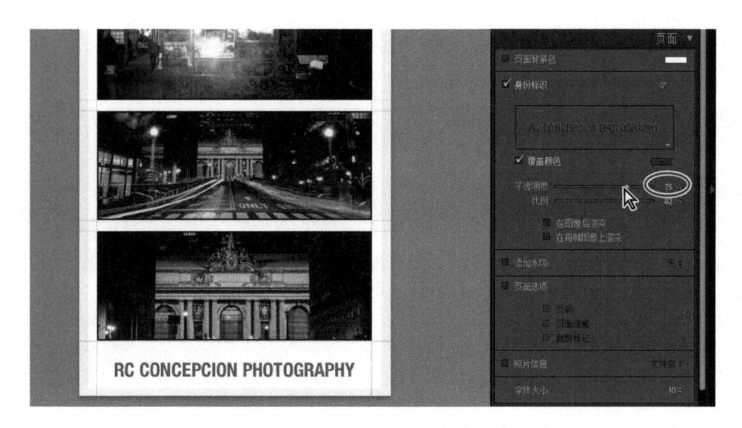

图 9-26

9.6.5 添加照片信息

接下来，我们使用【页面】面板和【文本模板编辑器】对话框向页面中添加题注和元数据信息（这里指照片文本）。

❶ 在【页面】面板底部勾选【照片信息】复选框，然后在右侧菜单中选择【编辑】，如图 9-27 所示。【照片信息】菜单中大多数选项的值都是从照片现有元数据中获取的。

在【文本模板编辑器】对话框中，可以把自定义文本和照片中内嵌的元数据组合在一起，然后把编辑后的模板存储成一个新预设，方便日后向其他打印页面中添加同样的文本信息。

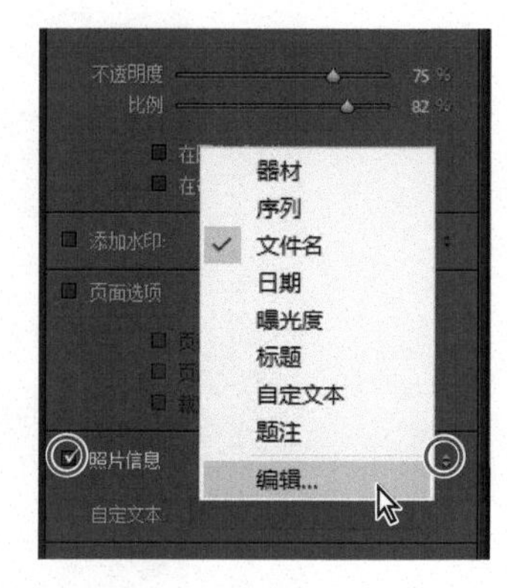

图 9-27

> 提示 若想了解更多有关【文本模板编辑器】对话框的信息，请阅读第 8 课中“使用【文本模板编辑器】对话框”中的内容。

本课照片的描述信息已经存在于照片元数据的【题注】中，我们将以这个元数据为基础制作文本题注。

❷ 在【文本模板编辑器】对话框顶部的【预设】下拉列表中选择【题注】。

❸ 在【示例】文本框中的【题注】标记（左大括号）左侧单击，插入光标，输入“Print Portfolio:”，然后在文本和标记之间添加一个空格。

❹ 在【示例】文本框中的【题注】标记（右大括号）右侧单击，插入光标，输入一个逗号，接着添加一个空格，然后在【编号】选项组的第二个下拉列表中选择【日期（Month）】。若【日期（Month）】未显示在【示例】文本框中，单击下拉列表右侧的【插入】按钮进行添加。

❺ 在【日期（Month）】标记之后添加一个空格，然后在【编号】选项组的第二个下拉列表中选择【日期（YYYY）】。若【日期（YYYY）】未显示在【示例】文本框中，单击下拉列表右侧的【插入】按钮进行添加，如图 9-28 所示。单击【完成】按钮，关闭【文本

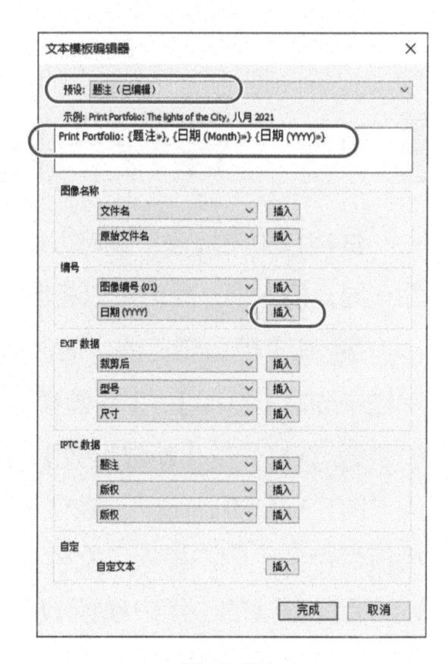

图 9-28

模板编辑器】对话框。此时，打印编辑器视图中的照片下就有了题注和日期，如图 9-29 所示。

图 9-29

❻ 在【页面】面板底部单击【字体大小】右侧的按钮，如图 9-30 所示，在弹出的菜单中选择【12】，然后把【页面】面板折叠起来。

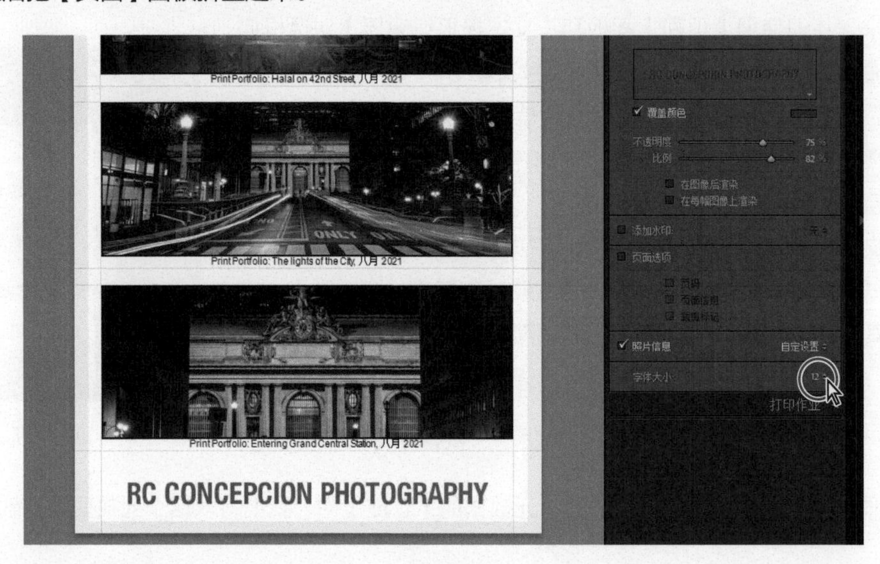

图 9-30

9.7 保存自定义的打印模板

选择打印模板后，就可以调整页面布局，向照片添加边框、身份标识、题注文本，创建自定义页面布局。接下来，我们可以将自定义页面布局保存起来，供日后使用。

❶ 在【模板浏览器】面板的标题栏中单击右侧的加号（新建预设），如图 9-31 所示，或者在菜单栏中选择【打印】>【新建模板】。

❷ 在打开的【新建模板】对话框的【模板名称】文本框中输入“RC Wide Triptych”。默认设置下，Lightroom Classic 会把新模板保存到【用户模板】文件夹中。这里，在【文件夹】下拉列表中保持默认的【用户模板】（目标文件夹）不变，单击【创建】按钮，如图 9-32 所示。

图 9-31

③ 此时，创建的模板（RC Wide Triptych）会出现在【模板浏览器】面板中的【用户模板】文件夹中，而且可以轻松地把它应用到一组新照片中。在【模板浏览器】面板中，选择 RC Wide Triptych 模板，在胶片显示窗格中，按住 Command 键 /Ctrl 键选择照片 lesson07-006、lesson07-010、lesson03-20，如图 9-33 所示。可以发现创建和使用自定义打印模板是非常容易的。

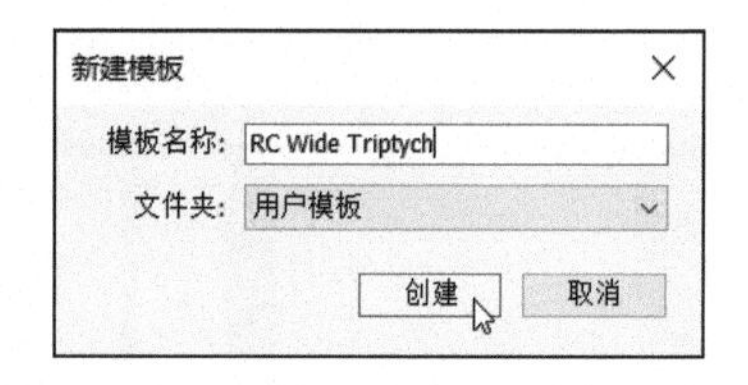

图 9-32

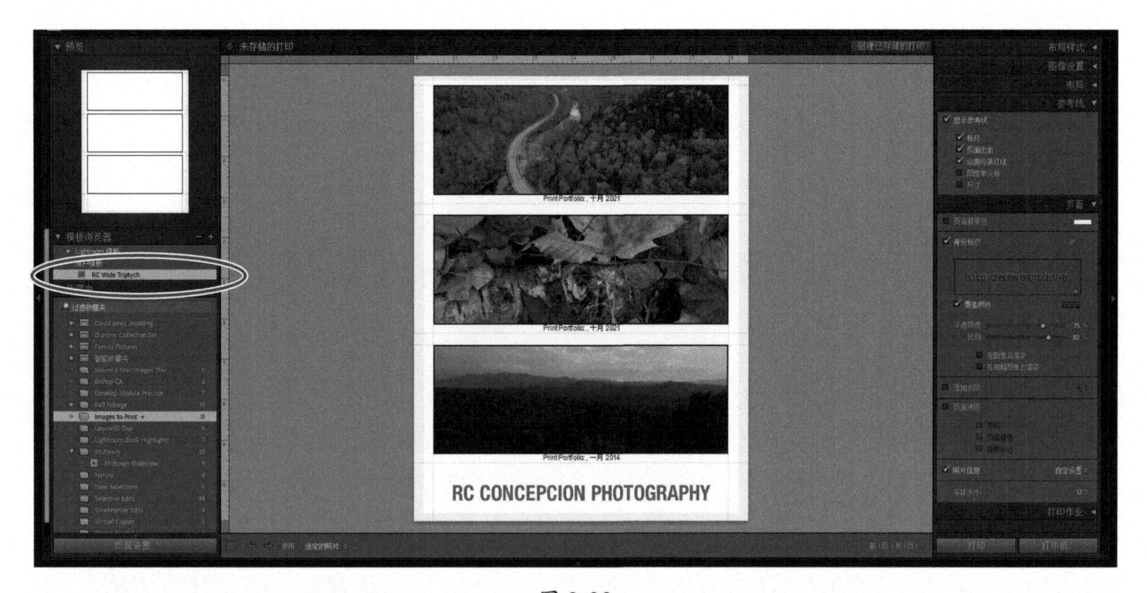

图 9-33

9.8 创建自定图片包打印布局

所有【单个图像 / 照片小样】类型的模板都是基于同等尺寸的照片单元格网格的。如果想要更自由地进行页面布局，或者希望从零开始创建页面布局（并非基于某个现成模板），可以使用【布局样式】面板中的【自定图片包】选项。

提示 如果不想使用现成的模板，可先在【布局样式】面板中单击【自定图片包】，然后在【单元格】面板中单击【清除布局】按钮，再在胶片显示窗格中把照片直接拖入预览页面中。

① 在菜单栏中选择【编辑】>【全部不选】，或者按快捷键 Command+D/Ctrl+D。在【模板浏览器】面板中的【Lightroom 模板】文件夹中选择【自定重叠 ×3 横向】，如图 9-34 所示。

② 在【标尺、网格与参考线】面板中勾选【显示参考线】复选框，然后保持【页面出血】复选框和【页面网格】复选框的勾选状态，取消勾选其他复选框。

自定图片包中的照片是可以重叠排列的。所选模板中包含 3 个在对角线方向上有重叠的照片单元格和一个占据大部分可打印区域的大照片单元格。

③ 选择中间的照片单元格，然后使用鼠标右键单击单元格内部，在弹出的快捷菜单中，前 4 个命令用来改变照片单元格的叠放顺序。

④ 在弹出的快捷菜单中选择【删除单元格】，如图 9-35 所示，把中间照片单元格删除。此时，

页面中有两个小的照片单元格和一个大的背景照片单元格。

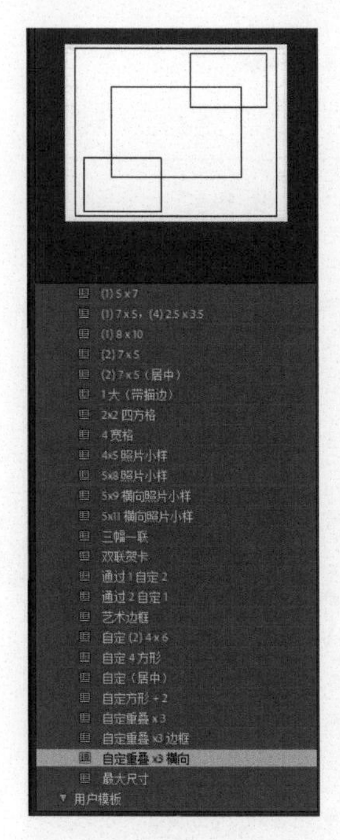

图 9-34

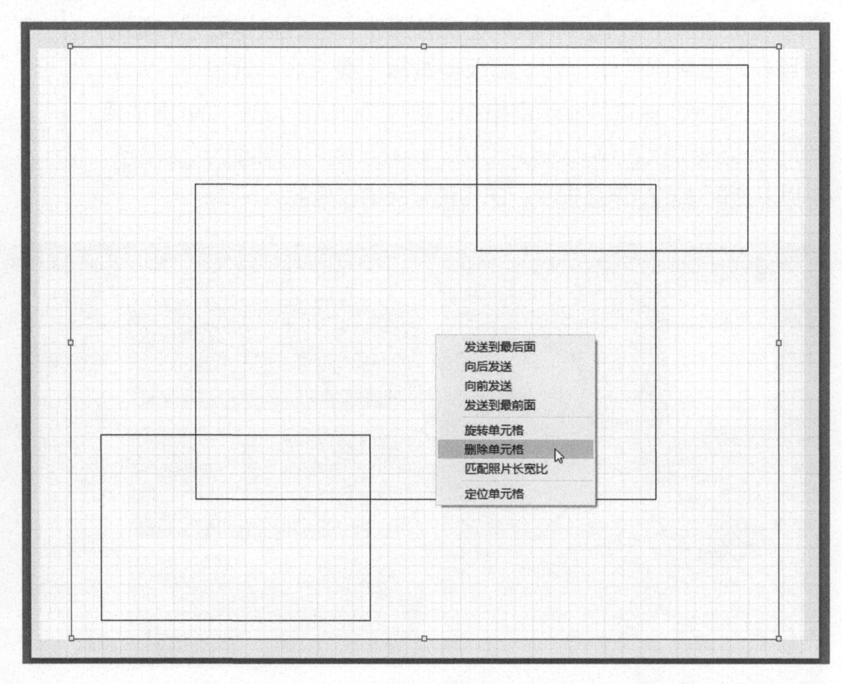

图 9-35

❺ 在【单元格】面板底部勾选【锁定到照片长宽比】复选框。从胶片显示窗格中把照片 lesson07-010 拖入右上角的小照片单元格中，把照片 lesson03-20 拖入最大的背景照片单元格中，如图 9-36 所示。

图 9-36

❻ 在大照片单元格之外单击，取消选择，然后重新选择照片，使用【单元格】面板中的控件，把【宽度】设置为 10.19 in。此时，【高度】值会自动发生变化，以保持照片的比例不变。

❼ 在【单元格】面板中取消勾选【锁定到照片长宽比】复选框，然后向下拖动大照片单元格控制框上边缘的控制点，一边拖动，一边观察【单元格】面板中的【高度】值，当它变为 3.00 in 时，停止拖动，如图 9-37 所示。取消勾选【锁定到照片长宽比】复选框之后，Lightroom Classic 会裁剪照片，以适应调整后的单元格长宽比。

图 9-37

❽ 在页面中选择小照片，在【单元格】面板中把【宽度】设置为 5.00 in、【高度】设置为 4.75 in。删除页面左下角的小单元格，然后按住 Option 键 /Alt 键，拖动右上角的照片，复制一份。在胶片显示窗格中，把照片 lesson07-009 拖入复制出的照片单元格中，替换其中的照片。

❾ 拖动 3 张照片，在页面中重新排列它们，如图 9-38 所示。调整照片位置时，请确保所有照片都在页面的可打印区域内，即在【页面出血】参考线所标识的灰色框线内。按住 Command 键 /Ctrl 键拖动照片，可调整其在照片单元格中显示的区域。

图 9-38

注意 不同打印机的可打印区域（非出血区域）的设置不一样，有些打印机的可打印区域不在页面正中间。

更改页面背景颜色

❶ 在【图像设置】面板中勾选【内侧描边】复选框，拖动【宽度】滑块或者输入数值，把描边宽度设置为 1.0 磅，描边颜色保持默认设置（白色）不变。设置好背景颜色后，白色描边就会显现出来。

❷ 在【标尺、网格和参考线】面板中取消勾选【显示参考线】复选框。

❸ 在【页面】面板中勾选【页面背景色】复选框，单击右侧颜色框，打开【页面背景色】拾色器。

❹ 在【页面背景色】拾色器中单击顶部的黑色，用吸管工具取样，如图 9-39 所示，然后单击左上角的【关闭】按钮，关闭拾色器。

图 9-39

此时，选择的颜色会出现在【页面背景色】右侧的颜色框中，同时出现在打印编辑器视图中的页面背景中，如图 9-40 所示。

图 9-40

9.9 调整输出设置

打印之前的最后一步是在【打印作业】面板中调整输出设置。

❶ 在右侧面板组中展开【打印作业】面板。

【打印作业】面板顶部有一个【打印到】菜单，在这个菜单中可以选择把打印作业发送给打印机或者生成 JPEG 文件（用来打印或者发送给专业打印机构）。在【打印到】菜单中选择不同的选项，【打印作业】面板中显示的控件略有不同。

图 9-41

💡注意 "打印分辨率"和"打印机分辨率"这两个术语的含义不同。"打印分辨率"指的是每英寸打印的像素数；"打印机分辨率"描述的是打印机的打印能力，即每英寸打印的点数。一个特定颜色的打印像素是由几种墨水颜色的小点组成的图案。

❷ 在【打印作业】面板顶部的【打印到】菜单中选择【打印机】，如图 9-41 所示。

勾选【草稿模式打印】复选框后，其他选项都会被禁用。启用【草稿模式打印】后，打印速度快，但打印质量相对较低，非常适合用来打印照片小样。在进行高质量打印之前，可以使用照片小样来评估页面布局。进行【草稿模式打印】时，可以选用【4×5 照片小样】模板与【5×8 照片小样】模板。

软打样

每种显示器和打印机都有自己的色域或色彩空间，它们定义了设备能够准确重现的色彩范围。默认设置下，Lightroom Classic 使用显示器的颜色配置文件（色彩空间的数学描述）确保照片在屏幕中有最好的呈现。打印照片时，打印程序必须根据打印机的色彩空间重新解释照片数据，这个过程中有可能出现颜色与色调的漂移。

为避免这个问题，在进入【打印】模块之前，我们可以先在【修改照片】模块下对照片进行软打样。通过软打样，我们可以预览照片打印时的样子。我们可以让 Lightroom Classic 模拟打印机的色彩空间，以及选用的墨水和纸张，以便在正式打印之前对照片进行优化。

在【修改照片】模块下打开一张照片，在工具栏中勾选【软打样】复选框，如图 9-42 所示，或者按 S 键，可启用【软打样】。启用【软打样】之后，照片背景变成白色，同时预览区右上角会出现【打样预览】字眼。在工具栏中使用视图按钮，在【放大视图】和【修改前后视图】之间切换。

图 9-42

启用【软打样】之后,【直方图】面板变成【软打样】面板，其中包含各种打样选项。选择不同的颜色配置文件，色调分布图会发生相应的变化。图 9-43 中,【直方图】面板中显示的是图 9-42 中的照片的直方图。对比【软打样】面板中的图形可知，打样预览的颜色相对暗淡一些。

若想用另一台打印机对照片进行软打样，请在【软打样】面板的【配置文件】菜单中选择相应的颜色配置文件。若找不到需要的颜色配置文件，请选择【其它】，然后在打开的【选择配置文件】对话框中的列表中选择所需要的配置文件，如图 9-44 所示。

【方法】设置决定着色彩对应方法，影响着一个色彩空间如何转换成另外一个色彩空间。【可感知】色彩对应方法的目标是保持颜色之间的视觉关联，即使颜色值可能会发生变化，也要尽量确保颜色自然。【相对】色彩对应方法的目标是按原样打印色域内的颜色，同时把色域外的颜色转换成最近似的可打印颜色，以此保留更多的原始颜色，但是其中一些颜色之间的关系可能会发生变化。

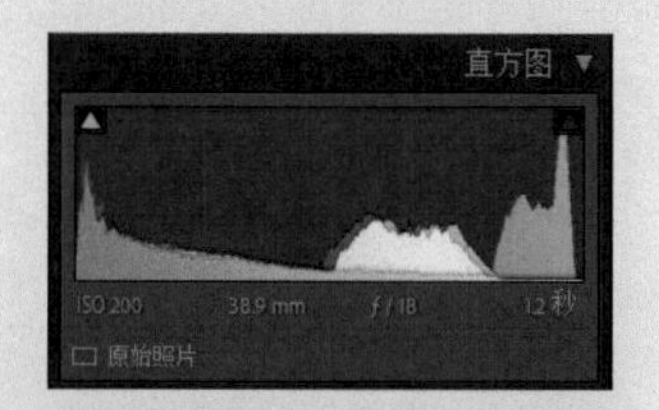

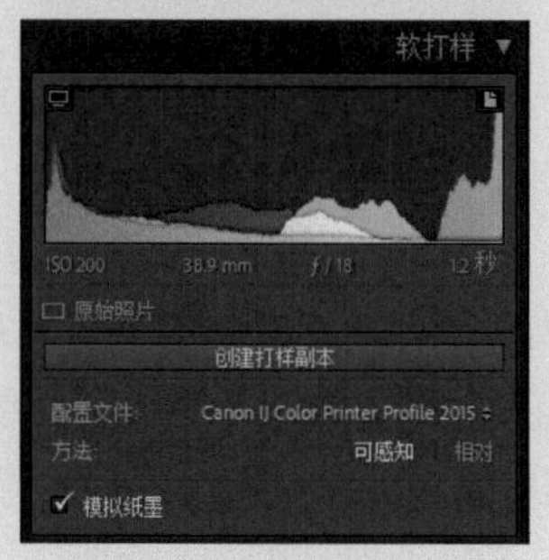

图 9-43

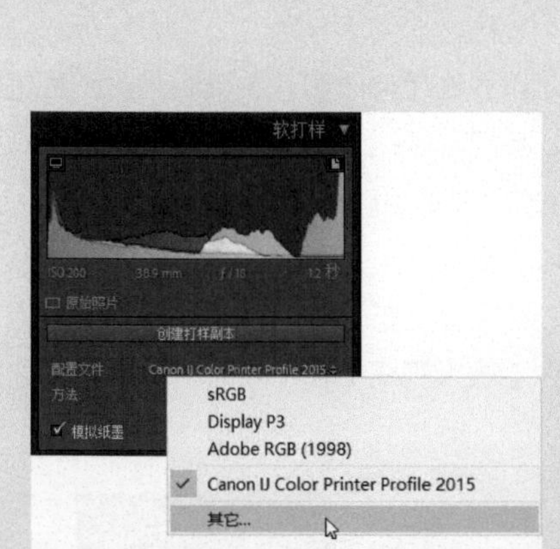

图 9-44

选择了某个打印机配置文件后,【模拟纸墨】复选框就可用了。勾选【模拟纸墨】复选框，可模拟灰白色的纸张和深灰色的黑墨水。请注意，并非选择所有的配置文件后【模拟纸墨】复选框都可用。

在【软打样】面板中，使用直方图上方左右两边的按钮，可检查照片中的颜色是否在所选配置文件和色彩对应方法的色域内。移动鼠标指针到直方图左上方的按钮（显示 / 隐藏显示器色域警告）上，在打样预览中那些超出显示器显示能力的颜色会变成蓝色。移动鼠标指针到直方图右上方的按钮（显示 / 隐藏目标色域警告）上，在打样预览中那些打印机无法打印的颜色会显示为红色。同时超出显示器和打印机色域的颜色会显示为粉色。单击按钮，可一直显示色域警告；再次单击按钮，可隐藏色域警告，如图 9-45 所示。

图 9-45

单击【创建打样副本】按钮，Lightroom Classic 会生成一个虚拟副本，调整这个副本不会影响主设置。启用【软打样】后，调整照片时，若未事先创建虚拟副本，Lightroom Classic 会询问是否想为软打样创建虚拟副本或者把主照片用作打样。

在 macOS 上使用 16 位输出

如果用的是 macOS 并且使用的是 16 位打印机，那么可以在【打印作业】面板中启用【16 位输出】。启用【16 位输出】后，即使多次编辑照片，照片质量的损失也很小，而且色彩伪影明显减少。

注意 当启用了【16 位输出】，但是选用的打印机不支持时，打印性能会下降，但打印质量不受影响。

有关【16 位输出】的更多内容，请阅读打印机的说明文档，或者向打印机构的工作人员咨询。

为打印作业设置打印分辨率时，设置成多少合适取决于打印尺寸、照片的分辨率、打印机的打印能力及纸张的质量。默认打印分辨率是 240 像素 / 英寸，在这个打印分辨率下，一般能得到不错的打印质量。根据经验，对于较小打印尺寸的作品，使用较高分辨率能够获得高质量的打印结果，例如使用 360 像素 / 英寸打印信件大小的照片；对于较大打印尺寸的作品，使用低一点的分辨率不会对质量产生太大影响，例如使用 180 像素 / 英寸打印一个“16 英寸 ×20 英寸”（1 英寸≈ 2.54 厘米）的作品。

图 9-46

❸【打印分辨率】的取值范围是 72 像素 / 英寸～ 1440 像素 / 英寸。这里，我们在【打印分辨率】输入框中输入“200 ppi”，如图 9-46 所示。

照片打印在纸张上后，看起来往往不如屏幕上那么清晰。此时，我们可以修改一下【打印锐化】选项，通过提高打印输出的清晰度进行弥补。【打印锐化】菜单中有【高】【低】【标准】3 个选项可供选择，【纸张类型】菜单中有【亚光纸】和【高光纸】两种纸张类型可供选用。这些设置的效果无法直接在屏幕上显现出来，只有通过打印才能观察到这些设置的效果。

注意 【修改照片】模块下的【锐化】功能用来提高原始照片的清晰度，而【打印】模块下的【打印锐化】功能用来提升照片在特定纸张上的打印清晰度。

④ 从【打印锐化】菜单中选择【低】，如图 9-47 所示。

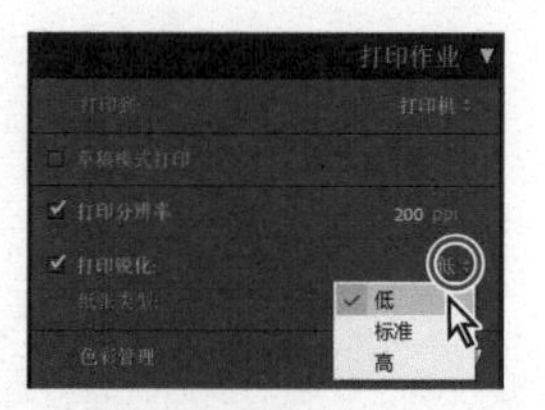

图 9-47

9.10 使用【色彩管理】功能

打印照片不是一件简单的事，有时屏幕上显示的效果与纸张上的打印结果并不一致。Lightroom Classic 支持非常大的色彩空间，但是打印机所支持的色彩空间往往很有限。

在【打印作业】面板中，我们可以指定是让 Lightroom Classic 做色彩管理，还是让打印机做色彩管理，如图 9-48 所示。

图 9-48

硬件建议：明基显示器与校色工具

走进某家大卖场的电视销售区域，可以看到墙上挂满了不同品牌的电视，这些电视都在播放相同的视频画面，但是它们呈现的颜色完全不一样，这就涉及所谓的颜色准确性问题。更为棘手的是，我们根本不知道哪款电视显示的颜色最接近或最能体现视频作者的创作意图。

还有一种情况是，打算打印一张照片时，却发现这张照片在打印设备和自己的显示器中呈现的颜色不一样。这也说明不同的显示设备会产生完全不同的显示结果。

对摄影师来说，照片处理的绝大部分工作都是在显示器上完成的，只有显示器显示的颜色足够准确，才有可能得到令人满意的结果。因此，选择显示器时，我最终选择了明基公司专为摄影师推出的显示器，如图 9-49 所示，这些专业的显示器不仅颜色很准，而且很适合用在精确打印作业中。

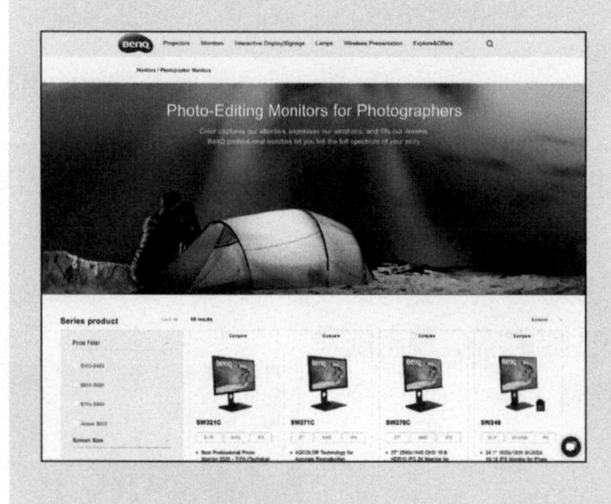

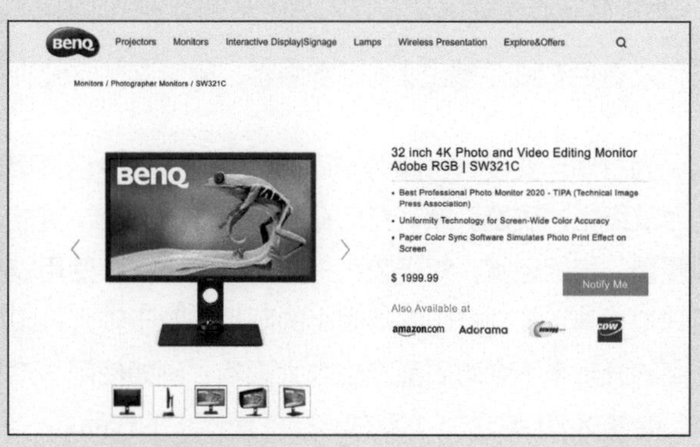

图 9-49

如果使用的是其他品牌的显示器，又想让显示器尽可能准确地显示颜色，就必须为显示器校准颜色。此时，就要用到专业的显示器校色工具了。这里，我推荐大家购买一款质量好的校色仪——Calibrite 公司推出的 ColorChecker Display 校色仪，如图 9-50 所示。把校色仪挂到显示器屏幕上时，校色仪会读取显示器的颜色，并将其与一套内置的颜色进行比较，然后针对显示器专门生成一个配置文件，通过应用这个配置文件，可以让显示器尽可能准确地显示颜色。

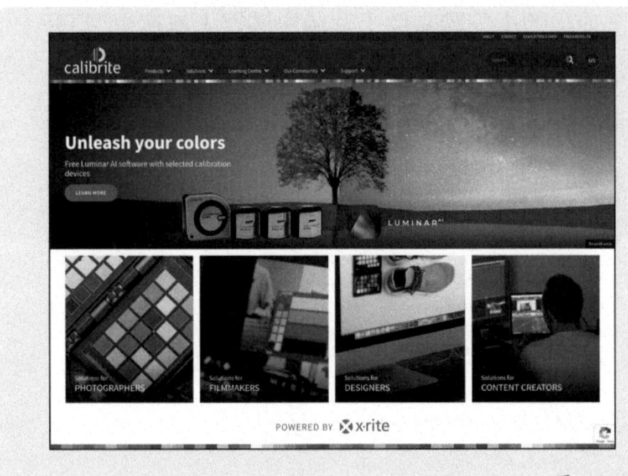

图 9-50

9.10.1 由打印机管理色彩

> 注意 勾选【草稿模式打印】复选框后，Lightroom Classic 会自动让打印机做色彩管理。

在【打印作业】面板中，默认的色彩管理是【由打印机管理】。得益于打印技术的不断发展，选择该选项能够获得不错的打印结果，但也只是还不错而已。若想进一步控制打印结果，必须在【打印】对话框或打印机属性对话框中指定纸张类型、颜色管理等打印设置。在 Windows 系统中的【打印】对话框中单击【属性】按钮，在打印机属性对话框中可进行更多打印设置，如图 9-51 所示。

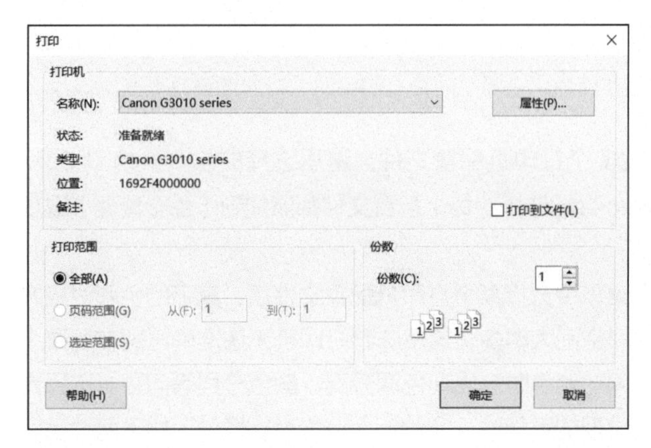

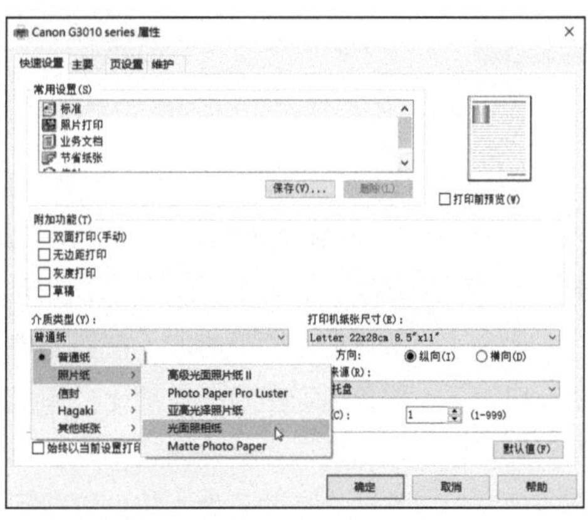

图 9-51

> 注意 使用不同的打印机时，【打印】对话框中显示的可用选项不一样。

9.10.2 用 Lightroom Classic 管理色彩

一般情况下，由打印机管理色彩就够了，但如果想获得更好的打印结果，最好还是让 Lightroom Classic 来管理它。选择由 Lightroom Classic 管理色彩之后，可以为特定类型的纸张或自定义的墨水指定一个打印配置文件。

❶ 在【打印作业】面板中的【色彩管理】选项组的【配置文件】菜单中选择【其它】，打开【选择配置文件】对话框，如图 9-52 所示。

图 9-52

当需要的配置文件不在【配置文件】菜单中时，请选择【其它】选项。此时，Lightroom Classic 会在计算机中搜索自定义的打印机配置文件。有些配置文件会随打印机软件一同安装到计算机中，还有些配置文件需要自行下载并安装，例如选用的特定纸张的配置文件。

提示 在【选择配置文件】对话框中，勾选对话框底部的【包括显示器配置文件】复选框，可加载显示器的颜色配置文件。当需要以不同色彩空间保存照片，以便在网络上使用时，请勾选该复选框。

❷ 根据使用的打印机和纸张选择一个或多个打印机配置文件。这里选择的是 Canon IJ Color Printer Profile 2015 配置文件。Lightroom Classic 会把选择的每个配置文件都添加到【色彩管理】选项组下的【配置文件】菜单中，方便下次使用。

当在【打印作业】面板中的【配置文件】菜单中选择某个打印机配置文件后，其下的色彩对应方法就可用了。屏幕色彩空间一般都比打印机色彩空间大得多，这意味着打印机无法准确再现在屏幕上看到的颜色。打印机在尝试处理超出其色彩空间的颜色时会出现色调分离、颜色分层等问题。选择合适的色彩对应方法，有助于大大降低这些问题出现的可能性。Lightroom Classic 提供了如下两种色彩对应方法。

- 可感知：该方法的目标是保留色彩之间的视觉关系。选择【可感知】方法之后，Lightroom Classic 会把照片的全部颜色映射到打印机所支持的色彩空间（又称“色域”）内，同时保留颜色之间的关系，但是在把色域之外的颜色变成可打印的颜色时，会导致色域内的某些颜色发生偏移，所以打印出的照片看起来不如屏幕上的鲜艳。
- 相对：选择该方法打印时，打印机会把位于其色域内的所有颜色打印出来，对于超出其色域的颜色，它会使用其色域中最接近的颜色进行替代打印。选择该方法后，Lightroom Classic 会把照片中的原始颜色尽可能地保留下来，但有些颜色之间的关系可能会发生改变。

大多数情况下，两种色彩对应方法的差异微乎其微。一般来说，如果照片中包含许多超出打印机色域的颜色，最好选择【可感知】方法。相反，如果照片中只有很少一部分颜色超出打印机色域，选择【相对】方法会更好。不过，除非经验非常丰富，否则很难说出两种方法之间的差别。最好的办法还是直接在打印机上进行测试，即分别在两种方法下打印一张色彩丰富且鲜艳的照片，然后再在两种方法下打印一张比较柔和的照片。

③ 这里选择【相对】方法。

9.10.3 手动调整打印颜色

有时，打印的照片中颜色的明亮度、饱和度与屏幕上看到的不一样，即使专门花时间为打印作业做了颜色管理，也无济于事。

> 提示 由【打印调整】下方的滑块控制的色调曲线调整不会出现在屏幕预览中。只有多试验几次，才能找到最适合的打印机设置。

导致这个问题出现的因素有很多，例如打印机、油墨、纸张，以及未准确校准的显示器等。不管什么原因，我们都可以使用【打印作业】面板中【色彩管理】选项组中的【亮度】滑块和【对比度】滑块做一定的调整和修复，如图 9-53 所示。

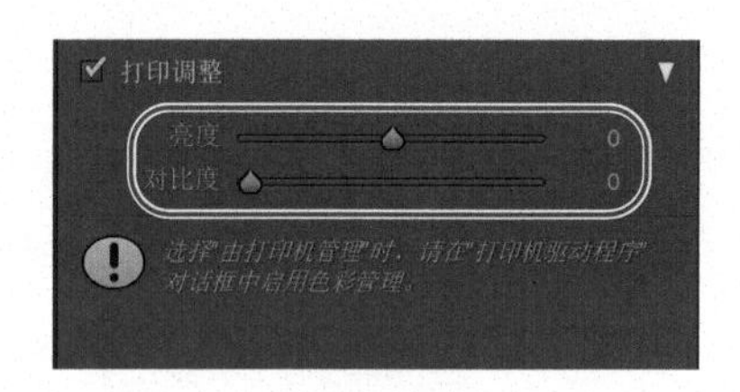

图 9-53

【打印调整】针对的是打印机、纸张、墨水的组合，只要一直用相同的输出设置，它们就会待在原处，而且会跟自定义模板、已存储的打印作业一同保存到 Lightroom Classic 的目录文件中。

9.11 把打印设置保存为输出收藏夹

在【打印】模块下，我们一直处理的是未存储的打印，此时，在打印编辑器视图的左上角显示着“未存储的打印”几个字，如图 9-54 所示。

图 9-54

保存打印作业之前，【打印】模块看起来就像一个便笺簿。可以进入其他模块，甚至关掉 Lightroom Classic，当再次返回【打印】模块或打开 Lightroom Classic 时，会发现所做的设置都还保留着。但是，如果在【模板浏览器】面板中选择了一个新的布局模板（包括当前选用的模板），那么所有设置都会随之消失。

把打印作业转换成已存储的打印文件，不仅可以保留布局和输出设置，还可以把布局与设计中用到的照片链接在一起。Lightroom Classic 会把打印作业保存成一种特殊的收藏夹（输出收藏夹），可以在【收藏夹】面板下找到它。不管清除打印布局“便笺簿”多少次，只要在【收藏夹】面板中单击，就可以立即找到所有用到的照片，并恢复所有设置。

> 提示 保存打印作业后，对布局和输出设置所做的所有调整都会被保存。

❶ 在打印编辑器视图右上角单击【创建已存储的打印】按钮，或者在【收藏夹】面板的标题栏中单击加号（+），然后在弹出的菜单中选择【创建打印】。

❷ 在打开的【创建打印】对话框的【名称】文本框中输入“Print Portfolio”，在【位置】选项组中勾选【内部】复选框，在其下拉列表中选择【Images to Print】收藏夹，然后单击【创建】按钮，如图 9-55 所示。

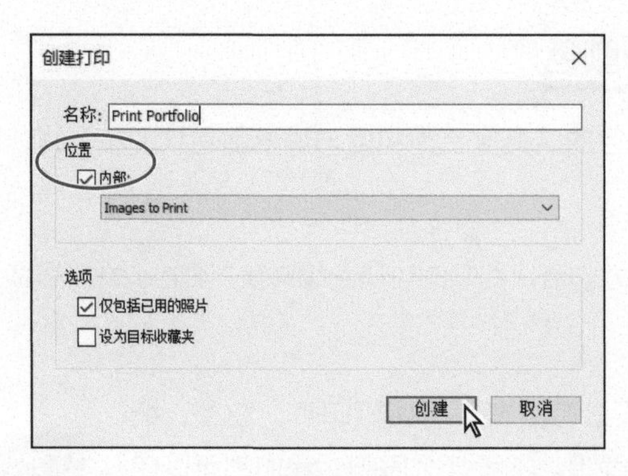

图 9-55

💡 提示 把照片拖入【收藏夹】面板中的打印输出收藏夹中，可向已存储的打印作业中添加更多照片。

此时，已存储的打印输出收藏夹（Print Portfolio）会出现在【收藏夹】面板中，而且名称左侧有一个打印机图标，可以很好地将其与普通的照片收藏夹（带有堆叠照片图标）区分开。名称右侧的照片张数表示新的输出收藏夹中包含 3 张照片。打印编辑器视图上方的标题栏中显示的是已存储的打印作业名称，同时【创建已存储的打印】按钮消失了，如图 9-56 所示。

图 9-56

可以根据个人习惯在调整布局的过程中随时保存打印作业，也可以在进入【打印】模块后立即创建已存储的打印（包含一系列照片），或者等到布局调整完成后再创建已存储的打印。

打印输出收藏夹不同于普通的照片收藏夹。照片收藏夹中包含一组照片，可以向这组照片应用任意模板或输出设置。输出收藏夹会把一个照片收藏夹（或者收藏夹中的一系列照片）与特定的模板、输出设置链接在一起。

另外，输出收藏夹与自定义打印模板也不一样。自定义打印模板中包含所有设置，但不包含照片，可以把模板应用到任意一组照片上。输出收藏夹会把模板及其所有设置与一组特定照片关联在一起。

9.12 启动打印作业

为了获得最佳打印结果，请定期校准颜色和配置显示器，而且一定要认真检查打印设置是否无误，以及选用的纸张是否满足要求。此外，试验也是必不可少的，请尝试选用不同的设置和选项，然后从中选择最合适的一组设置。下面把打印作业发送到打印机。

① 在右侧面板组底部单击【打印机】按钮。

② 在打开的【打印】对话框中确认设置无误后，单击【打印】按钮 /【确定】按钮，打印页面。或者单击【取消】按钮，关闭【打印】对话框，取消打印。

提示 若不需要检查打印设置，请直接单击右侧面板组底部的【打印】按钮，或者在菜单栏中选择【文件】>【打印】。

单击【打印】按钮（位于右侧面板组底部）后，Lightroom Classic 会直接把打印作业发送到打印机队列，而不会打开【打印】对话框。当使用相同设置重复打印，并且不需要在【打印】对话框中做任何改动时，可以直接单击【打印】按钮，启动打印作业。

本课中，我们主要学习了如何自己动手创建复杂的打印模板。学习过程中，我们了解了【打印】模块，学习了如何使用各个面板中的控件定制打印模板，如何调整页面布局和输出设置，以及如何向打印页面添加背景颜色、文本、边框与身份标识。

下一课，我们将学习如何备份与导出 Lightroom Classic 目录文件和照片。开始学习之前，还是让我们先花一些时间做几道复习题，回顾一下本课学习的内容。

9.13 复习题

1. 如何快速浏览打印模板？如何查看照片在每种布局中的情况？
2. 打印模板类型是哪 3 种？如何判断当前选用的模板是哪一类模板？
3. 如何在打印布局中添加自定义文本和元数据？
4. 【草稿模式打印】复选框适合用来做什么？
5. 已存储的打印输出收藏夹、照片收藏夹、自定义打印模板之间有何区别？
6. 什么是软打样？

9.14 答案

1. 把鼠标指针移动到【模板浏览器】面板中的每个模板上，可以在【预览】面板中看到每个模板的布局情况。在胶片显示窗格中选择照片，然后在模板列表中选择一个模板，打印编辑器视图中就会显示所选照片在所选模板中的样子。
2. 【单个图像 / 照片小样】类型的模板用来在同一个页面中以相同尺寸打印多张照片，包含带有单个单元格式多个单元格的照片小样。【图片包】类型的模板用来在同一个页面上以不同的尺寸重复打印单张照片，其中单元格的位置和大小都是可调整的。【自定图片包】类型的模板不是基于网格的，可以在同一个页面上以任意尺寸打印多张照片，而且排列照片时，它们之间可以重叠。

   在【布局样式】面板中可以知道【模板浏览器】面板中当前选用的模板是哪种类型的。
3. 使用文本身份标识可以把文本添加到任意布局中。在【页面】面板中使用【照片信息】选项，可把自定义文本、元数据添加到【单个图像 / 照片小样】类型模板的布局中。在【照片信息】右侧菜单中选择要在照片上显示的信息，或者选择【编辑】，打开【文本模板编辑器】对话框编辑文本模板。
4. 勾选【草稿模式打印】复选框后，打印速度快，但打印质量相对较低，适合用来打印照片小样。在进行高质量打印之前，可以使用照片小样来评估页面的布局情况。照片小样模板适合用在【草稿模式打印】中。
5. 照片收藏夹是照片的虚拟分组，可以向其应用任意模板或输出设置；已存储的打印输出收藏夹把一组照片与特定模板、布局、输出设置链接在一起；自定义打印模板会保留自定义布局和输出设置，但不包含照片，可以把模板应用到任意一组照片上。
6. 软打样是在屏幕上模拟照片打印在纸张上的样子。Lightroom Classic 使用颜色配置文件模拟特定打印机使用特定油墨和纸张的打印结果（或把照片颜色保存为不同的色彩空间，就像在准备网络照片时所做的那样），使用户在导出照片副本或打印照片之前可以对照片进行适当的调整。

摄影师
埃丽卡·巴克（ERIKA BARKER）

“我生性好奇，这铸就了我独一无二的讲故事的能力。”

我是海军战地摄影师，也是纽约时尚摄影师，这两个身份是完全不同的，但它们之间又存在着千丝万缕的联系。尽管摄影行业中成功的创意摄影师比比皆是，但是同时拥有这两个身份的摄影师屈指可数，这两个身份让我从众多摄影师中脱颖而出。我曾经为纽约时装周、诗狄娜化妆品、各界名人、梅西百货和各类电视节目拍摄过照片。摄影师这个行业竞争异常激烈，年轻的优秀摄影师不断涌现，他们天赋异禀，擅长使用各种社交平台，积极参加各种时尚活动，令我有强烈的危机感。

除了摄影之外，我还对其他领域的技术革新非常感兴趣，例如我喜欢网页设计，因此我学会了可扩展标记语言（Extensible Markup Language，XML），这些兴趣对我摄影事业的发展非常有帮助。当 Adobe 公司在 2006 年推出 Lightroom Beta 版时，我觉得这是一件大事，但其他摄影师却不以为意。

天生好奇是我的秘密武器。潜在客户更喜欢和一个能预测行业未来 5 年前景的内容创作者交谈。以行业专家的身份为别人做讲解，有助于建立信任，这也是一个合格的销售人员必须掌握的技能之一。好奇心让我知道应该把钱和精力放在哪里。我的摄影工作室曾经有一段时间陷入了困境，那也是一个极其宝贵的机会，我在那段时间里学习了一些自己好奇的东西。我的摄影作品和拍摄风格全部归功于我的好奇心。我生性好奇，这铸就了我独一无二的讲故事的能力。朋友们，请保持你的好奇心！

X-BASS
X-BASS

第 10 课

备份与导出照片

课程概览

本课主要讲解以下内容。

- 备份目录文件和整个图库
- 导出元数据
- 为屏幕浏览、进步编辑或存档导出照片
- 导出要在其他应用程序中编辑的照片
- 创建导出预设

学习本课需要 1～2 小时

Lightroom Classic 内置了多个备份工具，借助这些工具，我们可以很好地保护照片和修片设置，防止照片意外丢失。备份时，我们一般只备份目录文件、整个图库，以及修片设置和主文件的副本。导出照片时，可选择以不同的文件格式导出照片。导出后的照片可用在多媒体展示和电子邮件附件中，也可以被导入其他外部程序中进行进一步的编辑，当然还可以被保存起来用于存档。

10.1 课前准备

在学习本课内容之前，请确保已经为课程文件创建好了 LRC2022CIB 文件夹，并创建了 LRC2022CIB 目录文件来管理它们，具体做法请阅读本书前言中的相关内容。

将下载好的 lesson10 文件夹放入 LRC2022CIB\Lessons 文件夹中。

❶ 启动 Lightroom Classic。

❷ 在打开的【Adobe Photoshop Lightroom Classic- 选择目录】对话框中选择 LRC2022CIB Catalog.lrcat 文件，单击【打开】按钮，如图 10-1 所示。

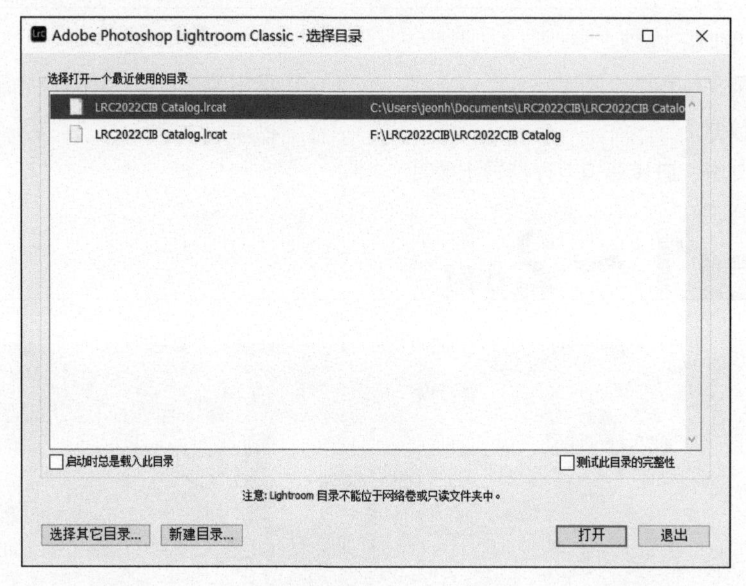

图 10-1

❸ Lightroom Classic 在【正常】屏幕模式中打开，当前打开的模块是上一次退出 Lightroom Classic 时的模块。在工作区右上方的模块选取器中单击【图库】，如图 10-2 所示，进入【图库】模块。

图 10-2

10.2 把照片导入图库

把本课要用到的照片导入 Lightroom Classic 图库中。

❶ 在【图库】模块下，单击左侧面板组左下角的【导入】按钮，如图 10-3 所示。

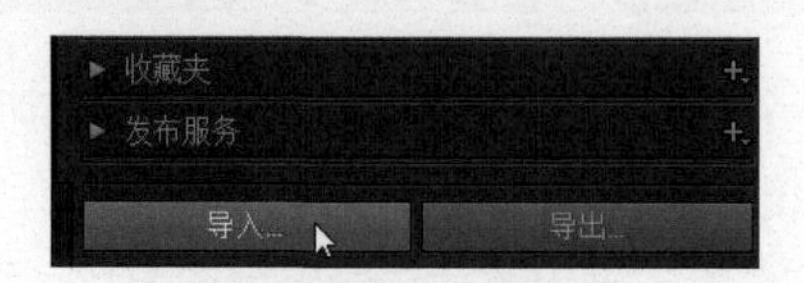

图 10-3

❷ 若【导入】对话框当前处在紧凑模式下，请单击对话框左下角的【显示更多选项】按钮（向下三角形），如图 10-4 所示，使【导入】对话框进入扩展模式，显示所有可用选项。

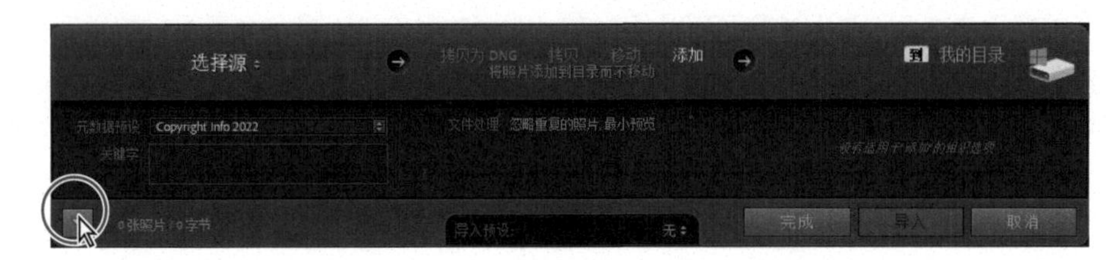

图 10-4

❸ 在左侧的【源】面板中找到并选择 LRC2022CIB\Lessons\lesson10 文件夹，选中 lesson10 文件夹中的 11 张照片（照片左上角全部打钩），准备导入它们。

❹ 在预览区上方的导入选项中选择【添加】，Lightroom Classic 会把导入的照片添加到目录文件中，但不会移动或复制原始照片。在右侧的【文件处理】面板中的【构建预览】下拉列表中选择【最小】，勾选【不导入可能重复的照片】复选框。在【关键字】文本框中输入“Lesson 10”。参考图 10-5，检查设置是否无误，然后单击【导入】按钮。

图 10-5

注意 本课中要用到的照片各种各样，它们有不同的颜色配置文件，分属不同的主题，拍摄地点也不一样。本书用到的某些照片是用无反相机拍摄的。我希望借这个机会让大家尝试处理一下不同拍摄设备（从 iPhone 到无人机）拍摄的大小不同的照片，这样大家就能体会到这些文件的差异了。如果不知道选用什么样的相机，最好的办法就是看一下用各种相机拍摄的照片，并尝试做一些调整，看看它们能否满足实际需要。

❺ 当从 lesson10 文件夹中把 11 张照片导入 Lightroom Classic 之后，就可以在【图库】模块下的【网格视图】和工作区底部的胶片显示窗格中看到它们了。创建一个名为 Lesson10 的收藏夹，把所有照片放入其中。

10.3 防止数据丢失

往往在数据丢失之后，我们才会真正认识到有一个好的备份策略是多么重要。如果现在计算机被盗了，会有多大损失？如果硬盘发生故障，会有多少文件无法恢复？处理这些“灾难”会耗费多少精力和金钱？我们无法阻止“灾难”的发生，但是我们可以采取一些办法减少风险及应对的花销。定期备份可有效地降低这些“灾难”的影响，为我们节省大量的时间、精力和金钱。

Lightroom Classic 提供了大量工具，这些工具能够帮助我们轻松地保护图库。至于计算机中的其他文件，应该准备一个好的备份策略，这样才能保护好它们。

10.4 备份目录文件

Lightroom Classic 的目录文件中存储着与图库中照片相关的大量信息，包括照片文件的位置、元数据（标题、题注、关键字、旗标、标签、星级），以及照片的修改与输出设置。每次修改照片（例如重命名、校色、润饰、裁剪），Lightroom Classic 都会把做的修改保存到目录文件中。此外，目录文件中还记录着照片在收藏夹中的组织方式和排序方式，还有发布历史、幻灯片设置、网络画廊设计、打印布局，以及定制的模板和预设。

除非备份目录文件，否则在出现硬盘故障、意外删除或图库文件损坏等情况时，即便已经把原始照片备份在了可移动设备上，花费了大量时间得到的工作成果也会付之东流。为防止出现这样的问题，我们可以主动设置 Lightroom Classic，使其自动定期备份目录文件。

❶ 在【Lightroom Classic】或【编辑】菜单中选择【目录设置】，在打开的【目录设置】对话框中单击【常规】选项卡，在【备份目录】下拉列表中选择【下次退出 Lightroom 时】，如图 10-6 所示。

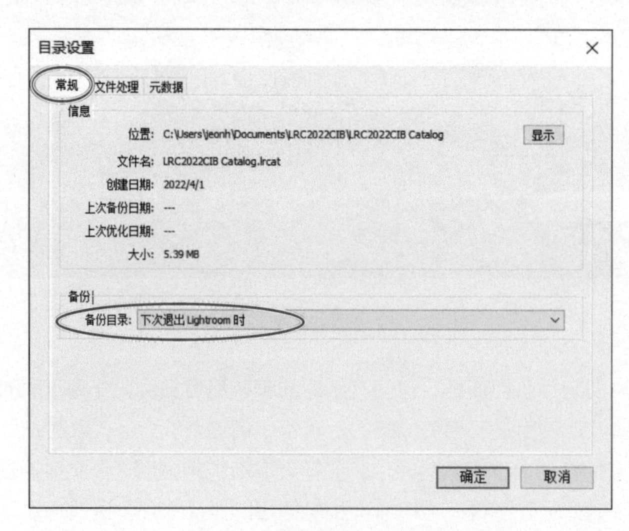

图 10-6

❷ 单击【关闭】按钮或【确定】按钮，关闭【目录设置】对话框，然后退出 Lightroom Classic。若弹出对话框，询问是否确认退出 Lightroom Classic，单击【是】按钮。

❸ 在打开的【备份目录】对话框中单击【选择】按钮，更改保存备份目录文件的文件夹。理想情况下，我们应该把备份目录文件保存到一个与原始目录文件不同的磁盘上。这里，我们选择磁盘中

的 LRC2022CIB 文件夹。在打开的【浏览文件夹】对话框或【选择文件夹】对话框中选择 LRC2022CIB 文件夹作为存放备份目录文件的文件夹，单击【选择文件夹】按钮。

④ 在【备份目录】对话框中勾选【在备份之前测试完整性】与【备份后优化目录】两个复选框。无论何时备份目录文件，最好都勾选这两个复选框，以确保原始目录文件没问题。这样备份目录文件才有意义。单击【备份】按钮，如图 10-7 所示。

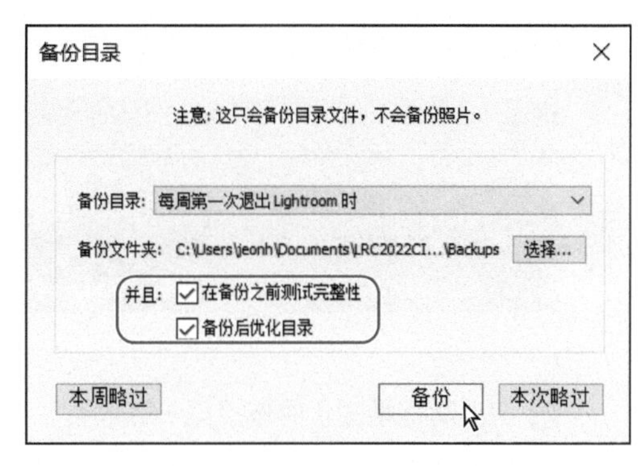

图 10-7

每次备份目录文件时，Lightroom Classic 都会在指定的文件夹中为目录文件创建一个完整的副本，并将其放入一个新文件夹中，新文件夹的名称由备份的日期和时间组成。为了节省磁盘空间，每次备份时，可以先删除旧备份目录文件，或者把备份目录文件压缩。目录文件的压缩率非常高，经过压缩后，其大小一般只有原始文件的 10%。使用备份目录文件恢复目录时，请先将备份目录文件解压缩。

注意 在 Lightroom Classic 中，采用这种方式备份目录文件时，不会备份原始照片和工作区中的预览图。使用备份目录文件恢复时，Lightroom Classic 会为目录文件重新生成预览图，但是需要单独备份原始照片。

当目录文件被意外删除或损坏时，可以通过复制备份目录文件到目录文件夹或者新建一个目录文件夹并导入备份目录文件的内容来恢复它。为了避免无意中修改了备份目录文件，最好不要直接在 Lightroom Classic 的【文件】菜单打开它。

⑤ 启动 Lightroom Classic。在打开的【Adobe Photoshop Lightroom Classic - 选择目录】对话框中选择 LRC2022CIB Catalog.lrcat 文件，单击【打开】按钮。

⑥在菜单栏中选择【Lightroom Classic】>【目录设置】或【编辑】>【目录设置】。

⑦ 在打开的【目录设置】对话框中单击【常规】选项卡，根据需要在【备份目录】下拉列表中选择一个备份频率。

⑧ 单击【关闭】按钮或【确定】按钮，关闭【目录设置】对话框。

导出元数据

目录文件用来存储图库中每张照片的相关信息。为降低目录文件丢失或损坏所产生的影响，另一个办法是导出和分散目录文件中的内容。实际上，我们可以把目录文件中每张照片所对应的信息保存到硬盘上的各个照片文件中（可自动保持导出信息和目录文件同步），即对每张照片的元数据和修改设置做一个分布式备份。

当一张照片的元数据发生变化，但这些变化尚未被保存到原始照片文件中时（例如导入本课照片的过程中，向照片上添加了关键字“Lesson 10”），在【图库】模块的【网格视图】与胶片显示窗格中，照片单元格右上方会出现【需要更新元数据文件】图标，如图 10-8 所示。

① 若【需要更新元数据文件】图标未显示在【网格视图】中的照片单元格中，请在菜单栏中选择【视图】>【视图选项】，在打开的【图库视图选项】对话框中单击【网格视图】选项卡，在【单元格图标】选

项组中勾选【未存储的元数据】复选框，单击对话框右上角的【关闭】按钮，关闭【图库视图选项】对话框。

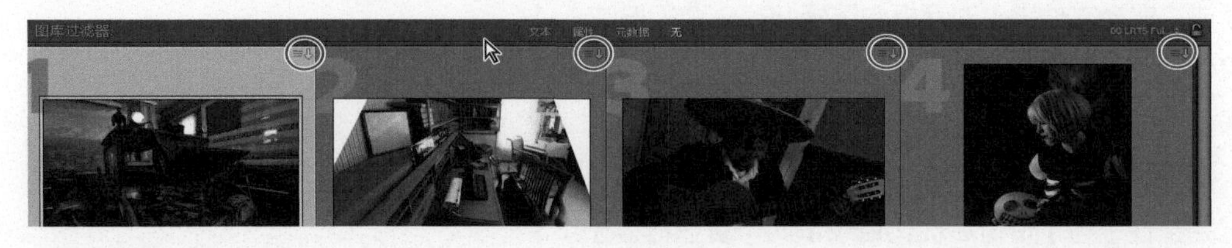

图 10-8

❷ 在【网格视图】中选择第一张照片，使用鼠标右键单击照片，在弹出的快捷菜单中选择【元数据】>【将元数据存储到文件】，在确认对话框中单击【继续】按钮。经过一段时间之后，照片单元格右上方的【需要更新元数据文件】图标消失不见了。

❸ 按住 Command 键 /Ctrl 键单击接下来的 4 张照片，把它们同时选中，然后在所选照片中，单击任意一张照片右上角的【需要更新元数据文件】图标，在弹出的确认对话框中单击【存储】按钮，把更改存储到磁盘上，如图 10-9 所示。

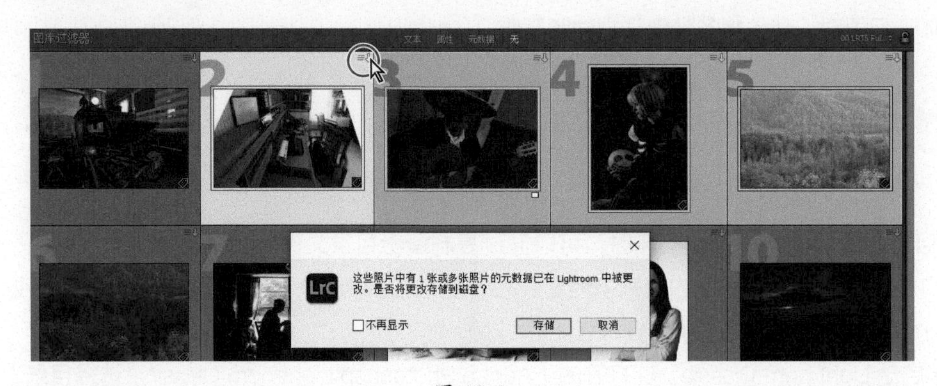

图 10-9

经过短暂时间的处理之后，所选照片单元格右上方的【需要更新元数据文件】图标消失不见了。

在外部应用程序（例如 Adobe Bridge 或 Photoshop Camera Raw 插件）中编辑或添加照片元数据时，Lightroom Classic 就会在【网格视图】中的照片缩览图上方显示【元数据已在外部更改】图标。使用鼠标右键单击照片，在弹出的快捷菜单中选择【元数据】>【从文件中读取元数据】，可接受更改并更新目录文件；选择【元数据】>【将元数据存储到文件】，可拒绝修改元数据并使用目录文件中的信息覆盖它。

先选择待更新的多张照片或文件夹，再选择【元数据】>【将元数据存储到文件】，可为一批照片（或者为整个目录中的所有文件夹和收藏夹）更新元数据。

在过滤器栏中，我们可以使用【元数据】过滤器的【元数据状态】快速找到一些照片，如在外部程序中更改了元数据的照片、包含元数据冲突（自上次更新元数据以来，在 Lightroom Classic 中未保存和在另外一个程序中对元数据做了更改）的照片、在 Lightroom Classic 中做了更改但未保存的照片、带有最新元数据的照片，如图 10-10 所示。

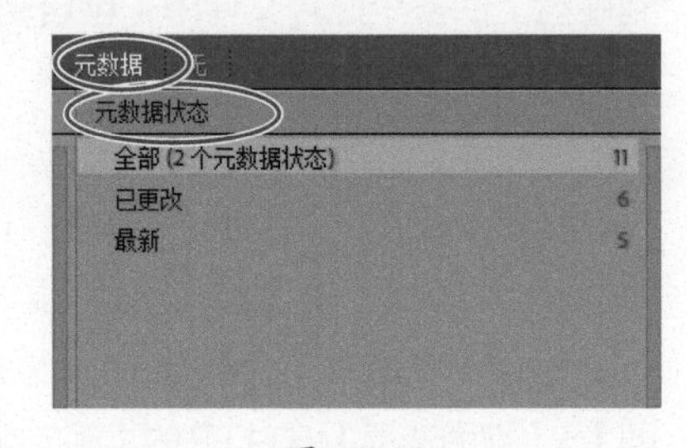

图 10-10

对于格式为 DNG、JPEG、TIFF、PSD 的照片（在文件结构中定义了空间，XMP 信息可以与图像数据分开存储），Lightroom Classic 会把元数据写入照片文件中。相反，对相机 RAW 图像做的修改会被写入一个单独的 XMP 文件中，其中记录了从 Lightroom Classic 导出至图像的元数据和修改设置。

许多相机厂商采用专用、未公开的 RAW 文件格式，随着新 RAW 文件格式的出现，原来的一些旧的 RAW 文件格式就会被淘汰。因此，把元数据存储在一个单独的文件中是最安全的做法，这样可以避免损坏原始文件或丢失从 Lightroom Classic 中导出的元数据。

❹ 在【Lightroom Classic】或【编辑】菜单中选择【目录设置】，打开【目录设置】对话框。单击【元数据】选项卡，勾选【将更改自动写入 XMP 中】复选框，如图 10-11 所示，当原始照片发生更改时，元数据就会被自动导出，XMP 文件会始终与目录文件保持同步。单击【确定】按钮或【关闭】按钮，关闭该对话框。

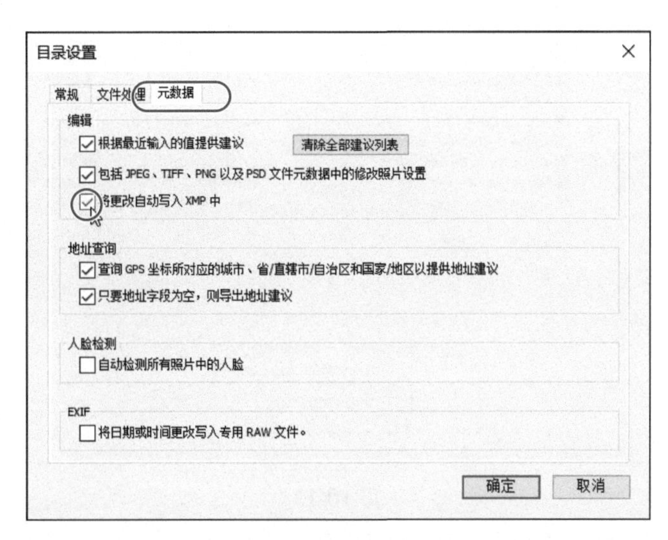

图 10-11

不过，这样导出的 XMP 文件中只包含各张照片的特定元数据，如关键字、旗标、标签、星级、修改设置等，而不包含与整个目录文件相关的高层数据，如堆叠、虚拟副本、幻灯片设置等信息。

10.5 备份图库

前面我们学习了如何备份目录文件（不含照片），又学习了如何用元数据和目录文件中的修改信息更新照片文件。接下来，我们学习如何导出整个 Lightroom Classic 图库，包括照片、目录、堆叠、收藏夹等。

把照片导出为目录文件

在把照片导出为目录文件时，Lightroom Classic 会创建目录文件副本，并且我们可以选择是否同时创建主文件副本和照片预览。在以目录文件形式导出照片时，既可以选择导出整个图库，也可以选择只导出一部分照片。当希望把照片及相关目录信息从一台计算机转移到另外一台计算机时，建议采用这种方式导出照片。在数据丢失之后，可以使用相同的方法通过备份目录文件恢复整个图库。

❶ 在【目录】面板中选择【所有照片】文件夹，如图 10-12 所示，然后在菜单栏中选择【文件】>【导出为目录】，打开【导出为目录】对话框。

图 10-12

按理说，我们应该把备份目录文件保存到另外一个磁盘上，该磁盘与保存目录文件和照片文件的磁盘不能是同一个。这里，我们把备份目录文件保存到桌面上就好。

❷ 在【另存为】文本框中 /【文件名】文本框中输入“Backup”，然后打开【桌面】文件夹。取消勾选【构建 / 包括智能预览】复选框和【仅导出选定照片】复选框，勾选【导出负片文件】复选框和【包括可用的预览】复选框。单击【导出目录】按钮 /【保存】按钮，如图 10-13 所示。

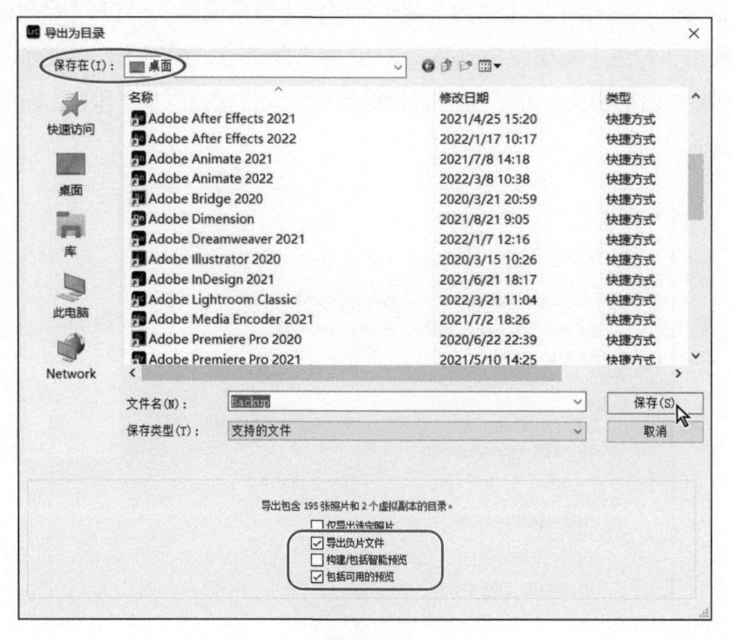

图 10-13

创建新目录的过程中，工作界面的左上角会显示一个进度条。这里，由于目录文件不大，备份只需几秒即可完成。Lightroom Classic 会在后台把照片文件及其目录文件复制到新位置。

❸ 导出完成后，打开访达（macOS）或文件资源管理器（Windows），打开【桌面】文件夹中的 Backup 文件夹，如图 10-14 所示。

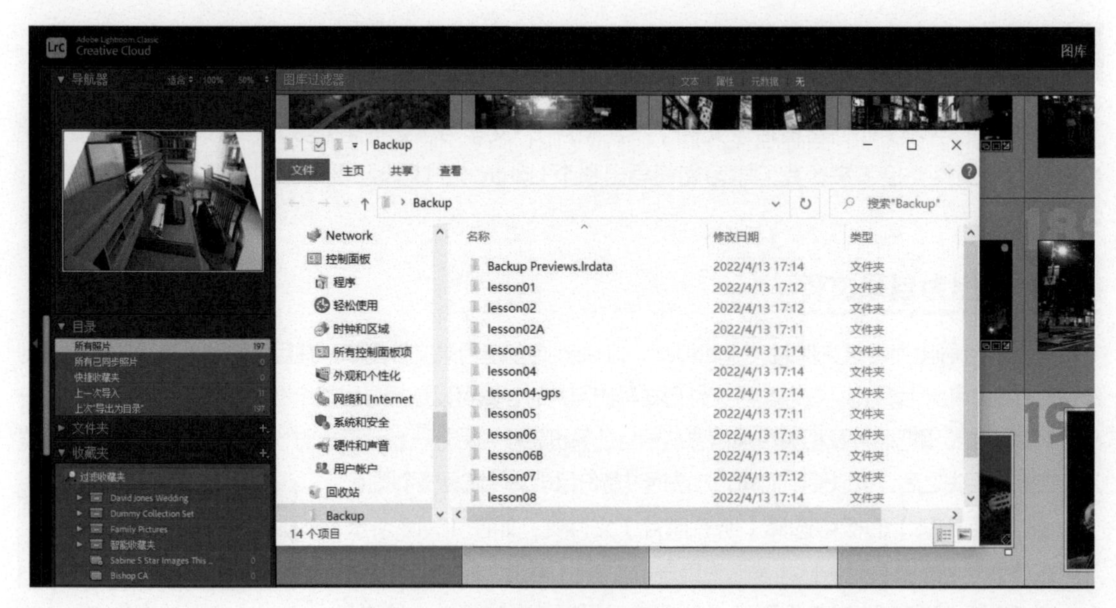

图 10-14

可以看到，Backup 文件夹中的文件夹结构为【文件夹】面板中的文件夹结构。Lightroom Classic 图库中的所有照片文件都被复制到了这些新文件夹中，Backup.lrcat 文件是原始目录文件的完整副本。

④ 在菜单栏中选择【文件】>【打开目录】，在【打开】对话框 /【打开目录】对话框中，选择 Backup 文件夹中的 Backup.lrcat 文件，然后单击【打开】按钮。此时，弹出【打开目录】对话框，询问是否重新启动 Lightroom Classic 来打开备份目录文件，单击【重新启动】按钮，Lightroom Classic 会打开备份目录文件。

⑤ 除了显示在标题栏左侧的文件名不一样之外，备份目录文件与原始目录文件几乎一模一样，只有一些临时的状态信息丢失了，例如在【目录】面板中，【上一次导入】文件夹是空的，【所有已同步照片】文件夹也是空的。只能在 Lightroom Classic 中同步一个目录文件，所以原始目录文件中所有同步过的收藏夹都不会在这里被标记成同步的。

⑥ 在新目录文件中，有些设置会被重置为默认状态，这就与在原始目录文件（LRC2022CIB）中设置的不一样了。在【Lightroom Classic】菜单或【编辑】菜单中选择【目录设置】，在打开的【目录设置】对话框中单击【常规】选项卡，可以看到备份频率已经被重置成了默认选项。单击【关闭】按钮或【取消】按钮，关闭【目录设置】对话框。

⑦ 在菜单栏中选择【文件】>【打开最近使用的目录】>【LRC2022CIB Catalog.lrcat】，在打开的【打开目录】对话框中单击【重新启动】按钮。若弹出【备份目录】对话框，单击【本次略过】按钮。

10.6 导出照片

前面讲了一些备份技术，使用这些备份技术生成的备份文件只能被 Lightroom Classic 或者其他能够读取 XMP 文件的程序读取。如果想把照片发送给计算机中未安装 Lightroom Classic 的朋友，那么需要先将照片以合适的文件格式导出。这类似于把一个 Word 文档保存成纯文本文件或 PDF 文件，然后发送给别人，虽然这个过程中有些功能会丢失，但至少收件人可以看到其中的工作内容。选择什么样的文件导出格式，取决于照片的用途是什么。

- 若将照片作为电子邮件附件发送给对方，用于屏幕浏览，则导出照片时选择 JPEG 文件格式。这种格式可以降低分辨率和减小尺寸，从而大大减小文件大小。
- 若需要在另外一个程序中再次编辑照片，则在导出照片时，把格式设置为 PSD 或 TIFF，且以全尺寸方式导出。
- 若用来存档，则导出照片时，选择原始格式或者 DNG 格式。

10.6.1 导出为 JPEG 文件供屏幕浏览

导出照片之前，我们先使用一个现成预设来编辑它们，这样就能一眼看出修改设置是否已经应用到了导出的副本上。

① 在【收藏夹】面板中选择 Lesson 10 收藏夹，在菜单栏中选择【编辑】>【全选】。在【快速修改照片】面板的【存储的预设】下拉列表中选择【用户预设】>【Un Dia】，如图 10-15 所示。

图 10-15

❷ 在 11 张照片仍处于选中状态时，在菜单栏中选择【文件】>【导出】，或者使用鼠标右键单击任意一张照片，在弹出的快捷菜单中选择【导出】>【导出】，如图 10-16 所示，或者直接单击工作区左下角的【导出】按钮。

图 10-16

❸ 在打开的【导出 11 个文件】对话框的【导出位置】选项组中的【导出到】下拉列表中选择【指定文件夹】，然后单击其下方的【选择】按钮，在打开的【选择文件夹】对话框中打开【桌面】文件夹，

单击【选择】按钮 /【选择文件夹】按钮。

提示 若 Lightroom Classic 询问是否要覆盖照片文件中的信息，单击【覆盖设置】按钮即可。

❹ 勾选【存储到子文件夹】复选框，输入子文件夹名称“export”。取消勾选【添加到此目录】复选框，如图 10-17 所示。

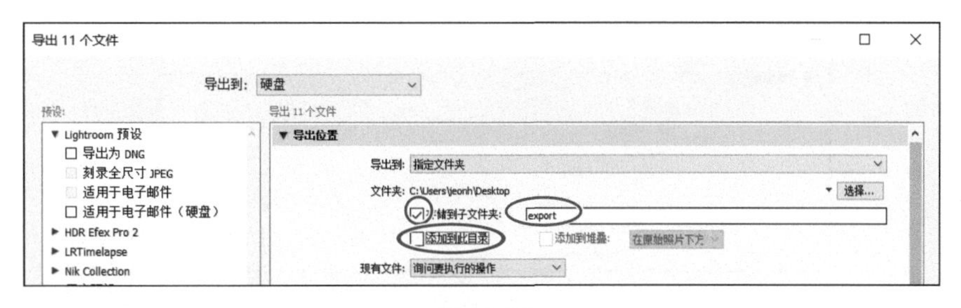

图 10-17

❺ 在【文件命名】选项组中勾选【重命名为】复选框，然后在下拉列表中选择【日期 - 文件名】。

❻ 向下滚动，在【文件设置】选项组中的【图像格式】下拉列表中选择 JPEG，把【品质】设置为 70 到 80 之间（在这个范围内，照片质量和文件尺寸有一个较好的平衡）。在【色彩空间】下拉列表中选择 sRGB，如图 10-18 所示。若照片要用于网络浏览，建议选择 sRGB。另外，当不知道该选择哪个色彩空间时，建议选择 sRGB。

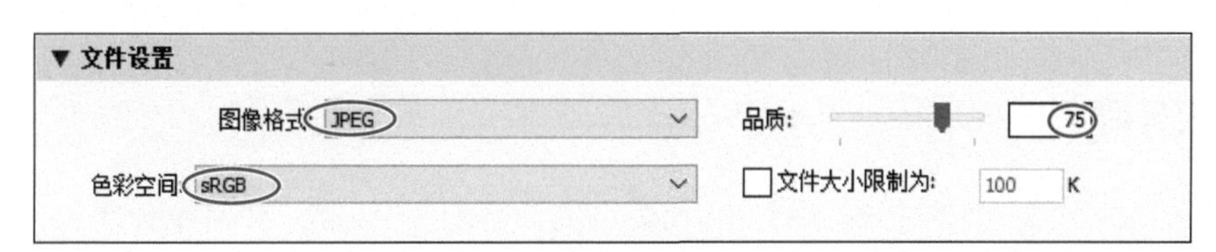

图 10-18

❼ 在【调整图像大小】选项组中勾选【调整大小以适合】复选框，在右侧的下拉列表中选择【宽度和高度】，分别在【宽度】输入框和【高度】输入框中输入“1500”，在单位下拉列表中选择【像素】。这样会等比例缩放每张照片，照片的最长边是 1500 像素。本课照片都大于这个尺寸，所以不用勾选【不扩大】复选框，防止对较小的照片进行放大采样。把【分辨率】设置为 72 像素 / 英寸，如图 10-19 所示。在屏幕上显示照片时，分辨率设置一般都会被忽略。照片的总像素数少了，照片文件大小也会减小。

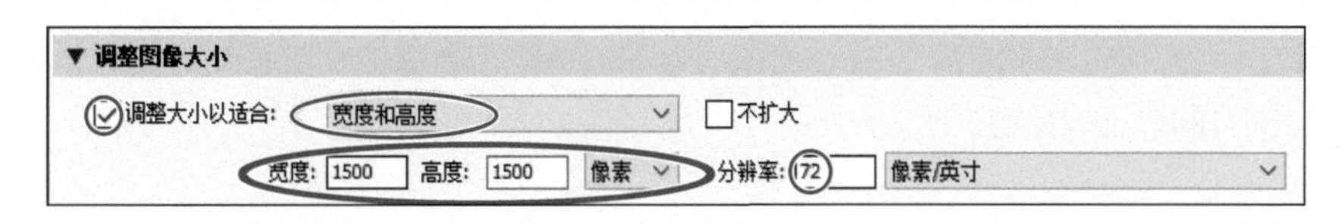

图 10-19

❽ 在【输出锐化】选项组中勾选【锐化对象】复选框，在右侧的下拉列表中选择【屏幕】，把【锐化量】设置为【标准】。在【元数据】选项组中的【包含】下拉列表中选择【仅版权】。【元数据】选项组中还有一些选项，例如选择【所有元数据】之后，可以勾选【删除位置信息】复选框，以保护隐私。取消勾选【水印】复选框。在【后期处理】选项组中的【导出后】下拉列表中选择【在访达中显示】

或【在资源管理器中显示】，如图 10-20 所示。

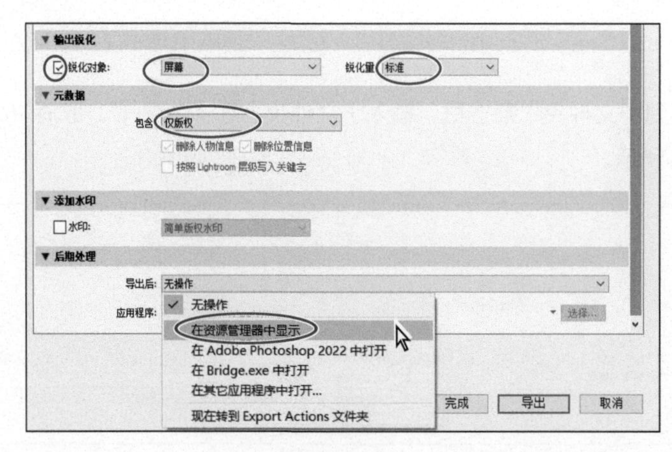

图 10-20

⑨ 单击【导出】按钮。此时，工作区顶部面板左侧会出现一个导出进度条。导出完毕后，使用访达（macOS）或文件资源管理器（Windows）打开桌面上的 export 文件夹。

注意 在【首选项】对话框中单击【常规】选项卡，在【结束声音】选项组中的【完成照片导出后播放】下拉列表中选择一种声音。这样，照片导出完成后，Lightroom Classic 就会播放选择的声音进行提示。

使用导出插件

我们可以使用第三方插件来扩展 Lightroom Classic 的各项功能，包括导出功能。

有一些导出插件可以帮助我们从 Lightroom Classic 导出界面中把照片轻松地发送到特定的在线照片分享网站和社交平台，乃至其他应用程序中。例如，借助 Gmail 插件，我们能够创建一个即时 Gmail 信息，并在导出时附上照片。

还有一些插件可用来向过滤器栏添加搜索条件、自动压缩备份文件、创建照片拼贴或设计上传网络画廊、使用专业级效果和滤镜、在【修改照片】模块中使用 Photoshop 风格的图层等。

在导出对话框的左下角单击【增效工具管理器】按钮，然后在打开的【Lightroom 增效工具管理器】对话框中单击【Adobe 插件】按钮，在线浏览第三方开发者提供的各种插件，这些插件会提供额外功能，或者帮助用户实现自动化、自定义工作流，以及创建样式效果。

我们可以按类别搜索可用的 Lightroom Classic 插件，浏览相机原始配置文件、修片预设、导出插件，以及网络画廊模板。

⑩ 在 Windows 的文件资源管理器中显示预览图，或者单击【放映幻灯片】按钮，查看 export 文件夹中的照片，如图 10-21 所示。在 macOS 的访达中，在列视图或画廊视图中选择一张照片进行预览。可以看到在导出之前 Un Dia 预设已经应用到了本课照片的副本上。这些照片副本的宽度为 1500 像素，文件大小大大减小。

⑪ 删除 export 文件夹中的照片，返回 Lightroom Classic 中。在 11 张照片仍处于选中状态时，在菜单栏中选择【编辑】>【还原 Un Dia】，把照片颜色恢复成原来的样子。

图 10-21

10.6.2 导出为 PSD 或 TIFF 文件供进一步编辑

接下来我们学习如何导出照片，以便在外部应用程序中做进一步编辑。

❶ 在【网格视图】中，在菜单栏中选择【编辑】>【全部不选】，然后双击照片 lesson10-0007。在【快速修改照片】面板（位于右侧面板组中）中的【存储的预设】下拉列表中选择【创意】>【不饱和对比度】，如图 10-22 所示。

图 10-22

❷ 在菜单栏中选择【文件】>【导出】，打开【导出一个文件】对话框，可以看到上一小节中的所有设置仍然保留着。取消勾选【重命名为】复选框。

提示 在菜单栏中选择【文件】>【使用上次设置导出】，Lightroom Classic 会自动使用上一次的导出设置导出照片，同时不会打开【导出一个文件】对话框。

❸ 在【文件设置】选项组中的【图像格式】下拉列表中选择 TIFF。在以 TIFF 格式导出照片时，可以选择 ZIP 压缩（无损压缩方式）来减小文件大小。在【色彩空间】下拉列表中选择 Adobe RGB (1998)，如图 10-23 所示。

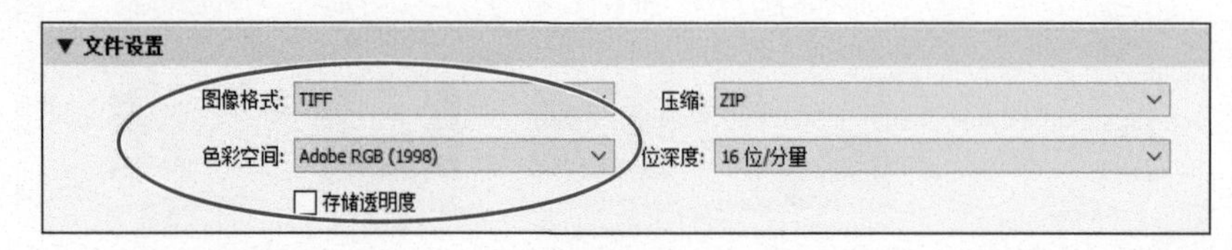

图 10-23

如果一张照片从 Lightroom Classic 中导出后，还要在其他应用程序中编辑，强烈建议把【色彩空间】设置为 Adobe RGB (1998)，而不要设置为 sRGB。Adobe RGB (1998) 色彩空间要比 sRGB 大得多，使用这个色彩空间时，几乎不会有颜色会被裁切掉。这样照片的原始颜色会被更好地保留下来。ProPhoto RGB 色彩空间比 Adobe RGB (1998) 还大，它能够表现原始照片中的所有颜色。为了在屏幕上正确显示使用 Adobe RGB (1998) 或 ProPhoto RGB 色彩空间的照片，我们需要一个能够读取这些颜色配置文件的外部编辑程序。此外，还需要开启颜色管理功能并校准计算机显示器。若不这样做，在 Adobe RGB (1998) 色彩空间下，照片在显示器中看起来会一团糟，使用 ProPhoto RGB 色彩空间会更糟。

提示 在【首选项】对话框的【外部编辑】选项卡中，可以选择喜欢的外部编辑程序、文件格式、色彩空间、位深、压缩方式、文件命名方式。在菜单栏中选择【照片】>【在应用程序中编辑】，然后在子菜单中选择希望使用的外部编辑程序。Lightroom Classic 会以合适的文件格式导出照片，然后在外部编辑程序中打开它，同时把转换后的文件添加到 Lightroom Classic 的图库中。

❹ 在【图像格式】下拉列表中选择 PSD，在【位深度】下拉列表中选择【8 位 / 分量】，如图 10-24 所示。若非明确要求输出 16 位文件，则输出 8 位文件就够了。8 位文件更小，能兼容更多的程序和插件，但是色彩细节没有 16 位文件保留得多。事实上，在 Lightroom Classic 中处理照片时是在 16 位色彩空间中进行的，当准备导出照片时，其实我们对照片的重要调整和校正都已经完成了。此时，把照片文件转换成 8 位导出，并不会降低多少编辑能力。

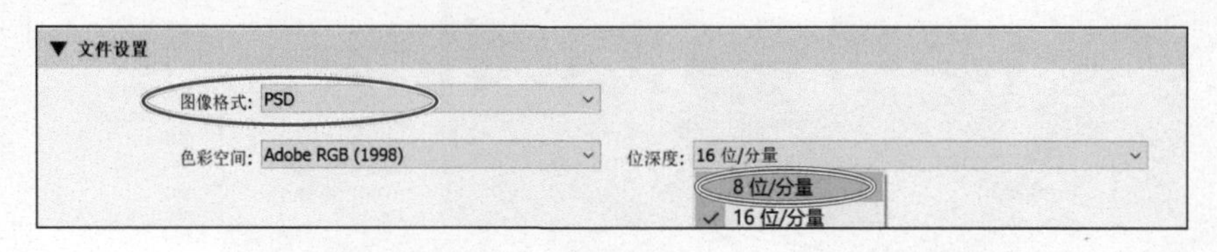

图 10-24

❺ 在【调整图像大小】选项组中取消勾选【调整大小以适合】复选框，把【分辨率】设置为 300 像素 / 英寸，以匹配原始照片。为保留所有照片信息，以便进一步编辑，我们希望把原始照片的每一个像素都导出去。

❻【输出锐化】和【元数据】选项组中的设置保持不变。若计算机中安装了 Adobe Photoshop，请在【后期处理】选项组中的【导出后】下拉列表中选择【在 Adobe Photoshop 中打开】。或者，选

择【在其他应用程序中打开】，然后单击【选择】按钮，选择要用的外部编辑程序，单击【导出】按钮。

❼ 导出完成后，照片会在外部编辑程序（这里是 Adobe Photoshop）中打开。导出后的照片已经应用上了【创意】中的【不饱和对比度】预设，而且照片尺寸与原始尺寸（5397 像素 ×3598 像素）一样，如图 10-25 所示。

图 10-25

❽ 退出外部编辑程序，在访达（macOS）或文件资源管理器（Windows）中打开 export 文件夹，删除照片，然后返回 Lightroom Classic 中。

10.6.3 以原始格式或 DNG 格式导出照片用于存档

按照如下步骤，以原始格式或 DNG 格式导出照片用于存档。

❶ 在【收藏夹】面板中单击 Lesson01-Tour 收藏夹，从中选择照片 lesson01-0003。

❷ 在菜单栏中选择【文件】>【导出】，在打开的【导出一个文件】对话框的【导出位置】选项组中取消勾选【存储到子文件夹】复选框，把照片导出到桌面。

❸ 在【文件设置】选项组中的【图像格式】下拉列表中选择【原始格式】。此时,【调整图像大小】【输出锐化】选项组都变得不可用了，如图 10-26 所示，Lightroom Classic 会原封不动地导出原始照片数据。若选择 DNG 格式，则 Lightroom Classic 会在照片中嵌入 XMP 文件。

> **注意** 以 DNG 格式导出照片时，尽管会有很多选项影响 DNG 文件的创建方式，但是原始照片数据保持不变。

❹ 在【后期处理】选项组中的【导出后】下拉列表中选择【在访达中显示】或【在资源管理器中显示】，单击【导出】按钮。

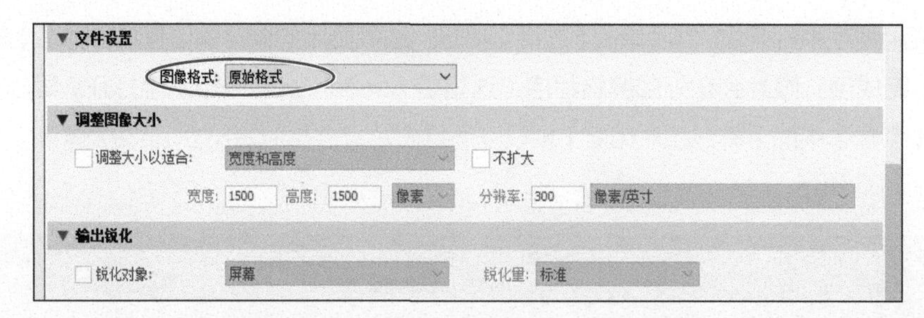

图 10-26

❺ 导出完成后，在访达（macOS）或文件资源管理器（Windows）中打开【桌面】文件夹，会看到一个原始照片文件的副本，还有一个 XMP 文件，如图 10-27 所示，XMP 文件中记录着对照片元数据（导入时添加的关键字）的更改，以及编辑历史（对照片的修改与调整）。

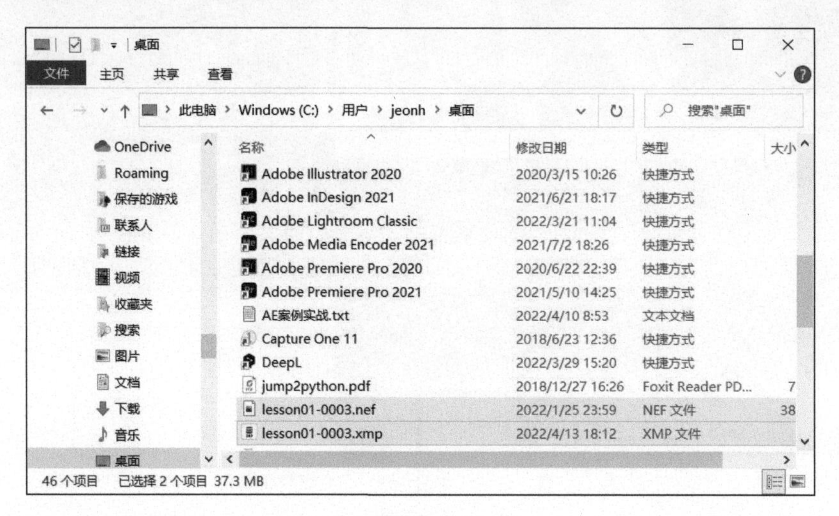

图 10-27

❻ 在访达（macOS）或文件资源管理器（Windows）中打开【桌面】文件夹，删除两个文件，然后返回 Lightroom Classic 中。

10.6.4 使用导出预设

针对常见的导出任务，Lightroom Classic 提供了一些预设。我们可以原封不动地使用这些预设，也可以在这些预设的基础上创建自己的预设。

当某些操作需要反复执行时，可以考虑创建一个预设，把这个过程自动化。

❶ 进入【图库】模块，在【收藏夹】面板中选择 Lesson10 收藏夹。在【网格视图】中选择任意一张照片，然后在菜单栏中选择【文件】>【导出】。

❷ 打开【导出一个文件】对话框，其左侧有一个【预设】列表，在【Lightroom 预设】选项组中勾选【适用于电子邮件】复选框，如图 10-28 所示。

❸ 检查该预设下的各个设置。在【文件设置】选项组中，【图像格式】为 JPEG，【色彩空间】为 sRGB，【品质】为 60。在【调整图像大小】选项组中，导出后的图像被缩小了，其最长边只有 500 像素。【锐化对象】和【水印】两个复选框处于未勾选状态，【包含】被设置为【仅版权】，而且没有设置【导出位置】和【后期处理】选项组。

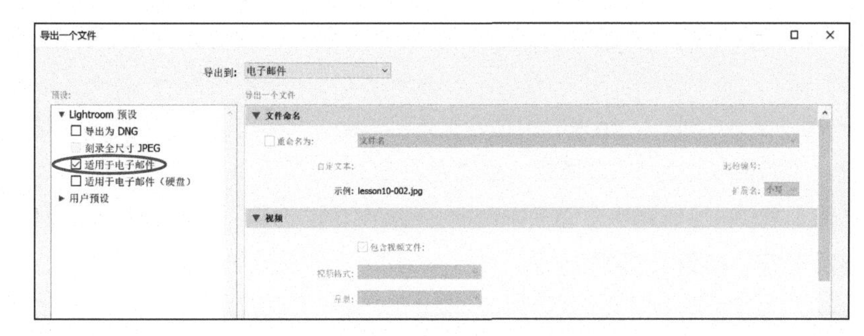

图 10-28

Lightroom Classic 会直接把照片导出至电子邮件，所以不用设置【导出位置】选项组。【后期处理】选项组也没必要设置，Lightroom Classic 会自动生成电子邮件，并添加上照片，然后在 Lightroom Classic 中把电子邮件发送出去，并不需要启动电子邮件客户端。

提示　有关把照片导出为电子邮件附件的更多内容，请阅读第 1 课中的“使用电子邮件分享作品”。

❹ 在【导出一个文件】对话框左侧的【预设】列表中勾选【刻录全尺寸 JPEG】复选框。

❺ 请注意对话框右侧各个导出设置的变化。首先，对话框顶部的【导出到】下拉列表中当前选择的是 CD/DVD，不再是【电子邮件】(无【导出位置】选项组)；其次，【文件设置】选项组中的 JPEG 的【品质】变成了 100，如图 10-29 所示。

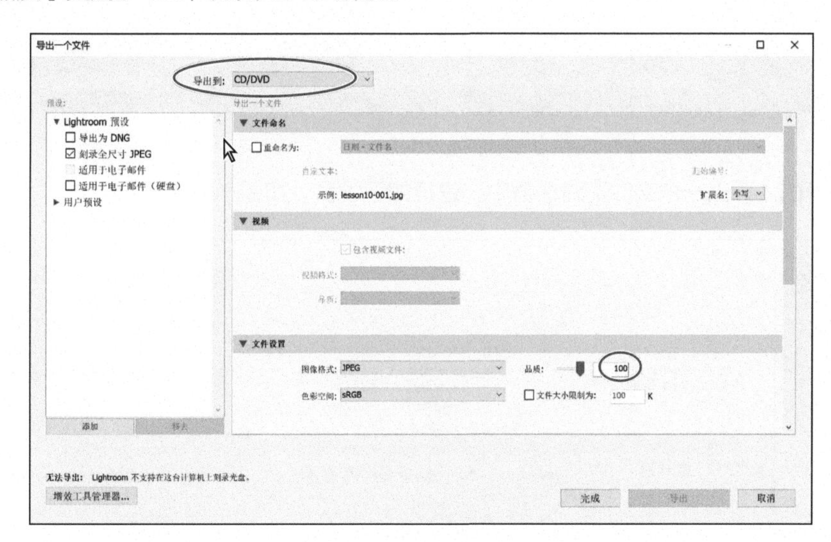

图 10-29

❻ 向下拖动对话框右侧的滚动条，查看该预设的其他设置。在【调整图像大小】选项组中，【调整大小以适合】复选框处于未勾选状态，【包含】被设置为【所有元数据】，勾选了【删除人物信息】和【删除位置信息】复选框。

选择某个预设之后，可以根据需要调整预设中的任意一个设置，然后单击【预设】列表下方的【添加】按钮，将调整后的预设保存成一个新预设。保存完成后，关闭对话框。

10.6.5　创建导出预设

自定义好导出设置之后，我们可以把它保存成一个新的导出预设。不论何时，都可以在【文件】

菜单中找到导出预设（【文件】>【使用预设导出】)。选择预设后，启动导出，而不用打开【导出一个文件】对话框。

下面我们一起创建一个预设，用来导出适合上传到 Facebook 社交平台的照片。这个预设会把照片导出到桌面上，照片的长边为 1400 像素、格式为 JPEG、品质是 100、色彩空间为 sRGB。

❶ 在【图库】模块的【收藏夹】面板中选择 Lesson10 收藏夹，选择照片 lesson10-0011，单击左下角的【导出】按钮，如图 10-30 所示。

图 10-30

❷ 在打开的【导出一个文件】对话框中，进行如下设置，如图 10-31 所示。

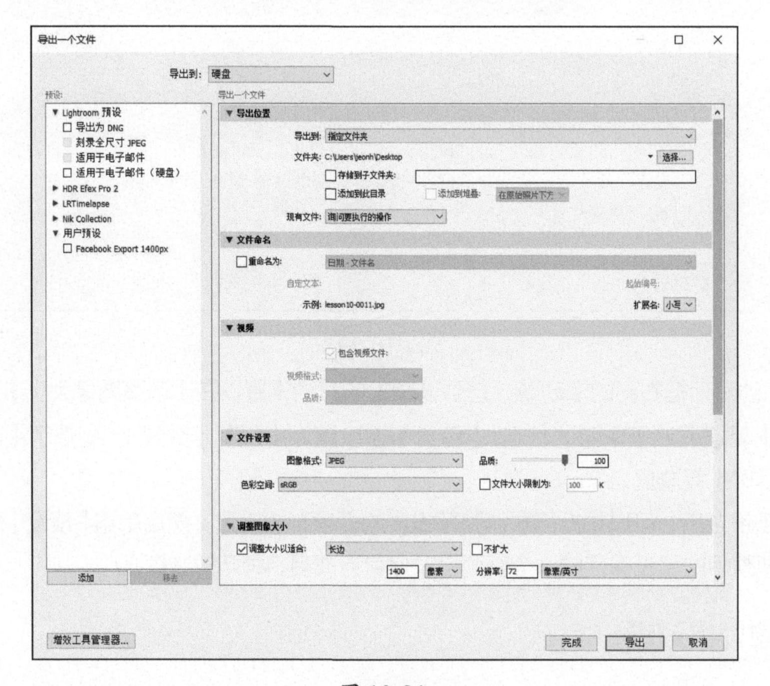

图 10-31

- 顶部【导出到】：硬盘。
- 【导出到】：指定文件夹。
- 【文件夹】：桌面。
- 【图像格式】：JPEG。
- 【品质】：100。
- 【色彩空间】：sRGB。
- 【调整大小以适合】：长边。
- 【像素】：1400。
- 【分辨率】：72 像素 / 英寸。

其他所有设置保持默认设置。

❸ 单击对话框【预设】列表下的【添加】按钮，在打开的【新建预设】对话框中输入预设名称“Facebook Export 1400px”，单击【创建】按钮。此时，在【预设】列表下的【用户预设】选项组中可以看到创建好的预设，如图 10-32 所示，单击【取消】按钮，关闭对话框。

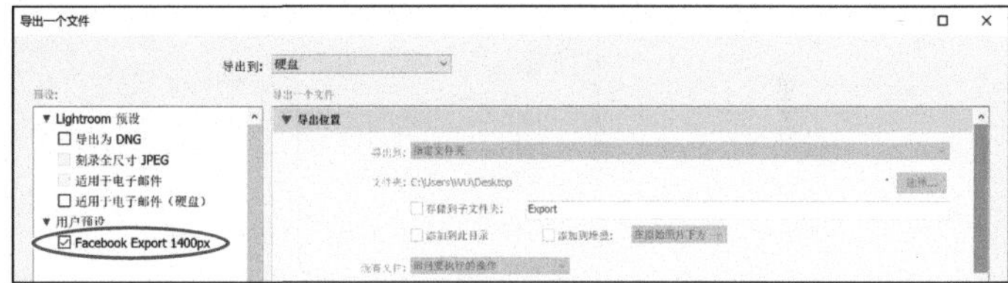

图 10-32

在照片 lesson10-0011 仍处于选中状态时，使用鼠标右键单击它，在弹出的快捷菜单中选择【导出】>【Facebook Export 1400px】，如图 10-33 所示。导出需要上传到 Facebook 的照片时，我们可以使用【Facebook Export 1400px】这个预设快速、准确地导出照片。

图 10-33

10.6.6 多版本导出

有时，我们需要把一组照片导出为多个版本。例如，一个版本用来上传到 Facebook，一个版本用来交付给客户（高分辨率版本），一个版本作为电子邮件附件发送给客户（低分辨率版本），一个版本用作备份（DNG 版本）。以前，要实现这个目标，我们必须先创建一系列导出预设，然后一个个导出。而现在，我们可以用不同预设同时导出一组照片。

在【导出一个文件】对话框左侧的【预设】列表中，每个预设左侧都有一个复选框，勾选要用的多个预设的复选框，如图 10-34 所示，单击【导出】按钮，Lightroom Classic 会同时以多个预设导出照片。

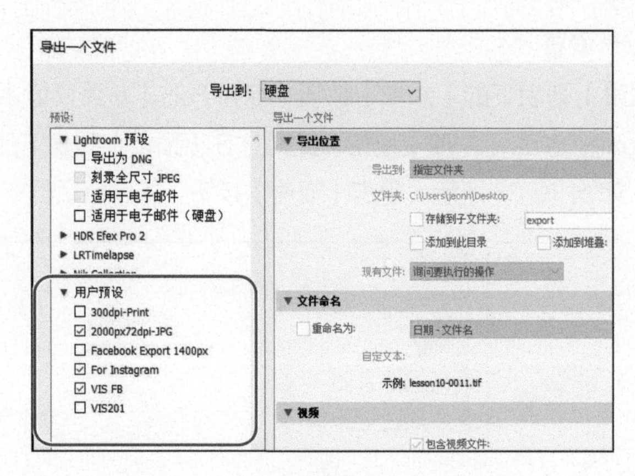

图 10-34

本课我们学习了如何使用内置的备份目录文件功能，如何把元数据保存到文件中，如何使用【导出为目录】命令导出所有照片，以及如何以不同格式导出照片并分别用于屏幕浏览、进一步编辑、存档，还学习了如何使用和创建自己的导出预设。

10.7 复习题

1. 备份图库时，需要备份哪些部分？
2. 如何把一组照片或整个图库连同目录信息转移到另一台计算机中？
3. 如何判断更新的元数据是否被保存到了文件中？
4. 导出照片时，该如何选择导出格式？
5. 如何创建导出预设？

10.8 答案

1. 图库由两大部分组成，一是原始照片文件（又称主文件），二是目录文件。备份图库时需要备份这两大部分。目录文件中记录着所有元数据、图库中每张照片的编辑历史，以及有关收藏夹、用户模板、预设、输出设置的信息。
2. 在一台计算机中，使用【导出为目录】命令创建一个目录文件、原始照片副本及预览图。在另外一台计算机中，在菜单栏中选择【文件】>【打开目录】，找到导出的 LRCAT 文件，打开它即可。
3. 在【网格视图】或胶片显示窗格中，若元数据未保存，照片右上角就会出现【需要更新元数据文件】图标。在过滤器栏中，使用【元数据】过滤器可以找到那些需要更新元数据的照片。
4. 导出照片时，选择什么样的导出格式，取决于照片的用途是什么。若将导出后的照片作为电子邮件附件发送给对方，用于屏幕浏览，则选择 JPEG 格式，它可使照片尺寸最小；若导出后的照片还要在外部编辑程序中进行进一步编辑，则选择 PSD 或 TIFF 格式，而且以全尺寸方式导出；若导出后的照片用来存档，建议选择原始格式或 DNG 格式。
5. 打开【导出一个文件】对话框，根据需要修改设置，然后单击对话框【预设】列表下的【添加】按钮，在打开的【新建预设】对话框中输入预设名称，单击【创建】按钮。

摄影师
马瑞妮·斯塔布（MARANIE STAAB）

“摄影是达到目的的一种手段，相机是一种要合理使用的工具。”

影像能够帮助我们与他人建立联系，彼此寻找共同点。

在好奇心和求知欲的驱使下，我对世界上所有的不公都保持应有的同情和愤怒。我喜欢与不同的人接触，了解他们的经历，对那些允许我走入他们生活的人永远满怀感激。

我进行摄影是出于对这个世界的热爱和好奇。每次拍摄都是一场发现之旅，摄影是一种与人沟通的方式，也是我奔赴陌生之地的由头。

我相信影像和讲述故事的力量，这也是我持续不断的动力源泉。有人说影像可以改变世界，我相信这一点，但仅凭影像本身是不够的，关键是我们要与影像有感应、共鸣，并要有切实的行动。这是我们选择参与的方式，也是允许自己被告知和改变的方式。很多时候，只有你接受了另一种生活方式并且愿意认同别人，你才会开始改变。我希望影像作品可以把我们凝聚成一个整体，让我们一起接纳不那么完美的人性。

第 11 课

笔者个人的工作流程

课程概览

本课主要讲解以下内容。

- 硬盘、外部存储器、网络附属存储（Network Attached Storage，NAS）设备，以及如何使用 NAS 设备进行云同步
- 使用内置工具备份外部存储器中的照片
- 创建智能收藏夹

学习本课需要 45 分钟

学习本课不需要下载任何文件。

我女儿生日，我哥哥和嫂子来了，他们给我女儿做了一个很特别的蛋糕。我趁此机会为全家人拍了一些照片。

11.1 保持计算机整洁

我发现了这样一个规律：计算机的可用空间越多，计算机就工作得越好。当计算机的可用空间只剩下 10GB 或 20GB 时，计算机的运行速度就会明显变慢。因此，管理项目时，我一直追求的是尽可能地让计算机中的可用空间多一些。

在 Lightroom Classic 的【目录】面板中，有一个【所有照片】文件夹，里面包含了我导入的所有照片，如图 11-1 所示。没错，我拍了 321825 张照片。但是我个人觉得真正算得上好照片的只有 25 张左右，其他的都很一般，可我又舍不得删，因此照片越积越多，就成了现在这个样子。

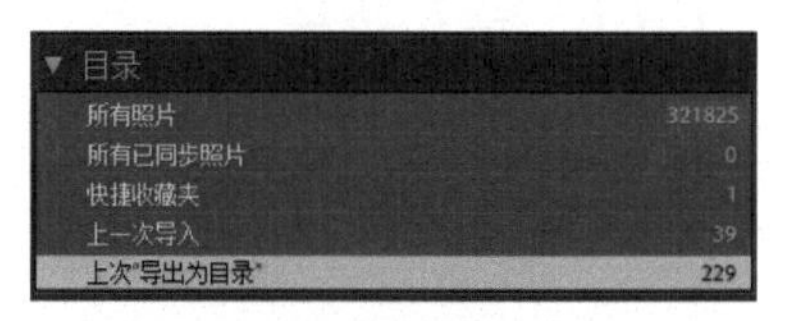

图 11-1

看一下我的计算机桌面，你会发现我硬盘中的可用空间只有 300GB 多一点，如图 11-2 所示。本书稿件大约占 100GB，还有一个视频项目大约占 150GB。所以，实际上，我的计算机中大约有 550GB 的可用空间，因为硬盘容量是 1TB 的。

图 11-2

当 Lightroom Classic 的目录文件中的照片超过 321000 张时，我是如何让计算机仍然有这么多的可用空间的呢？答案是依靠我的工作流程策略，我称之为“热、中、冷策略”。

11.2 工作流程概览：热态、中间态、冷态

讲解具体工作流程细节之前，我先大体讲一下这个过程。

在我开始一个拍摄项目（包括个人拍摄、委托拍摄、商业拍摄）时，这个项目就叫“热”项目。我几乎每天都得关注这个项目，且每次打开 Lightroom Classic 都会浏览这个项目中的照片。

一旦拍摄项目完成，这个项目就进入“中间态”。在这个阶段，我不会频繁访问项目中的照片，但有时客户可能会要求我提供一些照片。因此，我会把项目照片从计算机转移到可移动存储设备中，并且使用智能预览管理它。我会随身携带这个可移动存储设备，并用操作系统的内置工具（我使用的是苹果 Monterey 操作系统的时间机器）进行备份。当需要处理项目中的一些照片时，我会打开 Lightroom Classic 进行处理，当把移动存储器插入计算机时，所有修改都会得到同步。

过了一段时间之后，访问项目的频率就很低了，项目进入“冷态”。此时，我会把项目文件夹从可移动存储设备转移到 NAS 设备中。NAS 设备就放在家里，无论何时，只要连上家里的网络，我就能访问到里面的照片。必要时，我会在目录文件中保留项目的智能预览，但是如果项目过去很久了，我也会把智能预览删掉。此外，我还要确保无论何地都能通过浏览器访问家里的 NAS 设备，以便随时下载需要的照片。

整个过程中，我常用收藏夹集和收藏夹来组织项目中的照片，并积极地为照片添加标签和关键字。

下面将具体讲解这个工作流程的每个阶段。

11.3 工作流程：热态

为给大家做演示，我在 Lightroom Classic 中新建一个目录文件，然后把最近使用 Fujifilm X-T3 相机拍摄的照片导入其中。

11.3.1 导入照片

我使用 Fujifilm X-T3 相机给我的女儿、哥哥和嫂子拍了一些照片。我把这些照片导入项目文件中，但不做任何修改，因为这里只需要用这些照片做流程演示，如图 11-3 所示。

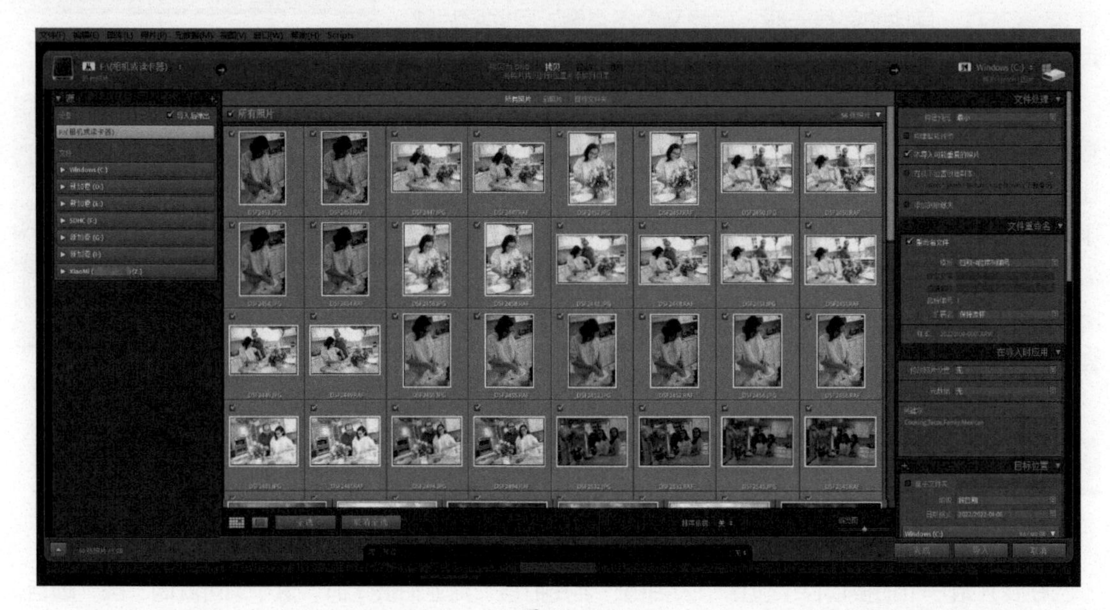

图 11-3

接下来，我介绍一下导入照片时的一些关键点。在【导入】对话框的【文件处理】面板的【构建预览】下拉列表中选择【最小】，勾选【不导入可能重复的照片】复选框，其他选项保持默认设置。在【文件重命名】面板中，我创建了一个文件名模板，规定照片名称格式为“YYYYMMDD-0001”（即由年月日和 4 位数字组成），如图 11-4 所示。

注意 如果你想学习创建文件名模板，请阅读第 2 课中的相关内容。

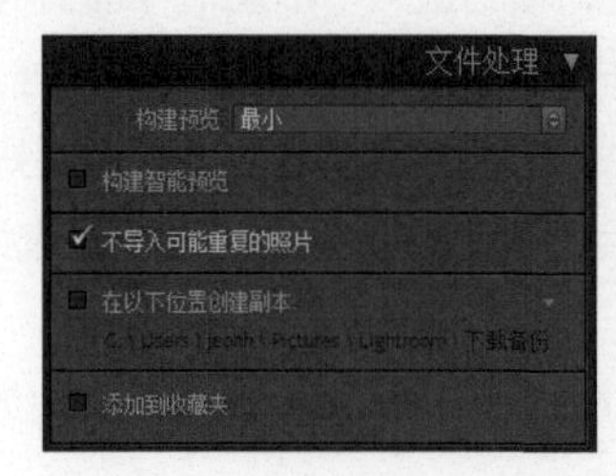

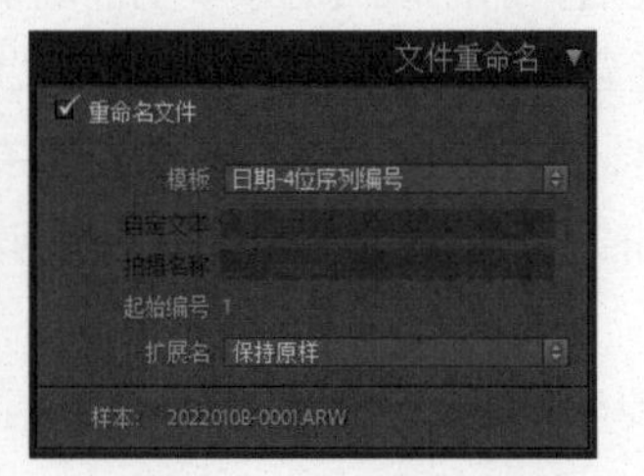

图 11-4

【在导入时应用】面板中，我输入了“Cooking,Tacos,Family,Mexican”几个关键字，而且我把所有照片都放入了一个名为 20200912_sabine_bday 的文件夹中，如图 11-5 所示。虽然不需要文件夹中的关键字，但是添加它们可以提醒自己当时的拍摄情况。

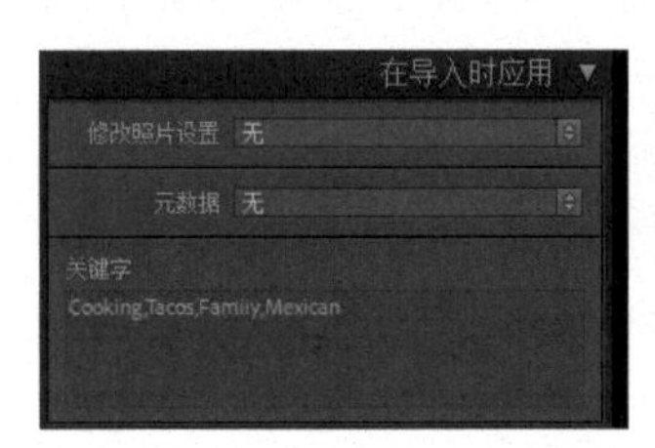

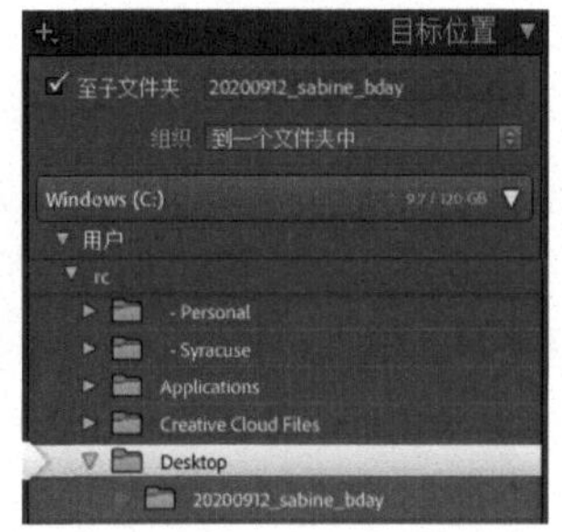

图 11-5

注意 我一般会把当前正在处理的“热”项目保存在桌面上，这么做是为了提醒自己当前正在做的项目，而且也能让自己快速打开项目进入工作状态。你不必非得这样做，你可以把项目保存到计算机的任意一个地方，只要保证项目的所有文件都在一起即可。

这里，我选择在桌面上创建 20200912_sabine_bday 文件夹。桌面上的东西会引起我的注意，因此，我一般都把当天的工作放在桌面上。等我做完整个项目之后，我会把项目转移到其他地方。我不会在计算机桌面上放置一些与当前工作无关的文件和文件夹，桌面上只放置当前要做的项目，这有助于我把精力集中到当前项目上，提醒我当前应该做什么。

11.3.2 反复选片：选取与拒绝

注意 关于选片方法，我们先在第 1 课中简单提过，然后又在第 4 课中做了详细讲解。忘记的读者请翻回去阅读相关内容。

目前，我们已经把照片导入了桌面上指定的文件夹中。接下来，我们该挑选照片了，即浏览所有照片，从中找出那些有问题（如失焦、曝光不足、身体被截掉等）的照片，然后把它们标记为【排除】(拒绝)。在这个过程中，如果发现特别喜欢的照片，可以把它标记为【留用】(选取)，如图 11-6 所示，或者给它标星级（如五星）。这样做的目的是在修改照片之前对所有照片进行分类和排序。

图 11-6

这么做也很有实际意义。例如，给客户拍了一些写真，答应制作 6 张照片给他。在把照片导入 Lightroom Classic 后，发现实际拍了 90 多张。所以，我们要浏览这些照片，删除有问题的照片，找出 6 张最令人满意的照片。

挑出最令人满意的 6 张照片后，可以先把它们标记为【留用】(选取)，然后再修改它们，做进一步的处理，最后把处理好的照片交给客户。

挑选照片不是一件简单的事，有时需要花很多时间，反复对比斟酌，才能选出最令人满意的照片。商业摄影师乔 • 麦克纳利（Joe McNally）曾经跟我说过：桌子上，有些食物是供人享受的，有些食物只是为了凑数而已。先把凑数的食物（比喻不好的照片）尽快地清理掉，我们才能把所有精力放在那些好吃的食物（比喻好照片）上，如图 11-7 所示。

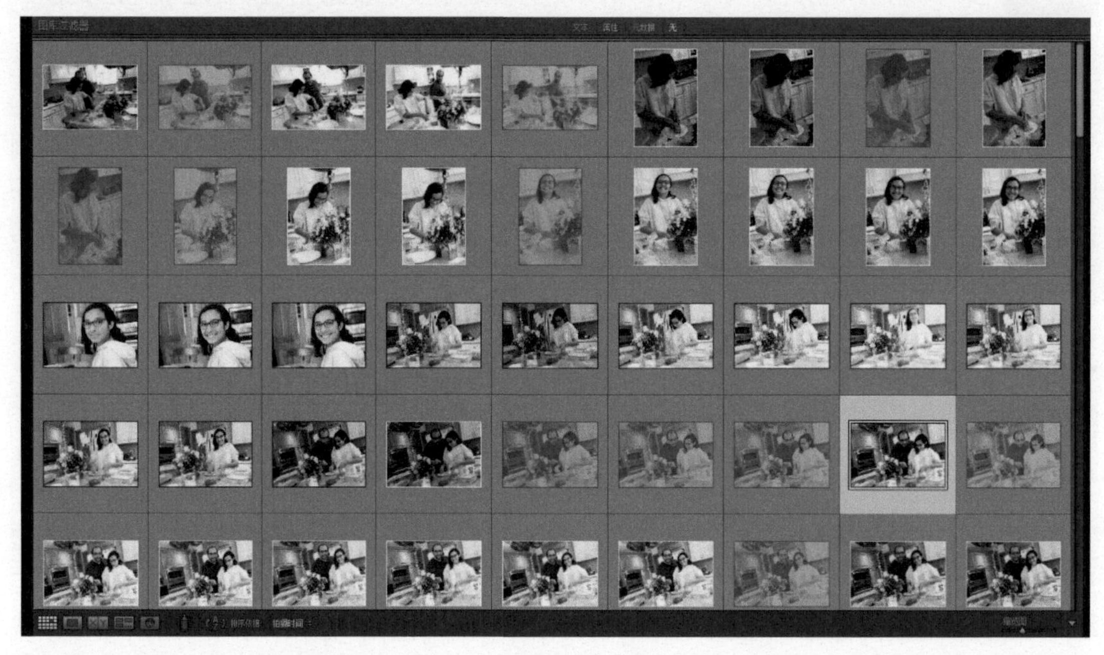

图 11-7

11.3.3 收藏夹集和收藏夹

修改照片之前，我通常还要创建一个收藏夹集，并在其中创建若干个收藏夹。收藏夹集代表整个项目，其中，各个收藏夹中存放的是针对不同目的选出的照片。针对 Sabine 生日拍摄的照片，我创建了图 11-8 所示的收藏夹集和收藏夹。

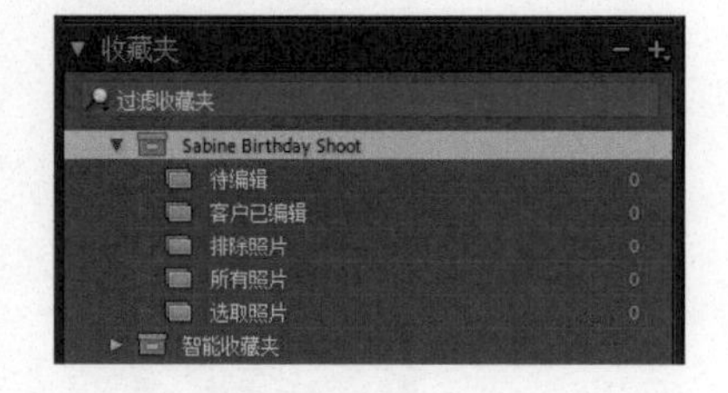

图 11-8

在该收藏夹集中，有一个名为“排除照片”的收藏夹。因为有时客户要求不要删除任何一张照片，所以我会把不好的照片全部放到【排除照片】收藏夹中。

我习惯把个人照片放到一个收藏夹集中，这样我可以快速找到需要的照片。这么做还有助于我更好地进行以后的拍摄。假设 Sabine 是我的一个客户，她要求我再给她拍一套照片。此时，我肯定希望能够快速浏览拍摄的照片。为此，我可以为第二次拍摄创建一个收藏夹集，然后像第一个收藏夹集那样组织，如图 11-9 所示。

注意 关于如何创建收藏夹集和收藏夹，请阅读第 4 课中的相关内容。

如果我希望把 Sabine 的所有照片都放到一个地方，那又该怎么办呢？此时，我可以创建一个名为 Sabine Concepcion 的收藏夹集，然后把两个收藏夹集放入其中，如图 11-10 所示。当我希望查看所有照片时，只需单击最外层的主收藏夹集即可。如果我只希望查看某一些照片，只要单击相应的收藏夹即可。

图 11-9

图 11-10

一次拍摄对应一个收藏夹集，每个收藏夹集中都有一个【选取照片】收藏夹，其中存放着每次拍摄的最佳照片。如果我希望把每次拍摄的最佳照片都放在一起，又该怎么办呢？此时，我可以在最外层的收藏夹集（主收藏夹集）中创建一个名为 Best of Sabine 的收藏夹，然后把每次拍摄的最佳照片拖入其中，这样我们就可以在 Best of Sabine 收藏夹中查看到所有拍摄的最佳照片了，如图 11-11 所示。

最后一个例子：假设我刚接手了一个拍摄儿童的业务。我会为这个新业务创建一个名为 Child Portratis 的收藏夹集。Sabine 也是儿童，所以我把 Sabine Concepcion 收藏夹集放入其中，如图 11-12 所示。这样，当我把 Child Portratis 收藏夹集折叠起来时，其下的所有收藏夹集都会随着一起折叠起来，只在需要时把它们展开。

图 11-11

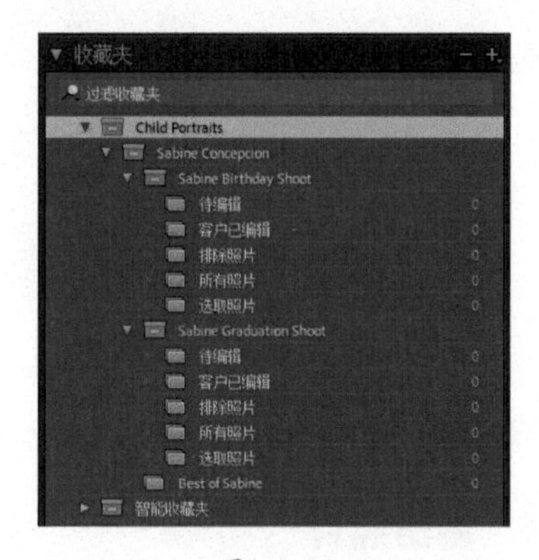

图 11-12

如果你喜欢摄影，那有一件事是肯定的，那就是你拍摄的照片会越来越多。为了处理越来越多的照片，我们最好找一套适合自己的照片组织方式。刚开始使用这套照片组织方式时，可能会觉得有点费事，但是随着照片数量的增长，使用这套照片组织方式会大大提高你的工作效率。我强烈建议读者好好看一下这部分的内容，总结出一套适合自己的照片组织方式。

在【目录】面板中选择【上一次导入】文件夹，按快捷键 Command+A/Ctrl+A 选择所有的照片，然后把它们拖入【所有照片】收藏夹中。然后使用过滤器栏中的【元数据】过滤器，找出留用的照片，并将其拖入【选取照片】收藏夹中。同样，找出所有被排除的照片，把它们拖入【排除照片】收藏夹中。另外，把带有待编辑标记的照片放入【待编辑】收藏夹中，如图 11-13 所示。

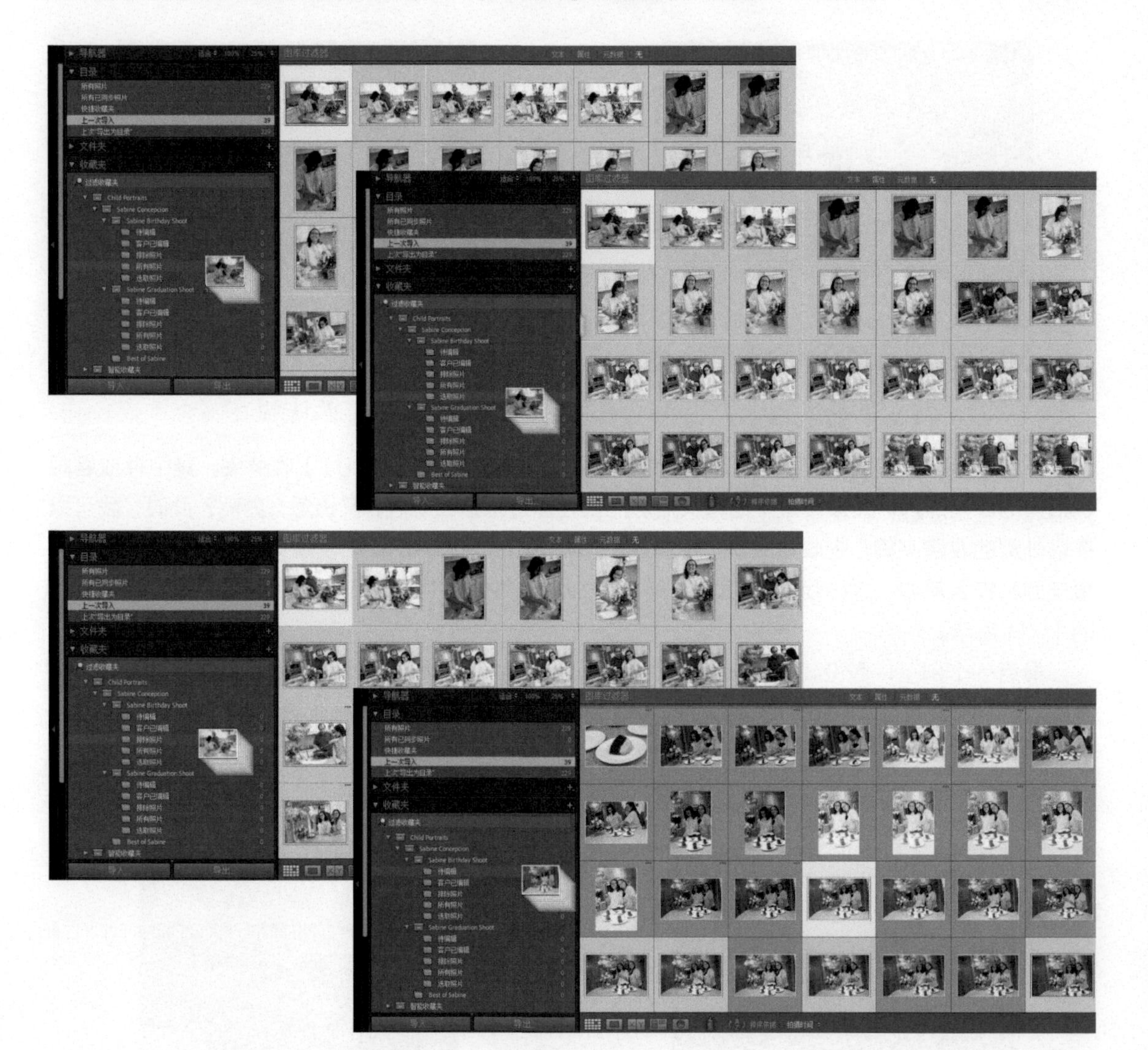

图 11-13

现在就可以开始在 Lightroom Classic 中修改照片了。

11.3.4 备份照片

组织照片很重要，备份照片也十分重要。接下来，我们介绍有关照片备份的内容。我是一个苹果用户，我习惯使用苹果系统内置的时间机器把计算机中的资料备份到两个外部存储器中。

在 Apple 菜单中选择【系统偏好】>【时间机器】，如图 11-14 所示。把外部存储器连接至计算机时，可以将其选作备份磁盘，时间机器会启动备份并把备份保存到其中。

经过备份，一张照片就有了一个副本。有了副本，我们就可以放心地修改照片，而不用担心修改会影响到原始照片了。

这里，我选用的备份硬盘是 G-Technology 公司的 G-SPEED Shuttle，如图 11-15 所示。这款硬盘带有两个雷电 3 接口和 ev 系列托架适配器，我可以非常方便地连接其他支持雷电 3 接口的硬盘，而且还可以接驳普通外置硬盘。这样只要我使用计算机，就可以立即访问到它们了。

图 11-14

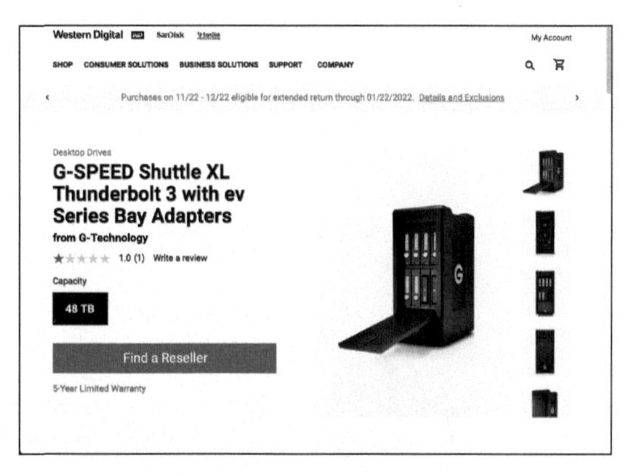

图 11-15

我办公室里还有一台 G-SPEED Shuttle，如图 11-16 所示。每次我去办公室都会连上它，这样我就又有了一个备份设备。

如果你是 Windows 用户，建议选用 Genie BigMIND 备份系统，如图 11-17 所示，它会自动把你的所有文件备份到一个私有云上，并允许你通过任意一个设备访问它。

图 11-16

图 11-17

若条件允许，我们最好把计算机中的文件备份到两个不同的地方，这样可以避免机器故障导致文件丢失，从而确保计算机中当前项目的安全。

11.4 工作流程：中间态

前面我们已经组织好了照片，也做了编辑，而且把该打印的送去了打印，该上传的也上传了。接下来，我们要想一想如何从计算机中“卸载”这些照片，以便腾出更多的硬盘空间。

为此，我们会把“热”项目转移到一个外置硬盘上。为确保离线照片仍然可用，我们可以创建智能预览。我们的目标是尽可能多地把照片从计算机中移走。

许多摄影师喜欢把自己拍的每张照片都带在身边，但随着时间的推移，他们最后不得不放弃这种做法。因为随着照片数量的增加，他们要随身携带的硬盘数量会越来越多，而且搞不清自己需要的照片到底在哪个硬盘上，也不知道该怎么找到它们。图 11-18 就是某位摄影师的真实写照。

图 11-18

11.4.1 随着时间的推移，你对照片的访问需求会逐渐减少

其实，不必把所有照片都带在身边。例如，我们每个人手里都有一部智能手机，假设不久前你刚用它拍了一张照片，接下来的几天里，你可能会经常翻看那张照片，但这个行为能持续多久呢?

想一想，你有多久没有翻以前拍的照片了？应该是很久了吧。随着时间的推移，过去拍的照片我们看得越来越少，我们会把主要精力放在当前正在做的事情上。没有人会随身带着从小到大的所有照片到处走，毕竟把照片放在家里更安全。

Lightroom Classic 中的收藏夹也是这么做的。有些照片我每天都看，但随着时间的推移，翻看的次数会越来越少。我 7 年前拍的度假照片存放在一个外置硬盘中，我偶尔会用到里面的照片，但并不需要随身携带它。

认可这一点，你就可以免去许多麻烦。

11.4.2 创建智能预览

在把文件夹移动到外置硬盘之前，最好先为照片创建智能预览。前面导入照片时，在【文件处理】面板中，我们取消勾选了【构建智能预览】复选框，如图 11-19 所示。

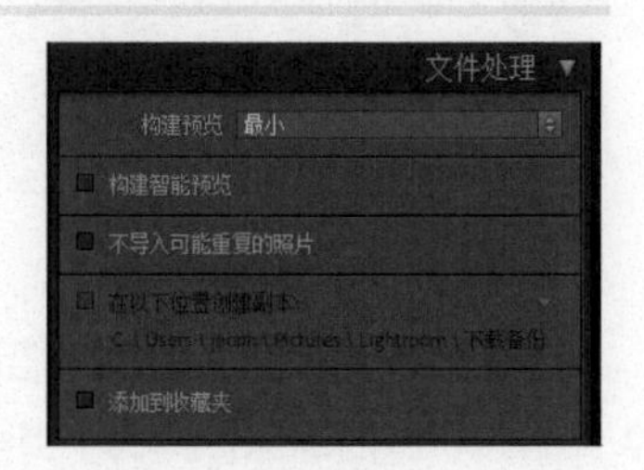

图 11-19

勾选【构建智能预览】复选框后，即便计算机中不存在照片的物理副本，我们仍然可以使用它们。在所有预览中，智能预览占用的空间最多，但比原始文件要小得多。在 Lightroom Classic 中，我们可以

在工作流程的任意阶段创建智能预览。首先，选择要创建智能预览的照片，然后在菜单栏中选择【图库】>【预览】>【构建智能预览】，如图 11-20 所示。

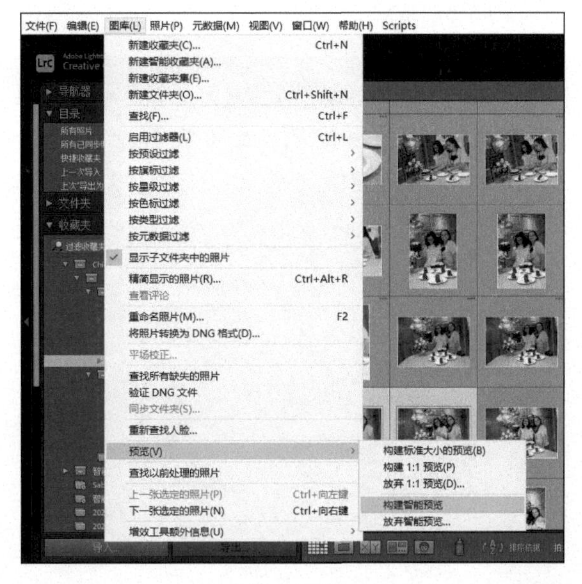

图 11-20

智能预览构建完成之后，【直方图】面板的左下角会显示【原始照片 + 智能预览】字样，如图 11-21 所示，表示 Lightroom Classic 已经为选择的照片创建好了智能预览

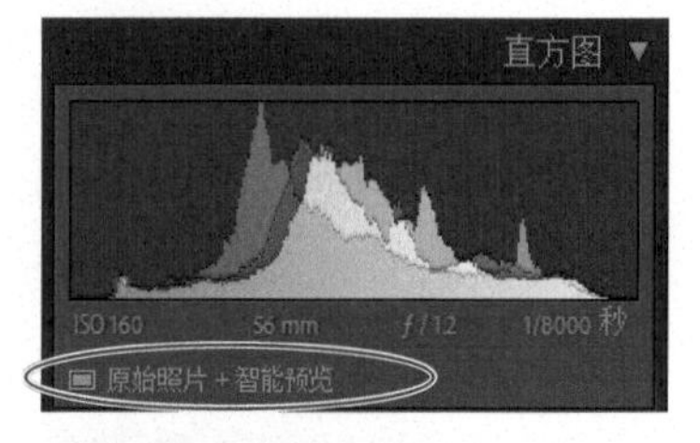

图 11-21

这里，我特意没有为第一张照片创建智能预览。选择第一张照片时，【直方图】面板左下角只显示【原始照片】字样。此时，进入【修改照片】模块，可以随意修改它，如图 11-22 所示。

图 11-22

把第一张照片移动到其他位置后，Lightroom Classic 将无法修改它，【修改照片】模块变成灰色，并显示“无法找到文件”错误，如图 11-23 所示。以第 1 课中的数字笔记本为例，就像是我搬走了家里的所有照片，但是并没有记下把它们搬到了哪里。

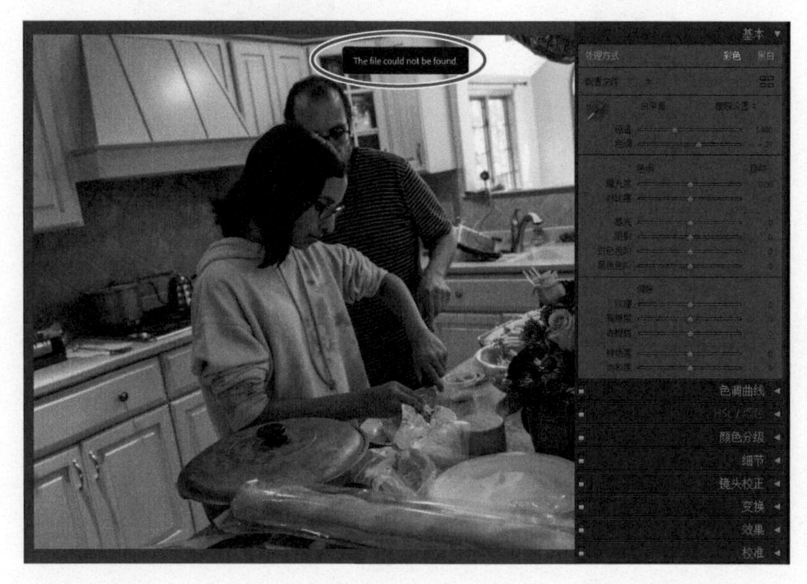

图 11-23

当某张原始照片离线，或者把它从 Lightroom Classic 中移走之后，如果之前为这张照片创建了智能预览，Lightroom Classic 会自动启用智能预览，并允许随时修改它。当该原始照片上线，或者被重新找回来之后，Lightroom Classic 就会把对智能预览所做的修改全部同步到原始照片上，如图 11-24 所示。

无智能预览

带智能预览

图 11-24

到这里，我们就做好转移照片的准备了，那我们要把照片移动到哪里呢？

11.4.3 选择外置硬盘

选择外置硬盘时，我有两个标准，一个是可靠，另一个是耐用。外置硬盘最好带有保护套，因为我们经常需要随身携带它。

G-Technology 公司推出了一款名叫 ArmorATD 的外置硬盘，它具备良好的防水、防尘、抗压能力，很适合随身携带，如图 11-25 所示。

此外，他家的 G-DRIVE ev RaW 也非常不错，带有 ATC 保护套，并且防碰撞、防尘、防水，支持 USB 3 或雷电口，如图 11-26 所示。

图 11-25

图 11-26

我之所以喜欢它们，还有一个原因，那就是带回家之后，我可以把它们从保护套中取出，轻松地插入我的 G-RAID 中，如图 11-27 所示，而且可以使用家用线缆进行连接。虽然完全没必要挂接到 G-RAID 上，但是它们允许这样做，我还是非常开心的。

图 11-27

不管这些硬盘有多么好，它们采用的仍然是传统的机械结构，其中存放的信息是由磁头从高速旋转的磁盘上读取的。若受到剧烈碰撞，内部机械结构损坏，其中存放的信息就无法被正常读取了。

与此不同，新式硬盘采用的是固态存储器，因此又叫固态硬盘（Solid State Drives，SSD）。手机和平板计算机中使用的就是这种硬盘。这种新式硬盘内部没有传统的机械机构，因此不必像使用传统硬盘那样担心其内部移动部件会损坏。在我的存储系统中，我已经开始使用这种硬盘来为数据多加一层保险。我非常喜欢闪迪公司推出的“极速移动固态硬盘（1TB）”，如图 11-28 所示，其功能与 1 TB USB 3 硬盘不相上下。

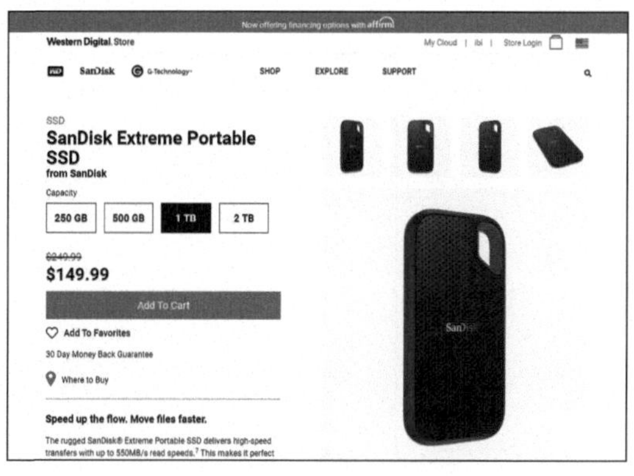

图 11-28

另外，若计算机有雷电 3 或 USB-C 接口，通过这些接口连接固态硬盘，读写速度会更快。

11.4.4 把照片转移到外置硬盘上

移动照片时，可以使用 Lightroom Classic 中的【文件夹】面板，但相比之下，我更喜欢使用计算机操作系统本身的文件与文件夹管理系统，例如 macOS 中的访达和 Windows 系统中的文件资源管理器。这两个工具我们经常用，用来移动照片得心应手。同时，为了配合讲解接下来的内容（查找与重新链接文件夹），我们这里选择使用访达或文件资源管理器来移动照片。

打开访达或文件资源管理器，进入桌面，把照片文件夹从桌面（或者其他存放照片的地方）复制到另外一个移动硬盘中，如图 11-29 所示。移动照片时，我不会选用【剪切】命令，而是选择【复制】命令，先把照片复制到新位置，确认照片成功复制到新位置之后，再删除原始照片。这么做是为了防止在移动照片的过程中发生意外，谁都无法预料移动照片的过程中会发生什么，还是稳妥一点好。

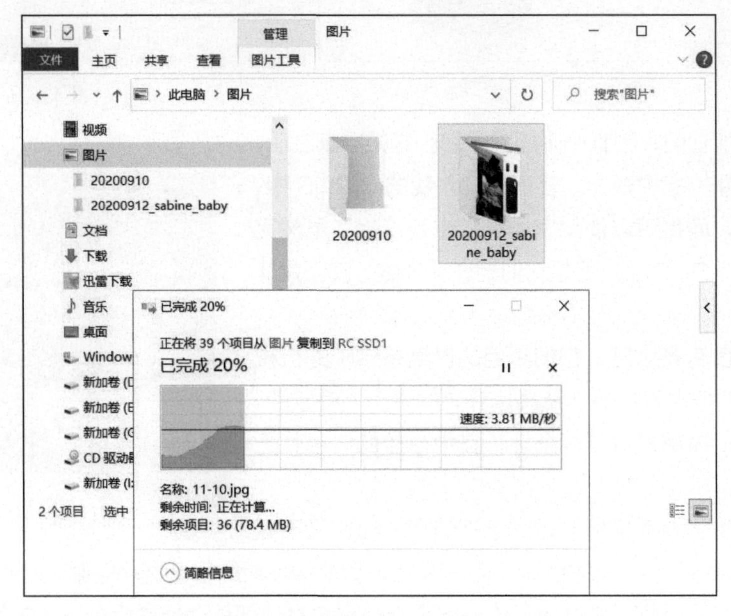

图 11-29

照片全部移动完成之后，使用鼠标右键单击保存原始照片的文件夹，然后在弹出的快捷菜单中选择【删除】，如图 11-30 所示，删除原始照片。

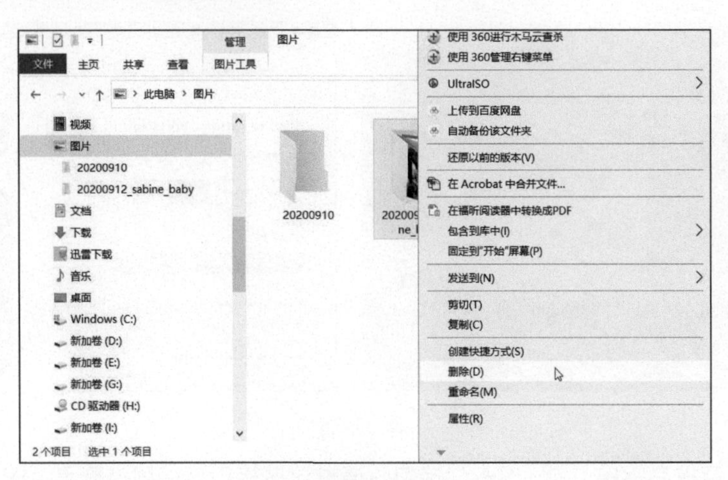

图 11-30

11.4.5 重新链接丢失的文件夹

进入【修改照片】模块，会发现照片只剩下智能预览了，但是仍然可以编辑它。接下来，我们必须把文件夹重新链接到 Lightroom Classic，这样才能访问到原始文件或更新它们。请参照如下步骤重新链接丢失的文件夹。

❶ 查找丢失的照片（或仅有智能预览的照片）。

❷ 使用鼠标右键单击照片，在弹出的快捷菜单中选择【转到图库中的文件夹】，如图 11-31 所示。

图 11-31

❸ 此时，【文件夹】面板中会高亮显示照片原来所在的文件夹，并且该文件夹图标上有一个问号，表示 Lightroom Classic 在计算机中找不到这个文件夹。

❹ 在文件夹处于选中状态时，使用鼠标右键单击该文件夹，在弹出的快捷菜单中选择【查找丢失的文件夹】，如图 11-32 所示。

❺ 在打开的【查找丢失的文件夹】对话框中，转到移动硬盘中，找到目标文件夹，选择它，如图 11-33 所示，单击【选择文件夹】按钮。

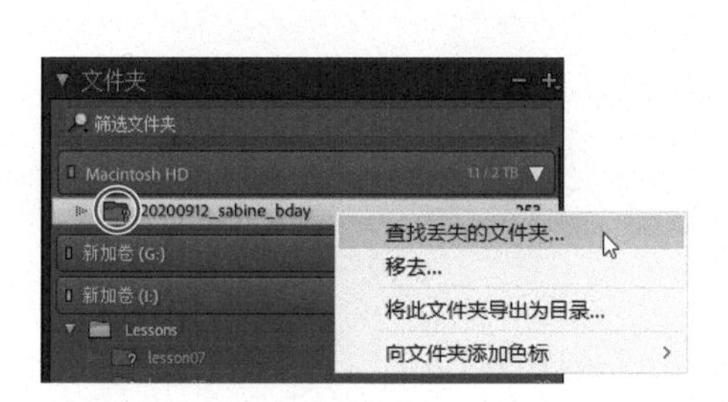

图 11-32

图 11-33

❻ 此时，智能预览与原始照片重新链接在了一起，如图 11-34 所示。Lightroom Classic 会把对智能预览做的所有更改同步到原始照片上。如果事先没有为丢失的文件夹中的照片创建智能预览，在重新链接文件夹之后，就又可以在【修改照片】模式下正常地编辑它们了。

图 11-34

使用【显示父文件夹】命令快速重新链接子文件夹

想把照片搬到一个更大的硬盘中该怎么办呢？丢失了 100 个子文件夹该怎么办呢？在这些情况下，我们就得学习如何在 Lightroom Classic 中重新链接文件夹了，这也是我们必须掌握的技能之一。我的学生问过我很多问题，上面这些问题是被问得最多的，远远超过了如何修改照片及如何打印照片这两个问题。

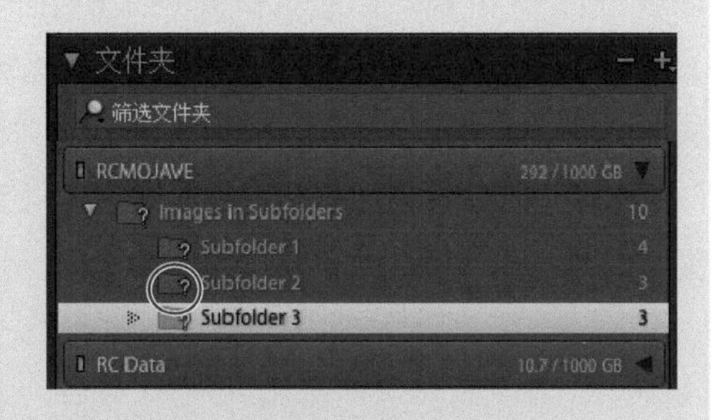

图 11-35

前面已经讲了使用智能预览时如何重新链接单个文件夹。接下来，我们讲另外两种情况及其解决方案。

情况一：假设你在 Lightroom Classic 中发现某张照片缺失了，于是，你去【图库】模块的【文件夹】面板中找到相应文件夹，发现丢失的照片属于某个父文件夹中的某个子文件夹（例如共有 3 个子文件夹），如图 11-35 所示。这是不是说，你需要更新文件夹的位置 3 次，每个子文件夹更新一次呢？其实，根本不需要。

在这种情况下，先选择包含所有子文件夹的父文件夹，然后使用鼠标右键单击父文件夹，在弹出的快捷菜单中选择【查找丢失的文件夹】，如图 11-36 所示，更新父文件夹的位置。此时，其下所有子文件夹（有时有好几百个）都会自动更新。

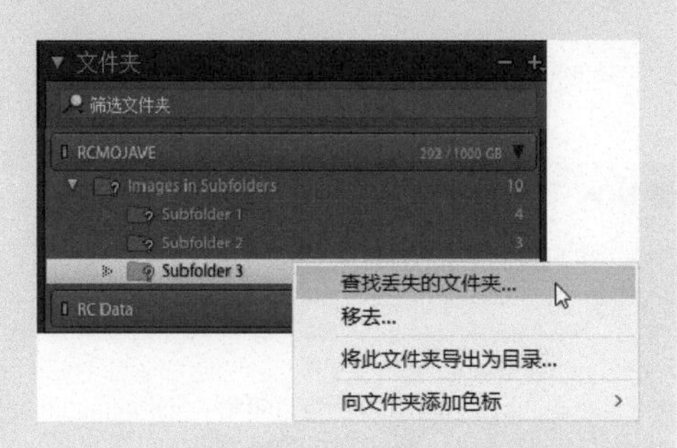

图 11-36

情况二：假设你的 1TB 硬盘空间用完了，因此你要把其中的所有照片移动到另一个 4TB 的硬盘上。如果 Lightroom Classic 找不到你需要的照片，该怎么办呢？

使用鼠标右键单击丢失的照片，在弹出的快捷菜单中选择【转到图库中的文件夹】，如图 11-37 所示，找到丢失照片所在的文件夹。若在【文件夹】面板中无法看到文件夹所在硬盘的名称，使用鼠标右键单击最上方的文件夹，在弹出的快捷菜单中选择【显示父文件夹】。

此时，Lightroom Classic 会以文件夹的形式显示出外置硬盘。使用鼠标右键单击外置硬盘文件夹，在弹出的快捷菜单中选择【查找丢失的文件夹】，如图 11-38 所示。

在打开的【查找丢失的文件夹】对话框中，转到新硬盘下，选择它，单击【选择文件夹】按钮，如图 11-39 所示。其间，请不要选择硬盘中的任何子文件夹。

此时，新硬盘中的所有子文件夹的位置都会被更新，这样就不用再花时间重新链接每一个文件夹了，如图 11-40 所示。

请记住，碰到文件夹丢失的情况时，先找到父文件夹。如果能先把父文件夹重新链接上，那你就能节省大量时间，省很多事。

图 11-37

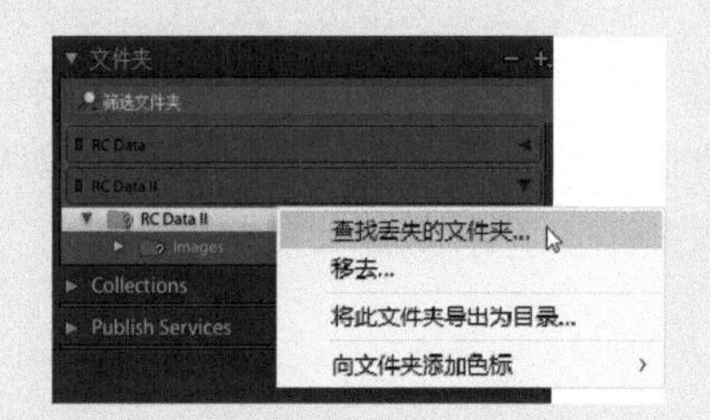

图 11-38

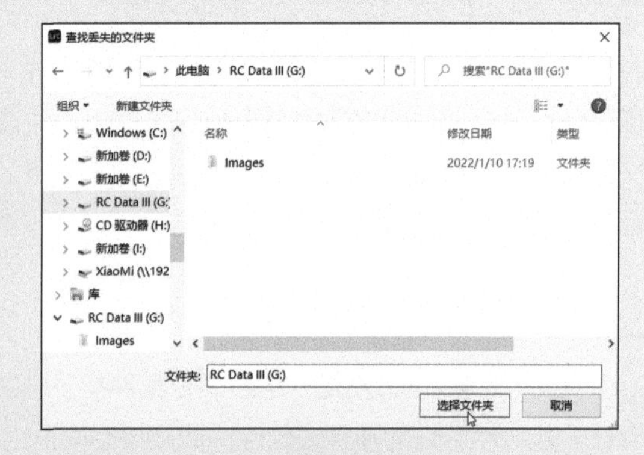

图 11-39

图 11-40

11.4.6 备份外置硬盘

在把照片移动到外置硬盘中后，我们还要确保它们包含在计算机的常规备份中。如果你是苹果用户，可以将其交付给时间机器。这个过程中，你会碰到一个令人迷惑但又非常重要的对话框，请按如下步骤处理。

在时间机器工作界面右下角单击【选项】按钮，显示出一系列硬盘，时间机器备份时会把这些硬盘排除在外。默认设置下，时间机器不会主动备份外置硬盘，但可以要求它备份外置硬盘。在列表中选择你的外置硬盘，如图 11-41 所示，然后单击列表左下角的减号（-）。此时，你的外置硬盘就会从排除列表中消失，时间机器会为你备份它。

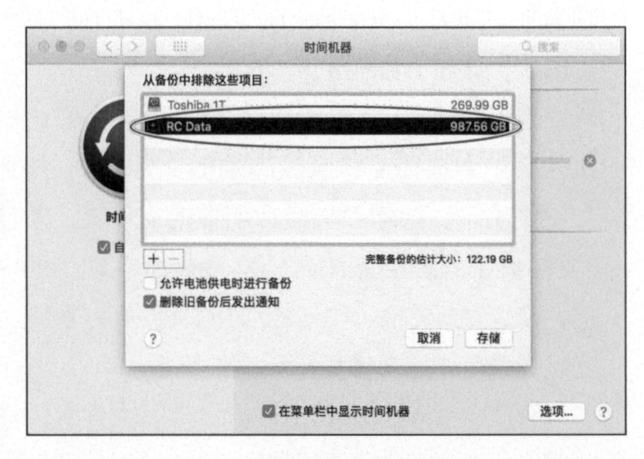

图 11-41

11.5 工作流程：冷态

前面我们花了一些时间来处理项目中的照片，并把它们移动到了一个外置硬盘上。随着时间的推移，访问这个项目的次数会越来越少，再加上外置硬盘的空间也是有限的，所以接下来我们要把项目文件夹从外置硬盘移动到 NAS 设备中。唯有如此，我们才能更加高效地使用硬盘空间，最大限度地保证当前项目中所有数据的安全。

11.5.1 什么是 NAS 设备

通常，NAS 设备就是一组封装在某种盒子中的硬盘，如图 11-42 所示。这种盒子会把所有硬盘捆绑在一起，然后借助硬件或软件构成硬盘空间供用户使用（在技术上，我们称之为 RAID 配置）。

NAS 设备不是通过 USB 或雷电口连接到计算机，而是通过电缆调制解调器或路由器连接至计算机，如图 11-43 所示。计算机有 Windows 操作系统或 macOS，NAS 设备也有自己的操作系统，用来管理系统中的硬盘。

图 11-42

图 11-43

我使用的 NAS 设备是群晖科技的 8 槽位系统，如图 11-44 所示。在可靠性方面，群晖科技的 NAS 产品应对我的工作绰绰有余。

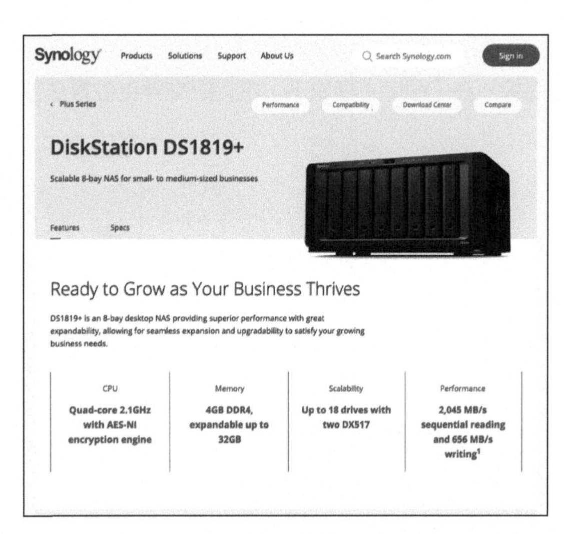

图 11-44

需要注意的是，购买的 NAS 设备通常不包括硬盘，也就是说得单独购买与之兼容的硬盘。我选择的是希捷科技出品的 IronWolf NAS 硬盘，如图 11-45 所示，其使用寿命比传统硬盘长得多。是不是一开始就要买 8 槽位的 NAS 设备？不是，刚开始时，当然可以先买一个槽位个数少的 NAS 设备，如图 11-46 所示。而且，刚开始时，你可能也根本用不了那么多槽位，可以把某些槽位先空着，等到需要扩充硬盘时，再用它们也不迟。这些都不要紧，要紧的是你要赶紧买一台 NAS 设备，用来存放你的全部照片。

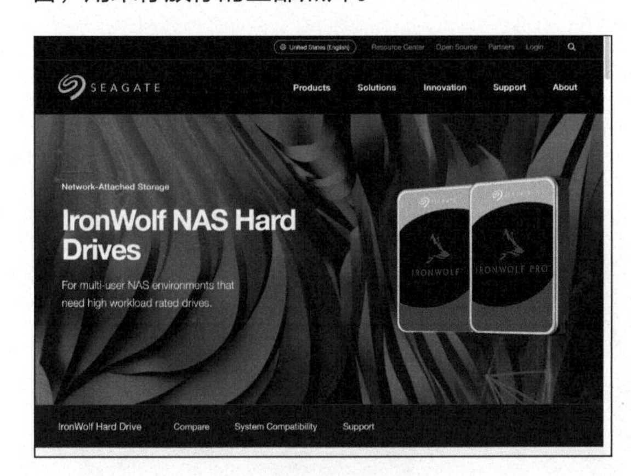

图 11-45

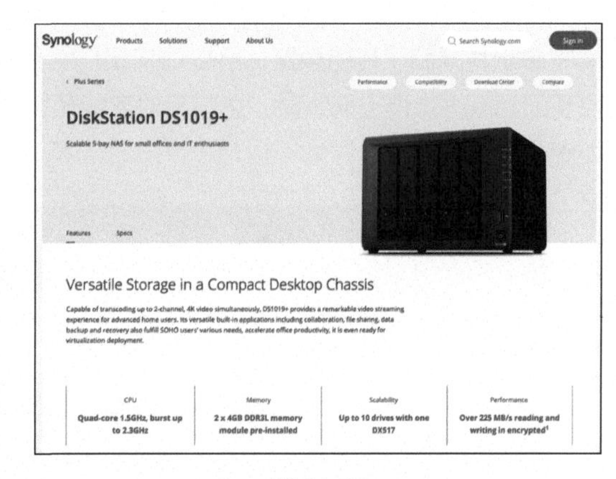

图 11-46

11.5.2 把项目文件夹移动到 NAS 设备中

一旦我准备把某个项目“打入冷宫”，我就会打开计算机，连上家里的网络（有线或无线）。

把包含项目文件夹的外置硬盘连接到计算机上，找到待移动的项目文件夹。然后选择项目文件夹，把它复制到 NAS 设备上的某个文件夹（通常含有年份标签）中，如图 11-47 所示。几分钟后，整个项目文件夹就被复制到了 NAS 设备中，最后再在外置硬盘中删除它。

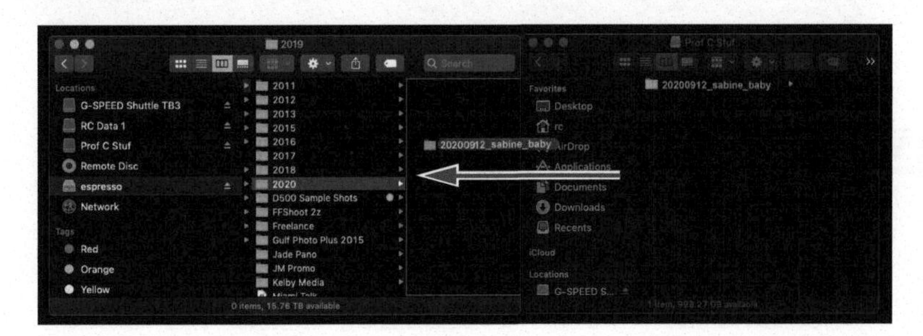

图 11-47

回到 Lightroom Classic 中，选择一张照片时，会见到一个无法找到文件的错误。此时，到【文件夹】面板（在【图库】模块下）中，把文件夹位置更新为其在 NAS 设备中的新位置即可，如图 11-48 所示。

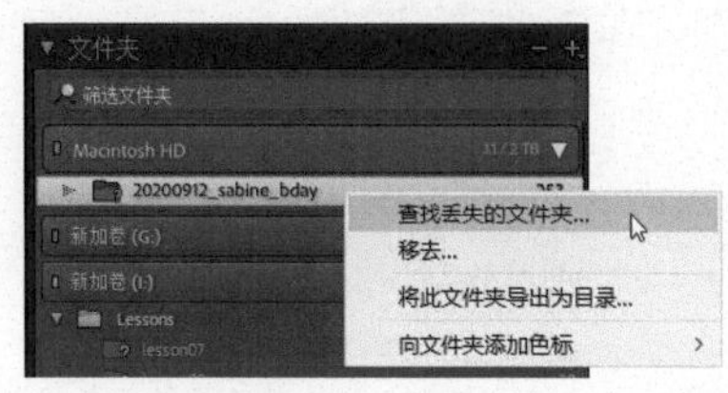

图 11-48

由于我开启了智能预览，所以每次出门，我都可以借助笔记本式计算式中的智能预览编辑照片。当我回到家再次连上网络时，之前我对智能预览做的所有修改就会同步到 NAS 设备中的原始照片上，如图 11-49 所示。

图 11-49

11.5.3 从互联网访问 NAS 设备中的文件

如前面所述，连上家里的网络（局域网）后，我们可以自由地访问 NAS 设备中的文件。但是有些时候，我们在外面也需要访问家中 NAS 设备里的文件，这时我们可以通过互联网来访问。

前面讲过，NAS 设备其实就是一个包含多个硬盘的盒子，它能接入家里的局域网，有自己的操作系统。就群晖科技的 NAS 设备来说，其专用操作系统叫 DSM（DiskStation Manager），它默认支持动态域名服务（Dynamic Domain Name Server，DDNS）功能，进行简单的设置之后，我们就可以在外面使用浏览器通过互联网访问家里的 NAS 设备了。当我需要用到存放在 NAS 设备中的某个文件时，只要登录 NAS 设备，然后下载所需的照片即可，如图 11-50 所示。

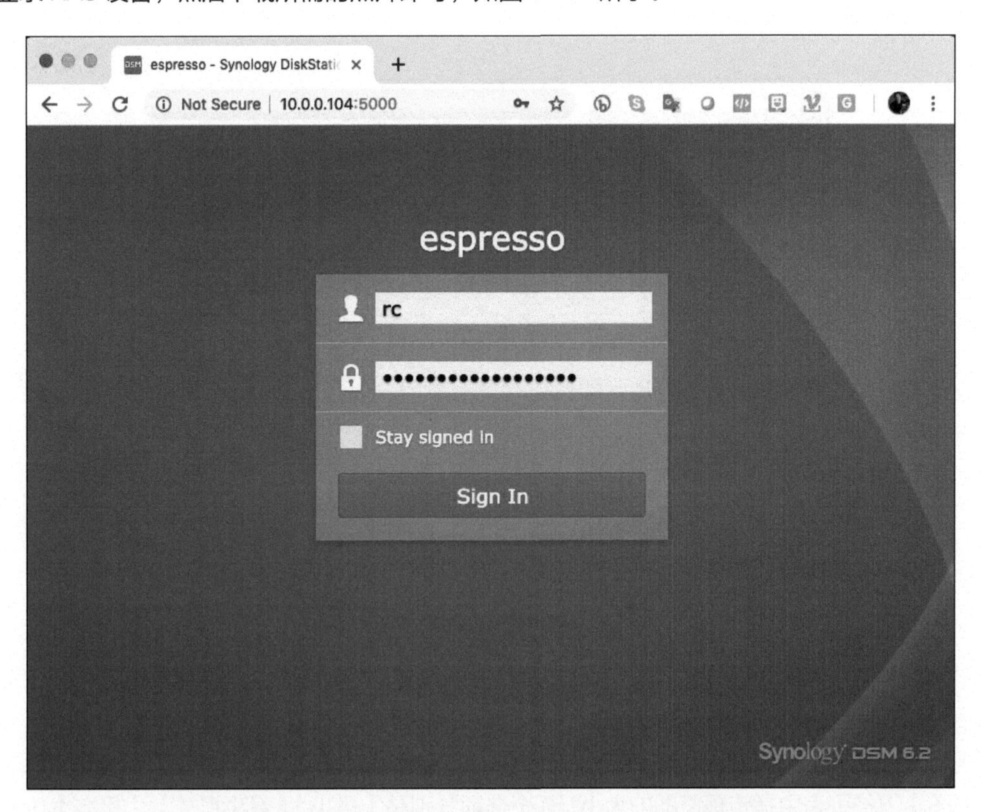

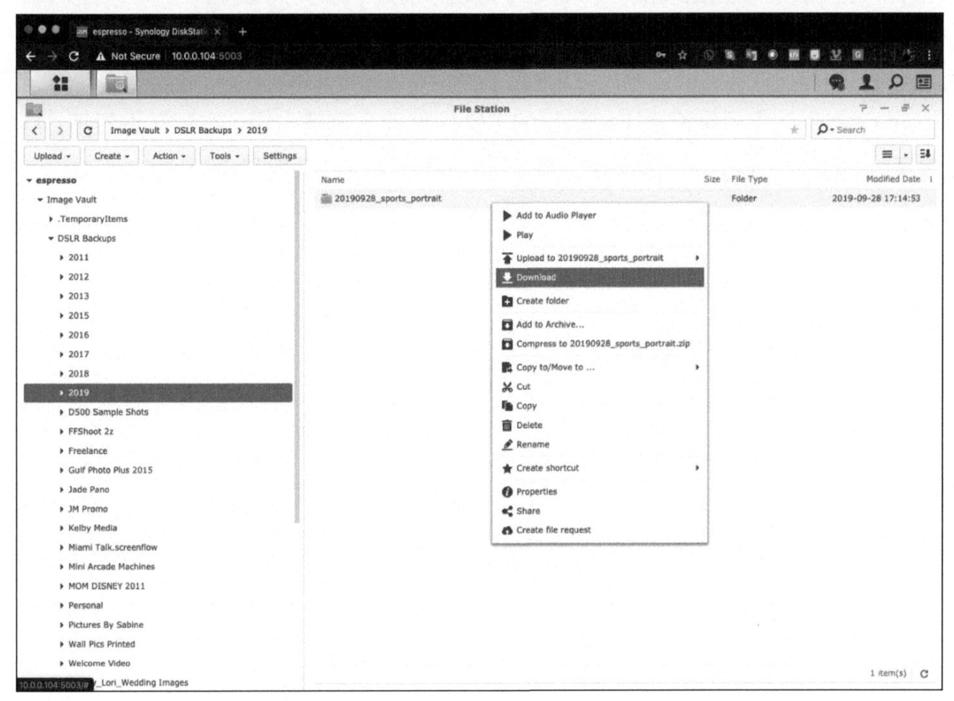

图 11-50

事实上，如果在 Lightroom Classic 中为照片创建了智能预览，那真正需要从互联网访问 NAS 设备的机会并不多。有了智能预览，我们不仅可以编辑智能预览，还可以将其导出另作他用。导出智能预览时，把导出格式指定为 JPEG，把分辨率设置为 240 像素 / 英寸，如图 11-51 所示，最终可得到一张 1707 像素 ×2560 像素的照片。

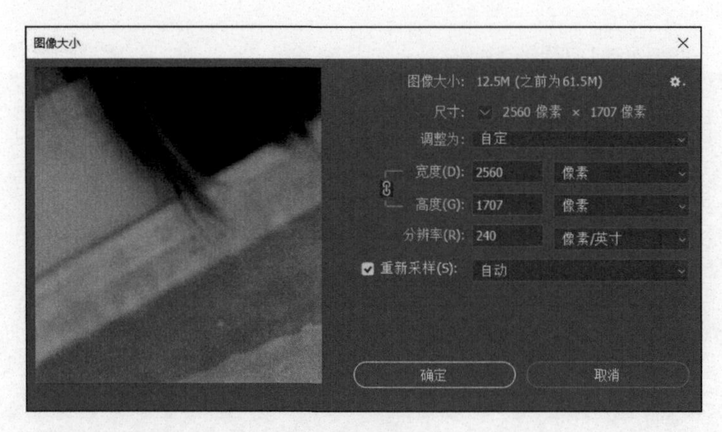

图 11-51

11.5.4 使用智能收藏夹清理目录文件

学到这里，你可能会想：既然智能预览有这么多好处，那么在导入照片时，我们为所有照片都创建智能预览好了。不错，创建智能预览有很多好处，但是它们会占据一定的硬盘空间，所以不应该滥用。我一般会使用智能收藏夹来跟踪它们。

导入照片的过程中，Lightroom Classic 会创建一系列预览图。我们可以在【文件处理】面板中的【构建预览】下拉列表中指定预览图的大小，3 个选项分别是【最小】(最小尺寸)、【标准】、【1 ∶ 1】(100%)。预览图的尺寸越大，其占用的磁盘空间越多。

考虑到预览图的尺寸会影响到照片占用的空间大小，Lightroom Classic 会定期自动清理预览图。在 Lightroom Classic 的【目录设置】对话框的【文件处理】选项卡中，在默认设置下，Lightroom Classic 每 30 天会删除一次 1 ∶ 1 预览图（最大尺寸的预览图），如图 11-52 所示。

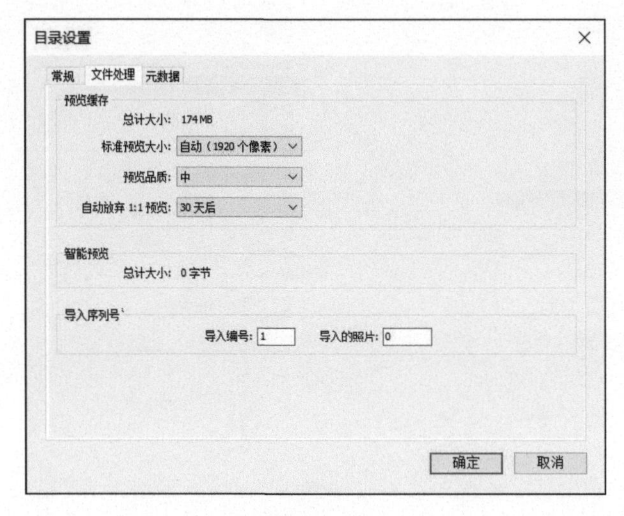

图 11-52

理论上，智能预览的尺寸应该比 1 ： 1 预览图大，因为它们可以被编辑。但是，在【目录设置】对话框中，Lightroom Classic 并未提供定期删除智能预览的选项。导入照片时，勾选【构建智能预览】复选框，系统中很快就会积累大量有智能预览的照片，我们也没办法知道它们的具体数量。

此时，智能收藏夹就派上大用场了。在 Lightroom Classic 中，我一般创建两个智能收藏夹来清理目录文件，其中一个智能收藏夹用来收集所有被标记为【排除】的照片。创建该智能收藏夹时，需要在【创建智能收藏夹】对话框中指定【留用旗标】为【是】【排除】，如图 11-53 所示。

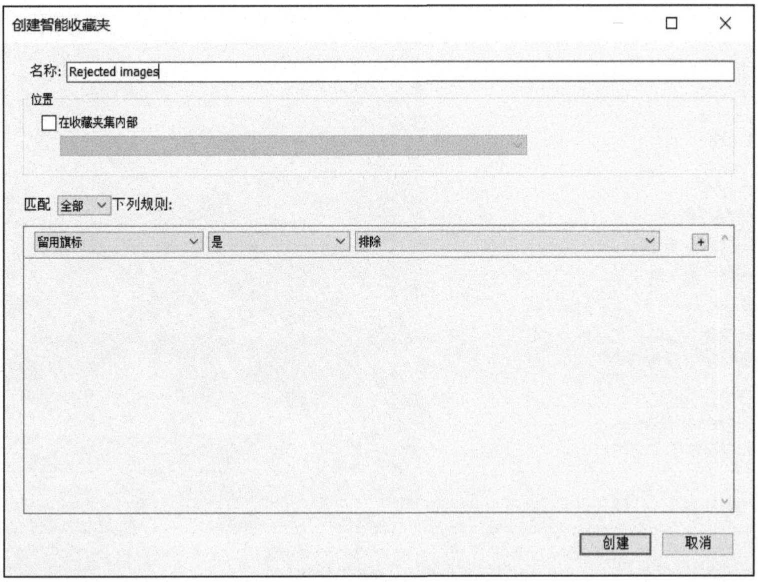

图 11-53

另一个智能收藏夹的用处更大——用来收集那些有智能预览的照片。创建该智能收藏夹时，需要在【创建智能收藏夹】对话框中指定【有智能预览】为【是】，如图 11-54 所示。

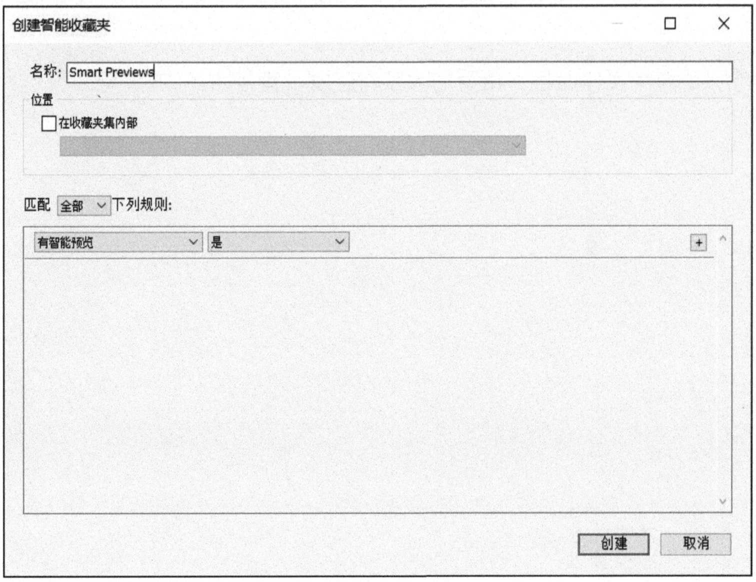

图 11-54

这样，【收藏夹】面板中就会有一个智能收藏夹一直在收集那些有智能预览的照片。当我发现有智能预览的照片数量太多，或者某些照片不再需要智能预览时，我会选择这些照片，然后在菜单栏中选择【图库】>【预览】>【放弃智能预览】，如图 11-55 所示，把智能预览删除。

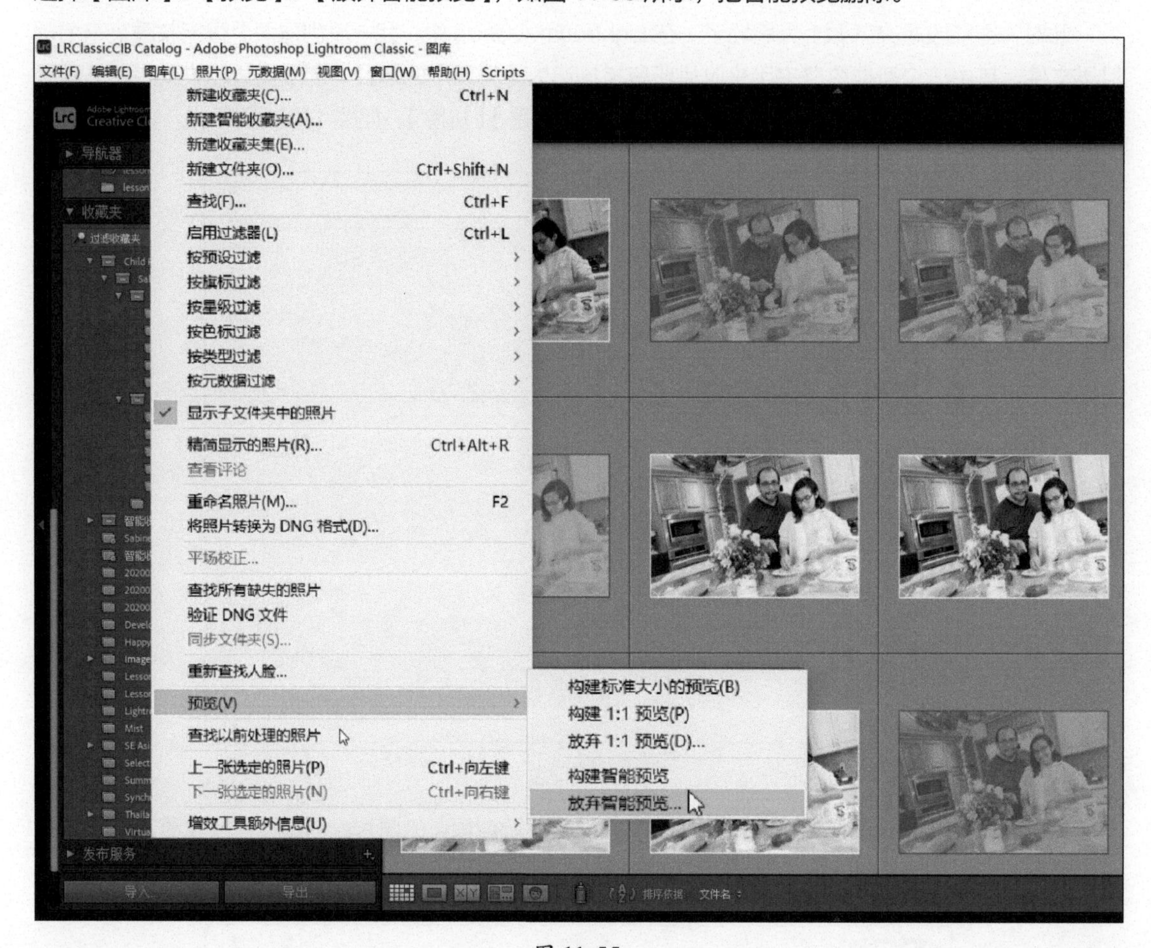

图 11-55

以上就是我个人的整个工作流程，希望对大家有启发、有帮助。

11.6 复习题

1. 在 Lightroom Classic 中，若希望以层级结构组织照片，应该使用哪个功能？
2. 使用智能预览有什么好处？
3. 把一系列文件夹从一个硬盘移动到另一个硬盘后，如何快速重新链接它们？
4. 在 Lightroom Classic 中组织不断增大的图库时，NAS 设备有什么用？
5. 导入照片后，在 Lightroom Classic 中挑选照片有什么意义？

11.7 答案

1. 应该使用收藏夹集。收藏夹集是一个容器，可以把一系列收藏夹保存在里面。一个收藏夹集本身也可以嵌套其他收藏夹集，这样就可以为照片创建更加复杂的层级结构。借助收藏夹集，我们可以按某种层级结构把大量收藏夹组织起来，方便在【图库】模块下轻松找到所需要的照片。
2. 有了智能预览，即使原始照片脱机（例如存放照片的移动硬盘或 NAS 设备未连接至计算机），我们也可以在 Lightroom Classic 中正常编辑照片。在原始照片脱机的情况下，若无智能预览，进入【修改照片】模块后，所有滑块都不可用，而且会显示“无法找到文件”错误。若有智能预览，Lightroom Classic 会把修改应用到照片的一个低分辨率版本上，当原始照片上线后，Lightroom Classic 会把所有修改同步到原始照片上。
3. 在【文件夹】面板中，使用鼠标右键单击顶层的文件夹，在弹出的快捷菜单中选择【显示父文件夹】。找到父文件夹之后，使用鼠标右键单击父文件夹，在弹出的快捷菜单中选择【查找丢失的文件夹】，然后在新位置找到文件夹，选择文件夹，单击【选择文件夹】按钮。此时，所有子文件夹会自动与 Lightroom Classic 中的目录文件同步。
4. NAS 设备是装有一个或多个硬盘的盒子，这种盒子有自己的操作系统，能够方便地管理硬盘，而且能够连接到家庭网络（局域网）中。当计算机连接上家庭网络时，就可以轻松地访问到 NAS 设备中的照片。有些 NAS 设备支持 DDNS，经过设置之后，我们可以在户外通过互联网访问家里 NAS 设备中的文件。把一些不常访问的照片从计算机转移到 NAS 设备中，可以腾出更多存储空间，用来存储那些最近拍摄的照片，这样有助于提升计算机性能。
5. 每一次拍摄都会有一些拍得好的照片和拍得不好的照片。把照片导入 Lightroom Classic 后，浏览照片，对照片进行分类，把不好的照片标记出来，有助于我们把精力集中到所需要的照片上，而且还有助于缩短处理照片的时间。导入照片后，有一个好的选片方法可以大大加快工作进程，让你制作出更多好照片。